细节是一种习惯，是一种眼光，也是一种智慧。

一个注重细节的人，

不仅认真对待工作，将小事做细，

而且注重在做事的细节中寻找到机会，

从而走上成功之路。

成功的策略

心态决定命运 细节决定成败 详解

王慧慧◎编著

改 变 你 一 生 的 为 人 处 世 智 慧 法 则

生活是一面镜子，你对它笑，它就对你笑；你对它哭，它也对你哭。不管生活中有不幸或挫折，都应该以乐观的态度、达观的性格微笑面对。

CHENGGONG DE CELUE

海潮出版社
Hai Chao Press

图书在版编目（CIP）数据

成功的策略 / 王慧慧编著. —北京：海潮出版社，2012.3

ISBN 978-7-5157-0139-4

Ⅰ. ①成… Ⅱ. ①王… Ⅲ. ①成功心理—通俗读物 Ⅳ. ①B848.4-49

中国版本图书馆 CIP 数据核字（2012）第 019432 号

书　　名：成功的策略

作　　者：王慧慧
责任编辑：关　月
封面设计：点滴空间
责任校对：徐云霞
出版发行：海潮出版社
社　　址：北京市西三环中路 19 号
邮政编码：100841
电　　话：（010）66969738（发行）　66969736（编辑）　66969746（邮购）
经　　销：全国新华书店
印刷装订：北京金秋豪印刷有限责任公司
开　　本：710mm×1000mm　1/16
印　　张：30
字　　数：370 千字
版　　次：2012 年 3 月第 1 版
印　　次：2012 年 3 月第 1 次印刷
ISBN 978-7-5157-0139-4
定　　价：32.00 元

前 言 PREFACE

在生活中，为什么有些人成功，拥有不错的工作，良好的人际关系，健康的身体，赚更多的钱，整天快快乐乐地过着高品质的生活。而又有许多人一生忙忙碌碌地劳作却只能维持生计。其实，人与人之间并没有多大的区别。但为什么有许多人能够获得成功，有些人却处处失败？这其中与心态、细节方面有着很大的关系。

心态决定我们的命运，积极心态是成功、健康、快乐的保证，消极心态是失败、疾病与痛苦的根源！

心理学家经过研究发现，心态决定着人们的生活质量，又掌握着每个人的命运。心态与个人的命运息息相关，无论是做人还是做事，我们都必须保持一种健康、良好的心态，只有心态摆端正了，做人做事才会得心应手。在生活中难免遭遇一些挫折和困顿，难免会遇到一些不顺心的事情。怎样看待这些事情，则是个人的心态问题。好心态就能大事化小，小事化无；不好的心态，则会酿成心理疾病，甚至会酿成灾祸。有一个故事讲得很好。一天，有一个建筑公司的老板在建筑工地上看到两个正在干活的年轻工人，就上去这样问他们：你们整天在工地上干活，不觉得很累吗？一个工人指着拔地而起的大楼回答说：一座座高楼大厦从我们手中建起，我虽累但很自豪！另一个工人则拍拍身上的泥土回答道：天天起早摸黑跟泥浆打交道，真是无聊极了！后来在公司的裁员中，前者被提拔重用了，后者则被辞退了。一句简单的对话，一个看待事情的心态不同，却决定了他们不同的命运。

我们每个人都希望自己能够收获好的命运，那么，做人做事就必须要有一个好的心态。有好的心态，我们才能做好人做好事。

一位哲人曾经说过：一个人的心态就是一个人真正的主人，要么你去驾驭生命，要么是生命驾驭你，而你的心态将决定谁是坐骑，谁是骑师。

美国成功学学者拿破仑·希尔关于心态的意义说过这样一段话：“人与人之间只有很小的差异，但是这种很小的差异却造成了巨大的差异！很小的差异就是所具备的心态是积极的还是消极的，巨大的差异就是成功和失败。”

大部分人都有太多的负面思想，凡事都喜欢往坏处想，也都有太多的负面言谈，每天不是批评这个，就是抱怨那个，不是认为自己这个不行，就是那个办不到。这也难怪，有些人都过着不理想的生活，原因就在这里。而对你来说，你必须每天问自己：我今天有哪些思想？我现在有哪些思想？这些思想会造成哪些后果？这种后果是不是我想要的？假如不是，那我要什么样的结果？我必须怎样想，才能得到我想要的结果？假如你能经常这样想，你的人生一定会有大的改变。

你可能无法改变风向，但你至少可以调整风帆；你可能无法左右事情，但你至少可以调整自己的心情。你的心态就是你的一切。

老子说：天下难事，必做于易；天下大事，必做于细。细节之中往往隐藏着决定事情成败的玄机。不论什么事，实际上都是由一些细节组成的。成功人士之所以能有杰出的成就，主要是他们始终把细节贯彻始终。细节的竞争既是成本、工艺、创新的竞争，也是各个环节协调能力的竞争；从另一个层面上说，也就是才能、才华、才干的竞争。一个人的价值不是以数量而是以他的深度来衡量的，成功者的共同特点，就是能做小事情，能够抓住生活中的一些细节。“泰山不拒细壤，故能成其高；江海不择细流，故能就其深。”人的一生都是由一个个细节构成的，大礼不辞小让，细节决定着一个人的成功与失败、喜乐与悲哀。所以，细节绝不可忽视。常言道：“细节决定成败。”无论是处理日常中的事情，还是面对错综复杂的人际关系，做人、做事成败与否的关键在于细节。

细节是成就大事不可缺少的基础，伟大源于细节的积累。对于企业来说，只有从“大处着眼，小处着手”，才能在目前的精细化管理时代，打造企业品牌，让基业长青；对于个人来说，只有持之以恒地做好日常生活中的每一件简单平凡的小事，才能把握好人生的每一次机遇，扭转命运，实现梦想。

正所谓成也细节，败也细节。一心渴望伟大，伟大了无踪影；甘于平淡，认真做好每个细节，伟大不期而至。这就是细节的魅力。

心态决定命运，细节决定成败。不要因为我们的消极心态、忽视细节而使我们自己成为一个失败者。要知道，成功永远属于那些抱有积极心态并付诸行动而又注重细节的人。如果你想改变自己的世界，改变自己的命运，想做一个成功者，那么，从现在开始改变自己的不良心态，养成关注细节的习惯吧！

本书透彻地阐明了心态与细节怎样左右我们的人生，怎样决定我们的成功或失败。告诉人们成功的策略：人的生活是可以由自身主观努力去把握和调控的，人生的方向是由“态度”来决定的。心态的不同必然导致人格和作为的不同，而且会有天壤之别。小事成就大事，每一个细节直接影响着事业的全局。这是我们必须明白的一个道理，同样也提醒了我们对工作中的一些小事，不能采取忽视的态度，而应该力求把每一件小事做好，把握住每一个关键的细节。希望你读后有所感、有所悟，祝愿你拥有成功的智慧，并能在人群中脱颖而出。

目录 CONTENTS

心态篇

细节篇

成功的策略

——心态决定命运细节决定成败详解

心态篇

第1章 心态决定一生命运

有什么样的心态，就会有什么样的思维；有什么样的思维，就会有什么样的行为和什么样的生活。但在生活中，我们总是说有什么样的环境就有什么样的人生。这实在是再荒谬不过了。影响我们人生的绝不是环境，而是我们对这一切有什么样的心态。心态既能使你成功也能使你失败，不要因为你的心态而使你成了一个失败者。成功是由那些有积极心态并付诸行动的人所取得的。

心态对人生的影响

当一个人下定决心做成某件事情、获得某种成功的时候，他往往就能做成、就能获得，这就是心态产生的作用。

心态就是指对事物发展的反应和理解表现出不同的思想状态和观点。也就是性格加态度。性格是一个人独特而稳定的个性特征，它表现出一个人对现实的心理认知和相应的习惯化的行为方式。而态度所指的则是一个人对客观事物的心理反应。

人与人是有差异的。有一些人，为什么总是会比其他的人更加的成功呢，他们能够赚很多的钱，拥有一个很不错的工作，良好的人际关系，健康的身体，整天快快乐乐地过着高品质的生活，似乎他们的状态就是比别人好。但是，还有许多人，整天忙忙碌碌地劳作，却只能维持生计。

其实，人与人之间的差别并不大。但为什么有许多人能够获得成功，能够克服万难去建功立业，有些人却不行？而有不少的心理学专家则发现，这个秘密就在于人的“心态”。

弗洛姆是美国一位著名的心理学家。一天，几个学生向他请教：心态对一个人会产生什么样的影响？

他微微一笑，什么也不说，就把他们带到一间黑暗的房子里。在他的引导下，学生们很快就穿过了这间伸手不见五指的神秘房间。接着弗洛姆打开房间里一盏灯，在这昏黄如烛的灯光下，学生们才看清楚房间的布置，不禁吓出了一身冷汗。原来，这间房子的地面就是一个很深很大的水池，池子里蠕动着各种毒蛇，包括一条大蟒蛇和三条眼镜蛇，有好几只毒蛇正高高地昂着头，朝他们“滋滋”地吐着信子。就在蛇池的上方，搭着一座很窄的木桥，他们刚才就是从这座木桥上走过来的。

弗洛姆看着他们，问：“现在，你们还愿意再次走过这座桥吗？”大家你看看我，我看看你，都不作声。过了片刻，终于有 3 位学生犹犹豫豫地站了出来。其中一个学生一上桥，就异常小心地挪动着双脚，速度比第一次慢了好多倍；另一个学生战战兢兢地踩在小木桥上，身子不由自主地颤抖着，才走到一半，就挺不住了；第三个学生干脆弯下身来，慢慢地趴在小桥上爬了过去。

“啪”，弗洛姆又打开了房内另外几盏灯，强烈的灯光一下子把整个房间照耀得如同白昼。学生们揉揉眼睛再仔细看，才发现在小木桥的下方装着一道安全网，只是因为网线的颜色暗淡，他们刚才没有看出来。弗洛姆大声地问：“你们当中还有谁愿意现在就通过这座小桥？”

学生们没有做声，“你们为什么不愿意呢？”弗洛姆问道。“这张安全网的质量可靠吗？”学生心有余悸地反问。

弗洛姆笑了：“我可以解答你们的疑问了，这座桥本来不难走，可是桥下的毒蛇对你们造成了心理威慑，于是，你们就失去了平静的心态，乱了方寸，慌了手脚，表现出各种程度的胆怯——心态对行为当然是有影响的。”

其实人生又何尝不是如此呢？在面对各种挑战时，也许失败的原因不是因为势单力薄、不是因为智能低下、也不是没有把整个局势分析透彻，反而是把困难看得太清楚、分析得太透彻、考虑得太详尽，才会被困难吓倒，举步维艰。倒是那些没把困难完全看清楚的人，更能够勇往直前。

如果我们在通过人生的独木桥时，能够忘记背景，忽略险恶，专心走好自己脚下的路，也许我们就能轻松愉快地快步到达目的地。

关于心态，一位伟人说："要么你去驾驭生命，要么就让生命来驾驭你。你的心态决定谁是坐骑，谁是骑师。"一位哲人说："你的心态就是你真正的主人。"

大约在40年前，在某贫穷的乡村里面，住着兄弟二人。他们经受不了穷困的环境，最后决定离开家乡，去海外发展。大哥好像幸运些，到了富庶的旧金山当奴隶，而他的弟弟则到了比中国更穷困的菲律宾。

在40年以后，他们兄弟二人又幸运地聚到了一起。如今的他们，可以说已经是今非昔比了。做哥哥的，当了旧金山的侨领，拥有两间餐馆，两间洗衣店和一间杂货铺，而且子孙满堂。在子孙中，有的是承继衣钵，有的成为杰出的工程师，有的成为电脑工程师，都有一技之长。而他的弟弟呢，居然成了一位享誉世界的银行家，拥有着一个东南亚相当有分量的山林、橡胶园和银行。比较之下，他们哥俩经过几十年的努力以后，都成功了。但是为什么他们兄弟二人在事业上的成就，会有如此的差别呢？

他们兄弟二人相聚后，自然会谈到分别以来的遭遇。哥哥说，我们来到别人的国家，既然没有什么特别的才干，唯有用一双手煮饭给白人吃，为他们洗衣服。总之，白人不肯做的工作，我们统统顶上了，生活是没有问题的，但事业却不敢奢望了。比如有一些人书虽说读得并不少，但是也不要去妄想，唯有安安分分地去担当一些中层的技术性工作来谋生。至于要进入上层的白人社会，这些就先放在一边，一步一步地走过去。

哥哥见到弟弟这般成功，很是高兴，也不免有些羡慕弟弟。弟弟却说，幸运是没有的。初来菲律宾的时候，担任些低贱的工作，但发现当地的人有些是比较愚蠢和懒惰的，所以就顶下他们放弃的事业，慢慢地不断收购和扩张，生意便逐渐做大了。

从这个故事里，我们看到，影响我们人生的绝不仅仅是环境，心态却控制了个人的行动和思想。同时，心态也决定了自己的视野、事业和成就。

有些人总是喜欢说，我们现在的情况都是环境造成的，我们的想法无法改变。但是，成功者认为，环境不能决定人的命运，掌握我们命运的是自己的心态，说到底，就是如何去看待人生、把握人生。这是我们自己可以决定的。

有人说，拥有什么样的心态就拥有什么样的人生，由此可见，如何引导和掌握自己的心态是追求爱情、追求快乐、主宰人生的关键。

心态决定命运

心态能使你成功也能使你失败，不要因为你的心态而使你成了一个失败者。成功是由那些怀有积极心态并付诸行动的人所取得的。同一件事抱有两种不同的心态其结果则相反，心态决定人的命运。

不少人认为，自己贫穷或失败是“命运使然”，自己再怎么做都没有用，从而灰心断念，不再做积极的思考。实际上，这些人由于潜意识在无意识中被否定，而制造自己的“不幸”。相反，使用自我暗示把积极的心态灌进潜意识中，赚钱也好，做什么也好，都能够得心应手。

与命运抗争的人，对待事物从不看消极的一面，只取积极的一面。如果摔了一跤，把手摔出血了，他会想：多亏没把胳膊摔断；如果遭了车祸，撞折了一条腿，他会想：大难不死必有后福。他把每一天都当做新生命的诞生而充满希望，尽管这一天也许有许多麻烦事等着他，他又把每一天都当做生命的最后一天，倍加珍惜。

成功学学者拿破仑·希尔这样评说心态：“人与人之间只有很小的差异，但是这种很小的差异却造成了巨大的差异！很小的差异就是所具备的心态是积极的还是消极的，巨大的差异就是成功和失败。”一个人所持的心态如何，往往决定他一生的命运好坏。

有一个法国人让·雷诺，43 岁了仍一事无成，他不知道自己的生存价值和人生的意义。有一天，一个日本人在巴黎街头算命，雷诺随意一试。

日本人看过雷诺的手相之后，说：“您是一个伟人，您很了不起！”

“什么？”雷诺大吃一惊，“我是伟人，你不是在开玩笑吧？”

日本人平静地说：“您知道您是谁吗？”

“我是谁？”雷诺暗想，“我是个倒霉鬼，是个穷光蛋，是个被抛弃的人!”但他仍然故作镇静地问：“我是谁呢?”

“您是伟人，”日本人说，“您知道吗，您是拿破仑转世！您身上流的血、您的勇气和智慧，都是拿破仑的啊！先生，难道您真的没有发觉，您的面貌也很像拿破仑吗?”

“不会吧……”雷诺迟疑地说，“我离婚了……我破产了……我失业了……我几乎无家可归了。”

“嗨，那是您的过去，”日本人只好说，“您的未来可不得了！如果先生您不相信就不用给钱了。不过，10 年后，您将是法国最成功的人啊！因为您就是拿破仑的化身!”

雷诺表面装作极不相信地离开了，但心里却有了一种从未有过的伟大感觉。他对拿破仑产生了浓厚的兴趣。回家后，就想方设法找与拿破仑有关的一切书籍著述来学习。渐渐地，他发现周围的环境开始改变了，朋友、家人、同事、老板，都换了另一种眼光、另一种表情对他。事情开始顺利起来。

后来雷诺才领悟到，其实一切都没有变，是他自己变了：他的胆魄、思维模式都在模仿拿破仑，就连走路说话都像。15 年以后，也就是在他 58 岁的时候，他成了亿万富翁。

成功始于觉醒，心态决定命运！这是今天的伟大发现，是成功心理学的卓越贡献。成功心理、积极心态的核心就是主动意识，或者称作积极的自我意识，而主动的来源和成果就是经常在心理上进行积极的自我暗示。

反之也一样，消极心态，就是经常在心理上进行消极的自我暗示。就是说，不同的意识与心态会有不同的心理暗示，而心理暗示的不同也是形成不同的意识与心态的根源。所以说心态决定命运，正是以心理暗示决定行为这个事实为依据。

曾经有两位年近 70 岁的老太太，其中一位认为到了这个年纪可算是人生的尽头，于是开始料理后事；另一位却认为一个人能做什么事不在于年龄的大小，而在于有什么样的想法。于是，她在 70 岁高龄之际开始学习登山，其中有几座还是世界上有名的山。就在最近还以 95 岁高龄登上了日本的富士山，打破攀登此山年龄最高的纪录。她就是著名的胡达·克鲁斯老太太。

这位老太太 70 岁的时候开始学习登山，这本身就是一大奇迹。但奇迹是人创造出来的，成功人士的首要标准，是他思考问题的方法。一个人如果是个积极思维者，实行积极思维、喜欢接受挑战和应付麻烦事，那他就成功了一半。胡达·克鲁斯老太太的壮举也验证了这一点。

一个人成功与否，主要看他的心态，心态很重要！一个成功人士与失败者之间的差别是：成功人士始终用最积极的思维、最乐观的精神支配自己。那些失败者刚好相反，他们的人生是受过去的种种失败与疑虑所引导和支配的。

反省自身，改变你的心态

有一个人很不满意自己的工作，他愤愤不平地对朋友说："我的老板从来不把我放在眼里，好像没有我这个人一样。明天我一定要当着他的面把文件扔到地上去，然后辞职再找一个工作。"

他的朋友反问他："你现在对这个公司从事的贸易种类都熟悉了吗？对他们客户的情况都清楚了吗？"

"那倒还没有。"

"君子报仇十年不晚，你现在离开的话，他也不在乎，你不如好好地把你们公司所有的贸易种类、客户情况都搞清楚，然后把办公室要干的日常工作都学会，然后再辞职不干。"他的朋友向他提出建议，"就把这个公司当成是一个免费学习的地方，等你什么都熟悉了，再一走了之，那不是更出气吗？"

这个人听了觉得很有道理。他回到公司之后像变了一个人，为了尽快离开，他利用每一点闲暇的时间学习业务知识，连去复印材料的路上都会一边走一边研究文件的写作方法。

一段时间以后，那个朋友又遇到了他，问道："你现在可以实施你的报复计划了吧？"

"可我发现最近以来我的老板越来越重视我，我已成为公司的红人了！"

他的朋友笑道："我早料到的！原来你天天为老板不重视你而生气，业务上不出色也不肯努力学习。现在你排除怒气，痛下苦功提高业务水平，自然会吸引老板的注意。只知道抱怨老板的态度，却不会反省自己的能力，这是人们经常会犯的毛病啊！"

不要总是从对方身上找原因，觉得对方怎样怎样对你不好，其实很多时候是因为你没有全身心地投入进去，所以你才会有抱怨和不满甚至想要选择逃避。其实对于生活中的种种不如意，你该多从自身好好反省，改变你的心态想法，你就会找到人生中的别样美丽。

唯有立志者，方能成大事

如果一个人想要成大才，就必须要先立大志。一个人有了远大的理想，才可能在今后的发展中，成就一番大的事业。从古到今，凡是成就大业的，都有宏伟的志向。在现实生活中，我们应该努力追求有可能实现的目标。

追求卑微者，所获寥寥。所以一定要有鸿鹄之志，敢想敢做。现实生活中，志向高远与否，使人们的性格和行为产生很大的不同，这种差异比想象中的要大。

心理学家指出，当一个人一旦立志思考人生，并开始尝试创业时，他对事物的看法就会有惊人的改变。只有胸怀鸿鹄之志，才能产生大动力、大意志，个人的天才与禀赋才能得到最大限度的发挥。人各有志，每个人生活道路不同，性格、气质和兴趣不同，他们的志向也必然不同，但不论有怎样的不同，有一点是相同的，那就是：唯有立志者，方能成大事。

有的人天生就没有志向，有的人志向卑微，有的人则志向高远。他们进步和成功的程度和他们志向高低是相称的。有个谚语说"心高高不过天"，这话不错，但射箭的时候瞄准太阳总比朝水平方向射得高吧！这一点也同样体现在性格的形成过程中。虽然用弓箭射太阳是不可能的，但年轻人显然可以有一个远大的理想。志向，是人的生命之光，是人的精神动力。“有志者，事竟成。”这里的志，是远大的志向，是崇高的理想。远大的志向，是人们在实践过程逐步形成的人生奋斗目标。离开了追求和奋斗，就无所谓志向。远大志向，总是同未来相联系的，是对未来可能的构想、预想和追求。但这种构想、预想，并不是毫无根据的空想。

志向、工作、成功，这是人类活动的三大环节，是事业发展的规律。卡耐基说得好，志向是踏入事业的大门，勤于工作是登堂入室的旅程，这旅程的尽头就有成功在等待着你。因此，立下远大志向是事业成功的前提和第一关键。卡耐基还曾说：“朝着一定目标走去是‘志’，一鼓作气中途不停止是‘气’，两者合起来就是志气。一切事业的成败都取决于此。”

一个人只要志向远大，他就会把这个志向的实现视为自己人生的价值和幸福。因此，志向远大会使一个人对幸福产生憧憬、向往和追求，从而觉得生活更有意义。志向的实现是令人神往的，是幸福的，而对志向的追求则能唤起人们的极大热忱，获得精神上的充实感，这本身也是一种幸福。无数仁人志士为了追求和实现远大的奋斗目标，甘愿承担艰难困苦，他们以苦为乐。志向，作为一种价值目标，它能够激发人们的意志和激情，产生一种强大的精神动力，激励人们以积极、主动、顽强的精神投身于生活，对人生抱有积极向上的进取精神和乐观态度。

其实，像亚历山大、恺撒、查理十二世或是拿破仑这样的伟人是怎么成就自己的丰功伟业的呢？还有像保罗、阿尔佛雷德、卢瑟、霍华德、佩恩和华盛顿等具有极高的精神境界的人物又是如何奋斗的？他们不也是曾经和我们一样平凡而普通吗？但他们比我们更多了一种自强不息的精神，这种精神使得这些人物超凡脱俗，成为社会栋梁。

可以说，只要你下定决心，想办到的事情就一定能够成功，这是一条普遍的规律。你一定要相信天生我才必有用的道理，而且你也应当成为有用之才。相反如果做人对于自己能做什么，能成为什么样的人才没有半点感知，他们所做的努力通常是少得可怜且软弱无力的，因为他们还没有悟透怎样才能够做成大事从而成为出类拔萃的人物。

相信上面这条规律吧，这些人所成就的事业，我们可能也同样能够做到。退一步说，即使我们不可能和他们一样出色，也能比原来想象中的自己要强得多。人生的出路有千条万条，只要我们去尝试、去努力，就有可能成就伟业。说“我不行”的人永远做不成事，说“我来试试”的人能创造奇迹。无数事实可以作为这个观点的佐证，这里有一个非常典型的例子。英国有个年轻人放荡不羁，挥霍了所有的祖传家产。当他站在悬崖边上想就此了断一生的时候，他猛然间下定决心要找回自己失去的一切。他从此雄心勃勃地做每一件事。尽管刚开始的时候他只是一铲一铲地把整车的煤装进地窖，每次只能得到 12 分半的报酬，但他一步一个脚印地往前走，最后积攒下来的钱比他失去的还要多。

如果你不希望自己的人生虚度，那么就要志存高远，在确立一个较高的目标后，跟随自己心目中的英雄，锲而不舍地坚持下去，你就会拥有一份明朗的心情，一份必胜的信心，一份坦荡的胸怀。

做人立定志向，将来才有路可走。雄图大志，是成就伟大事业的基础。世间没有不立下志向，而做事能成功的人，一切才智、自信和勇敢，都以雄图大志为根本。如果我们有雄心壮志，并且坚持阅读一些描写杰出人士生平的书籍，特别是那些品质优秀的名人的传记，我们将从中受益匪浅。

生活不能没有目的，人生更不能没有方向。要使一个人从大地上坚强地站立起来，从懵懵懂懂中清醒过来，从浑浑噩噩中悔悟过来，从芸芸众生中凸现出来，就是要让其立志。“立志”，就是给人生一个目标，一个方向，人的智慧、情感和意志沿着既定的方向就能驶向预定的目标。《大学》有言：“知止而后能定，定而后能静，静而后能安，安而后能虑，虑而后能得。”这个止，就是指人生的至善境界和生活的目的，就是使人高大的东西，就是支撑人的价值和尊严的东西。而且，人因为有了这个生活的重要支撑点，他比过去任何时候都有力量，从而焕发出蓬蓬勃勃的生机和活力，他的智慧得以进一步开掘，他的情感得以进一步丰富，他的意志得以进一步坚定。

大智可以产生大志，志坚而无往不胜。苏轼说：“天下有大勇者，猝然临之而不惊，无故加之而不怒，此其所挟持甚大，而其志甚远也。”有极大的抱负，有极远的志向，就会产生令人惊异的力量。

每个人都有一个自己的人生，然而由于生活的目的不同，生活的质量与境界也不相同。为了提高人生活的质量，扩大人生的境界，儒家常常关注两种人生：向往高贵和高贵者，鄙视庸碌和庸碌者。前者是君子和君子的境界，后者则是小人和小人的生活。

远大理想是一种神奇的力量。胸怀远志者在确定人生目标以后，就会在这种神奇的力量支配下，发挥创造的力量和意志。如果你不希望自己一生碌碌无为，那么，就要志存高远，心中有远大理想，在确立一个较高的目标后，跟随自己心目中的英雄，锲而不舍地坚持下去，你就会干一番惊人的事业。

给人生一个准确的定位

人生在世，每个人都有自己独特的禀性和天分，每个人都有自己独特的实现人生价值的切入点，你只要按照自己的禀赋，找准自己发展的人生方向，不断超越外在环境困扰，超越心灵的羁绊，你就不会忽略自己生命中的太阳。

成功人生的第一步，首先就是要认识你自己，读懂你自己，要给自己一个明确的定位。

定位有两层含义：一、确定自己你是谁，你适合做什么工作；二、告诉别人你是谁，你能够为社会、为他人做什么。

年轻人，刚刚踏上人生的航船，正在寻梦的海洋中畅游，更应该给自己一个定位：自己到这个世界上来究竟是干什么的？对这个问题必须有个十分清晰的描述，否则就会失去前进的方向，就会在一个个十字路口徘徊，这样的人生是没有意义的。

定位决定人生，人生也会因定位而改变。想要达到某种社会地位，只有顺应社会潮流、人生目标等综合因素做出选择才是正确的。

在我们的周围，所有人都在忙忙碌碌地辛苦奔波，很多人都付出了艰辛的努力，但是成功的人总是凤毛麟角。为什么会这样呢？因为有的时候，盲目地努力只会南辕北辙，让我们偏离正确的道路越来越远。只有清楚地知道自己的长处、短处，明确自己生活的目的，你的努力才具有真正的意义。

人生策划必须是明确的、清晰的、具体的，还要具有一定的可行性。

如果你单单说，我想出人头地，那么是在哪一方面出人头地？怎样的程度才算是你心中出人头地的标准？这些我们必须要想清楚。

每个人都有属于自己的位置，但要想找到适合自己的位置，就不那么简单。只有找到自己的长处，给人生一个准确的定位，才能取得真正的成功。如果没有给自己确定一个准确的位置，你就可能会失败。

很多成功人士的成功，首先得益于他们根据自己的特长来进行定位。如果不充分了解自己的长处，只凭自己一时的兴趣和想法，那么定位就很不准确，有很大的盲目性。

歌德一度没能充分了解自己的长处，树立了当画家的志向，害得他浪费了十多年的光阴，为此他非常后悔。

遗传学家说：人的正常的、中等的智力由一对基因决定。另外还有5对次要的修饰基因，它们决定着人的特殊天赋，起着降低智力或升高智力的作用。不管怎么说，人的这5对次要基因总有一两对是“好”的，一般人总有可能在某些特定的方面具有良好的天赋与素质。既然如此，我们每个人都应该努力根据自己的特长来设计自己，量力而行。根据自己的才能、素质、兴趣，环境、条件等，确定进攻方向。不要埋怨环境与条件，应努力寻找有利条件。

胡适考取官费留学后，他的哥哥为他出国送行时说：“贤弟，家道中落，你出国要学些有用之学，帮助复兴家业，重整门楣。你去学开矿或修铁路吧，这些学科比较容易找到工作。千万不要学文学、哲学之类没饭吃的东西。”当时胡适回答哥哥：“好的。”开船后，胡适在船上想，自己对开矿没兴趣，对修铁路也不感兴趣。干脆采取一个折中的办法，学有用的农学吧，也许这将来对国家社会有些贡献。于是他学了一年农学。虽然每门课成绩还不错，但他对这些没有兴趣，决定转系重新选课。这时他又犯难了，选课用什么做标准？听哥哥的话？还是凭自己的爱好？最后他还是根据自己的兴趣选择了文学和哲学。

胡适终于以文学和哲学成为著名大家。若当初他违心地听了哥哥的话，选择了当时容易找到工作的开矿和修筑铁路专业，也许胡适将终生默默无闻。

胡适认为，学生选择科系时只有两个标准，一个是“我”，一个是“社会”，看看社会需要什么？国家需要什么？中国现代需要什么？但这个标准——社会上360行，行行都需要，现在可以说三千六百行，从诺贝尔奖得奖人到修理马桶的，社会都需要。因此，在给人生定位的时候，便要根据自己的特长来确定。

胡适还打了一个比方："譬如一个有写诗天才的人，不进中文系学写诗，而偏要去医院学外科，那么文学院便失去了一个一流的诗人，而医疗界却添了一个三四流甚至五流的饭桶外科医生，这是国家的损失，也是他自己的损失。"这真是一个妙喻。

一个有效的职业生涯设计，必须是在充分且正确地认识自身条件与相关环境的基础上进行的。对自我及环境的了解越透彻，越能做好职业生涯设计。因为职业生涯设计的目的不只是协助你达到和实现个人目标，更重要的是帮助你真正了解自己。

成功的人生需要正确规划

人生必须要有长期目标，才能燃起很大的激情，正是由于有这种大目标，人生才能有极大的发展。拥有人生大目标，就是给你人生的斗志和热情。

成功的人生需要正确规划，你今天站在哪里并不重要，但是你下一步迈向哪里却很重要。

有句话说得好：对于一艘没有航向的船只，任何方向的风都是多余的。所以，一定要给自己的生命之船确定明晰的航向。如果你现在还没有明确人生目标，你要尽早把它明确下来，对于没有目标的人而言，任何的行动都是多余的。要想人生取得一个很好的成就，设定人生的目标非常重要。当你预见到事情的结果，你的行动力自然而然就会加强，你就会积极主动地改变你的生命。而且明确的人领导不够明确的人。如果你的人生没有目标和计划，就只能听任别人的摆布。

"人生历程调查问卷"，访问了6万多个行业人士，发现那些最成功和对自己生活最满意的人有一个共同的特点：他们都致力于实现一个其实际能力所难于达到的目标。他们的生活有意义，而且比那些没有长远目标驱使其向前的人更会享受生活。

人生规划并不是什么新奇的事物，甚至我们从小就被家长、老师要求着写作各种各样的学习计划、锻炼计划等，也正是从那时起，我们就习惯了以一个月、一年比较短的时期为限，计划自己眼下的工作生活。这样具体的计划无疑是需要的，但规划人生应该是在一个比较长的时段里，把人生的各个层面一一规划和呈现。最简便有效的人生规划方法，就是先把十年后（从工作开始算，一般人也就是三十年的职业生涯）自己希望成为的样子描绘出来。由那个遥远的自己希望的样子，倒推着时间，来规划人生。从远及近、由后往前、一步一步递进地设定各个时段的人生目标。

只有有着具体人生规划而目标明确的人，才会成就伟大的事业；那些没有人生规划明确目标的人，是很难有所成就的。

每个人要想取得成功，首先对自己努力的方向要有一个清晰的认识。有一句俗话叫人贵有自知之明，通常我们总是把它理解成一句骂人的话，说别人没有自知之明，其实反过来思考一下，它其实说的是真正了解自己的人，才是最聪明的。聪明的人，有理想、有追求、有上进心的人，一定都有一个明确的奋斗目标，他懂得自己活着是为了什么。因而他的所有的努力，从整体上来说都能围绕一个比较长远的目标进行，他知道自己怎样做是正确的、有用的，否则就是做了无用功，或者浪费了时间和生命。对于每个人来说，只有有了一个清晰的目标，并根据这个目标制定一个切实可行的行动计划，依据这个计划的指导，才能够一步一步地到达理想中的目的地。

人生规划的要旨在于既要高于现实，又不能脱离自己的实际情况。可以把人生总体规划制定得虚一点，给出一个概念化的轮廓，接下来的职业生涯中，每一年规划，都应该是踮起脚就能够到的指标，通常努力后能够实现的目标，更能给人以实现目标的信心和乐趣。

很多人不是没有设计规划，甚至很多人也很善于写计划，只是太多人的人生规划永远停留在纸上谈兵上。人生规划不是写在本子上就完成了，写在本子上的东西，充其量只是一个文字游戏。只有把这些文字常常看着念着，跟现实情况结合着、修改着、发展着，才能使人生设计不至于成为一纸空文，这个计划才会变得具有生命力。

很多职业中人似乎都很忙碌，似乎都没有时间认真地总结自己、规划自己——这种情况是非常糟糕的，因为进步恰恰存在于不断的自我总结和规划当中——当我们无法真正地总结自己、规划自己的时候，我们就很难取得进步。

纵观人类历史，凡是成功者都会为一个具体而明确的目标全力以赴，竭尽所能。所有伟大的或成功的人物，都是以一项具体而明确的目标作为奋斗的基础，也正因此，他们在自己的事业领域了做出了杰出的成就，将名字永远留在人类历史的长卷上。

成功者的人生是自己设计规划出的一盘好棋。成功者与普通人的区别，不在于有没有梦想，有没有规划，而全在于有没有按照规划来实现自己的梦想。

我们此生不一定要成大名，立大功。可是，我们一定要明白自己的梦想，并要让它由抽象变得具体起来，然后去追求它，去实现它。追寻梦想的过程就是幸福和快乐的过程。

有一个明确的奋斗目标

每个人要想取得成功，首先对自己努力的方向要有一个清晰的认识。有一句话叫人贵有自知之明，通常我们总是把它理解成一句骂人的话，说别人没有自知之明，其实反过来思考一下，它其实说的是真正了解自己的人，才是最聪明的。聪明的人，有理想、有追求、有上进心的人，一定都有一个明确的奋斗目标，他懂得自己活着是为了什么。因而他的所有的努力，从整体上来说都能围绕一个比较长远的目标进行，他知道自己怎样做是正确的、有用的，否则就是做了无用功，或者浪费了时间和生命。对于每个人来说，只有有了一个清晰的目标，并根据这个目标制定一个切实可行的行动计划，依据这个计划的指导，才能够一步一步地到达理想中的目的地。一个目标并不只是一个设想，而是一个得以实施的设想。一个目标不只是模糊地“希望我能”，而是明确的“这是我的奋斗方向”。

著名企业家迈克尔出身贫寒，家境贫困。他在从商以前，曾做过一家酒店的服务生。干的就是替客人搬行李、擦车的活儿。

有一天，一辆豪华的劳斯莱斯轿车停在酒店门口，车主人吩咐一声："把车洗洗。"迈克尔那时刚刚中学毕业，还没有见过多少世面，从未见过这么漂亮的车子，不免有几分惊喜。他边洗边欣赏这辆车，擦完后，忍不住拉开车门，想上去享受一番。这时，正巧领班走了出来，"你在干什么？穷光蛋！"领班训斥道，"你不知道自己的身份和位置？你这种人一辈子也不配坐劳斯莱斯！"

受到羞辱的迈克尔从此发誓："将来我不但要坐上劳斯莱斯，还要拥有自己的劳斯莱斯！"他的决心是如此强烈，以至于这成了他人生的奋斗目标。许多年以后，当他事业有成时，果然买了一部劳斯莱斯轿车！如果迈克尔也像领班一样认定自己的命运，那么，也许今天他还在替人擦车、搬行李，最多做一个领班。人生明确的目标对一个人是何等重要啊！

在我们生命中，每天都会有的欲望、需要、事业、计划、志向、梦想、选择、目的、企图、追求、任务、工作、责任、满足等等想法都是目标。每个人都是有目标的，只不过每个人目标的层次有高低之分，规模有大小之别，时间有长短不同，性质有好坏之异，内容更是包罗万象。至于那些小的目标，可以小到仅仅就是针对一顿饭或者是一个小的物品、小游戏而已，只能叫做打算、想法；中的目标，常常叫做任务；远的、大的目标，就是事业了。比如作为教师，从教你学识字开始到教育你成才，这都是她事业的一部分，它用的时间长，占的空间大，只有胸怀大志才能实现。所以俗话说得好，大的目标使人干事业，小目标使人过日子。因为这些目标不一样，结果当然也都各不相同。

几年以前的一个炎热的夏天，一群人正在铁路的路基上工作，这时，一列缓缓开来的火车打断了他们的工作。火车停了下来，最后一节特制车厢的窗户被人打开了，一个低沉、友好的声音响了起来："大卫，是你吗？"大卫·安德森——这群人的负责人回答说："是我，吉姆，见到你真高兴。"于是，大卫·安德森和吉姆·墨菲——铁路的总裁，进行了愉快的交谈。在长达一个多小时的愉快交谈之后，两人热情地握手道别。

大卫·安德森的下属立刻包围了他，他们对于他是墨菲铁路总裁的朋友这一点感到非常震惊。大卫解释说，二十多年以前他和吉姆·墨菲是在同一天开始为这条铁路工作的。

其中一个人半认真半开玩笑地问大卫，为什么他现在仍在骄阳下工作，而吉姆·墨菲却成了总裁。大卫非常惆怅地说："23年前我为1小时1.75美元的薪水而工作，而吉姆·墨菲却是为这条铁路而工作。"

如果你是一个学生，只为分数而学习，那么你能够得到好分数。但是，如果你为知识而学，那么你就能够得到更好的分数和更多的知识；如果你为赚钱而努力，那么你可能会赚很多钱。但是，如果你想通过做生意来干一番事业，那么你就有可能不仅赚很多钱，而且会干一番大事；如果你只为薪水而工作，你有可能只能得到一笔很少的收入。但是，如果你是为了你所在公司的前途而工作，那么你不仅能够得到可观的收入，而且你还能得到自我满足和同事的尊重。你对公司作的贡献越大，你个人所得到的回报就会越多。

确定前进的目标，就是给自己的人生定位。在人生短暂的旅程中，为了能将其描绘得更加辉煌灿烂，我们必须要有前进的方向。德国诗人、思想家歌德曾经说过："人生只是在于确立伟大的目标与实现这目标的决心。"人生的列车把我们送往一个驿站，又载着我们从此起程，每一个驿站都是一个人生的目标。学会确定目标，就要让目标高于现实，但又要牢牢地切近生命，要可望又要可行；让每一个目标都需要努力地付出、认真地去对待才能够实现。

设定超越自我的目标对你人生方向的影响，一开始可能不是很明显。那就像航行在大海里的巨轮，虽然航向只偏了一点点，一时很难注意，可是在几个小时或几天之后，便可能发现船会抵达完全不同的目的地。

达到目标，就是使人生得到升华。要实现目标，必须踏踏实实地迈出脚步去；经过困苦跋涉，等到登上山顶，眼前豁然开朗的时候，自己的目标才变为现实。

在我们奋斗的过程中，要放远目光，因为那是人生不可缺少的希冀；还要放慢脚步，因为那是实现希冀的必要过程。当我们的目标一个个得以实现的时候，就是我们的人生质量一步步地提高，人生才能充满辉煌的时候。

用心态打造美好的未来

只要改变了自己的想法，就能改变自己的生活，就有一个美好的未来。曾有位文学家这样说过："大多数人想改造这个世界，但却极少有人想改造自己。"人是社会的一员，是人类社会中的一个要素。人与社会的关系决定于人所处的状态。人的状态不同带来的效果也不同，状态主要表现为生活状态，心理状态和行为状态。

当你调整状态，改变自己时，你与世界的关系就变了，你在社会生活中的位置也就变了。同时，世界也必然要做出反应以适应你的改变。世界就这样被改变了。

马科斯原在营销部当部长。一天突然接到人事处的命令，调他到产品供应部。在公司里供应部的地位，远不如营销部，如此一调，等于贬了职，前途必然大受影响。

从前马科斯从事销售工作，整天往外跑，很合乎他的个性。如今要他整天坐在办公室，跟那些器材报表打交道，实在叫他受不了。开始时，他一直闷闷不乐，心灰意冷。他开始想到一个问题："为什么以前我对自己信心十足，当上了供应科长，却情况大变呢?"他悟到一个事实："这是因为我对自己的期待值无形中降低了，我失去了激励自我的动力。"

于是，马科斯开始把全部精力投入到新工作，慢慢地发觉供应部也大有用武之地。而且，对整个公司来说起了很大的作用，只是平时大家把它忽略了而已。马科斯重新找到了工作的信心，一改以往消极拖沓的作风，变得充满了斗志，工作起来如鱼得水，得心应手。他的积极态度，也渐渐影响到了部属，把他们也带动起来。由于出色的工作成绩，两次获得总公司颁发的特别奖金。不久马科斯收到了一张人事命令："调到总公司，晋升营业部经理。”

马科斯事业上的转变是因为他心态的改变。

适者生存，不适者则被淘汰，这是社会规律，世上的事物时时刻刻都在发生着改变。如果跟不上社会的步伐，你会被社会抛得越来越远。面对这样的状况，只有改变才是出路。

许多时候，担心是多余的，欣然地面对现实，勇敢地接受挑战，就会塑造一个“全新的自己”。

人生是由一连串的改变所形成的，当你的环境、教育、经验、吸收的资讯、想象产生的变化、你的由内而外的各个生理与心理的关卡，多多少少都会产生不同程度的变化。

改变就是机会，只要你及时处理，就会有好的机会与开始。而且，唯有良好的自我改变，才是改变事情、改造状况，甚至改变环境的基础。

改变自己要学会接受新事物，因为每个人都有着无限的潜能等待开发，只可惜，我们往往限制住自己的思想。科技进步的速度快得惊人，如果你仍一味地沿用旧的思想、旧的做法去行动，可能会被社会淘汰。所以头脑要放灵活些，很多不该再坚持的观念，何苦抓住不放呢？接受新思想，摒弃不适当的旧观念，会使你改造自己，成为扩大格局的好起点。

成事在人，你是受你的思想操纵的，因此弃旧换新在思想与自我改造上更为重要，美好的与适合自己的，才值得我们去选择与坚持！

第2章 培养积极心态，告别消极心态

我们的生活，我们所处的这个世界是很现实的，成功并不像电影、电视剧里所展现得那样幸运和容易，人生的成功需要长久的积累，需要艰辛的付出，需要积极的心态。只有拥有了乐观而积极的心态，我们才能在工作和生活中始终保持激情，从而认真负责地对待每一件事。

拿破仑·希尔曾说过，人的身上有一个看不见的法宝，这个法宝的一边装着四个字：积极心态；另一边也装着四个字：消极心态。积极的心态，它有获得财富、成功、幸福和健康的力量，可以使人攀登到人生顶峰；消极的心态，它剥夺一切使生活有意义的东西。

要成功就要积极一点

一个人只有具备积极的自我意识，才会知道自己是个什么样的人，并知道自己能够成为什么样的人。因而他能积极地开发和利用自己身上的巨大潜能，干出非凡的事业来。

成功人士和平庸之辈，是两种截然不同的人。只要仔细研究这两种人的行为，就可以找到积极主动的人都是不断做事的人，他们凡事现在就去做，直到成功为止。

罗斯福曾说过："杰出的人不是那些天赋很高的人，而是那些把自己的才能尽可能发挥到最高限度的人。"想象自己能够成功，用积极的动机推动行为的发展，通过不懈的努力，你就能达到目标。

积极主动这个词最早是由著名心理学家维克托·弗兰克推介给大众的。弗兰克本人就是一个积极主动、永不向困难低头，积极改变自己命运的典型。

弗兰克原本是一位受弗洛伊德心理学派影响颇深的决定论心理学家，但在纳粹集中营里经历了一段凄惨的岁月后，他开创出了独具一格的心理学流派。

弗兰克的父母、妻子、兄弟都死于纳粹魔掌，而他本人则在纳粹集中营里受到严刑拷打。有一天，他赤身独处于囚室之中，突然有了一种全新的感受——也许，正是集中营里的恶劣环境让他猛然警醒："即使是在极端恶劣的环境里，人们也会拥有一种最后的自由，那就是选择自己的态度的自由。"

弗兰克的意思是说，一个人即使是在极端痛苦、无助的时候，依然可以自行决定他的人生态度。在最为艰苦的岁月里，弗兰克选择了积极向上的态度。他没有悲观绝望，反而在脑海中设想，自己获释以后该如何站在讲台上，把这一段痛苦的经历讲给自己的学生听。

消极被动的人，都是懒惰散漫的人，他们会找借口偷懒，直到最后他证明这件事不应该做、没有能力去做，或已经来不及了，然后放弃。

"我没有时间做"、"我实在太忙了，不能做"、"恐怕现在还不是最佳时机，我们为什么不再等等呢"。通常，这些司空见惯的话语可能会使你付出数倍的代价。"没有时间"只是懒散者的挡箭牌，是懦弱无能者的借口。要想获得更多的机会，你就应该积极主动一点。

消极被动的人总是在等待命运安排或贵人相助。对一件事情，他们总认为是事情找上他们，而自己无法主导或推动事情的进展。积极主动的人对自己总是有一份责任感，认为命运操纵在自己的手里，自己可以主导事情的发生和发展。

有一个人，他 22 岁做生意失败；23 岁竞选议员失败；24 岁重入商海再次失败，而且赔得一无所有；39 岁再次竞选国会议员又再次失败；46 岁竞选参议员失败；47 岁竞选副总统失败；49 岁再次竞选参议员又再次失败。而他的生活信念是：永不言败。他始终相信他终有一天会成功的。最终，他在51岁时竞选总统成功，干成了一番永垂史册的伟业，成为美国历史上与开国元首华盛顿齐名的总统。他就是亚伯拉罕·林肯。

积极主动的人想要自己创业，往往是说做就做；而消极被动的人也想创业，但他总在最后关头发现不去做得好理由。积极主动的人哪怕40岁了，只要他很想换一个新工作，他就真的去做；而消极被动的人也想换工作，但他一直犹豫不决，结果什么事也没有做成。

成功的机会总是在等待那些能够主动去做事的人，只有当你主动、真诚地提供真正有用的服务时，成功才会伴随而来。可是很多人根本就没有意识到这一点，他们早已养成了拖延懒惰的习惯。

积极主动的人会成就许多事情，消极被动的人很想做事但不会真的去做。

如果你要成功，下面的两种方法可以帮助你。

1. 立即去做绝不拖延

万事开头难！要干成一件事情，你总是觉得迈出第一步困难重重，总是下不了决心，于是迟疑不决，犹豫不定。今日推明日，明日推后日，这样推来推去便延误了时间，也就推迟了成功之日的到来。如果你觉得你的公司应该制造一种新产品，就赶快想办法尽量改善吧。你孩子学校里如果要增添一些新教具，就立刻发动募捐，以便你的小孩可以更快使用。你应相信：即便开始时是一个人孤军奋战，只要这个构想真的很好，对众人都有利，很快就会赢得支持。你一定要使自己成为立即去做、绝不拖延的人。

2. 主动参加义务工作

有很多人想参加某些活动都不敢去，因为他们害怕。不是怕能力不足，就是怕别人的批评与破坏。你害怕被人嘲笑，被人说成巴结奉承，被人指为贪功躁进，因此你裹足不前，不敢向前迈进一步。

那些能干又肯干的人，都是主动的人，只有看客站在场外袖手旁观。大家都信任脚踏实地的人，人们一致相信：这个人敢说敢做，绝对知道怎么做最好。我们还没听过有人因为“没有打扰别人”、“没有采取行动”、“要等别人下令才做事”而受到称赞的。

也许，当你开始行动的时候，你还不能看见你所追求的东西是什么样子，你的目标还是一团模糊的影子，这时你会感到困惑，感到目标的遥远，感到跋涉的艰难。但是，只要你毫不停顿地做下去，坚持不懈地干下去，你就会发现目标在你的眼里越来越清晰，最后终于以动人的姿态展现在你的面前。

所以，无论在什么情况下，无论你的境遇有多糟糕，只要你能够始终保持积极主动的心态，始终坚信自己，你就能够改变自己的命运。

积极心态使弱者变为强者

从成功学的角度来看，人们的心态只有两种：积极的心态与消极的心态。美国一所学院对世界上1000名成功人士进行了研究，结果表明：积极心态决定了成功的85%！

将自己最弱的劣势转化为最强的优势，对任何人都非常重要。

有个名叫格兰恩·卡宁汉的人，自小双腿因烧伤无法走路。然而，他却成为人类历史上长跑最快的选手之一。

卡宁汉告诉我们，一个运动员的成功，85%靠的是信心和积极的思想。这就是说，你要坚信自己可以达到目标。他说："你必须在三个不同的层次上面努力，即生理、心理与精神。其中精神层次最能帮助你，我相信天下没有办不到的事。"

积极心态的确能使人转败为胜，将弱点转化为力量。使人转弱为强的最有效的方法是在人生中建立积极的信仰。

拥有积极的心态，你就可以将自己的弱点积极地转为最强的部分。这种转化的过程有点类似焊接金属一样，一块破裂的金属片经过焊接后，反而比原来更坚固。这是因为高度的热力使金属的分子结构更为严密的缘故。

印度有个心理学家名叫卡乐拉，他曾一度消极低沉，甚至走到自杀的地步。生命对他已无任何意义可言，生活中已无任何希望。多年前的一个晚上，他散步到公园的一处草地上，计划在那里自杀。他随身带了一瓶毒药，一口喝尽，躺在那儿等死。

第二天，当他睁开眼睛，发觉自己没死。他想不通自己为什么会没有死。他后来认为，这是上帝的意思，是上帝希望他活下来，因为另有任务给他。当他知道自己仍然活着，突然间重新有了生存的渴望。他感谢上帝的恩赐，让他活下去并且下定决心，一定要活下去，并且决定要以帮助他人为职责。

卡乐拉自此变成了一位特殊的积极思想者，他把帮助他人当作自己生命的全部使命。

对于每一个人来讲，都应该克服自己的弱点。伤感、失望、恐惧、生气、沮丧、酗酒……无论是什么，都不能打败你。

找到自己真正喜爱的东西，找到能够发挥自我优势的行业，是从我们积极尝试开始的。也就是说，自己到底需要什么，是自己摸索而来的。当你用积极的心态去挑战成功时，你就会不断地努力，去寻找自己的优势，通过这种不断寻求，以得到更多的东西。

但是也许有的人一旦遇到挫折与困难，就放弃寻找更多的东西，终于由于自身的不足而导致失败。

消极的心态是造成失败的主凶。你可能了解一些事实、普遍的定律和力量，但是未能把它们应用于特殊的需要，不知如何来利用、控制或协调已知和未知的力量。

著名的心理学家威廉·詹姆斯指出，要使一个人真正努力确实很困难。通常人经过短暂的努力之后会感到很疲倦。然后我们会想半途而废。但是，只要多努力一点，就可以获取更大的能力，只要我们多督促自己一些，便会发现自己潜藏着无限能量。去推动自己，必会得到惊人的效果。

消极心态使人失败

心态决定我们命运，是成功、健康、快乐的保证，消极心态是失败、疾病与痛苦的根源！

选择积极心态的人，会到达成功的彼岸；选择消极心态的人，最终会失败，会遭遇失败。有些人做事只是一时的热情，当他们遇到了挫折，就失去对积极心态的信心。他们开始是对的，但是一遇到挫折，就用消极心态来麻痹自己，慰藉自己，封闭自己，固守着他们的消极心态，期望天上会掉下馅饼。他们不了解消极心态产生的后果。

消极心态会摧毁人们的信心，使希望泯灭，它像一剂慢性毒药，吃了这付药的人会慢慢变得意志消沉，失去任何动力，则成功就会离消极心态的人越来越远。

“消极”是贬义词，它会使人们远离成功：

1. 限制潜能发挥

人不可能取得自己并不追求的成就。人不相信他能达到所期望的成就，他便不会去争取。消极心态者不但想到自己最坏的一面，而且想到世界最坏的一面。他们不敢企求，成了自己潜能最大的敌人。

2. 使希望破灭

消极心态者总是埋怨、责怪、指责别人，找借口，推卸责任。因丧失责任感而摧毁自我信心，使希望泯灭。看不到将来的希望，也就激发不出任何动力。

3. 丧失机会

一到关键时刻，消极心态便散布疑云迷雾，即使出现机会，也看不清抓不到。

4. 失道寡助

没有人会喜欢消极者。得不到别人（特别是成功者）的支持和帮助，成功即是奢谈。

5. 消耗掉 90% 的精力

消极的情绪容易恶性循环，变本加厉，使消极者日复一日在消极的境遇中挣扎。

6. 不能充分享受人生

在人生的整个航程中，消极心态者一路上都在晕船。无论目前境况如何，他们对未来总是感到失望、恶心。在“作呕”的状况下，无意认定目标，无力操控航向，只好随波逐流，任由漂荡。何谈快乐、成功、健康，更谈不上充分享受人生旅程美好的风光。

有这样一个故事。

有一位年轻人在给心理医生写的信中这样说：

一年之计在于春，可是对我而言，在这个万象更新的季节，我对人生的希望都化为泡沫了。

我之所以沦落到今时今日的地步，实在是自作自受，完全与别人无关。回顾过去的二十几年，我似乎一直与自己作对，不让自己好好地过日子。让我举几个例子吧。

八年前，我几经辛苦才考进大学，可是我并没有好好地利用这个难得的机会，我整天游手好闲，不去上课，考试时也不参加，结果被开除学籍。

事后，我痛定思痛，进了一家汽车公司做推销。第一年我非常勤奋地工作，营业额是全公司的冠军，总经理对我另眼相看，暗示我好好地干下去肯定前途无量。可是不知道为什么，我变得心灰意冷，工作态度差了很多，结果还与上司吵了一架，觉得留在公司没有意思，便辞职离开了。

在工作方面，我就是差不多一年转一次公司。我不是应付不了工作，总是做到差不多一年就会发生问题，似乎容忍不了自己变得更好。

不过工作并不是唯一使我伤感的事情，在恋爱方面，我的际遇更惨。女孩子很容易喜欢上我，可是她们最终总是被我气走。活到这份儿上，我是不是该为自己做个了断呢？

上例中的青年实际上是一个自毁倾向严重的人。他不喜欢自己，总是亲手毁掉自己的幸运，那么当然会生活得非常痛苦。许多人对自己很苛刻，这种苛刻只会削弱自我感觉，与自我的不良关系就会成为抑郁的前奏，不久这种关系会随抑郁的发展继续恶化。

上例中的青年简直不能接受有好的事情发生在他的身上——老板对他好，他急不可待地证明老板看错了他；社会优待他，给他机会接受高等教育，他轻易地抛弃大好机会；女孩子排队来填补他空虚的灵魂，他好像赶瘟神似地把她们赶走。他的人生目标似乎是彻底破坏自己的幸福。

有自毁倾向的人是那种不喜欢自己甚至讨厌自己的人。这种人不能允许自己有成功的人生，因此到处与自己作对，把自己赶上绝路，严厉地惩罚自己，到最后真的没路可走时，有些会走上自杀的道路。

林女士和王女士同样在市场上经营服装生意，她们初入市场的时候，正赶上服装生意最不景气的季节，进来的服装卖不出去，可每天还要交房租和市场管理费，眼看着天天赔钱。这时林女士动摇了，她以认赔了5000元钱的价钱把服装店盘了出去，并发誓从此不再做服装生意。而王女士却不这样想。她认真地分析了当时的情况，觉得赔钱是正常的，一是自己刚刚进入市场，没有经营经验，抓不住顾客的心理，当然应该交一点学费；二是当时正赶上服装淡季，每年的这个季节，服装生意人也都不赚钱，只不过是因为她们会经营，能够维持收支平衡罢了。而且，王女士对自己很有信心，知道自己适合做服装生意。果然，转过一个季节，王女士的服装店开始赚钱。三年后，她已成为当地有名的服装生意人，每年收入颇丰。而林女士在三年内改行几次，都未成功，仍然穷困潦倒，一筹莫展。

看来，事物都有其两面性，问题就在于当事者怎样去对待它们。上面提到的林女士只看到赔钱的一面，而看不到将来会赚钱的发展前景，不能以积极的态度去分析事物；而王女士的态度则是积极的，她更多地从将来的角度看待当前的不景气，所以，她能顶住压力，坚持到成功。

如果我们的脑海中存在压力或失败的思想，就势必会导致失败。从以上故事中，我们就会明白，人的意识和潜意识具有操纵人类命运的巨大能力。如果意识给潜意识一个目标，潜意识就会为实现这个目标而行动起来；如果意识给潜意识一个指令，潜意识就会认真去执行这个指令。所以说，一个人想着成功，就可能成功；想着失败，就会失败。一个人期望的多，获得的也多，期望的少，获得的也少。成功是产生在那些有了成功意识的人身上，失败根源于那些不自觉地让自己产生失败的人身上。

美国宾州大学的塞利格曼教授曾对人类的消极心态作过深入的研究，他指出了三种特别模式的心态会造成人们的无力感，最终毁其一生。它们是：

1. 永不消沉

即把短暂的困难看作永远挥之不去的怪物，这是在时间上把困难无限延长，从而使自己束缚于消极的心态不能自拔。

2. 无所不在

即因为某方面的失败，从而相信在其他方面也会失败。这是在空间方面把困难无限扩大，从而使自己笼罩在失败的阴影里看不到光明。

3. **问题在我**

即认为自己能力不足，一味地打击自己，使自己无法振作。这里的“问题在我”，不是勇于承担责任的代名词，而是在能力方面一味地贬损自己，削弱自己的斗志。

你有过这样的情形吗？如果有，请尽快从消极心态的阴影里解脱出来。记住德国人常说的一句话吧：“即使世界明天毁灭，我也要在今天种下我的葡萄树。”

积极主动才能无往不胜

王蒙先生在论述人在境遇中的主动性美德中有这样一段话：“人在境遇中的主动性，就是把命运掌握在自己手里，依天行健，自强不息。关键在于什么情况下都有事干，至少是有科目要学。在任何情况下都要找到自己的位置，自己的活计，长进的可能，积累的可能。找不到百分之百的可能就找百分之一的可能或千万分之一的可能，一点点可能也要发挥其作用，而毫不在乎有什么说法，有什么眼神。”

我们必须清楚，没有成功会自动送上门来，也没有幸福会自动降临到一个人身上。这个世界上所有美好的东西都需要我们主动去争取。爱情、财富、友谊、工作……莫不如此。唯有那些主动出击、善于创造机会和把握机会的人，才有可能从最平淡无奇的生活中寻觅到一丝机会，用积极的行动改变自己的处境，使自己的人生之船到达理想的彼岸。

前国家足球队教练米卢的“态度决定一切”的名言在企业人力资源经理中反复被引用。他们说，一个人的心态是否端正，往往决定了一个人能发挥出多大的专业水平，能创造出多大的业绩，也决定了他在企业中的位置。如果你要真正成为职场中炙手可热的人物，实现自我的理想，让自我的价值得到更好的体现，那么你就必须做到不要把精力盯在薪水上，而是应当积极主动地去调整自我的工作态度。

率先主动是成功者必备的素养，它能使人变得更加敏捷，更加积极。积极的工作态度能使你从竞争中脱颖而出。

世界著名的成功学专家拿破仑·希尔曾经聘用了一位年轻的小姐当助手，替他拆阅、分类及回复他的大部分私人信件。当时，她的工作是听拿破仑·希尔口述，记录信的内容。她的薪水和其他从事相类似工作的人大致相同。

有一天，拿破仑·希尔口述了下面这句格言，并要求她用打字机打印出来："记住：你唯一的限制就是你自己脑海中所设立的那个限制。"

她把打好的纸张交还给拿破仑·希尔时说："你的格言使我获得了一个想法，对你、我都很有价值。"

从那天起，拿破仑·希尔可以看得出来，这件事在她脑中留下了极为深刻的印象。她开始在用完晚餐后回到办公室来，并且从事不是她分内的、而且也没有报酬的工作。她开始把写好的回信送到拿破仑·希尔的办公桌来。她已经研究过拿破仑·希尔的风格。因此，这些信回复得跟拿破仑·希尔自己所写的一样好，有时甚至更好。她一直保持着这个习惯，直到拿破仑·希尔的私人秘书辞职为止。当拿破仑·希尔开始找人来补这位男秘书的空缺时，他很自然地想到这位小姐。

但在拿破仑·希尔还未正式给她这项职位之前，她已经主动地接收了这项职位。由于她在下班之后，以及没有支领加班费的情况下，对自己加以训练，终于使自己有资格出任拿破仑·希尔的秘书。

不仅如此，这位年轻小姐高效的办事效率引起了其他人的注意，有很多人为她提供更好的职位请她担任。她的薪水也多次得到提高，最后已是她当初时作为普通速记员薪水的4倍。

我们不应该抱有"我必须为公司做什么"的想法，而应该多想想"我能为公司做些什么"。一般人认为，忠实可靠、尽职尽责完成分配的任务就可以了，但这还远远不够，尤其是对于那些刚刚踏入社会的年轻人来说更是如此。要想取得成功，必须做得更多更好。

卓越者大都明白，什么事情都要自己主动争取，并且要为自己的行为负责。没有人能保证你成功，只有你自己；也没有人能阻挠你成功，只有你自己。要想获得成功，你就必须敢于对自己的行为负责，没有人会给你成功的动力，同样也没有人可以阻挠你实现成功的愿望。

养成了积极主动的工作习惯，就掌握了个人进取的精义。那些以无比的热情看待自己工作和事业的人，总能发掘出无穷的机会。相反，那些被动的人只能永远等着别人给他安排任务，而且还要推脱搪塞，在这同时，他也推掉了机会。

只有积极主动，才会让雇主惊喜地发现你实际做得比你原来承诺的更多，你才有机会获得加薪和升迁。如果你只是尽本分，或者唯唯诺诺，对公司的发展前景漠不关心，你就无法获得额外的报酬，你只能得到属于你应得的那一部分，当然，这比你想象的要少。

其实，公司是一个实现自我价值的平台。你通过自己积极主动的工作，为企业作出贡献，企业通过你的工作取得了效益，因此，它除了给你报酬，还给你提供了机会，让你实现自己的理想。所以，如果你对工作总是采取一种应付的态度，能少做就少做，能躲避就躲避，敷衍了事，实际就是敷衍自己。

当我们不过分计较一时的利益得失，保持平和的心态，就能把自己岗位的职责做到最好。这也就是先把标准动作做好，再追求自选动作的创新。一个人要善于练好基本功，掌握一个行业的基础知识越扎实，对将来的发展越有利，而不是现在能得到多少薪水，将来就能得到成功。在企业中，一个人心态平和，积极主动地完成自己的工作职责，其才能和贡献总会被上司发现，合理回报也自然会来。

成功的机会总是在寻找那些能够主动去做事的人，只有当你主动、真诚地提供真正有用的服务时，成功才会伴随而来。

积极的心态是迈上成功之路的开始

积极的心态是一个人成功的关键因素之一。成功者具有积极的心态。

拿破仑·希尔研究了美国最成功的500个人的生平，还结识了这些人当中的许多人。他发现这些人的成功故事中都有一个不可缺少的元素，那就是具有积极的心态。这些人即使屡遭失败但仍旧斗志昂扬，信心不灭。

就是具有积极的心态。这些人即使屡遭失败但仍旧斗志昂扬，信心不灭。在他看来，只有能克服不可思议的障碍及巨大失望的人才能获得巨大的成功。他的话跟美国发明家布卡·T·华盛顿的话相似："我明白了，成就的大小不是由这个人达到的人生高度衡量的，而是由他在成功路上克服的障碍的数目来衡量的。"

保持积极心态，我们就是有了信念的基点，有了力量的源泉，有了开启人生之路的探照灯，有了打开成功之门的金钥匙。

世界巨富福勒就是一个令人叹服的典范。

幼年福勒的家庭很穷，他的母亲生了7个孩子，为了生计，福勒5岁参加劳动，9岁之前就像大人一样以赶骡子为生。但有一天，他母亲的一番话改变了他整个的人生："福勒，我们不应该这么穷。我不愿意听到你们说：'我们的穷是上帝的意愿。我们的贫穷不是由于上帝的缘故，而是因为你们的父亲从来就没有产生过致富的念头。不仅是你们的父亲，我们家庭里任何人都没有产生过出人头地的念头。'"

"念头！"这个词沉重地击打着福勒的心房。福勒开始思考致富。他让关于走向富有的念头占据了全部心思，而把杂念统统抛到脑后。他选择了肥皂业。于是，他像现在很多可怜的推销员那样，挨家挨户地推销肥皂。

12年之后，他终于有了2.5万美元。正好，福勒获悉供应他肥皂的那家公司要拍卖出售，售价是15万美元。福勒兴奋极了，由于兴奋他竟然忘记了自己只有2.5万美元。他与这家公司达成协议，先交2.5万美元作为保证金，然后在10天之内付清余款，否则，那笔保证金——也就是他的全部财产——将不予退还。福勒兴奋地只说了一个字："行！"

这时，福勒其实已经把自己逼上绝路，但他感到的不是绝望，而是成功的兴奋。福勒开始筹钱，由于做了12年的推销员，他在社会上建立起很好的人缘。朋友们借给他11.5万美元，只差1万美元了。但是，这时已经是规定的第10天的前夜，而且是深夜，所以那1万美元就不是个小问题。福勒发愁了。

但是，致富的念头，使他没有失望。他在深夜再次走上街头。成功之后的福勒在回忆那个深夜时说："当时，我已用尽我所知道的一切资金来源。那时已是沉沉深夜，我在幽暗的房间中跪下祈祷，祈求上帝引导我见到一个能及时借给我1万美元的人。我驱车走遍61号大街，直到我在一幢这时已是深夜11点。福勒走进那幢商业楼，在昏黄的灯光里看到一个由于工作而疲乏不堪的先生。为了顺利履行那份购买肥皂公司的协议，福勒忘记了一切，心中只有勇气和智慧。他不假思索地说：

“先生，你想赚到1000美元吗?”

“当然想喽……”那位先生因为这个好运气的突如其来而有点惊慌失措。

“那么，给我开一张1万美元的支票，等我归还您的借款时，我将另付你1000美元的利息。”

福勒于是讲述了他面临的困境，并把有关的资料让那位先生看。福勒拿到了1万美元。福勒由此开始，迈进了世界巨富的行列。

福勒的故事无疑给我们这样一个启示：不为困难折服的积极心态，是我们每个人迈上成功之路的开始。

培养积极的心态

拿破仑·希尔说，成功的关键在于个人的心态。成功人士与失败人士的差别在于成功人士有积极的心态。而失败人士则习惯于用消极的心态去面对人生。

成功人士善于运用这一黄金定律支配自己的人生，他们始终用积极的思考、乐观的精神和丰富的经验支配和控制自己的人生，往往也能够在烦恼的环境中寻找快乐；失败人士是受过去的种种失败与疑虑所引导和支配的，他们悲观失望、消极颓废最终走向了失败。

马尔比·D·马布科克说：“最常见同时也是代价最高昂的一个错误，是认为成功有赖于某种天才、某种魔力、某些我们不具备的东西。可是成功的要素其实掌握在我们自己的手中，成功是运用积极心态的结果。一个人能飞多高，是由他们自己的心态所制约的。”

在推销员中，有这样一个故事一直广泛流传着：两个欧洲人到非洲去推销皮鞋。由于那里天气炎热，非洲人向来都是打赤脚。第一个推销员看到非洲人都打赤脚，立刻失望起来："这里的人都打赤脚，怎么会买我的鞋呢！"于是放弃努力，沮丧地打道回府。另一个推销员见到非洲人打赤脚，惊喜万分："这些人都没有皮鞋穿，这皮鞋市场大得很呢。"于是想方设法，引导非洲人购买皮鞋，最后发了一笔大财。

成功与失败仅在一念之间，这就是心态的作用。同样是非洲市场，同样面对打赤脚的非洲人，由于一念之差，一个人灰心失望，不战而败；而另一个人则满怀信心，大获全胜。

生活中，失败、平庸者多，主要是他们的心态有问题。遇到困难，消极心态者总是挑选容易的倒退之路。"我不行了，我还是退缩吧"。结果陷入失败的深渊。而积极心态者遇到困难，仍然保持积极的心态，用"我要！我能！""一定有办法"等积极的意念鼓励自己，于是便能想尽办法，不断前进，直至成功。发明大王爱迪生在几千次失败的试验面前，绝不退缩，最终成功地发明了照亮世界的电灯。

成功人士运用积极心态支配自己的人生。拥有积极心态的人始终用积极的思考、乐观的精神和丰富的经验支配和控制自己的人生；消极心态者刚好相反，他们是受过去的种种失败与疑虑所引导和支配的，他们空虚、悲观失望、消极颓废，最终走向了失败。

运用积极心态支配自己人生的人，拥有积极奋发、进取、乐观的精神。他们能乐观向上地正确处理人生遇到的各种困难、矛盾和问题。受消极心态支配的人，他就会悲观、消极、颓废，不敢也不去积极解决人生所面对的各种问题、矛盾和困难。

在日常生活中可能会碰到令人兴奋的事情，也同样会碰到令人消极的、悲观的坏事，这本来应属正常。如果我们的思维总是围着那些不如意的事情运转的话，也就相当于往下看，那么，终究会摔下去的。因此，如果我们要恢复信心，那么我们就应尽量做到脑海想的、眼睛看的以及口中说的都应该是光明的、乐观的、积极的话题，发扬往上看的精神才能在我们的事业中实现成功。

许多人最常见同时也是代价最高昂的一个错误，是认为成功有赖于某种天才、某种魔力、某些我们不具备的东西。然而事实是，成功是运用积极心态的结果。一个人能飞多高，并非由人的其他因素，而是由他自己的心态所决定。

美国著名成功学家拿破仑·希尔告诉我们，我们的心态在很大程度上决定了我们人生的成败：

我们如何对待别人，别人就如何对待我们。

我们如何对待生活，生活就如何对待我们。

我们在一项任务刚开始时的心态就决定了最后将有多大的成功，这比任何其他因素都重要。

人在任何重要组织中地位越高，就越能找到最佳的心态。

所以，我们的环境——心理的、感情的、精神的——完全由我们自己的态度来创造。

1. 你的言行举止要像你希望成为的人。

许多人总是等到自己有了一种积极的感受再去付诸行动，这些人是在本末倒置。积极行动会导致积极思维，而积极思维决定积极的人生态度。心态是紧随行动的，如果一个人从一种消极的心态开始，等待着感觉把自己带向行动，那他就永远成不了他想做的成功者。

2. 要心怀必胜、积极的想法。

美国钢铁大王安德鲁·卡内基说过：“一个对自己的内心有完全支配能力的人，对他自己有权获得的任何其他东西也会有支配能力。”当我们开始运用积极的心态并把自己看成成功者，我们就成功一半了。

3. 心存感激。

在日常生活中，那些持有消极心态的人常常抱怨：父母抱怨孩子们不听话，孩子们抱怨父母不理解他们，男朋友抱怨女朋友不够温柔，女朋友抱怨男朋友不够体贴。在工作中，也常出现领导埋怨下级工作不得力，而下级埋怨上级不够理解自己，不能发挥自己的才能。他们总是抱怨生活而不是感激生活。拿破仑·希尔认为，如果你常流泪，你就看不见星光。对人生、对大自然的一切美好的东西，心存感激，人生就会显得美好许多。

4. 到处寻找适时的新观念。

有积极心态的人时刻在寻找适时的新观念。这些新观念能增加积极心态者的成功潜力。正如法国作家维克多·雨果说的，没有任何东西的威力比得上一个适时的主意。

5. 放弃鸡毛蒜皮的小事。

有积极心态的人不把时间精力花在小事情上，因为小事使他们偏离主要目标和重要事项。当一个人对一件无足轻重的小事情作出小题大做的反应时，这种偏离就产生了。

6. 使你遇到的每一个人都感觉到自己重要、被需要。

每个人都有一种欲望，即感觉到自己的重要性，以及别人对他的需要与感激。这是我们普通人的自我意识的核心。如果你能满足别人心中的这种欲望，他们就会对自己，也对你抱积极的态度。一种大家共同发展、共同走向美好的局面就将形成。正如美国19世纪哲学家兼诗人拉尔夫·沃尔都·爱默生说的，人生最美丽的补偿之一，就是人们真诚地帮助别人之后，同时也帮助了自己。

7. 培养奉献的精神。

曾被派往非洲的医生及传教士阿尔伯特·施惠泽说："人生的目的是服务别人，是表现出助人的激情与意愿。"这句话的意思就是，一个积极心态者所能做的最大贡献是给予别人。

8. 学会微笑。

微笑是上帝赐给人类的专利，微笑是一种令人愉悦的表情。当你面对一个微笑着的人，你会感到他的自信、友好，同时你也会被这种自信和友好感染，油然而生出自信和友好来，使你和对方亲切起来。微笑是一种含义深远的肢体语言，微笑是在说："你好，朋友！我喜欢你，我愿意见到你，和你在一起我感到愉快。"微笑可以鼓励对方的信心，微笑可以融化人们之间的陌生感和隔阂。但是微笑必须是真诚的，发自内心的。正如英国谚语所说："一副好的面孔就是一封介绍信。"微笑，将为你打开通向友谊之门，更为你建立积极的心态创造良好条件。

9. 用美好的感觉、信心与目标去影响别人。

随着你的行动与心态日渐积极，你就会慢慢获得一种美满人生的感觉，随着信心的日益增长，你的人生目标也越来越明确。随后，别人会被你吸引，因为人们总是喜欢跟积极乐观者在一起。运用别人的这种积极响应来发展积极的关系，同时帮助别人获得这种积极态度。

第 3 章 打造自信心态，克服自卑心态

自信，就是对自己能够达到某种目标的乐观、充分估计。美国作家爱默生说："自信是成功的第一秘诀。"可以说，拥有自信就拥有无限机会。无论在人际交往上、事业上还是在工作上，自信都非常重要。因为只有自己相信自己，他人才能相信你。只有非常的自信，才能成就非常的事业。对事业充满自信而永远不屈服，便永远没有所谓的失败。相信自己能行，一个充满信心的开始，事情已经成功了一半。

相信自己的潜力

美国医生皮尔斯曾做过这样一个研究：200 名参加宴会的宾客品尝了同样的食物之后，其中一半的人食物中毒，但另一半人却安然无恙，他想通过研究了解其中的奥妙，发现那些未中毒的人生活态度较积极，自我价值极高、对事情看得较开，处世很有弹性，从精神心理学的角度来分析，就是他们的心灵的力量，也就是心能较大、较强，换句话说心能越大，人越健康，因为免疫系统较强。

关于心能的大小强弱对人的各方面影响，医生和心理学家早已提出各种理论与实验结果，只是我们不知道罢了。

其实，心灵的力量是很容易培养的，因为人的心灵是很单纯的，唯一

的要求是要相信你自己，肯定你自己，相信你自己是个好人，勤奋、努力、认真、节俭、肯定自己的大方、仁慈、善良……但是，要人相信自己的最大困难，就是人永远与别人比较并找理由否定自己。

每个人多多少少有一些恐惧心。为什么有恐惧心？就是他害怕失败，害怕拒绝，为什么呢？因为他觉得自己不够优秀。为什么觉得自己不够优秀？因为他不相信自己的能力。

信心的力量是惊人的，相信自己，一切困难都将不再是困难。自信是一种积极的品质，是促使人向上奋进的内部动力，是一个人取得成功必备的、重要的心理素质。

如何相信自己的潜力？你首先要相信，你和那些成功者一样，本身存在着巨大的潜力。这种潜力，哪怕是一丁点儿，只要能唤起，就可以令你笑傲人生，迈向成功。

无数事实和许多专家的研究成果告诉我们：每个人身上都有巨大的潜能没有开发出来。美国学者詹姆斯据其研究成果说："与应当取得的成熟相比，我们不过是半醒者，我们只利用了我们身心资源的很小一部分……"

既然人人都有巨大的潜能，为什么实际生活中人与人却有千差万别呢？这当然是由心理态度与努力程度不同所决定的，同时也和所受的教育和所处的境遇不同有关。

布伦是美国最成功的电影制片人之一，但先后被3家公司革职，才体会到大公司的工作对他不合适。他在好莱坞晋升为20世纪霍士公司第二号人物，后来建议摄制"埃及艳后"，不料这部电影卖座率极低。接着公司大裁员，他也被上司炒了鱿鱼。

在纽约，布伦进入新阿美利坚文库任编撰部副总裁，但是几位股东聘请了一位局外人，而他和这人意见不合，于是又被解聘了。

回到加州，布伦又进了20世纪霍士公司，在高层任职。后来，由于董事会不喜欢他所建议拍摄的几部影片，他又一次被革职。

布伦开始认真检讨自己的工作态度。他在大机构做事一向敢言、肯冒险，喜欢凭直觉处事，这些都是老板的作风而不是当雇员的作风。他痛恨公司的管理方式，也不喜欢企业的工作作风。

分析了失败的原因之后，布伦和柴纳克联手自立门户，摄制"大白鲨”、“裁决”等影片，都取得了成功。

布伦是一位失败的公司行政人员；但他天生是个企业家，只是过去一时没有发挥潜力而已。

一个人只有具备积极的自我意识，才会知道自己是个什么样的人，并知道能够成为什么样的人。因而他能积极地开发和利用自己身上的巨大潜能，干出非凡的事业来。罗斯福曾说过：“杰出的人不是那些天赋很高的人，而是那些把自己的才能在尽可能内发挥到最高限度的人。”

有些人之所以很难发挥自身的潜力，还是因为他被许多繁文缛节所束缚，被太多的“应该怎么做”和“不应该怎么做”捆住了手脚。其实，各种所谓的“应该”标准必然给人造成精神压力，越是努力遵照这些“应该”标准行事，所受到的压力也就越大。……此外，由于这些“应该”标准是外界强加的条条框框，所以它们总是会影响到人与人的关系。

“应该”标准在你的生活中占据主导地位吗？你是否觉得自己应该照顾妻子、应该帮助孩子、应该和善地对待同事、应该努力工作？当然，这些“应该”标准或许并不是你自己制定的。假如这些标准是别人的发明，而你仅仅是搬来借用，那你就是陷入误区。

实际上，和“应该”的框框一样，“不应该”的框框也太多了，比如：不应该发脾气、不应该粗鲁、不应该糊里糊涂、不应该没羞没躁、不应该过于幼稚、不应该抑郁不乐等。然而，你没必要在精神上折磨自己。不能保持冷静或不善于理解人都是正常的。你只要愿意，就完全可以不去顾忌面子问题。没有人会给你打分，你不按照别人的意思说话办事也不会受到惩罚；更何况强迫自己做不情愿的事情肯定难以持久。

怎样摆脱束缚发挥潜力呢？

1. 制定适用于自己的行为准则

列出你所遵守，但实际上又不适用的规则和标准。你可能不赞成这些荒谬的规则，似乎又无法改变自己。在这种情况下，你可以制定出最后适用于自己的“行为准则”。现在就动手写出来，别拖延。

2. 建议废除老规矩

你可以和亲戚朋友们共同讨论一下你所反感而大家都在遵守的老规矩，并建议废除它，并提出一些大家都更为赞赏的新规矩。

3. 看看别人是怎么做的

看看别人是怎么办事的，他们的做法是否和你不同。

4. 生活在现实中

你应该生活在现实里，不要将所有的规矩都视为是普遍运用的，必须认识到，任何标准都仅仅适用于某一特定环境。

想象自己能够成功，用积极的动机推动行为的发展，通过不懈的努力，你就能达到目标。正如海伦·凯勒所说的那样："当你感到有一种力量推动你翱翔的时候，你是不应该爬行的。"

人身上存在着种种内在的潜力，这种潜力只要能唤起一点点，就会从失败走向成功。

成功人士与失败的人不同之处在于，他们有超人的志向，远大的理想，崇高的目标，勇敢的意志，坚定的信心。他们昂首阔步，永远向前，永远向上，不屈不挠地坚持着、发展着自己的生命力，从而创造出无限的奇迹来。

以下是成功人士的经验之谈：

相信自身的潜力；

相信别人能做到的事，自己也能做到；

找到能发挥自己特长的职业，认真干下去；

遇到困难和失败，不要屈服，不要放弃；

相信成功总有一天会到来。

相信自己的能力

英国历史上曾经发生过这样一件事：杜邦率军未能攻下克切斯城，他在法拉格特将军面前极力为自己开脱责任。法拉格特听完后只说了一句话："一个重要的原因你没有讲到，那就是你一开始就不肯相信自己能成功。"

相信自己，相信自己的能力，也就是说服自己的动摇，说服自己的怀疑。只有在内心里打消疑虑，才能时时事事充满信心。

树立信心是一个说服自己的过程。曾几何时，在人们的观念中，把人才都定位在高新科技领域、高经济收入的管理层、高学历的人群。而从古至今民以食为天，无论自己从事什么职业，是某名牌大学毕业的高材生，还是技校毕业的专业生，哪怕是摆地摊卖菜的，只要你在这个社会存在，有属于自己的一个岗位，能够靠自己的劳动使自己的生活衣食无忧，那么，你就是这个社会需要的人才。

人才意识实际上就是自我实现的意识，因此，对于所谓的事业绝对是你个人的事业，具有明显的个人烙印。实际上，在你的工作和生活中，只有你才真正关心你的事业和生活，其他人员仅仅是在旁观。如果你真正理解有了事业就会有美好的生活，那么，你就会坚信成功必须靠自己。有这样一个心理小实验，一个人只要坚持在早晨起床后或在晚上临睡前反复默念9次“我行”、“我能行”，默念时要果断，要反复念，一天工作下来，就会觉得做什么事情都比较顺心。通过这种自我的积极暗示心理，使自己逐渐树立信心，逐渐有了心理力量。特别是在遇到困难时的反复默念会收到意想不到的效果。

有几个生意人，他们在北京从事服装批发业很多年了，从学历上讲，受农村教育环境限制，他们大多初中毕业，甚至有些只是小学毕业；从经济上讲，刚来北京时可以说身无分文，靠给同乡卖苦力为生。但是，他们都有一个共同点：就是不安于现状，在思想上认为别人能过上好日子，只要能吃苦肯干用心做事，将来同样也会过上富裕的生活。在这个信念的支持下，他们埋头奋斗积累资金，经过几年、甚至十几年的奋斗，今天他们都在北京置下了房产，并购置了自己的汽车。

通过他们大都类似的成功经历，我们不难看出，生活是公平的。其实，机遇对于每一个人都是一样的，对于一个行业，你先不要太多地考虑自己的客观因素，哪怕开始你对它一无所知，但只要你认为自己能行，并用心去学、去做，那么你以后就会成为这方面的人才和成功者。

牛顿27岁时，被选为英国皇家学会的会员，并被聘为剑桥大学数学系教授。当牛顿走上大学讲台的时候非常激动，他含泪说：“在我研究中，始终坚持这样一个信念：‘我要寻找的，我一定能找到它！’”

牛顿是一位伟大的科学家，同时也是一位富有想象力的诗人，他仰观天象，发现一件怪事：不同的光线有不同的折射度。“我要找到它！”他心里这样想，于是，他对光线反复研究，最后终于设计制造了一具反射望远镜。他研究白色光线，怀疑它不过是光谱中各种颜色的混合物。他又想：“我要找到它！”牛顿不断地怀疑、不断地寻找，体现了强烈的自信心。

不少有成才意识的人内心十分明了，要真正地成为人才，首先要善于发现和挖掘自己的内在潜能，挖掘自身蕴藏的各种潜能，根据潜能选择成才目标，在向目标奋斗的过程中把握机会、创造条件，让自己的潜能充分释放出来，而不是让其永远湮灭。主动权操在己手，这是许多成功人士的成才之道。最大限度地释放自身的潜能，你可成人才，我可成人才。人人皆人才，“人皆为尧舜”就会成为现实，而不只是一句口号，一个美好愿望。

自信是正面思维的产物，是迈向成功的基石，我们只有站在自信的起点上，才能一步一个台阶的迈向成功的顶峰。只有不畏惧挫折、失败和挑战，拥有坚韧的态度和意志力，才能让你的人生之旅最终走出风雨，充满阳光。自信是一种感觉，一种心态，只有拥有自信我们才能怀着坚定的信念，走上成功的道路。

“妄自菲薄”使生命失去活力

人人都有所短，不要因为自己不如别人而产生自卑感，或因此自暴自弃。步入社会，每个人都不可避免地遇到这样或那样的困难，这是十分正常的。但是在工作初期遇到逆境时，千万不要一味地否定自己、贬低自己，那样，就会越不顺，越认为自己一无是处，从而使自己走进越灰心越失败、越失败越自卑的恶性循环中。

克服自卑是一个树立信心的过程，也是一个说服自我的过程。这种说服包括重建昂扬的斗志、舍弃不良的习惯以及自信的确立。

这种说服首先要分析自身的优缺点。清楚了自身的优缺点，并能克服缺点发扬优点，那么成功离你就不遥远。

日本“经营之神”松下幸之助经常说的一句话是：“自卑感是销售人员的大敌，是阻碍成功的绊脚石。”

自卑是一种因过多的自我否定而产生的自惭形秽的情绪体验。任何人或多或少都有自卑心理，有各种各样的自卑情结。当自卑达到一定程度，影响到学习和工作的正常进行时，就成为心理障碍。自卑心理有的时候可以转化为巨大的动力，有的时候可能转化为巨大的消极因素，关键看你如何对待它。

自卑是一种可怕的消极情绪。自卑意识往往是以“不能”的观念去看待事物。怀有自卑情绪的人，往往遇到一点困难，就会为自己找各种借口来推说“不可能实现”、“这事我干不了”、“这项工作超过了我的能力范围”，“无法办到”。没有试一试就给自己判了死刑。

正是由于这种狭隘的自卑观念，把他们囚于没有成功感受的牢笼。例如，有些销售人员在走到顾客的大门前时，踌躇不前，害怕进去受到顾客冷遇。常言道：“差之毫厘，谬以千里。”对待工作，销售人员微妙的心理差异，造成了销售成功与失败的巨大差异。自卑意识是一个人走向成功之路的最大障碍。自卑意识使很多人遇到困难和挫折时选择了逃避，这样既不能发挥出自己的真实能力，同时也错过了不少良机。在心理上，如果一味地让自卑感占上风，那么，无论是在工作和生活的哪一方面都不会有成功的希望。

在尊重知识、尊重人才已经成为社会风尚的当今时代，很多人因自己所从事的职业而未视自己为人才，渴望自己成为被人认同的人才。他们有成才的可能吗？回答是肯定的：有！

当今社会的竞争，其本质就是人才的竞争。对人才，社会已经达到了空前的共识：作为第一战略资源，人才是企业参与竞争中决定胜负的关键因素。打开电视或报纸，可以看到很多不惜重金、开列各种优厚条件的招聘广告；在大大小小的人才市场上，不少单位竞相亮出的招收博士、硕士和重金聘请高级技工的计划，这些现象都充分说明了当今社会对人才需求的渴望。然而，当今社会对人才需求的大潮像波涛一浪高过一浪之际，却有不少人认为自己并非人才，对“人才”这个词他们仰而望之，认为自己离它十万八千里。于是，在社会上出现了这样一种人所忽视的怪现象，越是人才需求呼声极盛，越是有人妄自菲薄；越是人才竞争激烈，越是有人对成才产生心理障碍；越是不少人才脱颖而出，越是有人认为成才高不可攀。

美国加州富尔顿学院心理学教授G·L·赫胥勒通过教学和实践感慨地说道，在编撰20世纪人类历史的时候，可以这样写：我们最大的悲剧不是恐怖、地震、连年的战争，甚至不是原子弹投向广岛，而是千千万万的人们生活着，然后死去，却从未意识到存在于他们自身的人类未开发的巨大潜力。如此众多的现代人，生活的中心竟只是食物的充足、电视和卡通片的感官刺激……

每个人自身都存有无限的潜能，只要你自己去深度开发，就必定会成为某一方面的专业人才。科技含量越来越高的现代生活使人们忽视了自身的潜能，由于盲目的自卑而停止了培养自己成才的脚步，当今社会只重视显性人才，关注更多的是取得突出成就的少数人，而忽视了有潜质的大多数普通人才，更很少有谁真正关注如何将潜性人才造就成显性人才。因此，人首先明确的是每一个人都是人才，只是你是否选择了能够发挥你本身才能的行业。通过实践认清自己的潜能就会扫除妄自菲薄的观念，认真审视自身，从而树立成才的信心。

信心是成功的秘诀

有一个伟人说得非常好：世界上最坚不可摧的力量就是自己的意志，决心和信心！信心是成功的秘诀。

人生中的坚忍、进取、勇敢、耐心、恒心、克服困难、战胜危险等许多美德，都源于自信。拿破仑·希尔曾经说过：“我成功，是因为我志在成功。”凡是成功者，无不是凭借高昂的自信心获得了成功。

其实，自信心人人都有，但大多数人不能“从一而终”。每个人的能力没有太大区别，真正的差异在于对待问题的信心和决心。

自信给人带来生活和做事的勇气。自信自有冲天力，舍此便为地狱门。自知者明，自信者强。有自信心的人，可以化渺小为伟大，化平凡为神圣。

几年前，约翰逊经营着一个小杂货店，过着平凡的生活。

他家的房子既窄小又陈旧，也没有钱买他们想要的东西。虽然约翰逊的妻子没有怎么抱怨过，但她只是安于天命，实际上生活得并不幸福。

约翰逊意识到自己不是一个称职的丈夫，没有让妻子和两个孩子享受快乐的生活，心里常常感到深深的刺痛和内疚。

现在，约翰逊有了一所占地两英亩，精美豪华、宽大舒适的新宅。他和妻子再也不用为了让他们的孩子能上一所好的大学而担心忧愁了，他的妻子在装扮自己时也不再有一种犯罪的感觉了。有一年，他们全家都去欧洲度假，并在欧洲度过了一个难忘的圣诞。

约翰逊说：“这一切的发生并不是偶然的，是因为我依靠了信念的力量。几年以前，我听说在休斯敦有一个经营日杂百货的工作，那时，我们还住在亚特兰大，我决定去试一试，希望能多挣一点钱。一个星期天的早晨，我就赶到了休斯敦，但公司与我面谈还得等到星期一。那天晚饭后，我坐在旅馆里静思默想：‘这到底是为什么，上帝怎么这样对我！’‘为什么我总是逃脱不了失败的命运呢？’突然觉得自己是多么的可憎。”

约翰逊不知道那天是什么力量促使他做了这样一件事：他取了一张旅馆的信笺，写下几个他非常熟悉的、在近几年内远远超过他的人的名字，他们都取得了更多的权力和工作职责。其中一个原是邻近的农场主，现已搬到比这更好的地区去了；另一位约翰逊曾经为他工作过；还有一位则是他的妹夫。

约翰逊问自己：是什么使这3位朋友拥有优势呢？他把自己的智力与他们作了一个比较，约翰逊觉得他们并不比自己更聪明；而他们所受的教育，他们的品格，个人习性等，也并不比自己拥有任何的优势。终于，约翰逊想到了另一个成功的因素，即主动性。约翰逊不得不承认，在这一点上他的朋友们要远远胜过他，而他总是被逼无奈时才采取某些行动。当时已快深夜两点钟了，但约翰逊的脑子却还十分清醒，他第一次发现了自己的弱点。

他深深地挖掘自己，发现缺少主动性是因为在内心深处，他并不看重自己，对自己没有信心，更谈不上有什么远大的理想抱负。从他记事起，便缺乏自信心，他发现过去的自己总是在自寻烦恼，自己总对自己说不行，不行，不行！他总在表现自己的短处，几乎他所做的一切都表现出了这种自我贬值。就这样，约翰逊回忆着过去的一切，坐着度过了一夜。

终于，约翰逊明白了："如果自己都不相信自己的话，那么将没有人信任你！"

于是，约翰逊做出了决定："我一直都是把自己当成一个二等公民，从今以后，我再也不这样想了，我一定要成为一个优秀的公民，一个优秀的丈夫，一个优秀的父亲。"

第二天上午，约翰逊仍保持着那种高昂的自信心。他心里默默想着，要把这次与公司的面谈作为对自己自信心的第一次考验。在这次面谈以前，约翰逊希望自己有勇气提出比原来工资高一到两倍的要求。但是，经过这次自我反省后，约翰逊认识到了他的自我价值，因而把这个目标提到了三倍。结果，约翰逊达到了目的，他获得了成功。

孟子说：尧是人，舜是人，他们能做成功的事情，我们也能做成功。可见，做事有了这种信心，就能产生不达目的誓不罢休的勇气和毅力。平凡普通的人之所以平凡普通，就在于他们的自信心不及别人，就在于他们的自信心不能超越别人。

没有自信，这是一种不甘进取、自甘落后的懒惰、懈怠行为。英雄豪杰之所以是英雄豪杰，就在于他们相信自己的能力，要求自己超越别人、战胜别人，从而自强不息、奋斗不止、勤奋不辍。关于信心的威力，并没有什么神奇或神秘可言。信心起作用的过程是这样的：相信"我确实能做到"的态度，产生了能力、技巧与精力这些必备条件，每当你想念"我能做到"时，自然就会想出"如何去做"的方法。德莱顿说："信心可以使一个人征服他相信可以征服的东西。"自信是承担大任的第一要件。

非常的自信，成就非常的事业。对事业充满自信而永远不屈服，便永远没有所谓的失败。相信自己能行，一个充满信心的开始，事情已经成功了一半。其实心理作用就是很重要，打破自我怀疑的枷锁，坚定信心，相信自己，付出自己的努力，那么，你就能达到期望的高度。生命中值得获得，值得拼搏的东西很多，要是你不努力去尝试一下，你永远也不会知道它们距离你到底有多远。

相信自己，才能成功

通常情况下，人们相信自己能做什么，往往事态就会顺着他们的想法发展。可以这样说吧，世上除了一些精神失常的人之外，可以实现的事情与真正能够实现之间的距离其实很小。如果总是对自己表示怀疑，畏首畏尾，那么早已失败在了起点上。

为什么我们要相信自己？因为在这世上，每个人都是独一无二的，所以你该相信自己。你所做的事，别人不一定做得来；而且，你之所以为你，必定是有一些相当特殊的地方，而这些特质又是别人无法模仿的。

既然别人无法完全模仿你，也不一定做得来你能做得了的事，试想，他们怎么可能给你更好的意见？他们又怎能取代你的位置，来替你做些什么呢？所以，这时你不相信自己，又有谁可以相信？

基于这种种重要的理由，我们相信：你有权活在这世上，而你存在于这世上的目的，是别人无法取代的。

拿破仑·希尔说：“信心的力量是惊人的，相信自己，一切困难都将不会是困难”。历史上能够成就大事的人永远是那些自信的人，敢想别人不敢想的人，敢为别人不敢为的人，永远是那些不怕孤独的人，那些勇敢而有创造力的人。

布鲁金斯学会创建于 1927 年，以培养世界上最杰出的推销员著称于世。它有一个传统，在每期学员毕业时，设计一道最能体现推销员能力的实习题，让学生去完成。

克林顿当政期间，布鲁金斯学会给学员们出了这么一个题目：请把一条三角裤推销给现任总统。八年间，有无数个学员为此绞尽脑汁，可最后都无功而返。克林顿卸任后，布鲁金斯学会把题目换成：请将一把斧子推销给小布什总统。

鉴于前八年的失败与教训，许多学员都知难而退。个别学员甚至认为，这道毕业实习题会和克林顿当政期间的那道实习题一样毫无结果，因为现在的总统什么都不缺少。

然而，乔治·赫伯特却做到了，并且没有花多少功夫。

一位记者在采访赫伯特的时候，他是这样说的："我认为，将一把斧子推销给小布什总统是完全可能的，因为他在得克萨斯州有一座农场，里面长着许多树。于是我给他写了一封信，我说，有一次，我有幸参观您的农场，发现里面长着许多矢菊树，有些已经死掉，木质已变得松软。我想，您一定需要一把小斧头，但是从您现在的体质来看，这种小斧头显然太轻，因此您仍然需要一把不甚锋利的老斧头。现在我这儿正好有一把这样的斧头，它是我祖父留给我的，很适合砍伐枯树。假若您有兴趣的话，请按这封信所留的信箱，给予回复……最后他就给我汇来了 15 美元。"

乔治·赫伯特成功后，布鲁金斯学会把一只刻有"最伟大推销员"的金靴子奖给了他。学会在表彰赫伯特时还这样说：金靴子奖已空置了 26 年，26 年间，布鲁金斯学会培养了数以万计的推销员，造就了数以百计的百万富翁，这只金靴子之所以没有授予他们，是因为我们一直想寻找这么一个人——他不因有人说某一目标不能实现而放弃，不因某件事情难以办到而失去自信。

正如布鲁金斯学会所说，赫伯特是从 1975 年布鲁金斯学会一名学员将一台微型录音机卖给尼克松以来又一名学员登上如此高的推销门槛。

第二次世界大战时期，一艘美国驱逐舰停泊在某国的港湾。一天晚上，明月高照，有名士兵例行巡视全舰，突然他看到水雷正随着浪潮慢慢向舰身中央靠近。士兵抓起舰内通讯电话机，他通知了值日官，值日官又通知了舰长，并且发出全舰戒备讯号，全舰上下立刻动员了起来，官兵们愕然注视着那枚该死的慢慢漂来的水雷，大家心里都明白，世界末日即将来临。

为了解除眼前的危机，军官们想出了各种办法，但都被否决掉了，这时一名水兵想出了个办法。"把消防水管拿来。"他大声喊着。众人立刻赞成这个办法有道理。他们向舰艇和水雷之间的海面喷水，制造一个水流，把水雷带向远方，到安全线以外，再用舰炮引炸了水雷。

这位水兵真是了不起。他当然不凡——但是他却是个平凡人。不过他却具有危机状况下平静而正确思考的能力。我们每一个人身体内部都有这种天赋的能力。这也就是说，我们每一个人都有创造的潜能，不论在什么样的困难或危机影响到你的状况，只要你认为你行，你就能够处理和解决这些困难或危机。

一个人相信自己是什么，他就会是什么。一个人心里怎样想，他就会成为怎样的人。爱默生说："人的一生正如他一天中所设想的那样，你怎样想象，怎样期待，就有怎样的人生。"李白说："天生我才必有用。"这就是说，我们能来到世间，必定是人世间需要我们，我们能发挥出对人世有益的作用，甚至能做出一定的贡献。有的人在一帆风顺的条件下慷慨陈词，信心百倍，可是遇到逆境便萎靡不振，如霜打秋荷一般。常言道："战胜自卑和怯懦，是对事业的最好祝福。"在逆境中，不但需要"手提智慧剑，身披忍辱甲，也需要有自信，更需要励精图治，释放生命的潜能。

对自己充满信心

欧洲有一句名言："一个人的自我思想决定他的为人。"行为是思想绽放的花朵，人们外在的言行举止，无论是自然行为还是刻意行为，都是由内心隐藏的思想种子萌芽而来。

我们奋斗在人生的旅途中，只要我们不轻易服输，相信只要自己努力就没有什么战胜不了的。

穆罕默德·阿里，美国职业拳击运动员，有"拳王"之称。1981 年阿里告别拳坛，一年后，40 岁的他被确诊患帕金森氏症，并出现了语言和行动上的障碍。但他永不屈服的精神鼓励他站了起来，并担当了联合国和平大使，经常拖着病体前往战乱与冲突地区，倡导和解，呼吁和平。世人在为这种精神折服的同时，也对是什么一直支撑着阿里，让他有了无数的胜利，而后来又会战胜恐怖的病症感到惊奇。其中的答案在阿里的自述中得到了充分的解释。

在阿里的人生信条中，一直支撑他取得胜利的是这样一句话："我决不会失败，除非我确信自己已经失败了。"

在无数的拳击比赛中，阿里始终把自己看作是最强大的，只要自己相信自己会胜利，那么，没有人会击败我。

做人，你该认识自己的优点，肯定自己的优点。你该保留自己，发展自己，提高自己，完善自己。

只要仔细想想，你一定可以找到许多优点，不妨把它一一开列出来，记录下来，你会惊奇地发现，你自己拥有的优点竟会这么多。

多年前，英国青年布莱恩两条腿被火车碾断了。丧失劳动能力的他，比一贫如洗的人还要贫穷，因为他缺了两条腿。然而，布莱恩却靠着对登山的爱好而让自己重新站了起来。他装上假腿，遍登瑞士境内的大山，劝募慈善基金。他永不服输，攀登阿尔卑斯山的爱格峰，用他的假腿，蹒跚而行，攀过峭壁，终于登上了爱格峰峰顶。布莱恩目前正从事推广残障者户外活动，造福残障者。像布莱恩这样的人，能朝气蓬勃生活得多姿多彩，把生命的意义发挥到极致，个中原因是他对自己充满了信心，对自己所拥有的，做了肯定。

美国皮套业的明星约翰·比奇安，曾经是一名警官，只是喜欢在业余时间做皮套。后来，他创办了全美最大的制造皮套和皮带厂家——比安奇国际公司，专供执法人员和军方使用。他也担任过亨廷顿控股公司的顾问和瑟法里公司的发言人。比安奇在这个行业有极大的吸引力，当他出现在皮套展览台时，展厅的人们排着长队，只为一睹他的风采，就像西部乡村歌星会见他的歌迷。

他给别人讲过这样一个故事："信不信由你，三十八年前，我还年轻的时候，在咖啡厅干过活，我看见公司的老板进进出出，我观察他们时就问自己：什么使他们与众不同？他们在干些什么？我应当好好研究一下。我发现一件非常重要的事情——他们有一个重要的特点，就是充满信心。他们无所畏惧，他们是自信的。从那时起，我反复思考，后来发现，恐惧是许多问题的根源。你必须对自己有信心，如果你自己没有信心，任何人都无法相信你。”

从上面的例子中，可以认识到他们的成功都是被他们掌握在自己的手中。一个人对自我的态度，既可以作为武器，摧毁自己，也能作为利器，开创一片无限快乐、坚定与平和的新天地。

我们必须了解，任何一位小人物，只要能引发他的信心，便会积极进取。发觉自己优点的人，就有了滋润信心的沃土。它引导一个人孜孜不倦地学习，他认为想办的必能办得到。

相信自己是最棒的

大千世界，众生芸芸，人们总是习惯于欣赏赞叹别的人和事，而且在望洋兴叹式的感慨之中，有些人消极地自惭形秽，有些人盲目地东施效颦，却很少有人认为自己是最棒的。

不论自己长得美还是丑，也不论自己活得伟大还是渺小，都要相信自己是最棒的。

当然，说自己是最棒的并不是自高自大。一个人不应该因为自己的默默无闻而烦恼自卑，看那春寒陡峭中的冰凌花，它从来不被人像牡丹那样地宠爱，而它依然义无反顾地迎着寒风倔强地开着。天底下的至香至色，只愿与清寒相伴。一个人要在任何环境下做到不卑不亢，落落大方，才是一个人有血有肉的风格。

世界上一切事业的失败，大多数并不是由于智商、资历、经济等原因，而是因为缺乏自信。来自哈佛大学的一个研究发现，一个人的成功85%取决于有坚定的自信心，15%取决于智力等其他因素。人生若没有自信，任何事情都难以成功，就像没有脊髓的人是永远也站不起来的一样。生活中的强者不一定是胜利者，但胜利者一定属于自信的人。

毕业那年，经校方推荐，小青去一家外资企业应聘做翻译工作。

考点设在一家宾馆内，主考官是总公司派来的一位英籍华人，是位风姿绰约的女士，她还带了一位形影相随的摄像师。这位摄像师会将每位考生面试的动作和对话保存下来，带回英国，然后根据摄像机里的资料，由总公司人事部开会讨论敲定正式聘用人选。

论英语水平，当时小青是班上唯一过了英语六级的人，占有一定的优势。但是他性格孤僻，不善交际，平时在家里唱卡拉 OK 都打不开喉咙。要面临一场大型演出般的面试，真不知道结果会怎么样。面试前几天小青的英语老师就给他打过好几次电话，传授他面试秘诀。但不知怎么搞的，他的心里还是一点底都没有。

考生们一批批进去又一批批地出来，眼看轮到小青了，他的心急剧跳动起来，一种不祥之兆又袭上心头。就在这时，英语老师匆匆赶到现场，在他将进面试室准备录像的时候，英语老师从怀里掏出一个信封给他，说这里面装有校长的亲笔推荐信，面试前，只要亲手把这封信交给那位主考的女士带回英国，那么，就算他发挥得不尽如人意，该公司也一定会优先考虑录用他的。小青接过信的第一个念头便是：校长和该公司的决策人一定交情莫逆。至于英语老师如何弄来这封信，为什么给他这封信，他没时间去想。当时，小青如死囚接到赦免令般地攥住那封信，镇定自若地迈进面试室。

小青一进门，便恭敬地用双手把书信递到主考官面前。主考官满脸不解地看了看他，最终还是把信接了过去。等她拆开信把信看完时，脸上立即露出灿烂的笑容。小青心里一块莫名的“石头”悄然落地。

主考官放下信，让他面对摄像机用英语进行自我介绍。这段介绍，他平常需要 5 分钟才能把它讲完，可当时他只用了三分半钟就完成了任务。接下来的面试内容就是和另外几位英国人轮番进行情景对话，最后用英语回答主考官列出的几个专业提问。一场重大的面试前后不到 10 分钟，诸多大大小小的应聘考试，他感到那次最轻松，发挥得最好！

半个月后，他接到该外资企业的录用通知。他跑到英语老师家中，执意要宴请英语老师和校长，英语老师听完，哈哈大笑起来。

原来，那信封里装的根本就不是校长的推荐信，而是英语老师自己用英文写的一句话，翻译成中文就是：“相信我的表现不会让你们失望。”

富兰克林出身贫寒，只读过两年书就帮父亲做蜡烛，12 岁在印刷厂当学徒，但他没有放弃学习，靠着必胜的信心和执著的追求，使自己成为举世闻名的政治家、文学家和科学家。

自信可以释放人的各种力量。自信的人无所畏惧，自信的人英勇，自信的人坦诚，自信的人乐观，自信的人豁达，自信的人谦虚，自信的人热情，自信的人热爱生活，自信的人容易接受自己的缺点，自信的人对自己较负责，自信的人较易控制自己的情绪，自信的人较易接受现实，自信的人更富有同情心，自信的人更具爱的能力，自信的人人际关系更深刻。自卑就像蛀虫一样啃噬着你的人格，它是你走向成功的绊脚石，它是快乐生活的拦路虎。

自信是人格的核心力量。我们向哪里要自信呢？我们的自信就在我们自己的体内，自信是一种天赋，是一种与生俱来的自然力量，它与自我实现同属人性最伟大的潜能，只是在成长过程中不幸被磨难侵蚀、被恐惧所削弱了，通过训练，它完全可以重放光芒。

提升自信有方法

我们做人做事要有强烈的自信，不但对我们自己的前途和理想充满自信，对我们的国家和社会充满自信，对我们民族的传统文化更充满自信。自信，才能继往开来，才能承上启下。无论你是做圣人还是当英雄，都不可能将自己孤立起来。对国家的一切事物，对民族的一切事物，对人类的一切事物，对时代的一切事物，要吸收接受；对传统文化，要继承发扬；对子孙后代，要指导启发。将自己看成是国家、民族和人类的一员，才能去吸收接受外界的事物。自信是成就自我的美德。自信心有大小之分。有大的自信，就有大的成就；有小的自信，只能有小的成就；没有自信，只能一无所成。

这个世界是由自信心创造的。世界上有 2/3 的人营养不良，差别只是程度不同。同样的，世界上信心不足的人也有 2/3，也只是有着程度的不同。营养不良，使人的身体无法正常发育；信心不足，则使人的才能无从发挥。你要相信自己，你要对自己的能力有信心！

信心是一种人格特质，也是一种平静稳定的心理现象，更是一个人成就自己的资本。有信心的人，总是显得稳健安定，仪态优雅，从容机智；缺乏信心的人，则惶惑畏惧，优柔寡断。信心是精神生活的舵，它维持我们生活的方向；信心是生活的存储器，它使我们强壮有力，无坚不摧。

《艾子杂说》中讲到一则寓言：

龙王与青蛙一天在海滨相遇，打过招呼后，青蛙问龙王："大王，你的住处是怎么样的？"

龙王说："珍珠砌筑的宫殿，贝壳筑成的阙楼；屋檐华丽而又气派，厅柱坚实而又漂亮。"龙王说完，问青蛙："你呢？你的住处如何？"

青蛙说："我的住处绿藓似毡，娇草如茵，清泉沃沃，白石映天。"说完，青蛙又向龙王提出了一个问题："大王，你高兴时如何？发怒时又怎样？"

龙王说："我若高兴，就普降甘露，让大地滋润，使五谷丰登；若发怒，则先吹风暴，再发霹雳，继而打闪放电，叫千里以内寸草不留。那么，你呢？青蛙！"

青蛙说："我高兴时，就面对清风朗月，呱呱叫上一通；发怒时，先瞪眼睛，再鼓肚皮，最后气消肚瘪，万事了结。"

青蛙在龙王面前，表现了充分的自信，龙宫固然美丽，我青蛙居所也别具一格，可谓不卑不亢。只有心灵健全的人，才能切实地做到这一点。

在现实生活中，往往有的人不惜降低自己的尊严，去逢迎那些在某一点上比自己强的人，哪怕逢迎者对自己傲慢无礼。这种"卑己而尊人"的行为着实不妥。自卑的人怎样建立自信心呢？

1. 始终想着自己的长处

许多人在应酬中总认为，由于他们没有像别人那样聪明、漂亮或灵活，总感到低人一等。其实，那是因为他没有发掘和表现自己聪明才智的实际作为。如果认识了自己的自我价值、确立了自信，有了积极的自我形象感，那就会积极进取，充分发掘自己潜在的聪明才智，那么伟大对你来说仅仅是机会而已。

2. 投入你的工作当中

智者说：每一个人都拥有天上的一颗星，在这颗星星照亮的某个地方，有着别人不可替代的专属于你的工作。因而你必须百折不挠地找到自己的位置，这需要时间，需要知识、才智、技巧，需要整个心力的成熟发展，不要因为看到别人似乎轻易取得成功而气馁。

3. 时刻想着自己能成功

不少人心中老是出现“糟糕，我又讲错话了”等等。由于无数个这类信息每天在脑中闪现，就会削弱自我形象感。一个克服这种怯弱自责心理的良好方法是想象。为了取得成功，你必须在脑中“看”到你取得成功的形象。在脑中显现你充满信心地投身一项困难的挑战形象。这种积极的自我形象在心中呈现，就会成为潜意识的一个组成部分，从而引导你走向成功。这种成功的白日梦，是一个能确立成功的自我形象可以普遍采用的方法，你不妨试一试。

4. 不要为别人的期待活着

他人对自己的期望是一种信任的期待，会成为一种前进的动力。但是，它有时会成为束缚你的桎梏。所以，你不要看到别人成功而对自己妄自菲薄，不要错把人家的期待作为沉重的精神包袱，能真正认识自己的只有你自己，凭你的知识与经验，以及直觉去寻找你的位置，你有着属于你的成功，它在等待着你。

5. 正视别人

眼睛是心灵的窗口，一个人的眼神可以折射出性格，透露出情感，传递出微妙的信息。不敢正视别人，意味着自卑、胆怯、恐惧；躲避别人的眼神，则折射出阴暗、不坦荡心态。正视别人等于告诉对方：“我是诚实的，光明正大的；我非常尊重，喜欢你。”因此，正视别人，是积极心态的反映，是自信的象征，更是个人魅力的展示。

6. 改变行走的姿势与速度

许多心理学家认为，人们行走的姿势、步伐与其心理状态有一定关系。懒散的姿势、缓慢的步伐是情绪低落的表现，是对自己、对工作以及对别人不愉快感受的反映。倘若仔细观察就会发现，身体的动作是心灵活动的结果。那些受打击、被排斥的人，走路都拖拖拉拉，缺乏自信。反过来，通过改变行走的姿势与速度，有助于心境的调整。要表现出超凡的信心，走起路来应比一般人快。将走路速度加快，就仿佛告诉整个世界："我要到一个重要的地方，去做很重要的事情。"步伐轻快敏捷，身姿昂首挺胸，会给人来明朗的心境，会使自卑逃遁，自信滋生。

7. 练习当众发言

面对大庭广众讲话，需要巨大的勇气和胆量，这是培养和锻炼自信的重要途径。在我们周围，有很多思路敏锐、天资颇高的人，却无法发挥他们的长处参与讨论。并不是他们不想参与，而是缺乏信心。

从积极的角度来看，如果尽量发言，就会增加信心。不论是参加什么性质的会议，每次都要主动发言。有许多原本木讷或者口吃的人，都是通过练习当众讲话而变得自信起来的。

自信是根魔棒，一旦你真正建立了自信，你将发现你整个人都会为之改观，气质会更优秀，能力会更强。鲁迅先生说："不要把自己看成别人的阿斗，也不要把别人看成自己的阿斗！"要充分自信，平等待人。

自卑的原因

人类最大的弱点就是自卑，至少有百分之九十五的人，其生活多多少少会受到自卑的影响。很多不能获得成功和幸福的人，也主要是因为有严重的自卑感。自卑心理严重的人，并不一定就是他本人具有某种缺陷或短处，而是不能接纳自己。一个人自卑的特点：常把自己放在一个低人一等、不被别人喜欢、被别人看不起的位置，认为别人都比自己强，自己处处不如别人，轻视、怀疑自己的力量和能力。并由此陷入不可自拔的境地。

自卑是一种消极的自我评价和自我意识，即自认为在某些方面不如他人而产的消极情感。自卑感就是把自己的能力、品质评价偏低的一种消极的自我意识。具有自卑感的人总认为自己事事不如人，从而自惭形秽，丧失信心，进而悲观失望，不思进取。一个人如果被自卑感所控制，其精神生活将会受到严重的束缚，聪明才智和创造力也会受到影响而无法正常发挥作用。所以，自卑是束缚创造力的一条绳索。

著名的奥地利心理分析学家A·阿德勒在《自卑与超越》一书中提出了富有创见性的观点，他认为人类的所有行为，都是出自“自卑感”以及对于“自卑感”的克服和超越。

阿德勒认为人人都有自卑感，只是程度不同而已。他说，因为我们都发现我们自己所处的地位是我们希望加以改进的，人类欲求的这种改进是无止境的，因为人类的需要是地止境的。所以人类不可能超越宇宙的博大与永恒，也无法挣脱自然法则的制约，阿德勒江为这是人类自卑的最终根源。从哲学角度对人类整体状况分析表明，人类产生自卑是无条件的，而对于具体的个人，自卑的形成则是有条件的。

以下几点是自卑心理产生的原因：

1. 缺乏自信

有些人缺乏自信，把自己放在较低的位置。当有问题让他处理时，总认为自己的能力不足，不能去解决。在这种心理下，他们可能真的不能较好地解决这个问题，那么他对自己的评价就会更低，导致自信心会更加缺乏。对自己没有了自信，那么自卑心理也就产生了。

2. 个人性格

有些内向性格的人，对自己总是有过多的消极的心理暗示。他们在面对问题时，会认为自己是不能战胜和解决这个问题的。这样就增加了心理压力，也降低了自信。如此的反复下去，对自己的信心全无，就学会了用消极的态度来看待事物，养成了自卑的心理。

3. 早期经历

早期的经历可以影响人的一生。如果周围的人经常贬低自己，慢慢自己对自己的评价也会降低，使自己不能正确地认识自己，产生了自卑感。同时，有的人给自己设立了较高的超出自己能力的目标，当没有实现时，对自己的评价就会下降，产生自卑心理。

1951年，英国有一位名叫弗兰克林的人，从自己拍得极好的DNA（脱氧核糖核酸）的X射线衍射照片上发现了DNA的螺旋结构之后，他就这一发现做了一次演讲。然而由于生性自卑，又怀疑自己的假说是错误的，经长时间的犹豫之后又放弃了这个假说。1953年在弗兰克林之后，科学家沃森和克里克，也从照片上发现了DNA的分子结构，提出了DNA又螺旋结的假说，从而标志着生物时代的到来，二人因此而获得了1962年度诺贝尔医学奖。可想而知，如果弗兰克林不自卑，而坚信自己的假说，进一步进行深入研究，这个伟大的发现肯定会以他的名字载入史册。可见一个人如果做了自卑情绪的俘虏，是很难有所作为的。

自卑是对自身的蔑视和与自己过不去。作为人性的弱点之一，自卑存在于每个人的内心深处，它是人的生命进程中难以回避的情感纠结。

有的时候，我们的行为或者举止会遭到他人误解，得不到身边人的认同，自卑者就常常会怀疑自己或者怀疑身边的人，这是非常不值得的。这种怀疑只会让你失掉自己的立场，这是非常幼稚的行为。

克服自卑，建立自信

自卑是自信的天敌，是人生的陷阱。自卑者常常表现为轻视自己，没有主见，用别人的判断标准扼杀自己的信心，这是许多悲剧的根源所在。走入纷繁复杂的社会之后，也许你会感到自己在茫茫人海中是多么渺小。自卑往往是人们喜欢用现实的某种标准或尺度来衡量产生的，如我应该如此这般，我应该像某人一样等等。这种追求大多脱离实际，只会滋生更多的烦恼和自卑，使自己更加抑郁和自责。自卑是人生成功之大敌，自古以来，有多少人为自卑而深深苦恼，要想获得成功，必定要让自己一刻也不能放弃，哪怕是再小的机会也不能放弃学习，不断地提高自身素质，不断加强学习锻炼，培养自信精神，克服自卑心理。下面的方法可以帮助人们克服自卑，建立自信。

1. 用乐观的心态面对失败

面对挫折和失败，唯有乐观积极的心态，才是正确的选择。其一，做到坚忍不拔，不因挫折而放弃追求；其二，注意调整、降低原先脱离实际的“目标”，及时改变策略；其三，用“局部成功”来激励自己；其四，采用自我心理调适法，提高心理承受能力。

要使自己不成为“经常的失败者”，就要善于挖掘、利用自身的“资源”。虽然有时个体不能改变“环境”的“安排”，但谁也无法剥夺其作为“自我主人”的权利。应该说当今社会已大大增加了这方面的发展机遇，只要敢于尝试，勇于拼搏，是一定会有所作为的。屈原放逐乃赋《离骚》，司马迁受宫刑乃成《史记》，就是因为他们无论什么时候都不气馁、不自卑，都有坚忍不拔的意志！有了这一点，就会挣脱困境的束缚，走向人生的辉煌。

2. 做自己害怕的事情

征服畏惧，战胜自卑，不能夸夸其谈，止于幻想，而必须付诸实践，见于行动。建立自信最快、最有效的方法，就是去做自己害怕的事，直到获得成功。具体方法如下：

突破自己，挑前面的位子坐；

昂首挺胸，快步行走；

睁大眼睛，正视别人；

微笑面对别人；

练习当众发言。

3. 积极与人交往

自卑的人不喜欢与人交往，总是将他人拒绝在自己的心灵之外，自己就会越来越孤独和孤僻。当一个人长期处于孤独之中时，他的活动范围减少，同时他的心理活动范围也相应地减少，那么对自己的评价就会不全面也不客观。因为一个人对自己的评价往往是从与人的交往中体会到和观察到的。

因此自卑者要多与人接触，积极融入人群中。特别要与那些较开朗、乐观的人交往，他们可以让你从新的、积极的角度来看问题。通过与人交往和接触，可以看到自己的不足和优点，也可以学习别人的优点来弥补自己的不足。同时在与人交往中，也要锻炼和培养自己处理人际关系的能力，增强自信。

4. 用补偿心理超越自卑

补偿心理是一种心理适应机制，个体在适应社会的过程中总有一些偏差，需要得到补偿。从心理学上看，这种补偿，其实就是一种“移位”，即为克服自己生理上的缺陷或心理上的自卑，而发展自己其他方面的长处、优势，赶上或超过他人的一种心理适应机制。正是这一心理机制的作用，自卑感就成了许多成功人士成功的动力，成了他们超越自我的“涡轮增压”，而“生理缺陷”愈大的人，他们的自卑感也愈强，寻求补偿的愿望就愈大，成就大业的本钱就愈多。

在补偿心理的作用下，自卑感具有使人前进的反弹力。由于自卑，人们会清楚甚至过分地意识到自己的不足，这就促使其努力学习别人的长处，弥补自己的不足，从而使其性格受到磨炼，而坚强的性格正是获取成功的心理基础。

除了以上几点，下面还有几个战胜自卑的方法：

1. 对自己全面了解

将自己的兴趣、嗜好、能力和特长全部列出来，哪怕是很细微的方面也不要忽略。通过全面、辩证地看待自身情况和外部世界，认识到凡人都不可能十全十美，人的价值主要体现在通过自己的努力，达到力所能及的目标。对自己的失败持客观理智态度，既不自欺欺人，又不看得过于严重，而是以积极态度应对现实。

2. 对自卑进行心理分析

这种方法可在心理医生的指导下进行。具体做法就是通过自己的联想和对早期经历的事情的回忆，从中分析和找出导致自卑心理的原因，让自己明白自卑情结是因为某些早期经历而形成的，自卑感是建立在虚幻的基础上的，与自己的现实情况无关，因而是没有必要的。这样可以从根本上瓦解自卑情结。

3. 转移注意力

一个人既不可能十全十美也不可能一无是处。不要老把注意力放在自己的缺点和失败上，而应将注意力和精力转移到自己最感兴趣，也最擅长的事情上去，从中获得的乐趣与成就感将强化你的自信，驱散你自卑的阴影，缓解你的心理压力和紧张。

4. 用行动证明自己的能力与价值

看一个人有没有价值，我们常通过他所做的事情来判断，能做成多大的事情，就有多大的价值。因此，你可先选择一些自己较有把握也较有意义的事情去做，做成之后，再去寻找下一个目标。这样，你可以不断收获成功的喜悦，又在成功的喜悦中不断走向更高的目标。每一次成功都将强化你的自信心，弱化你的自卑感，一连串的成功则会使你的自信心趋于巩固。当你切切实实感觉到自己能干成一些事情时，你还有什么理由怀疑自己的能力呢?

5. 从另一个方面弥补自己的弱点

每一个人都有着多方面的才能，一个人这方面有缺陷，但可从另一方面谋求发展。一个人只要有了积极心态，能对自己扬长避短，就会将自己的某种缺点转化为自强不息的推动力量。因为它会促使你更加专心地关注自己选择的发展方向，往往能促成你获得超出常人的发展，最终成为卓越人士。

我们不必埋怨现状，只要你做到珍视自己所拥有的，充分发挥其作用，从现在起发挥自身的优势和潜能，实现其价值，就能够战胜自卑，找到自我。

第4章

乐观是幸福的通道，悲观是成功的陷阱

人生是喜、怒、哀、乐的舞台表演。每个人在自己的人生舞台上扮演何种角色，是笑脸还是哭脸，完全由自己选择。选择什么样的角色，便会有什么样的生活。俗话说："笑一笑，十年少。"要想让快乐阳光的心态与自己相伴，首先要学会调整消极的思维方式，用积极乐观的态度看待身边发生的一切，对生活环境多欣赏，少抱怨。这样，烦恼、忧伤和不满就会烟消云散。生活如同一面镜子，你对它笑，它就对你笑；你对它哭，它也以哭脸相示。持有什么样的心态，也就决定拥有什么样的人生结局。

乐观是幸福的通道

乐观是一个指南针，让你驶向成功的彼岸，阔步前进；乐观是一剂良药，可以医治苦难的伤痛。为了美好的人生，请让乐观主宰你自己！

人的内心是没有一刻平静的，时而兴奋，时而沮丧，时而愤怒，时而焦虑……有的人之所以看上去很快乐，并不是他天生就是那么乐观，而是因为他能够控制自己的情绪，能够及时地将不好的情绪排遣解脱罢了。而悲观主义者则不然，他们要么垂头丧气，要么怨天尤人，要么妄自菲薄，要么停滞不前，他们的大部分时间被消极情绪占领，这显然不是我们想要的，我们急需做的是做一个乐观的人。乐观的人自然就能拥有更多的快乐而快乐无疑会增加人的幸福感。

心理医生王某非常清楚地记得中学英语老师的教导："对往事耿耿于怀是徒劳无益的。"

一天，同学们进入教室，发现老师桌子上有一只装有牛奶的瓶子竖立在一只很重的石罐之中。老师宣布上课："今天上午我要给你们上一堂课，这堂课与学习英语毫无关系，可是，对于人生却有着重要的启示意义。"老师拿起牛奶瓶，朝石罐里猛摔进去。然后，她让同学们看了被摔碎的瓶子残骸。她说："你们可以永远对这牛奶感到可惜，可是这种惋惜也无法使瓶子再恢复原形了。因此，在你们生活中发生了无可挽回的事时，记住这只摔碎了的牛奶瓶！"

他时常想起那只摔碎了的牛奶瓶，它使他遇事头脑冷静，心态乐观。

如果你持续乐观，命运之门终将为你而开。生活当中，我们每天都会遇到一些不顺心的事，既然已成现实，又何苦让它压在我们的心头久久不得释怀呢？

你可能经常有这样的经历：在公众场合你的说话不受到大家的重视，不时地有人打断你的谈话甚至受到他人的嘲笑，于是你在回家的路上丧气地想：我怎么这么没用，老是被人家欺负。你越想越气，牢骚满腹，这样的话，你当然不会快乐。为什么不换个角度想一想呢？如果你将注意力放在与别人友善的事情上你会发现，其实你也是非常受欢迎的，而那些误解，敌视只是无关紧要的小插曲而已，这样你就能够轻松地从自怨自艾的情绪中走出来了。

无数事实证明，当我们的情绪陷入悲观时，不妨暂时回避一下，用另一种体验来转换情绪，听一段欢快的乐曲，看一部电影，和孩子玩玩游戏，和好朋友通个电话等等，都能使你立即快乐起来。

无论遇到什么事，我们都要从积极乐观的方面去看待它，这样才能够永远保持乐观的心态，对问题的解决也是大有帮助的，在这个基础上，我们一定能拥有一条生活的幸福之道。

托尔斯泰在他的散文名篇《我的忏悔》中讲了这样一个故事：

一个男人被一只老虎追赶而掉下悬崖，庆幸的是在跌落过程中他抓住了一棵生长在悬崖边的小灌木。此时，他发现，头顶上，那只老虎正虎视眈眈，低头一看，悬崖底下还有一只老虎，更糟的是，两只老鼠正忙着啃咬悬着他生命的小灌木的根须。绝望中，他突然发现附近生长着一簇野草莓，伸手可及。于是，这人拽下草莓，塞进嘴里，自语道："多甜啊！"

生命的旅途中，病痛、绝望、灾难、不幸都会不约而来的向我们逼近，而让我们陷入无奈的困境。不知我们是否会像上面这个故事所讲的那样，在危急时刻，还能享受一下野草莓甜甜的滋味？

只有在绝境中仍然抓住一丝快乐的人，才能真正领悟到快乐的真谛。

不妨现在就行动，用乐观的心态对待我们的学习、工作、事业，把乐观融入我们自己的人生哲学和生活方式中。

乐观地面对人生

人生是一串无数烦恼穿成的念珠，乐观的人总是一面笑着一面数念珠。既然快乐着能过完每一天，痛苦着也一样过完每一天，那就让我们乐观地面对人生吧。

有两个青年同时到一家公司求职，经理把第一位求职者叫到办公室，问道："你觉得你原来的公司怎么样？"

求职者面色阴郁地回答道："唉，那里糟糕透了。同事们尔虞我诈，勾心斗角，部门经理以势压人，整个公司死气沉沉，生活在那里令人感到很是压抑，所以我想换个理想的地方。"

"我们这里恐怕也不是你所想的乐土。"经理说，于是这个年轻人满面愁容地走了出去。

第二个求职者也被问到这个问题，他答道："我们那儿挺好，同事们互相帮助、互相理解，经理们平易近人，关心下属，整个公司气氛融洽，大家在一起很愉快。如果不是为了发挥我的特长，我真不想离开那儿。"

"你被录取了。"经理说。

一味抱怨的悲观者，看到的总是灰暗的一面，即便到春天的花园里，他看到的也只是折断的残枝，凋零的花朵，墙角的垃圾；而乐观者看到的却是姹紫嫣红的鲜花，迎风飞舞的蝴蝶。自然，他的眼里到处都是春天。

我们有两种态度来看待世界上的事物，一是乐观的态度，另一个是悲观的态度。

假如你是个悲观的人，选择了悲观的态度，那么你将时时遭受忧郁、痛苦的折磨。你的工作、你的健康因此要受到损毁，你的心田常常阴暗压抑。

假如你是个乐观的人，你随时可以因需要而选择去用它；你不必担心自己变成乐观的奴隶。你可以自由地去选择。你可以在你认为用了乐观会使你不再沮丧，有更高成就或更加健康时，选择快乐。你也可以在你需要清晰的判断力时，选择快乐。使用乐观不会使你减少你的价值观或判断力，相反，它会让你可以自由运用它来完成你的既定目标，使你的智慧更加完全的发挥。

具有乐观情绪的人认为失败是可以改变的，结果往往能转败为胜。悲观的人则把失败归于个性和能力上的不足。不同的解释对人生的抉择会造成深远的影响。举例来说，乐观的人在求职失败时多半会积极地拟定下一步计划或寻求协助，亦即视求职的挫折为可补救的。反之，悲观的人认为已无力回天，也就不思解决之道，结果更加失败。

美国作家海勒斯四十多岁的时候，患了一种“结缔组织功能减退”的疾病，他的身体因此很多部位都瘫痪了，医生诊断海勒斯复原的机会只有五百分之一。

不过，海勒斯倒是从不放弃希望。当躺在病床上的时候，他经常和医疗人员说笑、玩扑克，看滑稽的喜剧片。后来他发现一件事，只要他大笑十分钟以上，他身体的疼痛就会减轻。从此以后，海勒斯经常用笑声来自疗。医生发现海勒斯体内的化学平衡居然持续地改善，经过长期与病魔抗争，最后竟然痊愈。医生们认为这简直是奇迹。

希腊思想家苏格拉底虽然常年穿着皱巴巴、分不清季节的及膝短袍，但他却是一个极其乐观的人，他的乐观可谓登峰造极、炉火纯青。在被泼妇般的妻子骂得狗血喷头、又被泼成落汤鸡后，他竟摸摸头、抹抹脸上的水，向路人自我解嘲：“雷鸣过后必有暴雨……”

悲观的心态泯灭希望，乐观的心态则能激发希望。乐观与希望都可通过学习而得，正如绝望与无力也可以慢慢养成。乐观与希望其实都是建立在心理学家所谓的能力感上，亦即相信自己是人生的主宰，能够应付未来的挑战。任何一种能力的提高都有助于培养能力感，能力感的增强又使你更愿意冒险与追求挑战，而一旦克服挑战便更增能力感，这样你就进入了一个良性的循环。这样的心态能使你既有的能力做最大的发挥，也能促使你培养你所缺少的能力。

变悲观为乐观

悲观者总是回首过去，而乐观者却能着眼于现在和未来，悲观者遇事时总是在不断地否定自己，而乐观者即使处境不妙也能够激励自我，走出困境；悲观者可能对什么都提不起兴趣，而乐观者则是用新奇的眼光打量这个世界，每天都有不同的精彩……悲观与乐观，虽然只是心态的不同，却足以影响你的命运！

有一个十分陈旧的故事：杯子里有半杯水。悲观者说："哦，真倒霉，只有半杯水了！"而乐观者说："太好了，杯子里还有半杯水！"乐观者和悲观者看见同一个事物，反应却南辕北辙。乐观者看到希望，悲观者只看见失望。可往往悲观的人并不知道自己是悲观的，他们认为自己的想法与事实完全相符。

悲观主义者常常获得他们所预期的不愉快经验。当他们的负面预期并未实现时，他们通常是惊讶与不可置信，并对任何正面结果大打折扣："好吧，这回结果还好，但是……"

某保险公司雇用了100名在应考中落选而在思想乐观性上得分很高的人为营业员。这些人，在过去根本不可能被雇用，这次却出乎意料，推销成绩比平均水平的营业员的成绩高出10%。

他们是凭什么做到这一点的呢？按照心理学家的说法，乐观者成功的秘诀，在于他们的"解放方式"。当事情出了差错时，悲观者倾向于责备自己，"我不善于干这个"，他说，"我总是失败。"而乐观者则去找出错的漏洞。若是事情很顺利，乐观者就归功于自己，而悲观者却把成功视为运气。

我们每个人内心深处都会有一张自画像。这张自画像一旦形成以后，你就会不由自主地给自己的看法找到依据。假如你认为自己是个能力欠缺的人，就会逐渐强化这个判断。

大多数人都兼有乐观和悲观的心理。但不是倾向于这一方就倒向另一方。思维模式是从千百次的警告或鼓励，千百次的责备和表扬之中发展起来的。太多的“不准”和危险警告，会让人从童年就觉得自己无能、恐惧——最终走向悲观。

悲观是一种不易更改的习性——但这不是绝对的。美国一位心理学教授卡罗尔·德维克曾为一些小学低年级的儿童工作了一段时间，由于她帮助学习成绩不好的学生改变了他们对自己解释方式，从“我是个笨蛋”改为“我没有用功读书”，结果，这些学生的学年考试成绩都有了长进。

有位心理学家说：给自己画一幅失败的自画像，就足以使你失败；给自己画一幅获胜的自画像，就足以使你成功。把握情绪的关键是在于你心目中的自画像是什么样子。

陷于悲观情绪之中的人，不妨好好体会一下这位心理学家的话。接着，从现在起你每天花一些时间，哪怕只有短短的十几分钟。尽量使自己的心情放松，想象最好的自我形象和最美好的结果。想象得生动一些、细腻一些。实际上你完全可以那样。

一个人如果能够改变一下自画像，希望自己变成什么样的人，就在心里把自己设想成这样的人。不久你就会发现自己的情绪也跟着改变了，甚至创造了奇迹。这样你就会感到自信、乐观，那些悲观情绪就跑到九霄云外了。

“假如你一个朋友也没有，你还会高兴么?”有人问乐观者。

“当然，我会高兴地想，幸亏我没有的是朋友，而不是我自己。”乐观者回答。

“假如你正行走间，突然掉进一个泥坑，出来后你成了一个脏兮兮的泥人，你还会快乐么?”这人又问。

“当然，我会高兴地想，幸亏掉进的是一个泥坑，而不是无底洞。”乐观者回答。

“假如你被人莫名其妙地打了一顿，你还会高兴么?”

“当然，我会高兴地想，幸亏我只是被打了一顿，而没有被他们杀害。”乐观者回答。

“假如你正在打瞌睡时，忽然来了一个人，在你面前用极难听的嗓门唱歌，你还会高兴么?”这人再问。

“当然，我会高兴地想，幸亏在这里号叫着的，是一个人，而不是一匹狼。”乐观者回答。“假如你马上就要失去生命，你还会高兴么?”这人最后问。

“当然，我会高兴地想，我终于高高兴兴地走完了人生之路，请让我随着死神，高高兴兴地去参加另一个宴会吧。”乐观者还是乐观地回答。

一个人要能自在地生活，心中就需要多一份坦然。笑对人生的人比起在曲折面前悲悲戚戚的人，始终坚信前景美好的人较之心头常常密布阴云的人，更能得到成功的垂青。

悲观情绪不足取

人的心理活动，可以说没有一刻是平静的，忽而兴奋、欢乐，忽而沮丧、消极。情绪乐观的人也有他自己的不幸与烦恼，而悲观的人思想更容易被消极情绪占领，或哀叹嗟悔、灰心丧气，或牢骚满腹、怨天尤人。今天挨老板骂了，就觉得自己工作能力太差；当和女朋友吵架了，就觉得世上没人理解自己；当和朋友闹点不愉快，又觉得自己以前的真诚友好都白费了，结果没有一天的心情是愉快的。

生命的艺术舞台只有喜剧和悲剧两种剧场：如果你选择喜剧，恭喜你，你将赢得人生的大奖；如果你选择悲剧，对不起，你将过早地被逐出艺术的殿堂。

如果你选择喜剧，你就要笑面人生，即使生活中困难再多、压力再大，也要以笑脸相待，而不能稍有不顺便拉长脸，眉头紧皱。当然，生活在这样一种嘈杂、浮躁、紧张的时代，人时常会因生存的压力而感到沮丧和低沉。即便是如此，悲观、失望又有什么用呢？只能搞坏自己的心情，于事无补。

容易悲观的人感到莫名的悲伤，世界变得那样灰暗，连嘴里都有一种苦涩。从往事的追忆中传来的钟声在身畔悠然回荡，却激不起内心一丝欢乐，生命竟如此无奈；明朗晴空，他走在满是行人和鲜花的街上，却丝毫感受不到勃勃生机，心中全是忧伤；夜深人静时，他辗转难眠，往事历历在目，脑中却是虚无和空荡；电视剧或新闻报道，都能勾起他对伤心往事的回忆；而别人洋洋自得的交谈或者闲聊，则会增添他的烦恼和沮丧；电台里播放的歌曲音乐节目，会在他的脑海中形成一幅画面，唤起他痛苦的回忆；某次宴会的点菜，某次朋友聚会，某个熟悉的场景，或者街上的陌生人、模特儿、衣服的款式、医院、公园、影院或学校都会让他触景生情。悲观的人，整天愁眉苦脸，看什么都不顺眼，甚至要寻死觅活。这些人遇到一点困难，生活有挫折，就说命运对他们不公，就自毁自灭，甚至于堕落，这种例子已有不少。古时有寻世外桃源的，有隐居山林的，有“看破红尘”出家的等等。而今，已无法脱离社会的这些人，就甘愿沉沦，随遇而安，不求进取。这些人是生活的弱者，是懦夫。他们不敢吃苦，贪图安逸，总是幻想着一切都是美好的，他们也只能生活在幻想中。

悲观是人自觉言行不满而产生的一种不安情绪。它是一种心理上的自我指责、自我的不安全感和对未来害怕的几种心理活动的混合物。

容易悲观的人处世谨慎，处处提防自己行为不要出格。一旦有了行为的失检，总是害怕大难临头。同时他们也有很强的自我控制力，即使没有什么严重后果，也绝不饶恕自己。

容易悲观的人往往心地善良，洁身自好，习惯在处理中忍让、退缩、息事宁人，但他们是生活中的弱者，生性胆小、怯懦。他们不仅对自己的言行不检“负责”，甚至也对别人的过错“负责”。当别人瞪了自己一眼，他会立即觉得自己肯定做了不好的事。极端悲观的人常用过激的反常性的方法保护自己。越是怕出错的人，他们的眼睛越是盯在过错上。一句话会悔半天，人家并未介意的事他也精神过敏。他对人际冲突极为恐惧，解决人际冲突的办法也很奇怪。自己的孩子被人家打了，他反而打骂自己的孩子，因为孩子给自己惹事生非。

悲观想法有时是一种认知的扭曲，它具备以下特征：

1. 自我化。“我变胖了，所以开会时大家一直看着我”

你喜欢将事情揽在自己身上想，事实就难免被你扭曲。

2. 否定自我

“我若没选上委员会主席，就是个彻底的失败者”。

3. 夸大

“我没办法做任何事——我的婚姻快完了”。在你过度地高估你问题的严重性的同时，你也低估了自己解决问题的能力。你在没任何证据的前提下就妄下结论，还自以为是。

4. 忽视积极面

“晚餐当然还不错，但我把饭烧焦了”。你较容易记得事情的消极面，或以消极方法看待积极的事情，用以证明你负面的自我印象是正确的。

5. 过度类化

“没人喜欢我……我失去所有的朋友……什么事都不对……”

6. 妄下结论

这种扭曲有两部分，一是揣测心理，例如：“他不理我，一定是我做错了什么”。二是未卜先知，例如：“医生不告诉我检查结果，我一定真的病了”。

极端的悲观是心理不健康的表现，必须进行适当调适。

多数悲观者对未来担忧，正为自己建立越来越狭窄、有限的世界；假如做些与他人合作的工作，受到他人的约束，考虑自己以外的事情，生活也就会出现新的意义。愉快的社交活动对人们的情绪有着深远的影响。当人们掌握了处理人际关系的技巧后，自重感增加，也会慢慢地赶走悲观心情。

一个悲观的人老待在屋子里，便会产生禁锢的感觉。然而，当他离开屋子，漫步在林荫大道，就会发现心绪突然变了，怒气和沮丧也消失了，心中充满了宁静，自然的色彩给人带来阵阵快意。另外，任何一种体育锻炼都有助于克服悲观心理，经常参加体育锻炼会使人精神振奋，避免消极地生活下去。

人们经常不自觉地用一种刀子来刻画自己的形象，“因为我是忠厚无能的人，所以我能忍气吞声，宁愿伤害自己也不指责对方”。这一形象一旦刻画成功，品尝“后悔”的苦酒就成为一种自我安慰的享受。一事过后，不是寻求胜利的喜悦而是寻觅不幸与失误。只有打破这种感情体验的习惯，只有不再沉湎于后悔体验，才能很有效地克服悲观情绪。

有的人害怕行为失误会给自己带来危险，其实真正危险的不是危险本身，而是害怕危险的心理，这比危险本身更为可怕。你如果在最担心害怕的时候，向自己大呼一声：“我豁出去了！”可能就不那么担惊受怕了。培养乐观的、洒脱的、豁达的性格，将会使你终生受益。

苦与乐取决于生活的态度

生活如同一面镜子，你对它笑，它就对你笑；你对它哭，它也以哭脸相示。持有什么样的心态，也就决定拥有什么样的人生结局。悲观主义者说：“人活着，就有问题，就要受苦；有了问题，就有可能陷入不幸。”即使一点点的挫折，他们也会千种愁绪，万般痛苦，认为自己是天下最苦命的人。一如英国哲学家罗素所形容的“不幸的人总觉着自己是不幸的”。悲观主义者用不幸、痛苦、悲伤做成一间屋子，然后请自己钻了进去，并大声对外界喊着：“我是最不幸的人。”因为自感不幸，他们内心便失去了宁静，于是不平、羡慕、嫉妒、虚荣、自卑等悲观消极的情绪应运而生。是他们自己抛弃了快乐与幸福，是他们自己一叶障目，视快乐与幸福而不见。

乐观主义者说：“人活着，就有希望；有了希望就能获得幸福。”他们能从平淡无奇的生活中品尝到甘甜，因而快乐如清泉，时刻滋润着他们的心田。任何事物本身都没有快乐和痛苦之分，快乐和痛苦是我们对它的感受，是我们赋予它的特征。同一件事情，从不同角度去看待，就会有不同的感受。一个人快乐与否，不在于他处于何种境地，而在于他是否持有一颗乐观的心。

对于同一轮明月，在被泪眼蒙囗的柳永那里就是："杨柳岸，晓风残月，此去经年，应是良辰美景虚设。"而到了潇洒飘逸、意气风发的苏轼那里，便又成为："但愿人长久，千里共婵娟。"同是一轮明月，在持不同心态的不同人眼里，便是不同的，人生也是如此。

上天不会给我们快乐，也不会给我们痛苦，它只会给我们生活的作料，调出什么味道的人生，那只能在我们自己。你可以选择一个快乐的角度去看待它，也可以选择一个痛苦的角度，如同做饭一样，你可以做成苦的，也可以做成甜的。所以，你的生活是笑声不断，还是愁容满面，是披荆斩棘，勇往直前，还是缩手缩脚，停滞不前，这全不在他人，都在你自己！

快乐的心情不但使人感受到朝气蓬勃和旷达安适，同时也使人拥有清醒的回应能力。

我们每一个人的一生，总会遇上挫折，都不可避免地要经历凄风苦雨。面对艰难困苦，保持一种好的心态，将直接决定你的人生轨迹。

每个人无论错在自己，或者过在别人，一定要以宽恕之道面对现实。困难总会过去，只要不从怨恨出发，不坠入恶劣情绪的苦海，就不会产生偏见，误入歧途，或一时冲动破坏大局，或抑郁消沉，振作不起来。

长期的心情不愉悦，忧郁往往伴着多愁善感，深刻腐蚀着人的精神。日子一长，心情就像五月的梅雨天愁闷不开，使人有扛不起，招架不住的感觉。凑巧，这时如果碰到一件不顺心的事情，或者工作量突然加大，就容易导致精神崩溃，情绪低落，失去应付任何挫折、恐惧、不安的能力。

其实真正地掌控你心灵的，不在于别人而在于你自己。世上没有不快乐的人，只有不肯快乐的心。你必须掌握好自己的心态，对它下达命令，让它快乐起来。任何时候都必须明朗、愉快、欢乐、有希望，勇敢地掌握好自己的心舵。

苦与乐并非两种境况，全在人的心境中分别，这就是看主观上用什么态度对待人生。在困苦的逆境中能把握方向不屈奋斗，常常可以感受到内心奋斗的喜悦，这种喜悦才是人生的真正乐趣。如果在得意时骄纵狂妄，往往会种下日后祸患的根苗，乃至导致痛苦的悲剧。人生应抱定随遇而安的态度，事情来了就用心去做好，事情过去之后心要立刻恢复平静，如此才能保持自己的本然真性不至失去。生活中我们快乐与否，并非完全取决于事物本身，在更大程度上取决于你自己，取决于你对事物的认知态度。

《小窗幽记》中说："眉上几分愁，且去观棋酌酒；心中多少乐，只来种竹浇花。"如果眉间有几分愁情，不如去品酒观棋；如果心中有高兴之事，不如去种竹浇花。

人如果懂得生活的情趣，就可以从一些微小的事情中获得快乐。种竹浇花的情趣，并不次于与知交共游的快乐。种竹有闲情，花也有其神态，万物各有生机，只是等我去细心体会。懂得快乐的人，天地之间没有不快乐的。

有时候拥有一个美好的心情很容易，也许你身边人的一个祝福、一个赞美、一个微笑、一个眼神就可以让你欢乐一整天。你的欢乐并不需要很伟大的事情，它们大多数来自于你的周围，来自于一些微不足道的小事。这些小小的欢乐就构成了你的大部分生活，很多人到处找寻生活的意义，找寻一种能让自己安心的伟大成就，其实你的生活就在你的身边。

珍爱你身边的每个人，学会和他们相处，学会分享他们的欢乐和悲哀，你的生活就会更加美好。

有人曾经问过一些饱受磨难的人是否总是感到痛苦和悲伤，有的人答道：不是的，倒是很快乐，甚至今天我还有时因回忆它而快乐。为什么呢？这是因为他从心理上战胜了磨难，他从磨难中得到了生活的启示，他为此而快乐。

好的心情会给生命注入活力，使人从痛苦、贫困、难堪的处境中超脱出来。虽然我们每一个人的人生际遇不同，但是命运对每一个人都是公平的。天上既有满天的乌云，也有满天的星星，就看你能不能磨炼出一颗坚强的心。有一颗快乐的心，就能够看到人生的快乐。

因此，在我们人生的旅途中，无论你遇到多么烦恼的事，只要你学会利导思维，从不同的角度去比较，你就会觉得没有什么放不下，保持乐观的心态，幸福愉快地去度过每一天。

要成为一个快乐的人，一件非常重要的事就是你能清除自己的错误与罪恶，把它忘得一干二净，让它不再来搅乱你的心灵，这样你就可以大步往前走。另外一个可以使我们自己享受人生乐趣的重要方法是学习去爱、去尊重别人的优点，并学会给予、付出。因为它们是产生快乐的源泉之一。给予和付出也许是给予金钱、物质，也可能是你的爱、你的时间或忠告，或任何由你自己付出而对他人有益的东西。你自己付出一些什么，同时也就使你更能发现你自己的优点。凡是付出最多的人，他自己就能得到最多的享受得到最多的快乐。

快乐需要自己去寻找

快乐不快乐，在人不在天，在己不在物。顺境中人能开心，逆境中人也能开心；富贵中人能开心，贫穷中人也能开心；在物质世界中人能开心，在精神世界中人也能开心。快乐需要用心去感受，用心去寻找。

如果想变成一个具有快乐之心的人，你就应该停止为一件小事操心，停止为情绪烦恼。你要和自己订下契约：“无论发生任何事，我都能应付。”你要用平静的心来解释生活中发生的不幸：“万一房子被火烧了，我就搬家；万一老板解雇我，我就先辞职；万一我被汽车撞了，我就可以有理由给自己放个假了。”不用多久，你就会发现自己的坏情绪正在不断地减少——因为你已经拥有了平静的灵魂。

有个女人叫丽莎，曾陪同从军的丈夫一起来到拉美的一片沙漠之中，当丈夫外出训练时，她孤零零地独自住在被沙漠包围着的铁皮房子里，有时，甚至很长时间也收不到丈夫的一封来信。

丽莎深感寂寞，虽然当地有土著人、印地安人和墨西哥人，但他们皆不懂英语，无法陪她说话，她于是深感痛苦。

恰在此时，远方父母的一封来信给了她极大的鼓舞。信极短，却充满了希望：“两个人从牢房的铁窗望出去，一个看到了坟墓，一个看到了星星。”她恍然大悟，决定在茫茫沙漠里寻找明亮的星星。

丽莎开始努力：努力学习当地的语言，努力与当地人交朋友，努力收集各类土产，努力研究当地的一切，包括土拨鼠和仙人掌。于是，才奋斗了几天，她就常常地感到，她的生活已经变得充实无比。

第二年，丽莎还将她的收获一一整理成文，出版了一本叫做《快乐的城堡》的书！她兴奋无比，她果然在茫无边际的寂寞中找到了“星星”，她再也不必长吁短叹了！

当你心情愉快时，你就容易感受到人生之可亲之处。万物之有情，处处都充满着乐趣，而你对万物的亲慕之情也就会随之扩展开来。著名的心理学家宁克每次遇到心情沮丧的病人，都会对他说：“沿着街口疾走。快快地走，绕十个圈子再说。”宁克说：“这么一走，就可以使你脑中的动力中心活跃起来。使血液从你的情绪中心流散出去。等你再回来时就会变得更加理性化，因而也就更能感受积极的想法。”

你的身体状况与你能否享受人生乐趣有密切的关系。当你精神振作、心境开朗时，看待自己的人生就有了新的意义。适当的运动与休息是精神愉快的重要因素，当你内心安详觉得心情愉快的时候，工作效率一定相当高。而当你陷溺在愁闷之中时，工作时必定没有精神也必定缺乏效率，因为人在愁闷当中是无法发挥自己的才能的。再想想我们在参加笔试或面试时的时候吧，我们如果是战战兢兢，对自己信心不足，就会连最基本的知识或感想都表达不出来，可是如果惧怕感一旦消失，我们的心情愉快之后，我们就可以表现得很好。所以，要想得到人生乐趣，首先就是要感觉愉快，心境开朗。

快乐的心情不但使人感受到朝气蓬勃和旷达安逸，同时也使人拥有清醒的能力。

快乐是一种选择，我们一再地选择快乐，快乐就逐渐成为我们心灵的一部分，最后我们就会是快乐的人了。快乐的人会在所到之处播撒他自己快乐的种子，化解冲突，缓和紧张。快乐的人与人相处时，会让对方自然而然地放宽心胸，展现快乐的自我，快乐可以传染。只要你思想积极，让自己保持着愉快的态度，你寻找什么你就会发现什么。

所谓最快乐的事情，也许只不过是闻到一束鲜花的芳香；或者是隔着窗帘看着窗外明媚的阳光；或者是朋友口中无意中讲出来的一句温馨话语；或者是一件小小的仁慈义举；或者是听到了一首优美抒情的歌曲……让你自己在心里去寻找这样一些小小的快乐事情，并努力去体会，这些会成为你进入梦乡之前最美好的事情。

上帝交给幸福之神一捧快乐的种子，让她到人间去撒播。幸福之神启

程之前，上帝问她：“你准备把它们撒在什么地方呢?”

幸福之神回答说：“我已经想好了，我准备把这些种子放在最深的海底，让那些寻找快乐的人，经过大海惊涛骇浪的考验后，才能找到它。”

听了幸福之神的话，上帝没说什么，只是微笑着摇了摇头。

幸福之神思考了一会儿，又说：“那我就把它们藏在高山之上吧，让寻找快乐的人，通过艰难跋涉才能发现它的存在。”

上帝听了这番话之后，还是摇了摇头。

幸福之神茫然无措了。

上帝意味深长地对她说：“你选择的这两个地方都不难找到。你应该把快乐的种子撒在每个人的心底。因为，人类最难到达的地方，就是他们自己的心灵。”

我们的心灵便是快乐生长的土壤，快乐是需要自己去寻找的，然而不用去别处，只要问一问我们的内心，就知道快不快乐了。

把握自己的人生之舵

环顾四周，在我们的身边存在着一些悲观的人群，在这些人中，有的是我们的亲戚和家人，有的是我们的朋友，有的只是素不相识的人生过客。他们在工作或生活中急功近利而屡遭失败，终日怨天尤人却不求自检，始终执迷不悟地将自己的失败归罪于生活的不公。因而逐渐对自己和生活失去了信心。

有这样一个具有代表性的故事，在香港，有一位来自山区的贫困青年，为了摆脱穷困的生活现状，通过亲戚在市区找了一份杂工，一次偶然的机会他随一个同事到赌场玩。几个小时下来，他将身上仅有的 100 元钱变成了 1000 元钱。于是青年认为自己发现了一条快速生财的捷径。第二天，青年带上 500 元钱再度光临赌场，认为反正这钱是白来的，即使输了也无所谓，如果赢了，那么自己很快就会摆脱贫困的生活。这一次，他两手空空而返，但在心理上他只认为是今天的运气不好而已。第三天，存在侥幸心理的他带上所有的钱又去碰运气，结果是血本无归。第四天，他从亲友那借了200元，想挣回自己的100元，但那200元同样一去不复返了。每月发完工资，为了翻本的青年一次又一次地光临赌场，苦苦等待好运的再次光临，结果没能改变现状，反而使自己的生活更加狼狈，整日借酒消愁，一蹶不振。

到底为什么？我们总是说：这青年太傻了，想挣钱可以理解，但哪有靠赌博能发家致富的。有些人还会说：这青年太笨了，要是我，赢了1000元就不再去赌了。但别忘了，每个想靠赌博挣钱的人，大概都曾说过相似的话。一个人为了摆脱贫困而选择了一条自认为是快捷的途径，虽然是错误的，身边的亲朋好友可能都劝告他不要执迷不悟，但是为了急于满足内心的需要，他终究还是选择了顺着这条错误的路走下去。等到激情过去，残酷的现实使他明白了自己走的路是错误的。他牺牲了亲情、友情，却换来这样的结果。青年当然不能接受，在不能改变生活现状的情况下，他只好改变自己的认知，他得说服自己，走那条路固然危险，但是高风险才有高回报。等到青年被赌场骗去更多的钱时，没有太多经济收入的他就更不能放弃了。其实，这就像股票套牢的观念一样——都套那么多了，说什么也不能卖，一卖就损失惨重，所以只好牢牢地抱着，眼睁睁地看着股价一直下跌。

对于这个青年而言，明确的做法是理智地放弃不属于自己的生财之道，脚踏实地地重新再来。虽然你可能会说："说起来容易，做起来难。"但是当你意识到出现了错误的时候，你要及时做出改变。

当你的人生之路出现偏差的时候，要能说服自己立刻停下脚步，重新审视前进的方向。

路有很多，但最关键的是能够把握自己。

谁也不能拿走你的快乐

如果别人能将你的财产，你的妻子……你身外的种种一切都拿走，还不足以证明你是个弱者。如果谁也拿不走你的快乐，你的自信，你内心的宁静，那么，你已经强大到不可征服。

面对当今越来越复杂、越来越纷乱的社会，在背负巨大心理压力的同时，我们经常还会碰到各种各样的困难和挫折，如失业下岗、家庭变故、婚姻失败、学业不顺、经济危机等诸多问题。当这一切突如其来时，一切取决于我们内心是否强大。

人的一生，不知道遇到多少艰辛和坎坷，还有多种的厄运和不幸，就因为有那火焰般的希望燃烧在内心，才使得我们不甘心被眼前的困难所吞噬，不甘心让暂时的挫折束缚了前行的脚步，从而焕发生机与活力，锲而不舍地寻觅和追求。只有保持乐观精神的人生才是有力的。是的，将希望根植在不惧怕绝望的渴求中，即使你的人生之路千回百转，你也不会放弃追求的脚步；即使你历经失败，你也会调整人生的坐标，再次上路。

每个人的一生都会遇到诸多的不顺心，个性悲观消极的人在遇到困境时，看不到前途的光明，抱怨天地的不公，甚至破罐子破摔，在精神上倒下；而个性积极乐观的人在遇到困境时，能够泰然处之，认定活着就是一种幸福，无论是顺境还是逆境，都一样从容安定，积极寻找生活的快乐，不浪费生命的一分一秒，于灰暗之中向往光明，在精神上永远不倒。

一个人是可以既征服着困难，又生活得很快乐的。有人曾经问过一些饱受磨难的人是否总是感到很痛苦和悲伤，有的人答道：“不是的，倒是很快乐，甚至今天我还因回忆它而快乐。”为什么呢？这是因为他从心理上战胜了磨难，他从磨难中得到了生活的启示，他为此而快乐。为此，我们应该：

（1）为今天，我要让自己的身体更加健康，我要多运动，不损伤它，不忽视它，打好成功的基础。

（2）为今天，我要加强并提高我的思想。我要学一些我还欠缺的东西。我不要做一个胡思乱想的人。我要看一些需要认真思考、集中精力才能看的书。

（3）为今天，我要让自己适应世界，而不能让世界来适应我的欲望。

（4）为今天，我要照计划去做每一个钟点的事。也许我不会完全照着去做，但至少我可以免除两个缺点：过分仓促和犹豫不决。

（5）为今天，我要做一个讨人喜欢的人。外表要装饰，衣着要得体，说话、行为要文雅，不在乎别人的毁誉，不挑剔别人的行为，不去干涉或是教训别人。

(6) 为今天，我要快乐。就像林肯所说的：大部分的人只要下定决心都能很快乐。

(7) 为今天，我要为自己留下安静的半点钟，轻松一番，并充满幻想。

(8) 为今天，我要做三件事来锻炼我的意志：提高我的修养；为别人做一件好事；做两件我并不想做的事。

(9) 为今天，我要试着只去考虑今天的事，不去妄想把一生的问题都在今天解决。虽然我可以一天工作十二个小时，但如果一辈子这样去做，就会吓坏了我。

(10) 为今天，我要扫除恐惧。我要去欣赏美的一切，去爱，去相信我爱的那些人会爱我。

在日常生活中，你常常会因为许多事情而引起无限感触。你常常白天一言不发地皱眉凝思，晚上却莫名其妙地以泪洗面。究竟为什么？你自己也搞不清楚。直到有一天皱纹悄悄爬上眼角，你才顿然领悟到：自己过去之所以从未快乐过，主要是因为总把逝去的一切看得比实际情况更好；总把眼前发生的一切看成是最糟糕的，总把未来的前景描绘得过分乐观。如此形成了恶性循环，于是便钻入“庸人自扰”的怪圈里了。

培养乐观精神

任何事物本身都没有快乐和痛苦之分，快乐和痛苦是我们对它的感受，是我们赋予它的特征。同一件事情，从不同角度去看待，就会有不同的感受。一个人快乐与否，不在于他处于何种境地，而在于他是否持有一颗乐观的心。

人在某些时候，都会有悲观的情绪产生，这种情绪对身心健康和发展有着很大的负面影响，这就需我们采取一些办法来克服悲观情绪，培养乐观精神。

为了培养乐观的精神，就必须注意培养乐观的步骤：

（1）从事有益的娱乐与教育活动。观看介绍自然美景、家庭健康以及文化活动的录像带。当你受到挫折和不良情绪的折磨时，你就会积极地改变环境，最好的办法就是拥抱自然，在大自然里呼吸清新的空气，欣赏五彩缤纷的色彩，聆听小鸟欢快的歌声。大自然中的绿意盎然，蓬勃的生机，会使你心旷神怡，意却烦恼，使心情变得轻松。

（2）在幻想、思考以及谈话中，应表现出你的健康情况很好。每天对自己做积极的自言自语，不要老是想着一些小毛病，像伤风、头痛、刀伤、擦伤、抽筋、扭伤以及一些小外伤等。如果你对这些小毛病太过注意了，它们就会给你心情造成障碍。你脑中想些什么，你的身体就会表现出来。在抚养及教育孩子时，这一点尤其重要，要专门想着家庭的好处，注意家庭四周的健康环境。

（3）结交朋友，用心帮助朋友，并诚恳地请求帮助。真正的朋友，该是“没有什么大不了，只是有些不方便而已！”这种类型的人。当我们帮助朋友时，不要只着重分提他的痛苦和说些愚昧的话。如果要建立密切的关系，就必须有共同的人生价值和目标。

（4）你在生活中的每一天里，写信、拜访或打电话给现在需要帮助的某个人。向某人显示你的乐观精神，并把你的乐观精神传给别人。

（5）重视你自己的生命和健康。“只要吞下一口毒药，就可获得解脱。”是要不得的，你所交往的朋友，你所去的地方，你所听到或看到的事物，全都记录在你的记忆中。由于头脑指挥身体如何行动，因此你不妨从事高级和最乐观的思考。重视你的生命和健康，这是你快乐的基础，连自己的生命和健康都不重视的人是不会快乐的。

（6）改变你的习惯用语。积极心态的自动提示语是不固定的，只要是能激励我们积极思考、积极行动的词语，都可以作为自我提示语。

拿破仑·希尔曾列举一些有重要意义的提示语，以供参考：

人的心神所能构思而确信的，人便能完成它。

如果相信自己能够做到，你就能够做到。

我心里怎样思考，就会怎样去做。

在我生活的每一方面，都一天天变得更好而又更好。

现在就做，便能使异想天开的梦变成事实。

不论我以前是什么人，或者现在是什么人，如果我凭积极心态行动，我就能变成我想做的人。

我觉得健康！我觉得快乐！我觉得好得不得了！

将这些培养乐观精神的方法不断地在心理和行动上来体验和操作，就会使得自己具备乐观向上的品格，为你成大事打下坚实的基础。

第5章

平常心态看问题

人生中所遇到的事情，没有必要以谁对谁错、谁好谁坏的心理去对待。凡事以一颗平常心，正确地对待与自己利益相关的人或事。通过不同的经历，有意识地培养自己的心理承受能力，以平和、乐观的态度对待身边的人或事，让自己始终有个好心情，这样，在工作中就能够保持良好的精神状态与旺盛的精力。

在生活中，适合自己的就是最好的

有一则小故事，说的是三个人同喝一眼泉水，其中一个人用金杯盛着喝，另一个人用泥碗盛着喝，第三个人用手捧着喝。用金杯之人觉得自己高贵，用泥碗之人，觉得自己贫贱，而那个用手捧水喝的人痛痛快快说了一句：好甜的水！

人们有时候觉得做人不痛快，很大程度上是因为过于注重形式，比如为了追求时尚而买了一双流行的鞋子，虽然穿着不合适，脚都磨起泡了，但还是硬挺着。其实做人不在形式，而在内容。鞋子的款式不重要，关键是舒适与否。我们不要为了时尚而让脚受委屈，更不要为了某些虚荣的名利，而把宝贵年华和快乐舍弃。

一个人无论高低贵贱、贫富美丑，最难能可贵的是知道自己真正需要的是什么，追求的是什么，正确地做出自己的选择，做自己生活的主人，而不为世俗的观念所困扰。生活中，你应该清楚什么东西适合你，你适合做什么。

刘某大学毕业后在一家贸易公司当行政助理，因为她沉默寡言，所以助理工作的进展很不顺利。于是她更加不愿意与人沟通，不相信别人。在一些具体工作的细节上又特别苛求，如此一来，同事们都不太愿意与她共事，领导对她也只能暗暗摇头。她也觉察到了气氛的不和谐，但她自己又无能为力。

周末的一个下午，她犹犹豫豫地推开了一家职业顾问工作室的门，坐在首席顾问的对面。

首席顾问和刘某交谈了几分钟后，就对她下了一个评语：你不太相信别人，只相信自己，你认为只有自己才是完美的。刘某愣住了，她不明白首席顾问为什么会在如此短的接触后就能一语道破她的“天机”。

接下来，首席顾问进一步给她做出了“诊断”并开出了药方：

你是一个完美主义者。所以，你不适合从事需要较多人际沟通的工作，你可以去尝试一些相对独立的职业，譬如画家、雕刻家、平面设计、自由撰稿人等。尤其是平面设计，社会的需求很大，你可以先利用业余时间去做些相关的培训。

听了职业顾问的话，刘某的内心像是被点亮了一盏灯。其实，她从小就对美术感兴趣，很有绘画天赋，却阴差阳错当上了行政助理……

半年后，当她再次坐在这家职业顾问工作室里时，简直与以前判若两人，笑容一直挂在脸上，不停地诉说着自己的成功。

原来，那次以后刘某就跳槽去了一家平面广告设计公司。凭着扎实的美术功底和苛求自己的精神，她先是自己摸索着掌握了电脑设计软件的操作，再加上工作中极其认真负责，经她设计的广告，不断受到客户的赞扬。最后，她已经升职为设计部主管了。

由于个性、特长、爱好各异，所以适合每个人的工作也不一样。如果你的工作表现不是很出色，不必急于否定自己的能力，也许你只是没找到适合自己的那片天空而已。

我们很多人有时也难免像刘某一样，一开始总觉得自己应该成为一个非凡之人，要创造奇迹，看不起平凡的人生，可是实践证明，我们大多数人根本不是那种一呼百应的英雄，而只是个普通得不能再普通的平民百姓。由于我们的不切实际的想法，使我们失去了许多应该享受的乐趣。其实，成功的最佳目标，不是最有价值的那个，而是最有可能实现的那一个。想爬到山顶上去摘月亮，永远是痴心妄想。

我们不比任何人高贵，也不比任何人低贱；不比任何人多什么，也不比任何人少什么，我们就是我们，我们每个人都是这个世界上的唯一。别人有别人的生活方式，我们有我们的生活方式，如果强求自己与别人一致，那么我们葬送的就不仅仅是自我了，而是连生存的能力也会失去了。

能屈能伸，做配角也光荣

我们之所以为难、犹豫、沮丧，是因为当我们面临很多选择的时候，没有一个明确的导向，在人生的舞台上，做了主角，我们欣喜若狂，一旦做了配角，我们又抑郁失望。所以做一个能屈能伸、富有弹性的人对保持良好心境意义重大。

有人说：人生如戏。在人生的舞台上，上台或下台都是平常的；假如你的条件适合当时的需要，当机遇一来时，你就可以上台了，若是你演得好而且演得妙，你就可以在台上多风光一会儿。假如你唱走了音，演走了调，老板不让你下台，观众们也会把你轰下台；或者因为你演的角色已经不符合潮流，或者是老板需要让新人上台，于是你就下台了。潮起潮落，自有规律，你不必为自己过去的辉煌唏嘘不已，为今日的风光不再而长吁短叹。做了配角也同样有自己的天地。

当然，理论上来讲，地位的变化似乎容易接受，但假如你看过电影、电视中的男女主角受到欢迎或崇拜的情况，你就可以了解由主角变成配角之后的那种难过之情。是啊，昨天你还是风头正劲的弄潮儿，今日工厂倒闭，你也下岗，朋友远去，这种落差轻则让你落落寡合，重则让你痛不欲生。寻求平常心又谈何容易！

但真正演戏的人可以不同意当配角，甚至可以从此退出那个圈子，可在人生的舞台上，只要你想生存就不能退出，因为你需要生存！

那么，由主角变成了配角的时候，不要悲叹时运不济，也不用怀疑有人在暗中搞鬼，你需要做到的也是“平心静气”，好好地扮演你“配角”的角色，向别人证明你的配角都演得和主角一样好！奥斯卡都有“最佳男女配角”奖，可见配角的重要。若是你连配角都无法演好，那怎么能让人相信你还能够演主角呢？

所以这时候最关键的就是要平心静气，做你应该做的事情，而且想办法锻炼你的“演技”，随时准备再次上台——无论是原来的舞台或者是别的舞台。只要你不放弃，就一定有机会！

做配角不能缺乏勇气。勇敢永远是值得人类推崇的个性境界。勇敢的个性表现为大度和从容，因为内心无所畏惧，没有理由不表现为大度和从容。大度使人不怕损失，他有绝对的信心挽回局面。从容使人能够冷静地判断问题，解决问题，改变境遇。没有永远的配角，为了做主角，你就该付出艰苦的努力。

想要拥有勇敢的精神也不是一件容易的事。它的根基必须扎在高度的自信心上。具有自信无畏的个性才能够笑对际遇的落差，能够将不良情绪转化为动力。

如果当你从人生舞台上由主角变为配角，然后心理失去平衡。自暴自弃，到最后就算不下台，也必将会沦落到跑龙套的角色，人要是到如此就很悲哀了。假如能好好地扮演好配角的角色，一样会得到掌声和荣耀，没人会对你的努力视而不见，若是你仍然有主演的实力和信心，自然会有再度独挑大梁的一天！

人生的机遇是变化多端、难以预料的，波折起伏必然是难免的，不是你去回避它便不再存在，那么就应该培养“上台下台都自在，主角配角都能演”的胸怀。这就是面对人生各种困惑的一种方式，而且也会为你寻得再度发光的机会！

种什么瓜，结什么果

富勒说：“人类始终把一条黄金法则当成行为的准则。这项法则是：种什么因，收什么果。你可以欺负别人，但是根据黄金法则，最后你自己会尝到恶果。”这项法则不仅适用于你的行为，你所有的思想，最后也会回到你自己身上。

有一篇叫《慷慨的农夫》的短文，说美国南部有个州，每年都举办南瓜品种大赛。一位经常获得头奖的农夫，获奖之后，毫不吝惜地将得奖的种子分送给街坊邻居。有人不解，问他为何如此慷慨，不怕别人的南瓜品种超过他吗？农夫回答：“我将种子分送给大家，方便大家，其实也就是方便我自己！”原来，邻居们种上了良种南瓜，就可以避免蜜蜂在传递花粉过程中，将邻近的较差的品种传播给农夫的南瓜。这样，农夫就能专心致力于品种的改良。否则，他就要在防范外来花粉方面大费周折而疲于奔命。

为别人提供有益的服务，善意地对待别人，对自己一定会有帮助。相反，处心积虑地伤害别人，自己也得不到内心的平静。你就像一块磁铁，吸引思想相近、志同道合的人，排斥其他不同类的人。如果你想要结交仁慈、慷慨、成功的人，自己必须先成为这样一个人。只有你自己才能够选择。

一年冬天，年轻的哈默随一群同伴来到美国南加州一个名叫沃尔逊的小镇，在那里，他认识了善良的镇长杰克逊。正是这位镇长，对哈默后来的成功影响巨大。

那天，天下着小雨，镇长门前花圃旁边的小路成了一片泥淖。于是行人就从花圃里穿过，弄得花圃一片狼藉。哈默不禁替镇长痛惜，于是不顾寒雨淋身，独自站在雨中看护花圃，让行人从泥淖中穿行。

这时出去半天的镇长满面微笑地从外面挑回一担煤渣，从容地把它铺在泥淖里。结果，再也没有人从花圃里穿过了。镇长意味深长地对哈默说："你看，给人方便，就是给自己方便。我们这样做有什么不好?"

每个人的心都是一个花圃，每个人的人生之旅就好比花圃旁边的小路，而生活的天空不仅有风和日丽，也有风霜雪雨。那些在雨中前行的人们如果能有一条可以顺利通过的路，谁还愿意去践踏美丽的花圃，伤害善良的心灵呢?

后来，哈默在艰苦的奋斗下成为了美国石油大王。一天深夜，他在一家大酒店门口被黑人记者杰西克拦住，杰西克问了他一个最敏感的话题："为什么前一阵子阁下对东欧国家的石油输出量减少了，而你最大对手的石油输出量都略有增加。这似乎与阁下现在的石油大王身份不符。"哈默听了记者这个尖锐的问题，没有立即反驳他，而是平静地回答道："给人方便就是给自己方便。而那些想在竞争中出人头地的人如果知道，关照别人需要的只是一点点的理解与大度，却能赢来意想不到的收获，那他一定会后悔不迭。给人方便，是一种最有力量的方式，也是一条最好的路。"

如果你处处只想到自己的利益，就会众叛亲离；若过于孤立，则成功的缘分就渐渐疏离；不该得的财富你处心积虑想拥有它，到头来你会失去更多的机会。

在公司里，如果领导能真正关心部属，关心工作伙伴，甚至关心客户，同时关心到他们的家人，让他们感觉到，在这里是非常重视家庭生活的一个组织，在这里工作是希望每个人更好，甚至是他的家人都能够过得更好。用这样的理念来关心这个社会，关心周围的每一群人，这样做的结果，会比仅仅追求财富上的成功，或是个人的成就感，要来得更有意义。

还是成功人士说得好：你种下什么，收获的就是什么。播种一个行动，你会收到一个习惯；播种一个习惯，你会收到一个个性；播种一个个性，你会收到一个命运；播种一个善行，你会收到一个善果；播种一个恶果，你会收到一个恶果。

既要拿得起，也要放得下

史密斯是小镇上一家五金店的老板，他从事这一行已有20多年，生意一直很好。但他对会计业务不在行，不习惯用账簿。

有一天，他那个在华盛顿当会计师的儿子回家探望他，并对他说："爸爸，我实在搞不清你是怎么记账的，你根本无法核算成本和利润。我替你设计一套现代化会计系统好吗?"

史密斯说："不必了，孩子，我心里有数。你爷爷是个农民，他去世时，只有一条工装裤和一双鞋。后来我离开农村，跑到城里，辛勤工作，终于有了家五金店。

"后来我和你妈妈结婚了，生下了你们兄妹三人，你哥哥当了律师，你妹妹当了记者，你是个会计师。我和你妈住在一所很不错的房子里，还有两部汽车。我是这家五金店的老板，而且不欠人家一分钱。"

史密斯抽了一口雪茄，接着又说："我的会计方法很简单，把这一切加起来，扣除那条工装裤和那双鞋，剩下的都是利润。"

李嘉诚曾经在集团周年晚宴上，说了这样一句座右铭："好的时候不要看得太好，坏的时候不要看得太坏。"这句话是李嘉诚人生修炼最高境界的体现，也就是"拿得起放得下"。

歌德说："一个人不能永远做一个英雄或胜者，但一个人能够永远做一个人。"这里，"做一个英雄或胜者"，指的便是"拿得起"时的状态；而"做一个人"，便是"放得下"时的状态。

有一个人一手拿着一只花瓶前来拜见三祖寺的法师。

法师对他说："放下!"

那个人于是把他左手拿的那只花瓶放下了。

法师又说："放下!"

那个人于是把他右手拿的那只花瓶也放下了。

法师还是对他说："放下！"

那个人说："法师，能放下的我已经都放下了，我现在两手空空，没有什么可以再放下了，您到底让我放下什么呢？"

法师说："我让你放下的，你一样也没有放下；我没有让你放下的，你全都放下了。花瓶是否放下并不重要，我要你放下的是心中的杂念。你的心已经被这些东西填满了，只有放下这些，你才能从生活的桎梏中解放出来，才能懂得真正的生活。"

那个人终于明白了，点了点头。

法师最后说："放下这两个字听起来容易，做起来却很难。有的人追求功名，他放不下功名；有了金钱，就放不下金钱；有了爱情，就放不下爱情；有了嫉妒，就放不下嫉妒。世人能有几个真正做到'放下'呢？"

心理的压力要重于手上的花瓶，"放下"，不失为一条追求幸福的绝妙方法。

少年孟敏背着一个砂锅赶路不小心绳子断了，砂锅掉到地上摔碎了，可是孟敏却头也不回地继续向前走。路人喊住孟敏问："你不知道你的砂锅摔碎了吗？"孟敏回答："知道。"路人又问："那为什么不回头看看？"少年说："既然碎了，回头有什么用？"说完他又继续赶路。

看完这个故事，你有何感想？孟敏是对的，既然砂锅都碎了，回头看又有什么用呢？

这正如人生中的许多失败一样，已经无法挽回，再去惋惜悔恨也于事无补。与其在痛苦中挣扎浪费时间，还不如重新找到一个目标，再一次奋发努力。

有得必有失，有失必有得

在一生的漫长岁月中，每个人都会面临无数次得与失的选择，这些选择可能会使我们的生活充满无尽的烦恼和难题，使我们不断地失去一些我们不想失去的东西，但同样是这些选择却又让我们在不断地获得。我们失去的，也许永远无法补偿，但是我们得到的却是别人无法体会到的、独特的人生。因此面对得与失、顺与逆、成与败、荣与辱，要坦然待之。凡事重要的是过程，对结果要顺其自然，不必斤斤计较，耿耿于怀。

俗话说："万事有得必有失"，得与失就像小舟的两支桨，马车的两只轮，得失只在一瞬间。失去春天的葱绿，却能够得到丰硕的金秋；失去青春岁月，却能使我们走进成熟的人生……失去，本是一种痛苦，但也是一种幸福，因为失去的同时也在获得。

很多事情都是失之东隅，收之桑榆，只是你可能一味地盯着失，而对得并未意识到罢了。比如，夫妻离婚了，在失去婚姻的同时，也得到了追求良缘的机会；亲密爱人移情别恋，在失去恋情的同时，也应该庆幸现在的及早分手，避免浪费太多的时光；失意于钱赚得少，却可得意于不用为了储蓄投资而烦心。

李白有诗云："天生我才必有用，千金散尽还复来。"清代商人胡雪岩破产时，家人为财去楼空而叹惜，他却说："我胡雪岩本无财可破，当初我一个月俸四两银子的伙计，眼下光景没什么不好。以前种种，譬如昨日死；以后种种，譬如今日生吧。"胡雪岩失去了一手经营的万贯家财，却没失去心理上的平衡。

人生就是一场游戏，有时我们会赢，有时则会输。我们应该训练自己掌握游戏的规则，这样就会尽可能多地在游戏中获胜。

两个工程师合作承担了一个研究项目，在项目即将完成时，作了一次试验，结果，出乎意外地失败了，他们从中发现了一些以前未曾预见的问题。面对困难与挫折，一位工程师陷入了深深的自责之中，甚至怀疑自己是否还有完成这项研究项目的能力，而另一位工程师却为此感到欣慰：幸好现在及时发现了问题，这样可以在这个项目投入实际运作时避免许多错误。

人生的许多烦恼都源于得与失的矛盾。如果单纯就事论事来讲，得就是得到，失就是失去，两者泾渭分明，水火不容。但是，从人的生活整体而言，得与失又是相互联系、密不可分的，甚至在一定程度上，我们可以将其视为同一件事情。我们不妨睁开眼睛仔细看一看，动动脑子认真想一想，在生活中有什么事情纯粹是利，有什么东西全然是弊？显然没有！所以，凡是心胸开阔的人都晓得，天下之事，有得必有失，有失必有得。

山姆是一个画家，而且是一个很不错的画家。他画快乐的世界，因为他自己就是一个很快乐的人。不过没人买他的画，因此他想起来会有些伤感，但只是一会儿。

"玩玩足球彩票吧！"他的朋友劝他，"只花 2 美元就可以赢很多钱。"

于是山姆花 2 美元买了一张彩票，并真的中了彩！他赚了 500 万美元。

"你瞧！"他的朋友对他说，"你多走运啊！现在你还经常画画吗?"

"我现在就只画支票上的数字！"山姆笑道。

山姆买了一幢别墅并对它进行一番装饰。他很有品位，买了很多东西：阿富汗地毯，维也纳柜橱，佛罗伦萨小桌，迈森瓷器，还有古老的威尼斯吊灯。

山姆很满足地坐下来，他点燃一支香烟，静静享受他的幸福，突然他感到很孤单，便想去看看朋友。他把烟蒂往地上一扔，在原来那个石头画室里他经常这样做，然后他出去了。

燃着的香烟静静躺在地上，躺在华丽的阿富汗地毯上……一个小时后，别墅变成火的海洋，它被完全烧毁了。

朋友们很快知道这个消息，他们都来安慰山姆。"山姆，真是不幸啊！"他们说。

"怎么不幸啊?"他问。

"损失啊！山姆你现在什么都没有了。"朋友们说。

"什么呀？不过是损失了 2 美元。"山姆答道。

山姆是一个对得失不上心的人。

一位成功人士对得失有较深的认识，他说：得和失是相辅相成的，任何事情都会有正反两个方面，也就是说凡事都在得和失之间同时存在，在你认为得到的同时，其实在另外一方面可能会有一些东西失去，而在失去的同时也可能会有一些你意想不到的收获。

大学毕业后，珍妮进了一家刚起步不久的广告公司。在这家公司里，珍妮做得很辛苦，很投入，经常不计报酬地加班，她终于脱颖而出，工作刚满一年，荣升为项目主管。就在此时，珍妮正在国外工作的男友杰克决定回国发展并与她结婚。珍妮等了 4 年终于修成正果，众人都为珍妮而高兴：婚姻美满，事业顺利。

一年后珍妮怀孕了，而且是双胞胎，医生嘱咐她最好静养保胎，但这在工作超繁、压力超强的广告公司是很难做到的。杰克犹豫了："你还年轻，事业刚刚起步，孩子我们以后还是可以有的。"珍妮一脸的坚毅，她说："不，这最好的礼物，我能拥有它，就是最大的幸福。"她义无反顾地辞掉了工作，得到了一男一女龙凤胎。

孩子3岁后，珍妮到一家公司里做协调员的工作，从头做起。而她以前供职的广告公司一跃而为著名跨国企业，以前的同事也大都升为项目经理，职位、薪金比珍妮要高得多，但珍妮依旧快快乐乐地工作着、生活着。

在新的公司里，以她的工作态度和工作业绩博得了上司青睐，家庭也相当和睦。朋友们都羡慕她的生活，认为珍妮将生活节奏掌握得很好。其实，原因就在于珍妮无论在哪种生活情形下，都保持着一种很好的心态，不患得患失，以自己现在手上拥有的就是最好的角度出发，努力生活，努力工作，结果生活、工作都称心、完美。

人有所得，就要有所失。该失去的东西就要毫不吝啬，甚至忍痛割爱。得到并不一定就值得庆幸，失去也并不完全是坏事情。人之一生，苦也罢，乐也罢；得也罢，失也罢——要紧的是心间的一泓清潭里不能没有月辉。哲学家培根说过："历史使人明智，诗歌使人灵秀。"顶上的松阴，足下的流泉以及坐下的磐石，何曾因宠辱得失而抛却自在？又何曾因风霜雨雪而易移萎缩？它们自我踏实，不变心性，才有了千年的阅历，万年的长久，也才有了诗人的神韵和学者的品性。

人生中，得与失，常常发生在一闪念间。到底要得到什么？到底会失去什么？仁者见仁，智者见智。不可否认的是，人应该随时调整自己的生命点，该得的，不要错过；该失的，洒脱地放弃。都得，一定是他人为你放弃；都失，也太对不起自己。

对得与失的认知，看似平淡，却折射出一种对人生使命的思考，对物质和精神关系的透彻理解。人的一生，就是得与失互相交织的一生。得中有失，失中有得，有所失才能有所得。

不要患得患失

人之一生，苦也罢，乐也罢，得也罢，失也罢，要紧的是心间的一泓清潭里不能没有月辉。

失去与收获是相辅相成的两方面，它们都是真实客观存在着，你不能总是看到其中一方面，而忽视另一方面。得与失，必定有其平衡点。你不要总因为失去而痛苦，你也会有成功与收获的时候，得与失需要你去感受和体会，如果你常感到失落，那是因为你的心胸狭窄所致，如果你带能体验获得的快乐，那是因为你的心态平和。

有一个寓言故事：

一天清晨，上帝来到一个年轻人身边。上帝问他："你有什么心愿？说出来，我都可以为你实现，你是我的宠儿。但是记住，你只能说一个。"年轻人说："我的上帝，我有许多的心愿啊。"

上帝摇摇头说："这世间的美好实在太多，但生命有限，没有人可以拥有全部，有选择，就有放弃。来吧，慎重地选择，永不后悔。"

年轻人惊讶地问："我会后悔吗？"

上帝说："谁知道呢？选择爱情要忍受情感煎熬；选择智慧就意味着痛苦寂寞；选择财富就要承受钱财带来的烦恼。这世上有太多的人在走了一条路之后，懊悔自己其实该走另一条道。仔细想一想，你这一生真正要什么？"

年轻人想了又想，所有的渴望都纷至沓来，在他周围飞舞。哪一件是他能舍弃的呢？最后，他对上帝说："让我想想，让我再想想。"

上帝说："要快啊，我的孩子。"

从此，年轻人的生活就是不断地比较和权衡。他用生命中一半的时间来列表，用另一半时间来撕毁这张表，因为他总发现他有遗漏。

日子一天天过去了，年轻人不再年轻了。他老了，快走到生命的尽头了，这时上帝又来到他面前："我的孩子，你还没有决定你的心愿吗？可是你的生命只剩下 5 分钟了。"

"啊?"年轻人惊讶地叫道,"这么多年来,我没有享受过爱情的快乐,没有积累过财富,没有得到过智慧,我想要的一切都没有得到。上帝啊,你怎么能在这个时候带走我的生命呢?"

无论他怎么痛哭求情,5 分钟后,上帝还是满脸无奈地带走了他。

生活中,最苦恼的事,莫过于患得患失。如能减少一分患得患失,就减少一分苦恼,也就多了一分真趣。人能做到顺其自然,苦恼也就会渐渐消失,天机也就会慢慢健全。思虑足以伤神,嗜欲足以伤身。古人教导人们修身养性,躬身处世,保身养世之道,其宗旨在顺应大自然的规律,减少思虑,弃除烦躁,杜绝尘劳,省精保神,节制嗜欲。寥寥数语,做起来却不容易。然而它的基本功夫,也是最初的入门要诀,全在"平淡"二字。在一个到处充满了诱惑的纷繁世界里,欲望是可卡因、是美酒,而平淡是泉水、是清茶。顺其自然的生活,并且能以顺其自然的心态来对待生活中的诱惑和干扰,让自己的灵魂安然入梦,这样的人,于别人是湖泊一样的宁静,于自己是云一样的轻松。

顺其自然,并不是无所作为、放弃追求,而是以一颗平常的心态来安然对待人生。诸葛亮说:"非淡泊无以明志,非宁静无以致远。"只有过着一种恬淡寡欲的生活方式,心境才能冷静、思虑才能悠远。顺其自然,能使人心静如明镜,少受灾难。

人生最大的烦恼,不在自己拥有的太少,而在自己向往太多。向往本不是坏事,但向往太多,而自己的能力又不能达到,则会形成长久的失望与不满。在对环境、对自己都长久的感到失望与不满的情形下,人容易产生自卑、疑惧和对环境的戒备及内心的紧张。这就是患得患失给内心造成的伤害。

对那些患得患失的人们来说,他们有必要学会一份"心灵上的舒展"。这种心灵上的舒展就是让自己能把一切看轻松随意些,不要期望得太高,不要过分地求全苛刻,不要唯恐失去。固然,在正常的情形下,我们都应该要求自己上进,要求自己做事要成功、要精确、要胜利、要超然;但是在这一切要求之上,还必须有另一种要求来使它平衡,这要求就是使自己"轻松平淡"、"顺其自然"。

做人如果能做到对名利看得淡,名利就不足以动心志;对生死看得淡,生死就不足以动心志。那么这样就可以随运而行,因顺而住,随处而得,随遇而安;可以顺其自然,逍遥自在。

做人最可贵的地方是有觉解、有了悟。功名富贵、是非得失等等境相对于人生来说，只不过是外在的装饰，不可与人生内在的圣德尊严相提并论。所以陶渊明说："结庐在人境，而无车马喧。问君何能迩？心远地自偏。采菊东篱下，悠然见南山。山气日夕佳，飞鸟相与还。此中有真意，欲辩已忘言。"人生为什么一有缺陷就拼命去补足呢？正因为我们有着这样或者那样的缺陷，我们的未来才有无限的生机和无限的可能性。这何尝不是一件求之不得的事，一件值得高兴的事？保持一颗平常心，不为名利所累，不为世俗所扰，走好人生的每一步多美妙。

可以平凡，不能平庸

我们都是平凡人，只要我们抱着一颗平常心，踏实肯干，有水滴石穿的耐力，我们获得成功的机会，肯定不比那些天赋优异的人少到哪里去。正如美国已逝的总统罗斯福曾说过："成功的平凡人并非天才，他资质平平，但却能把平平的资质，发展成为超乎平常的事业。"

1872 年，有一个医科大学毕业的应届生，他在为自己的将来烦恼：像自己这样学医学专业的人，一年有好几千，残酷的择业竞争，我该怎么办？

争取到一个好的医院就像千军万马过独木桥，难上加难。这个年轻人没有如愿地被当时著名的医院录用，他到了一家效益不怎么好的医院。可这没有阻止他成为一位著名的医生，还创立了世界驰名的约翰·霍普金斯医学院。

他就是威廉·奥斯拉。他在被牛津大学聘为医学教授时说："其实我很平凡，但我总是脚踏实地在干。从一个小医生开始我就把医学当成了我毕生的事业。"

这个世界上，绝大多数的人，终生都奔跑在从现实通往梦想的路上，他们可能皓首穷经终未得志，但奔跑的过程本身就是一种伟大。生命的魅力就是在这奔跑之中，享受生命，就是享受平凡，把最平凡的工作做得伟大，这就是平凡者与平庸者的最大差别。

有个叫李某的人在机关上班，一天，他就调动工作一事征求朋友的意见。原来的工作单位是一个部级单位，他的专业是法律，现在的职务是正处长，近期以来，他们单位在进行一系列的改革，他的工作业务一下子减少好多，变得日益清闲起来。这时，有两家他们原来的下属企业都向他发出了邀请，有意让他去主持一个部门的工作。

李某很犹豫：一是自己现在是处级，在现在的单位老实地干下去，赶退休前混个局级应该说没有多大问题，如果到一个新单位会怎么样？二是这么多年在机关，到企业后能否适应？三是如果动的话，应该去哪一家企业？

朋友告诉他："既然现在无事可做，在此处再待下去就是养老。从机关到企业是有个适应的过程，现在才30多岁就没有勇气去做了，那么以后更不会有这样的勇气。"朋友接着说："做什么都有风险，可是我们30多岁，正是人生的黄金时期，这时候什么都不做才是最大的风险。具体去哪家，你比我了解情况，你自己做决定。"这件事情的结局是，李某没有听进朋友的意见，仍然呆在原来的单位。

在我们有限的生命中，我们做任何事情都会有风险，但是，如果什么都不做，安于平庸混日子，那才是最大的风险。

就像苏格拉底说过的一句话："每个人身上都有太阳，只是要让它发出光来。"我们大都是平凡的人，我们都做着平凡的工作、平凡的事，都处在平凡的工作岗位上，而无论我们处于什么岗位，或者做什么工作，什么事，都应该具有责任感，有责任把工作做好，使我们不致流于平庸。

有一位老教授说起过他的经历："在我多年来的教学实践中，发觉有许多在校时的资质平平的学生，他们的成绩大多在中等或中等偏下，没有特殊的天分，有的只是安分守己的诚实性格。这些孩子走上社会参加工作，不爱出风头，默默地奉献。他们平凡无奇，毕业分手后，老师同学都不太记得他们的名字和长相。但毕业后几年十几年中，他们却带着成功的事业回来看老师，而那些原来看来有美好前程的孩子，却一事无成。这是怎么回事？"老教授常与同事一起琢磨，最后得出一个结论，他认为：成功与在校成绩并没有什么必然的联系，但和踏实的性格密切相关。平凡的人比较务实，比较能自律，比别人更努力，所以许多机会落在这种人身上。平凡的人如果加上勤能补拙的特质，成功之门必向他大方地敞开。

一个人如果有了脚踏实地的习惯，具有不断学习的自我努力性，并积极为一技之长下功夫，那么成功就变得容易起来。一个肯不断扩充自己能力的人，总有一颗热忱的心，他们肯干肯学，多方面向人求教，他们出头较晚，却在各种不同职位增长见识，扩充能力，学到许多不同的知识。

人才是磨炼出来的，人的生命具有无限的韧性和耐力，只要你始终如一地脚踏实地做下去，无论在怎样的处境，都不放松自我，不自暴自弃，你便可以创造出令自己和他人都震惊的成就。

身处天地之间，任何人都是渺小的，我们每一个人都有其伟大与平凡之处。所不同的是，平凡的人用平凡掩盖了伟大，伟大的人用伟大挡住了平凡。世界上的大多数人并不伟大，是因为这个世界上更需要的是平凡，因为伟大需要平凡来衬托。没有平凡，也就体现不出伟大。有些人本来也很伟大，之所以显得平凡，是因为更伟大的人挡住了他们的光芒；而有的人之所以伟大，并不在于他们干了什么惊天动地的伟大事业，只是他们平凡的人生同样光彩照人。任何生命——平凡的生命和伟大的生命，都是从零开始的。只是平凡的人离零近些，伟大的人离零远些。

追求平凡，并不是要你不思进取，无所作为，而是要你于平淡、自然之中，过一个实实在在的人生。平凡乃人生的一种境界。肤浅的人生，往往哗众取宠，华而不实，故弄玄虚，故作深沉；而平凡的人生，往往于平淡当中显本色，于无声处显精神。平凡在某种程度上来说，表现为心态上的平静和生活中的平淡。平淡的人生犹如山中的小溪，自然、安逸、恬静。平凡的人生也无须雕琢，刻意雕琢就会失去自然，失去本性。

做平凡人是一种享受：享受平凡，勤耕苦作有收获，不求名利少烦恼；享受平凡，看海阔天空飞鸟自在翱翔，看山清水秀无限风光在眼前。当你在轰轰烈烈干了一番事业的时候，蓦然回首，你会觉得，平凡也是一种幸福。

换个角度，发现生活很美好

在公共汽车上你被急急忙忙跑上车的乘客狠狠踩了一脚，你怒不可遏，刚想发作，对方说了一声“对不起”，你也忽然想起上次因为孩子哭着闹着不上学，你有些气急败坏；上班差点要迟到了，公共汽车却迟迟不来，最后在等了15分钟后，你急匆匆地窜上一辆拥挤不堪的公交车，不小心踩了一位时髦姑娘的脚，被她狠狠骂了一顿……于是你想到，或许眼前这位乘客也是太急了，或许他也遇上了什么麻烦事……

如果我们能从另一个角度看人，说不定很多缺点恰恰是优点。一个固执的人，你可以把他看成一个“信念坚定的人”；一个吝啬的人，你可以把他看成一个“节俭的人”；一个城府深的人，你可以把他看成一个“能深谋远虑的人”；一个自大的人，你可以把他看成一个“自信心强的人”；一个喜欢发脾气的人，你可以把他看成是一个“感情丰富”的人。

拥有好情绪，你要试着换个角度看问题。如果你总觉得你对社会，对他人付出很多，而没有得到回报，你自然很难宽容别人。所以，你要多想想过去生活中的事情。

淡泊，就是恬淡清心，不被名利、金钱、权势等困扰，能看清身外之物，不要总想着我付出了那么多，我将会得到多少这类问题。一个人身心疲惫，情绪波动，就是因为凡事斤斤计较，总是计算利益得失。如果把握住一份平和的心态，把是是非非、纷纷扰扰看作人生必要的心理锻炼，那么，谁都无法摧毁你，哪里还有什么挫折、失败伤害到你呢？

走出误区，把握心理平衡点

现实生活中，每个人的内心世界或多或少地都有一些不平衡心理。某人赚了钱，某人升了官，某人买了车，某人盖了别墅……我本来比他们强，凭什么他却这么成功体面！对比产生了心理不平衡，而这种心理不平衡又驱使着人们去追求一种新的平衡。倘若在追求新的平衡中，你能不昧良知、不损害别人，自觉接受道德的约束和限制，通过正当的努力、奋斗去实现人生的自我价值，达到一种新的平衡，倒也是值得称道和庆幸的；倘若在追求新的平衡中，不择手段，毫无廉耻，丧失道义，膨胀自私贪欲之心，让身心处于一种失控的状态中，那么就必然会产生一些意想不到的可怕后果。由此，你的人生必将陷入难以回旋的败局之中。

一个名叫曼莉的女士在陈述自己的故事时，几乎是屏住呼吸不敢喘息。她说，她最近一直都有自杀倾向，她的双臂上净是一些疤痕，这些都是她使用针筒注射药物以及自残的结果。对她而言，自我伤害是一种暂时释放内心深处积压伤痛的方式，一种将强烈情感伤痛及无处发泄的愤怒释放出来的方式。

她该从何说起呢？她甚至感到莫名其妙，无论有意识地清楚说明自己的人生、故事，以及导致她多次企图自杀和自我伤害的心灵创伤与悲痛。曼莉觉得自己的心理失衡才是问题所在。她的同学慧不聪明不漂亮，但家庭背景和经济状况优越，她现在之所以有着不菲的收入和令人羡慕的地位，都是她的父母到处拉关系送礼请客的缘故。慧只不过是一个娇生惯养，没经历过什么风雨的乖乖女，尽管她工作马虎、能力欠缺，可谁都拿她没办法，谁叫她有能呼风唤雨的父母呢？而曼莉呢？从小忍辱负重，艰难地在有众多弟弟妹妹的环境中长大，学习生活样样争第一，最后却进入了一个濒临倒闭的服装厂当会计。漂亮衣服没穿过，连男朋友也没有。如今看同学慧趾高气扬，风光无限，而自己却灰头土脸，狼狈不堪，她实在没信心再生活下去。

曼莉对不费吹灰之力得到一切的同学慧嫉妒不已，当她没有能力和慧达到一样的生活标准时，她的心理崩溃了。人类的不平衡心理隐藏在人的潜意识领域。我们口头上否认这种看似耻辱和不平情绪的存在，但它们却并不因为我们口头的否认而真的消失了。它们沉淀在心底，具有潜在的爆炸性力量。这种强烈的压抑使那些不合规范、不可接受的冲动伪装起来，骗过了我们的内心，而实际上，它仍然是我们心理世界的最可怕的敌人。它用无名的力量冲击着我们的生活和工作，搅乱我们心灵的平静，使我们受着挫败感的折磨，使我们感到沮丧、自卑，驱使我们违心地在情绪的两个极端之间来回摇摆。这种不良的情绪会对我们的身体造成很大的危害，看看以上曼莉的故事你就会明白心理失衡所造成的伤害。

心理的不平衡毋庸置疑会带来不良情绪，这种心理是因为感到别人多而自己少而不满。反之，自己多而别人少，或自己好而别人差，则其心理便感到平衡了。显然，根本就是自私心理在作怪。这种由苛求公正而引起的心理压力就如同慢性毒药，使人意志消沉，整日闷闷不乐，并使成功的力量逐渐消耗殆尽，恶性循环也因此建立起来。同时，这种长期压抑的不良情绪会给人体带来持续的伤害。

怎样才能从这种不平衡的心理误区突围出去呢?

(1) 争取客观地看待每一件事情，多一份平静豁达。

(2) 尽量不再说:“要换了我会这样对待你吗?”或者其他类似的话，而应该说:“你我有所不同，只不过我暂时难以接受这一点。”这样你就可以建立而不是断绝与别人的交往。

(3) 不要把自己同别人或别的事情来回比较。在制订自己的目标时，不要考虑周围的人在做什么。如果你要做一件事情，就应该全力以赴地做好它，而不必羡慕别人所具备的优越条件。

(4) 不要根据自己的行为期待别人给予同等的待遇。例如当你讲出“我如果晚回家总要给你打电话，你为什么不给我打电话”之类的话时，立即改正自己，大声地说:“我觉得你要是给我打个电话，就更好了。”

不必在意某些伤心事

年少时候，我们总幻想着自己能成为众人瞩目的焦点，成为睿智不凡的人物，成为举足轻重的角色。可是，对大多数人来说，那种境界或许永远不会出现在人生中的某一瞬间，我们所扮演的，只不过是星河中最普通的一颗星星。

这种时候，不必在意。不必在意没有成为最炫目的成功者。至少在家人心中或爱人眼里，你仍然是最亮丽的。让大家去崇拜那些平凡的人罢，不必在意没有人喝彩，请用心将自己平凡的角色演得最好、最精彩。

任何辉煌固然是一份幸运，人生平淡又何尝不是一种际遇呢?不必在意那些求不来也避不开的升迁荣辱，让我们随遇而安、随缘施展，并且深信只要努力，在怎样的机遇里都能收获一份美好的人生。

一位著名记者采访一位成功企业家时，采访本上记着给他印象最深的一句话:“不必在意别人是否喜欢你，公平待人，不要奢望每个人都会善待你。”

实在不必在意别人怎样对待你。人们在交往中不由自主地用自己的方式去衡量别人，因为投机、因为说不清、道不明的感觉、因为微妙的举止，厚此薄彼或厚彼薄此便常常发生。我们既然不能保证不以个人的好恶，去公平对待每一个人，凭什么要求别人都公平地对待我们呢?

A 或许对张三李四很好，对你却不冷不热，可你也想不出曾做错过什么，想不出什么地方得罪了他。在自问和猜测间，你耗掉了时间也消磨了自信，其实，A 对你的态度并不能改变什么实质性的东西，你怎么能因此搅乱心理的平衡呢？B 不是对你很好而对别人冷淡吗?!

走在城市的某一个街头，随时可能会遇到一个向你兜售化妆品的推销员。尽管在你的眼中，他的举手投足显得是那么的造作和无知。但是，随着演说的进行，你会渐渐地被他的快活乐天所感染。然而，在最初的梦想里，有谁会希望自己只是个街头不起眼的小贩呢?

不必在意别人冷漠的面孔、冷淡的表情、窃窃的私语，不必费心揣测、刻意捉摸别人怎样待你和怎样评说你。珍惜时光，读自己喜欢的书，倾听迷人的音乐，你会发现，生命中还有更多值得留意的，实在不必在意别人的态度。

怎样面对人生不可避免的缺陷

怎样面对人生不可避免的缺陷，而不感到遗憾呢？既然躲是一定躲不过去的，那么就平静地去接受它吧。孤单不一定不快乐，失去不一定不再有，转身不一定不再回头——平静地去接受它，你也许就会发现，缺陷有时也是一种美。

龚定庵有诗说：“未济终焉心缥缈，世事都留缺陷好！吟到夕阳山外山，古今谁免余情绕?”世事都留缺陷好，即使贫无立锥之地，仓无引鼠之粮，也能心安理得，乐在其中。如果处处要求十分圆满，就是死时也难有个圆满的境界。

人生的法则中，有一种抱残守缺的法则。所谓抱残守缺，就是对待一切事，都不苛求它的圆满，不妄想它尽如人意。而以不圆满为圆满，以不完全为完全，以不如意为如意。抱残守缺以致神用，自得天全。世间没有人不热爱理想人生的，可是从古到今，又有谁能圆满他理想的人生？上自帝王将相，下到平民百姓，在人生中不是有这种缺憾，就是有那种缺憾。此时此地，在心理上求个自认为的圆满就可以了。这样就能处处圆满，事事圆满。不然便事事难圆满，处处难圆满。

陶觉说："世界本来就有缺陷，人心本来就是圆满。我们应当以圆满的人心，去圆满有缺陷的世界。不应当用缺陷的世界，来缺陷圆满的人心。"这就是自足于内，不求于外的真谛妙理。它清楚地表明，人生没有缺陷是神话，拥有缺陷才是事实。天才也有缺陷。人类应当传承一条真理，即"人类因为缺陷而存在，因为缺陷而永恒"。不懂得缺陷的真义，就无法领悟这个世界的另一面。

洪应明说："帆只扬五分，航船便能安稳；水只注五分，器具便能稳定。韩信因勇略震撼刘邦，所以被害；陆机因才名盖世，所以被杀；霍光的失败在于以权势威逼君主，石崇的死亡在于拥有的财富太多。"一个人做事做到十分满，便要自我减损，自我抑制，以便留下一个缺口，给自己一个回旋的余地，千万不能困守在圆满和极端里而走不出来。陶朱公三次积累千金而成巨富，但最后都散尽家财，就是明白这个道理。南怀瑾先生也说："凡事做到九分半就已差不多了，该适可而止，非要百分之百，或者过了头，那么保证你适得其反。"

《书经》上说"谦受益，满招损"。"谦"字亦可解释为"欠"。万事欠缺一点，如喝酒一样，欠一杯就蛮好，不醉了，还能惺惺寂寂，脑子清醒。如果再加一杯，那就非丑态毕露、丢人现眼不可——"满招损"。又如一杯茶，八分满就差不多了，再加满十分，非溢出来不可。

魏国公子牟说："抱残常安，守缺常全。"吉事怎样方得长久？有财富如何保持财富？有权力如何保持权力？这就要做到"不求圆满"。

李商隐有一句名诗说的是："此情可待成追忆，只是当时已惘然。"做人做事名利如此，权势也如此。即使家庭父子、兄弟、夫妻之间，也要留一点缺陷，才会有美感。以文艺作品的爱情小说而言，情节中留一点缺陷，总是美的。如《红楼梦》不到几年之间就完了，比较长一点的《浮生六记》，也难逃先甜后惨的结局。又如一件古董，有了一丝裂痕摆在那里，绝对心痛得很。若完好无缺的东西摆在那里，那也只是看看而已，绝不心痛。可是人们总觉得心痛才有价值，意味才更深长。

洪应明又说："假如上天不肯给我很多福分，我就多做些善事来培养我的福分；假如上天用劳苦来困乏我，我就用安逸的心情来保养我疲惫的身体；假如上天用穷困来折磨我，我就开辟我的求生之路来打通困境。假如我能做到以上各点，上天又能对我如何呢?"这就是"守半守缺"的人的处世态度。外在条件不好，就用内在条件来弥补它，外在环境有缺陷，内心就用道德来填充它，用道义来开通它。这样做了，即使仍然存在缺陷，结局却能超越圆满。

不要一意孤行，适当听取各方面的意见

有人说，不善于听取意见做不好事情，这话说到了点子上。没有哪一位成功者是只靠个人的知识、经验、能力行事的。

某动物园里，新去了一个喂河马的饲养员。老饲养员给他上的第一堂课，听起来有点离奇。老饲养员告诉他，不要喂河马过多的食物，不要怕它饿着，以免它长不大。新去的饲养员听了这话，十分纳闷，不能接受，他没有听老饲养员的话，拼命地喂他的那只河马。

两个月后，他突然发现，他养的这只河马，真的没有长多大而老饲养员不怎么喂的那一只，却长得飞快。

他连忙去请教老饲养员，老饲养员不说什么，跟他换着喂。不久，老饲养员的那只河马，又超过了他喂的河马，他大惑不解。

老饲养员说："你喂的那只河马，因为不缺食物，拿食物不当一回事，根本不好好吃食，自然长不大。我的这一只，总是在食物缺乏中过生活，因此，它十分懂得珍惜，因此身子吸收养分最充分，当然长得快了。"他听后若有所悟，后悔当初没有听老饲养员的话。

不少人都有一意孤行的性格，除了自己的意见外，根本就听不进别人

任何有益的进言。而当别人有意见的时候，他们也常常命令别人保持沉默。在组织的环境里发生质疑的时候，出面发出质疑的人就很有可能会被贴上“不忠”的标签，甚至被视为是制造麻烦的人。到底什么才是判断反对和不同意见的最佳方式？应当鼓励勇于发表不同意见甚至是反对意见的人，并注意倾听。

战国时期，一位君王曾下过一道求谏旨令：“群臣和百姓能当面指责寡人之过的，受上赏；上书规劝寡人的，受中赏；能在公共场合议论寡人的过失而被我听到的，受下赏。”这道旨令一下，收到了极好的效果。一年之后，人们想再进直言，已无话可说了。而这个国家在很长一段时间内，国泰民安，社会稳定。

自古以来，一意孤行、刚愎自用的领导人必定要垮台。这是历史经验的总结。

读过《三国演义》的读者都知道关羽“大意失荆州”的故事，其实，关羽并不是疏忽大意而丢了荆州，而是丢在他不能兼听不同意见的弱点上。关羽守卫荆州时，东吴吕蒙做了大都督，吕蒙早就有抢回被刘备骗去的荆州的打算，但他心知强攻硬取只会使自己吃亏，于是想办法从关羽的弱点上开刀。正巧，关羽没有亲自守荆州，正在外面带兵攻打樊城，吕蒙一见机会难得，便表面上主动与关羽搞好关系，暗中用计蒙蔽关羽。他诈称有病，让东吴书生陆逊代替自己都督的职位。陆逊刚上任，就以友好的言辞写了一封信，并备了厚礼，遣使拜见关羽，关羽听说后，警惕性一下子放松下来，他还嘲笑孙权说：“孙权见识短浅，竟用孺子为将！”他丝毫没把陆逊放在眼里，认为陆逊奈何荆州不得，反而把荆州守兵抽出攻打樊城。关羽的副将司马王甫、赵累却不这么看，他们认为东吴必有阴谋，苦劝关羽不要轻易撤走荆州守兵。而关羽对东吴近日一系列的行动与迹象没有认真分析研究，只是知其然而不知其所以然，狂妄地认为东吴胆怯，放心大胆地撤走了荆州守兵。但后来事实是，东吴军队渡江夺取了荆州城。

直到此时，关羽对荆州已失守的消息仍不相信，当军中有人私下传言荆州失守时，他听后愤怒地制止道：“此是敌方讹言，以乱我军心！东吴吕蒙病危，孺子陆逊代都督之职，不足为虑！”这是何等的目空一切。后来探马报知实情后，才相信荆州真的丢失了。关羽这才大惊失色，不得已投奔荆州属地公安，岂知公安也已被吕蒙夺取了。在这进退无路之际，关羽似乎有一丝觉醒，他对身边的司马王甫深深叹道："悔不听足下之言，今日果有此事！"

如果说，荆州是关羽大意才丢失的还说得过去，那么，关羽败走麦城则是不听建议所致。当困守麦城，内无粮草，外无援兵之际，关羽决定抛弃麦城，突围去西川。可是去西川如何取道他又拒绝了王甫的正确建议。去西川本有两条路可走，一条是大路，一条是偏僻小路，关羽打算从小路去西川，王甫听后唯恐吴魏在小路设下埋伏，连忙建议部队取道大路。这时，关羽又犯下了一意孤行的老毛病，他固执地不肯听王甫的话，还自信地扬言："纵有埋伏，有何惧哉！"坚定不移地要走小路。王甫料定关羽此去凶多吉少。纵百般劝阻仍无济于事，结果呢？父子双双遭擒身死。一代英雄豪杰因不能兼听不同的意见而酿成重大的历史悲剧。

一千张羊皮，不如一张狐狸腋窝皮珍贵；千百人俯首顺从，不如一人争辩对事有益。做事应该具有从谏如流的雅量，能够听取不同意见，并鼓励别人讲不同意见。做事能经常听到不同意见，于己于人都有好处。

中庸处世不偏不倚

现在，"中庸之道"在很多人眼中被视为贬义词，并攻击它腐朽没落。其实，古希腊的哲学家亚里士多德和中国的孔子都发现了道德的两种错误倾向：一是偏激，一是退缩；同时他们二人又都认为在上述两种错误倾向之外，唯一正确的行为是"中庸"，即"适中"。但现实生活中，人们却恰恰相反，不少人凡事不是过分，就是"不到位"，而且随风倒，朝令夕改，朝三暮四。在信念上，观念上变来变去的人随处可见。

中庸之道的关键，是要找出一个"中"来，只要找到了这个"中"然后依此而行，才能取得成功。中庸之道关于找"中"的办法很多，包括既不如此，又不那般，既如此，又那般。宋代大儒朱熹曾说："事物皆有两端，如大小厚薄之类，于类中又执其两端而量度的取中。然后用之。"又说："若与之二百则过，与之五十则少，只是百钱随怡的。”意思是所有的事物都有其两端，好比大小厚薄之类；在每一类中又可以区分它的两个极端，通过量度得出它的中点，然后加以采用。好比给一个人钱，如果给他二百钱就太多了，如果给他五十钱又太少了，那么就给他一百钱就是恰到好处。

中庸是种权衡，使自己不被自己的行为绊倒。掌握中庸之法，运用得当，就能让你在一些特殊场合或在对某一具体事情的处理中获得成功。真正具有普遍意义的成功智慧和具有至高无上地位的成功法宝，是中庸处世思想。

儒家推行中庸，目的在于使天下的人达到理想境界。何谓理想境界?也就是达到中道的境界。中道产生适当，适当产生合理，合理产生礼仪。人类全部的道德行为、法律行为，都需要符合中庸之道，使之无过无不及，不偏不倚以至达到至善。孔子告诉曾子说：“我的学问始终用一贯穿着。”孔子又曾告诉贡子说：“我用一贯穿着我的整个思想。”孔子所说的“一”就是中庸智慧。

在处世上恪守中庸，才有好的人际基础，不至于朋友反目，众叛亲离，才不会一意孤行，自取其辱。无论你处在什么样的社会角色地位，都需要受到尊重，需要维护面子。如果你忘记这一事实，与人们交际时，对重要人物恭敬有加，对小角色却态度冷漠，这样自然会伤后者的自尊。

男主人宴请科长及同事，圆桌上的酒菜已经摆得非常丰盛了，围着花布裙的主妇还在上菜，嘴上说着：“没有什么好吃的，请对付着用点!”

男主人则站起来，把科长面前还没有吃完的菜盘撤掉，接过热菜放在科长面前，热情客气地给科长夹菜，添酒，而对其他同事只敷衍地说声“请”。

面对这样“尊卑有别”的款待，男主人的几位同事心中很不是滋味而且又很气愤很难堪，其中两位竟未等宴席告终，就“有事”告辞了。

像这样的宴席，男主人眼里只有科长，而慢待他人，使同事们的自尊心和面子受到损伤，非但不能增进主客间的友谊，反而会造成隔阂。

在为人处事上，中庸思想的实用性在历史上没有任何思想可以取代，尽管到了今天，依然如此。人们常说，对人要一视同仁，不嫌贫爱富、不势利偏见，这就是中；原则不变，公道人心不变，这就是“庸”。对一般人来说，做事能够不偏不倚，就是“中”，保持一颗平常心就是“庸”。

第6章

知足者常乐，不勉强不强求

知足是一种美德和智慧。因为知足，我们会倍加珍惜我们今天拥有的一切，从而更好地把握现在，把握未来；因为知足，我们会更坦然地面对竞争，在权、钱、色面前心静神定，无牵无挂，在义利的天平上摆准砝码，做到有所求有所不求，有所为有所不为，能为则为，不能为则不为；因为知足，我们会超然洒脱，出神入化，不必奉承拍马、阿谀应对，更不必做蝇营狗苟、蝇蛆逐臭之事；也因为知足，我们会懂得许多生活的情趣，从许多不经意的小事中获得美的享受。

知足常乐

我们经常看到许多生活异常艰苦的人总是笑口常开，而且一般的情况常常是越是艰苦越是感到知足。这种生活态度常常叫外国人看了莫名其妙，很容易误以为这是中国人的惰性。其实，中国人的知足，是一种安身立命的艺术，它源于内在精神世界的充实丰富以及应付人生世事的自如圆满。你要懂得，知足或不知足，都不是生活的目的；人生的目的当是寻求既有生活的快乐。知足如果能够长乐，则不妨知足。知足是对现实生活欣然接受，当一个人无法改变生活的处境时，他除了欣然接受以外，还能有更明智的选择吗？人若有此种想法，在顺境里能优哉游哉，在逆境中也能安之若素。

人生常常是无奈的，有时候会被逼迫置身于极不情愿的生活境遇里，甚至会落到万念俱灰的地步，但是一旦他想到自己好歹有幸还拥有一个可爱的人生，便又知足地笑起来：“留得五湖明月在，不怕无处下金钩”，“留得青山在，不怕无柴烧。”

孔子游泰山，遇到一位不知是何许人者，鹿裘带素，鼓琴而歌，孔子见而问：“先生何乐也？”对曰：“天生万物，人为贵，吾得为人，一乐也；男女有别，男为尊，吾得为男，二乐也；人生有不见日月、不免襁褓者，吾行年七十矣，三乐也；贫者士之常，死者人之终，居常以待终，何不乐也？”

人的欲望是永无止境的，知足是我们在深刻理解生活真相之后的必然选择。猛兽易伏，人心难降；壑易填，人心难满。但生活所能提供给欲望的满足却总是有限的。在人的现实生活中，“足”是相对的、暂时的，而“不足”则是绝对的，永恒的。假如一个人处处以“足”为目标不懈追求，那么他所得到的结果将是永远的不足；如果一个人以“不足”为生活的事实予以理解和接纳，那么他对生活的感受反倒处处是足的。

一个人对事事都感到不知足，是一件十分容易的事，并不需要主观上的任何功力，因为不知足正是人的欲望的唯一特征。所以，不知足是本然的、顺情的，仿佛骑手信马由缰不费力。知足，倒是自觉的、顽强的、坚毅的和勉为其难的。当你步行在街道上看到一辆辆擦身而过的漂亮轿车时，当你身居斗室望着窗外一幢幢摩天大楼的闪闪灯火时，因羡慕、嫉妒油然而生的不知足，无需吹灰之力便不招自至了。而要摆脱这些情绪的纠缠，今晚依然知足的卧床酣睡，明晨照样知足地挤车上班，却是很不容易的。

知足是对生活环境的一种适应方式。众所周知，我们中国人最善于适应环境，所以在相同的条件下我们确实比西方人更容易满足。这并不是我们天生知足，而是我们所处环境使然。一个乡下人与城里人相比，我们往往会感到乡下人很知足。城里人穿西服革履，住高楼大厦，尚不免满腹牢骚；而一个老农只要有粗茶淡饭果腹，有简陋房屋安居便会心满意足了。如果城里人因此对乡下人颇感不屑并自以为高人一等，就让人感到很好笑了。这样城里人反过来拿自己与物质享受更高的外国人相比，必然会产生另一种自卑与不足。

“知足”说时容易做时难。因为知足难，所以知足常乐才称得上是一种艺术。任何事情本身无所谓足不足。足与不足，都是比较的结果。有人不小心丢失了一双新买的鞋，为此他一个人闷在家里茶不思、饭不想，难过了好几天。这天他强打着精神来到街上闲逛，无意中看到一个拄着拐杖只有一条腿的残疾人正兴高采烈地与人聊天，蓦然之间，他幡然醒悟：在这个世界上失去一条腿的人尚能如此快活，我丢失了一双鞋又算得了什么呢？想到这里，心胸顿觉爽朗，囤积数天的不快霎时间烟消云散。

知足虽然通过比较而生，但凡是通过比较而生的知足总不是最高境界的知足。所谓最高境界的知足，乃是一种源于内在精神的充实完满，是一个人精神世界的沛然自足，老子称此为“知足之足”，并教诲后人说：“知足之足常足矣！”当一个人拿到一串葡萄时，如果他从大到小一颗颗吃下去，往往会越吃越不知足，而一个“知足之足”的人吃葡萄，根本就不会想到葡萄的大小，这样的知足是真正的知足。

现代人相对来说比较不知足，这既是商品经济发展的潜动力，也是商品社会的必然结果。虽然，从整个社会的角度来说，“不知足”是产生丰富的物质生活条件的动力；但就个人而言，“不知足”所带来的心理压力，以及这些压力所产生的精神苦恼，常常使辛苦得来的物质幸福黯然失色，甚至完全失去生活的本来意义。鉴于现在人与人之间的贫富差别有增无减的趋势，“知足天地宽，贪得宇宙隘”更是一门必修的安身立命的艺术课程。

贪婪使人生转弯

据说上帝在创造蜈蚣时，并没有为它造脚，但是它可以爬得和蛇一样快速。有一天，它看到羚羊、梅花鹿和其他有脚的动物都跑得比它还快，心里很不高兴，便嫉妒地说：“哼！为什么上帝不给我像他们那样多的脚。

脚越多，当然跑得越快。”于是，它向上帝祷告说：“上帝啊！我希望拥有比其他动物更多的脚。”

上帝答应了蜈蚣的请求，他把好多好多的脚放在蜈蚣面前，任凭它自由取用。

蜈蚣迫不及待地拿起这些脚，一只一只地往身体上贴去，一直贴到尾，直到再也没有地方可贴了，它才依依不舍地停止。

它心满意足地看着满身是脚的自己，心中暗暗窃喜：“现在我可以像箭一样地飞出去了！”

但是，等它一开始要跑步时，才发觉自己完全无法控制这么多的脚。这些脚劈里啪啦地各走各的，除非全神贯注，才能使一大堆脚不致互相绊跌而顺利地往前走。

这样一来，它走得比以前更慢了。

在巴拉圭有一对即将结婚的未婚夫妻，一直关系和谐，朋友们都称赞他们的爱情。有一天，未婚夫妻二人，兴奋得直跳，并互相拥抱。因为他们中了一张奖金为七万五千美元的“高额彩券”。可是，故事和人性也在这里发生转折，这对马上要结婚的新人，在中奖后的第二天，就为了“谁该拥有这笔意外之财”而闹翻了；两人为此吵得不可开交，最终为此闹上法庭。在法庭上，未婚妻握有这张彩券，但是未婚夫则气愤地告诉法官：“那张彩券是我买的，后来她把彩券放入她的皮包内，竟然无耻、不要脸地说彩券是她的，是她买的！”这对未婚夫妻在公堂上大声吵闹，各说各话，丝毫不妥协、不让步，所以也让法官伤透脑筋。最后，法官下令，在尚未确定“谁是谁非”之前，发行彩券单位暂时不准发出这笔奖金！而原本马上要结婚的佳偶最终却因为区区奖金而变成怨偶。

的确，人的私心、贪婪、嫉妒，常使人跌倒，重重地跌在自己“恶念”的祸害里。人生的很多错误只在一念之间，而人生在贪婪这错误观念的支配下常发生转弯。如果一个人有太多的物欲和虚荣心，那么他在行走时，就会因为身背如此重负而寸步难行。

从前有一位苦行僧，准备离开他所住的村庄，到无人居住的山中去隐居修行，他只带了一块布当作衣服，就一个人到山中隐居去了。后来，当他要洗衣服的时候，他发现自己没替换的布，于是他就下山到村庄中，向村民们乞讨一块布当作换洗用的衣服。当这位修道者回到山中之后，他发觉在他居住的茅屋里面有一只老鼠，常常会在他专心打坐的时候来咬他那件准备换洗的衣服。因为他是苦心修道的僧人，必得遵守不杀生的戒律。可是他又没办法赶走那只老鼠，所以他回到村中，又向村民要了一只猫来饲养。养了这只猫之后，他又考虑到既不能让猫吃了老鼠又要保证猫的饮食，于是他又向村民要了一只乳牛，这样子那只猫可以靠牛奶维生。又过几天，他天天照顾奶牛打扰了自己的修炼。于是他又回到村中，碰到了一个单身汉，于是就带着这无家可归的单身汉到山上居住，帮他照顾乳牛。那个单身汉在山中居住了一段时间之后，他跟修道者埋怨说："我跟你不一样，我需要一位妻子，我要正常的家庭生活。"修道者想一想也有道理，他不能强迫别人一定要跟自己一样，过着禁欲苦行的生活，于是就到山下……这个故事如果按照这个僧人的想法发展进行下去，那么很有可能用不了多久，整个村庄都要搬到山上去了。原来要禁欲修行，却因为这样那样的欲念打乱了自己的清修，这心又怎么能平静下来呢。

有钱不一定快乐

如果让金钱支配了自己的生活，财富让自身的心理压力上升，失去心理平衡，那么轻松愉快的心情自然也就一去不复返了。

从前有位富翁，称得上富甲一方。但他仍然整天忙忙碌碌，不停地赚钱，好像赚钱是他唯一的嗜好，而轻松快乐的生活则与他无缘。

他有位穷邻居，整日都很悠闲自在，不时从他那陋室里传出欢乐的琴声。

富翁感到很奇怪：自己这么有钱，居然没有那个穷小子活得快乐。他问仆人这是什么原因。

这位仆人很聪明，说道："你的邻居之所以快乐，是因为他安于清贫。你若想要他变得不快乐，也是能办到的。"

"怎么做?"富翁问。

仆人说："只要你拿 10 万块钱给他，他从此就拉不出这么快乐的琴声了。"

富翁根本不信，说："世上的人都离不开钱，哪有人有了钱反而会不高兴的？"

仆人接着说："如果你不信，我跟你打赌好了：要是我输了，就一辈子给你白干活，不要一分钱。"

富翁乐坏了，他认为仆人输定了，仆人将一辈子免费为自己工作。退一步说，即使仆人赢了，自己不过损失 10 万元钱，也仅只算是九牛一毛。这太合算了！于是，富翁怀着必胜的把握满口应允了："好吧！今天我跟你赌定了，咱们立字为据！"

当天晚上，富翁和仆人一起把 10 万块钱送给了他的穷邻居，还特别强调说，这钱随他怎么花都行。为让穷邻居放宽心，还给他留了一张字据。

这位穷人意外地得到一大笔钱，不禁欣喜若狂，他简直不敢相信这是真的。富翁与他非亲非故，平时几乎没有任何往来，怎么会送这么多钱给自己呢？

他首先想到的是，那个富翁是否有什么阴谋诡计？但从富翁的态度和仆人的表情来看，根本不像是在算计他。更何况，他们还给自己留了字据呢！随后，他又想，莫非这些钱是假的，富翁想拿来愚弄自己吗？他仔细查验了一遍，发现钞票全是真的。

这位穷邻居左思右想，百思不得其解。弄得一夜没睡着觉。这些钱应该放在什么地方？存银行吧，现在利息太低，不划算；拿去投资呢，自己又没经验，亏了岂不可惜！要不就去买房子、买家具？但想了想又不太够，全花了，手上又没钱了，况且还需要自己添钱，这也不太好。

那该怎么办呢？他整个晚上想来想去，还是想不出来一个稳妥的好办法。

第二天，他哪儿也没去，怕钱被人偷了。

第三天，他想应该去买些好酒、好肉来享受一番。于是，他去了一家大商场，挑选了一大堆东西。看着他犹豫不定的样子，一个店员始终密切注视着他，像防贼似的。平时他去这家商场只是闲逛，或只买点非常便宜的东西，这一次一反常态，更让那位势利的店员对他"另眼相看"了。

当他发觉店员用怀疑的目光盯着自己时，原本愉快的购物变得让他很不舒服。他匆匆付完款就走了。回到家里，心中还有余气，而且又为如何保存或花费钱开始犯愁了。

从那以后，他再也没有心思拉琴了，更别说拉出原来那种快乐的琴声。

有钱不一定快乐，没钱不一定不快乐。如果把工作当作你一生所热爱的事业，也许，你就会快乐许多。当金钱的奴隶其实并不好受。

知足是一种境界

每每谈起知足，人们总以为那是人的情性流露，其实不然。知足，是一种成功处世的艺术，它源于内在精神境界的充实丰富以及应付人生世事的自如圆熟。欲望是无止境的。人总是在追求更新目标，并为之奔波忙碌，而生活所提供给欲望的满足却总是有限的。

我们为什么会这样不知足呢？这其实是欲望的驱使，是幻想的冲动，是不切合实际的索取。如果把不知足归结为人类后天的变异，这有失公允。不知足是一种最原始的心理需要，是人的需求层次的不断提升，知足则是一种理性思维后的达观与开脱。以人性驾驭理性，便是知足，让理性制人性，就是不知足，足与不足在于理，非人力所能勉强，知与不知在于我，不是贫富能左右的。

足是相对的，暂时的，而不足是绝对的，永恒的，假如一个人处处以“足”为目标不懈追求，那他所得到的结果将是永远的不足。如果一个人以“不足”为生活的事实予以理解和接纳，那么他对生活的感受反倒是足的。

知足的人即满足于自我的人，知足者能认识到无止境的欲望和痛苦。于是，就干脆压抑一些无法实现的欲望。这从表面上来看似乎比较残忍，但它却减少了更多的痛苦。在能实现的欲望之内，他拼命地奋斗，当目标实现时，快乐便油然而生，人生的境界就会提升。

人性中有很多失败的例子都是由不知足所造成的。由于人太贪婪了，欲望太强了，而其自身的能力又有限。这注定贪婪者终有失败的下场。清朝乾隆年间和坤像发了疯，什么手段都敢使，其穷奢极欲达到了极限，其结果呢？抄家赐死。《红楼梦》中的王熙凤不也是机关算尽，太聪明，反误了卿卿性命吗？

知足与不知足是一个量化的过程。我们不会把知足停留在某一个水平上，也不会把不知足固定在某一个需要上。不同的年代，不同的环境，不同的阶层，不同的年龄，不同的生活经历，知足与不知足总会相互转化。穷苦的年轻人还是不要知足，这样才会有更高的追求；一夜暴富的大款们，对于知识的追求多一些，也许可以提升生活质量。但知足的农民从不强迫自己当总统，安分守己的乡村教师会把按时领到薪水作为最大的慰藉。

知足使人平静、安详、达观、超脱；不知足使人骚动、搏击、进取、奋斗；知足智在知不可行而不行，不知足慧在可行而必行之。若知不行而勉为其难，势必劳而无功，若知可行而不行，这就是堕落和懈怠。

在知足与不知足之间，智者更多地倾向于知足。因为它会让我们心地坦然。无所取，无所需，就不会有太多的思想负荷。在知足的心态下，一切都会变得合理、正常、坦然，我们还会有什么不切合实际的欲望和要求呢？

幸福是需要比较的，它没有标准，没有止境。而只是看你对它的认识如何，以及看你对它做怎样的解释。知足是上帝赐予的幸福，知足者经常有富裕感。

不要求全苛刻

人生最大的烦恼，不在自己拥有的太少，而在自己向往的太多。

昔时，一位老婆婆背着装满了酒的瓶子过来，她沿路津津有味地吃着答麻林度的甜果实，不久感觉舌干口燥，就到附近人家的井边，请求女主人给她一杯水喝。由于她吃的答麻林度的甜味尚余留在嘴里，所以觉得那水如蜜一般甜，她很感激，便问："啊，好甜！太太，能不能用我的酒交换你的水?"女主人听了这位好奇的老婆婆的话，就答应说："好啊！"于是拿水和她交换。

老婆婆带着水瓶回家，马上又喝那甘甜的水，结果水平淡无味，她以为是自己的舌头有问题，又再饮了几次，仍未感觉有何味道，因此她唤来亲族知己试饮，没有一个人认为那水有特别之处。他们纷纷劝她："老婆婆，你喝了如此不干净的水，有伤身体哟，到底你是从哪儿弄来的这些水呢?"至此老婆婆才恍然大悟，原来是因为自己吃了答麻林度的甜果实再喝水，方误以为水是甜的，她非常懊恼竟将酒白白送给了人家。

在这世界上，类似这样因嗜欲太深而蒙受重大损失的，大有人在。庄子说："其嗜欲深者，其天机浅。"食、色，都是嗜欲，此外的一切金钱物质享用，也都是"嗜欲"。"天机"是智慧，是灵性，以庄子的看法，一个人如果欲望多，他就缺少智慧与灵性。

安守平淡，并不是不求进取，并不是无所作为、放弃追求，而是以一颗平常的心态来安然对待人生。诸葛亮说："非淡泊无以明志，非宁静无以致远。"只有过着一种恬淡寡欲的生活方式，心境才能冷静、思虑才能悠远。平淡，能使人心静如明镜，少受灾难。

《福寿全书》中说："万种疾病的毒根，皆源于一个浓字。浓于美色，就会产生虚弱的毛病；浓于货利，就会产生贪婪的毛病；浓于功利，就会产生造作的毛病；浓于名声，就会产生偏激的毛病。唉！浓这个病毒对人的伤害太深了。怎样化解这个病毒呢？我这里有一个药方，它的名字叫'平淡'！"《多少箴》中说："少饮酒，多喝粥。多吃蔬菜，少吃肉食。少开口，多闭目。多梳头，少思虑。少群居，多独宿。少积玉，多藏书。少求名，多忍辱。少求福，多行善。少烦恼，多欢笑。少动念，多修行。便宜不可再得，好事不如无。"

《坐忘铭》中说："常沉默气不伤，少思虑烛闪光。不怒百神和畅，不恼心地清凉。不求无媚无谄，不执可圆可方。不贪即是富贵，不苟何惧公堂。"

人生最大的烦恼，不在自己拥有的太少，而在自己向往的太多。向往本不是坏事，但向往的太多，而自己能力又不能达到，则会形成长久的失望与不满。在对环境、对自己都长久的感到失望与不满的情形下，人容易产生自卑、疑惧和对环境的戒备及内心的紧张。

对那些太急于求利、或急于求功的人们来说，他们有必要学会一份“心灵上的舒展”。这种心灵上的舒展就是让自己能把一切看平淡些，看轻松些，不要期望得太高，不要过分地求全苛刻。固然，在正常的情形下，我们都应该要求自己上进，要求自己做事要成功、要精确、要胜利、要超然；但是在这一切要求之上，还必须有另一种要求来使它平衡，这要求就是使自己“量力而行”、“轻松平淡”。

对富贵看得淡，富贵就不足以动心志；对名利看得淡，名利就不足以动心志；对生死看得淡，生死就不足以动心志。像这样就可以随运而行，因顺而住，随处而得，随遇而安；可以一无所有，逍遥自在。

君子爱财，取之有道

美国作家泰勒·希克斯在所著《职业外创收技巧》中提出，金钱可以使人们在十二个方面生活得更美好：物质财富，娱乐，教育，旅游，医疗，退休后的经济保障，朋友，更强的信心，更充分地享受生活，更自由地表达自我，激发你取得更大成就，提供从事公益事业的机会。

事实上，人类社会发展的历史也已经说明：金钱对任何社会任何人都是重要的，金钱是有益的，它使人们能够从事许多有意义的活动；但在创造财富的同时，也对他人和社会做着贡献。钱对人如此重要，然而并不是说为了挣钱可以昧着良心，可以不择手段。

美国石油大王洛克菲勒说：“当我从事的石油事业蒸蒸日上时，我晚上睡觉时总会拍拍自己的额角说：‘如今你的成就还是微乎其微！以后路途仍多险阻，若稍一失足，就会前功尽弃。切勿让自满的意念，搅昏你的脑袋，当心！当心！’” 这句话的意思是劝说人们要谦虚，尤其在稍有成就时应格外当心，不要骄傲。

人在创造财富，取财的时候一定要记住一个基本命题：做金钱的主人，不要做他的奴仆！

换句话说，不要被金钱束缚，单是这个基本想法，就值得跨越任何时代而铭记在心。我们应该在金钱的植培里活出自己的样子！要学会君子爱财，取之有道。

为有益的事业捐款，你永远不会为此懊悔。给予可以弥补你内心对某些事的负罪感。有人或许会批评这种用金钱换取人生平和的做法，但这种慷慨给予行为的实际结果是有益于社会的。

那些为自己创造财富的人，只要手段是正当的，无论其财富多少，都是无可指责的。所以，不要去理会那些批评者，去追求财富吧！去创造财富吧！只要记住：在你创造财富的同时，你也帮助了周围的人，在你赚钱的过程中，你也为别人提供了有价值的服务，在花钱时，你也给别人提供了工作机会。君子爱财，取之有道，是永远充满生命力的真理。

现在许多人都特别看重财富，为它的得失而大喜大悲，甚至不惜生命，上山下海寻找宝藏。经济社会里，财富已经成为人生的必要组成结构。财富会改变人的生活方式，甚至会改变整个人。于是，有的人看到别人富裕脸就变，为人的根本丢失了，也就丢失了许多比财富更有价值的东西，譬如朋友、家人等。

如果一味地钻入钱眼里，就会一叶障目，再看不到别的东西。友谊、爱情、亲情，甚至生活都会被忽略掉。

人生中钱固然重要，但也不能让钱成为枷锁，锁住了自由，更不能让钱成为坟墓埋葬了自己。

急流勇退，见好就收

人往高处走，水往低处流。人人都向往着高官厚禄，幸福荣华，又有几人能做到不恋红尘，见好就收。

华盛顿之所以被美国人尊称为国父，一方面是他在美国独立战争中建立了不朽的功勋，一方面是他不恋权势，适可而止的领导风范。华盛顿在第一任总统任期将满时就想急流勇退，但朋友们都劝他留任，他们都说，只要华盛顿继续领导美国，“南北双方将团结一致”。1792 年，华盛顿在第二届总统选举中再度当选。第二届总统任期期满后，华盛顿看到国内形势大好，国家经济走势稳定，政府机构体制完善，同欧洲特别是和英国的外交关系发展顺利。因此，他决定隐退。尽管当时美国朝野上下要求他再次竞选连任的呼声很高，但华盛顿坚决拒绝接受第三次总统候选人的提名。1796 年 12 月，约翰·亚当斯当选为美国第三届总统。1797 年 3 月 4 日，亚当斯在临时首都费城宣誓就职，仪式结束后，华盛顿离开了办公室，回老家安享晚年。

《小窗幽记》中说：“身居高官享受厚禄的人，在权势头上要保持几分山林雅趣，来缓和淡泊一下过分热衷名利的激进思想。”老子说：“始终保持丰盈的状态，不若停止它；不停地磨砺锋，欲使之尖锐，却难保其锋永久锐利；满屋的金银珠宝，很难永恒地守护住它；人富贵了就会产生骄奢淫逸的心理，反而容易犯错误。功成名遂则应隐退，此乃天理。”它提醒人们功成名就、官位显赫后，人事会停滞，人心会倦怠，业绩也不会进展，此时应立即辞去高位，退而赋闲，即“退一步海阔天空”。否则，说不定会因芝麻小事而被问罪，遭到晚节不保的厄运。

汉高祖剖符行封时，因张良一直随从划策，特从优厚，让他自择齐地三万户。张良只选了个万户左右的留县，受封为“留侯”。他曾说：“今以三寸舌为帝者师，封万户，位列侯，此布衣之极，于张良足矣。愿弃人间事，欲从赤松子（传说中的仙人）游。”张良“欲从赤松子游”，追求山林雅趣，不失为一种明智的选择。

有诗说："心安茅屋稳，性定菜根香。世事静中见，人情淡此长。"一个人生活在这个大千世界上，如同沧海一粟，应当随时随地参照自己所处的环境、时代以及各种客观、主观的条件，随时知足，随时知止。不然就会危乎险哉，白白增加许多的苦闷与烦恼。

《周书》上说："成功之下，不可久处。"这是真理，是历代功成名就之人的座右铭！范蠡辅佐越王勾践灭掉吴国，官封上将军。作为一名具有远见卓识的战略家和对人生社会具有深刻洞察力的思想家，凭借他多年从政的经验，深深懂得功高震主的道理。范蠡认为自己名声太显赫，不可以在越国久留，何况他也深知勾践的为人是可以共患难，而难以同安乐，于是，毅然决定急流勇退。他给勾践写了一封辞职信，信中说："我听说主上心忧，臣子就该劳累分忧；主上受侮辱，臣子就该死难。从前，君主在会稽受侮辱，我之所以没有死，是为了报仇雪耻。现已报仇雪耻，我请求追究使君王受会稽之辱的罪过。"越王对范蠡恋恋不舍，他流着泪说："你一走，叫我倚重谁？你若留下，我将与你共分越国，否则，你将身败名裂，妻子被戮。"范蠡对宦海沉浮洞若观火，他一语双关地说："君行其法，我行其意。"他不辞而别，驾一叶扁舟，入三江，泛五湖，跳出是非之地，秘密来到齐国。此时，他想到了有知遇之恩，且风雨同舟20余年的文种。他给文种作书一封，写道："凡物盛极而衰，只有明智者了解进退存亡之道，而不超过应有的限度。俗话说，飞鸟尽，良弓藏；狡兔死，走狗烹。越王为人，长颈鸟喙，鹰眼狼步，可以共患难，不可以共安乐，先生何不速速出走？"文种接到范蠡的信，恍然大悟，便自称有病不再上朝理政，但为时已晚。不久，勾践借口文种企图谋反，赐其自裁，一代谋臣含冤而死。

人往高处走，水往低处流。人人都向往着高官厚禄，幸福荣华，又有几人能像张良、范蠡那样不恋红尘，见好就收。"功成身退"说起来容易做起来难。如商鞅就是因为在紧要关头不能做到急流勇退，触犯了原来是他强有力的靠山的秦孝公，晚年遭到五马分尸的极刑，使一世荣华，顿时化为乌有，死后骂他之声不绝。据《战国策》记载：商鞅变法取得成功之后，"孝公疾起，传位商君，商辞而不受。"这是孝公生前故意传位，以试他心，可见商鞅在志得意满时即见疑于主子。这时他本应主动"功成身退”隐遁避险。另有赵良引用“以德者荣，求力者威”之典故力劝商鞅隐退，可商鞅在“退”字上欠火候，不以为然固执己见。最终，孝公将他驾空，政敌也伺机报复，当孝公一去世，曾经反对他主持变法的顽固派们在新王即位后，纷纷策谋陷害他，新王终以谋反罪对他处以极刑。商鞅之所以惨遭毒手，是他太不识时务，只知进，而不识廉知耻，故而引起众怒，不死将何?

至于隐退与否，因人而异，最后理想的结局，当属“功成身退”、“告老还乡”能保平安，此乃“天之道”也。历代用人者也都倾向于录用“知退者”，因喜退者识廉知耻，忠心弥坚，极少生事。

自古以来，凡在进退上处理不当者，都会使一生功绩毁于一旦，身败名裂，遗恨永年。

适可而止，见好就收

世事如浮云，瞬息万变。不过，世事的变化并非无章可循，而是穷极则反，循环往复。《周易·复卦·象辞》说:“复，其见天地之心乎!”“日盈则昃，月盈则食”，“无来不陂，无往不复”，老子对此概括为:“反者道之动。”人生变故，犹如水流，事盛则衰，物极必反。生活既然如此，做人就应处处讲究恰当的分寸。过犹不及，不及是大错，太过是大恶，恰到好处的是不偏不倚的中和。基于这种认识，中国人在这方面表现出高超的艺术。

做人不要做绝，说话不要说尽。廉颇做人太绝，不得不肉袒负荆，登门向蔺相如谢罪。郑伯说话太尽，无奈何掘地及泉，遂而见母。故俗言道:“凡事留一线，日后好见面。”凡事都能留有余地，方可避免走向极端。特别在权衡进退得失的时候，务必注意适可而止，尽量做到见好便收。

一个聪明的女人懂得适度地打扮自己，一个成熟的男子知道恰当地表现自己。美酒饮到微醉处，好花看到半开时。明人许相卿说:“富贵怕见花开，此语殊有意味。言已开则谢，适可喜正可惧。”做人要有一种自惕惕人的心情，得意时莫忘回头，着手处当留余步。此所谓“知足常足，终身不辱，知止常止，终身不耻”。宋人李若拙因仕海沉浮，作《五知先生传》，谓做人当知时、知难、知命、知退、知足，时人以为智见。反其道而行，结果必适得其反。

君子好名，小人爱利，人一旦为名利驱使，往往身不由己，只知进，不知退。尤其在中国古代的政治生活中，不懂得适可而止，见好便收，无疑是临渊纵马。

任何人不可能一生总是春风得意。人生最风光、最美妙的往往是最短暂的。“人无千日好，花无百日红。”就像打牌一样，一个人不能总是得手，一副好牌之后往往就是坏牌的开始。所以，见好就收便是最大的赢家。世事如此，人情也是一样。与人相交，不论是同性知己还是异性朋友，都要有适可而止的心情。君子之交淡如水，既可避免势尽人疏、利尽人散的结局，同时友谊也只有在平淡中方能见出真情。越是形影不离的朋友越容易反目为仇。因此，古人告诫说：“受恩深处宜先退，得意浓时便可休。”北宋词人秦少游所谓“两情若是长久时，又岂在朝朝暮暮”，这不止是劳燕两地的分居夫妻之心理安慰，更应为终日厮守的男女情侣之醒世忠告。

第7章

认识自己，正确评估自己

尼采曾经说过：“聪明的人只要能认识自己，便什么也不会失去。”正确认识自己，才能使自己充满自信，才能使人生的航船不迷失方向。正确认识自己，才能正确确定人生的奋斗目标。有了正确的人生目标，并充满自信，为之奋斗终生，才能此生无憾。

认识自己的优点

世界上没有两片完全相同的树叶，人也一样，每个人都是上帝的宠儿。正确认识自己，既看到自己的长处，也认识到自己的不足，给自己正确定位，这样才能自信地去迎接机遇和挑战，给自己创造更多的成功和欢乐。虽然，生活赋予我们每个人的并不是完全相同的阳光雨露，但上帝是无私的，天生我才必有用，只要我们正确认识自己，不失自知之明，就能谱写属于自己的人生华美乐章。

人如果在生活中总是与别人比较，总是希望获得他人的掌声和赞美，博取别人的羡慕，那么，他就慢慢地迷失自己，否定自己。一个人成天期望获得别人的掌声，他的生活必然是空虚的。久而久之，他的生活就变成了负担和苦闷，而不是充实和享受。所以，人贵在了解自己，根据自己的能力去做人做事，那才有真正的喜悦。

人彼此都不相同，有的人聪明，有的人平庸；有的人强壮，有的人羸弱；每个人的性格、能力、经验也各不相同。我们只有依照自己的潜能去发展，那才有真正的快乐。

如果我们提出这样一个问题："你认识自己的能力吗?"为了找到适当的答案，你可能要进行反复的思索。尽管每个人可能不止一次地发问："我实际上是什么？我的能力怎么样？如果我完全驾驭了我的力量和我的整个潜力，我到底能做出什么样的事情来?"但是，很少有人能够充分地认识到自己的潜能。

多年前，英国青年布莱恩两条腿被火车碾断了。丧失劳动能力的他，比一贫如洗的人还要贫穷，因为他缺了两条腿。

然而，布莱恩却靠着还剩下的优点——对登山的爱好而让自己重新站了起来。他装上假腿，遍登瑞士境内的大山，劝募慈善基金。

布莱恩永不服输，攀登阿尔卑斯山的爱格峰，用他的假腿，蹒跚而行，攀过峭壁，终于登上了爱格峰峰顶。布莱恩目前正从事推广残障者户外活动，造福残障者。

像布莱恩这样的人，能朝气蓬勃生活得多姿多彩，把生命的意义发挥到极致，个中原因是他对自己充满了信心，对自己所拥有的，做了肯定。

我们必须了解，任何一位小人物，只要能引发他的信心，便会积极进取。发觉自己优点的人，就有了滋润信心的沃土。它引导一个人孜孜不倦地学习，他认为想办的必能办得到。

要学会认清自己，正确评估自己的能力，能正视自己的缺点，并明白缺点每个人都会有的，尽量改正缺点，发扬自己的优点。

发挥并肯定自己的优点，依自己的本质去生活，就能发挥自己的潜能。一个能发挥特长的人，容易获得成功，得到丰足感，产生更好的信心。

认识自己的价值

善待自己，珍惜自己是以认识自己为前提的，而要充分认识自己的价值就要首先了解自己所处的环境。就如同下面这个故事，身处的环境不同，拥有的价值也就不同。

一个生长在孤儿院中的男孩，常常悲观地问院长："像我这样没有人要的孩子，活着究竟有什么意思呢?"

院长总是笑着说："孩子，你总是不对，谁说没有人要你呢?"

有一天，院长亲手交给男孩一块普通的石头，说道："明天早上，你拿着这块石头到市场上去卖，但不是真卖。记住，无论别人出多少钱，绝对不能卖。"

男孩子一脸迷惑地接下了这块石头。

第二天，他忐忑不安地蹲在市场的一个角落里叫卖石头。出人意料地，竟然有许多人要向他买那块石头，而且一个比一个价钱出的要高。男孩记着院长的话，没有卖掉。回到院内，他兴奋地向院长报告，院长笑笑，要他明天拿着这块石头到黄金市场去叫卖。在黄金市场，竟然有人出比昨天高 10 倍的价钱要买那块石头，男孩拒绝了。

最后，院长叫男孩子把那块普通的石头拿到宝石市场上去展示。结果，石头的身价比昨天又涨了 10 倍。更由于男孩怎么都不卖，这块石头被人传扬成"稀世珍宝"。参观者纷至沓来。

男孩兴冲冲地捧着石头回到孤儿院，他眉开眼笑地将发生的一切情景禀报给院长。院长亲切地望着男孩，徐徐地说道："生命的价值就像这块石头一样，在不同的环境下有不同的意义。一块不起眼的石头，由于你的珍爱、惜售而提升了它的价值，被说成稀世珍宝。你不就像这块石头一样吗? 只要认识自己的价值，生命就有意义。"

你了解自己的价值吗? 不要在蔬菜市场上寻找你的价值，为了"卖个好价钱"，你必须让人把你当成宝石看待。为使自己充分发展，进行全面准确的个人评价是非常必要的。记住：在很大程度上，你可以掌握自己的命运，决定自己的价值！

你对自己的评价如何？有时候会不会认为自己很不值钱？不受赏识？在某些时刻或是处于某些情况，甚至觉得找不到自己的价值？你喜欢发自于内的信心，还是努力在维护一副外人看起来很有自信的表象？

以下是做人的经验之谈：

正视现实。

正确评价自己。

不必在乎“别人”的看法。

勿将不良的思想或念头存入记忆库。

正确地补偿自己。

正确认识自己，要给自己正确定位。美国汽车大王福特小时候在农场中干活，他从小就坚信自己能成为一个出色的机械师。他没有听从父亲的安排，在农场当助手，而是把时间花在了自己喜欢的机械师训练上。他曾经花了两年时间去研究蒸汽机原理，试图实现自己的梦想。后来他又投入汽油机研究，每天花大量时间来从事这方面工作，不顾别人的劝阻与嘲讽。他的创意终于得到发明家爱迪生的赏识，邀请他到底特律担任工程师。这正给予了他实现自己人生定位的绝好机会。经过十年努力，在他29岁时，福特终于成功地制造出第一部汽车引擎。现在，底特律成为美国最大的工业城市之一，而福特也成为家喻户晓的汽车大王。他终于实现了自己的梦想。福特的成功，不能不归功于他正确的定位和不懈的努力。

正确认识自己，才能最大限度地发挥自己的才能，才能谱写出更多的辉煌，才能获得更大的成功与快乐。

不要轻易否定自己的能力

不要轻易否定自己的能力，为自己的心灵设限。很多时候，阻碍我们进步的主要障碍，不是我们能力的高低，而是我们想法的好坏。

在漫漫人生征途中，免不了要经历风霜雨雪，走过崎岖不平的小路，或遇到不测的天灾人祸。在这种时刻，你首先必须战胜自己，自信这一切都难不倒你，对横亘在你面前的所有障碍，你都能轻轻地拂去，如同掸掉一网蛛丝一般。你总是朝着既定的远大目标，一瞬也不回头地向前进击。这样你便具备了成功的心理素质。别人看到你总是信心百倍，不屈不挠，也将无形中受到你的感染，增加对你的信任度，放心地与你合作或让你去干。

记住这句话：永远保持你良好的自我感觉，永远不要对自己说“不能”。

成功者与失败者只有一个重要差别，那就是毅力。了解了这一点，你就不应该自卑，不应该跪下来仰视那些成功者，他们也失败过，沮丧过，自卑过。但我们和他们一样，一生下来就赋予同等的机遇、同等的成功权力。因此，具有积极的心理是我们应有的能力，必须具备的能力。碰到困难时，每个人都应用这样一句话来激励自己：“我与那些成功者有同样的条件，他们能行，我也能行！”

有个年轻人一天晚上失眠了，因为他债台高垒，早已过了偿还期限，按目前的经济状况，他无力还债。

沉闷的夜里，年轻人忽然问自己：“许多人能轻松自如地还债，我却总是认为自己不能。这到底是为什么?”年轻人开始剖析自己，他把自己和境遇好的人做了比较，结果发现，无论处于什么样的境况，他所欠缺的，别人也同样欠缺；而别人所拥有的，他也同样可以拥有，只是个时间的问题。而以前，包括刚才，他唯独缺少的，就是“我能行”的魄力！

第二天，年轻人一改往日懒洋洋的样子，全身心地投入到工作和生活当中，一年后，他有了可观的收入。

当我们为环境限制和干扰而不能追求自己的理想时，我们不能灰心，也无权抱怨，要像那位年轻人，从自己的身上查找原因。我们需要尽量取得经验，而耐心地生活、耐心地等待。

将来的一切都无法事先预料。唯一可以掌握的是眼前所见到的，手中所拥有的。当你能念书时，你念书就是；当你能做事时，你做事就是；当你能恋爱时，你再去恋爱；当你能结婚时，你再去结婚。环境不许可时，强求不来；时机来临时，不能放弃。这便是每一个人应有的生活哲学了。

以下是培养个人能力的经验之谈：

面临挫折时，坚持下去，加倍努力和增快前进的步伐。

不要低估问题的严重性。现实地估计自己面临的危机，认真评估每一个问题存在的风险。

不要畏缩，要使出全部的力量来，不要担心把精力用尽。

顶住各方面的压力，采取你坚信的观点，坚持自己的立场。

不要企图当个超人，一下子解决自己所有的问题。要挑一件力所能及的事，就干这么一件。

把自己的懊悔和恐惧告诉别人，给别人以安慰你的机会。

保持头脑的清醒。睁大眼睛去寻找那些在危机或困境中可能存在的机会。

在你每天的用词中，用“能够”代替“不能”。这适用于你遇见的大约95%的难题。

在心中不断重复：“我想要——我能！”养成习惯。增加简单的、新鲜的、正面的自我暗示词汇。

集中你的全部能力，全神贯注于当前完成的目标上，做到有始有终。

把命运掌握在自己的手里

古代有这样一个笑话：一个衙门的差役，奉命解送一个犯了罪的和尚，临行前，他怕自己忘带东西，就编了个顺口溜：“包袱雨伞枷，文书和尚我。”在路上，他一边走，一边念叨这两句话，总是怕在哪儿不小心把东西丢一件，回去交不了差。和尚看他有些呆，就在停下来吃饭时，用酒把他灌醉了，然后给他剃了个光头，又把自己脖子上的枷锁拿过来套在他的身上，自己溜之大吉了。差役酒醒后，总感到少了点什么，可包袱、雨伞、文书都在，摸摸自己脖子，枷锁也在，又摸摸自己的头，是个光头，说明和尚也没丢，可他还是觉得少了点啥，念着顺口溜一对，他大惊失色：“我哪里去了，怎么没有我了？”

这虽然是一则笑话，可笑过之后，却让人深思。亨利曾经说过："我是命运的主人，我主宰我的心灵。"做人应该做自己的主人，应该主宰自己的命运，不能把自己交付给别人。生活中有的人却不能主宰自己，有的人把自己交付给了金钱，成了金钱的奴隶，有的人为了权力，成了权力的俘虏，有的人经不住生活中各种挫折与困难的考验，把自己交给了上帝。

人生好比一张白纸，你可以在白纸上用不同的色彩描画你未来的蓝图。但是，如果你呆呆地犹豫不决地画，你手中的画笔就会被人抢走，在你的白纸上涂画些什么。于是你的职业、你的收入、你的住所，甚至你的一生的命运也就被别人决定了。

这里所说的别人，就是你的父母、你的老师、你的朋友、你的上司等以及和你有联系的人以及许多未谋面的人。其实，我们大可不必把自己的命运交给别人来决定。现在有所成就并过着幸福生活的人们，没有一个不是努力开拓支配自己的命运的。

里根出生在一个工人家庭，全家四口人只有靠父亲一人当售货员的工资维持生活。少年时生活的艰辛磨炼了里根的意志，培养了他的信心，也使他产生了出人头地的强烈愿望。1932 年，里根大学毕业后，决定试试在电台找份工作，然后，再设法去做一名体育播音员。但每次都碰了一鼻子灰，未能如愿。

"最好的总会到来。"母亲提醒里根说。父亲借车给他，于是他驾车行驶了 70 英里来到特莱城。里根试了试爱荷华州达文波特的 WOC 电台。节目部主任是位很不错的苏格兰人，名叫彼特·麦克阿瑟，他告诉里根说他们已经雇用了一名播音员。当里根离开电台办公室时，受挫的郁闷心情一下子发作了。他大声地问道："要是不能在电台工作，又怎么能当上一名体育播音员呢?"

里根正在那里等电梯，突然听到了麦克阿瑟的叫声："你刚才说体育什么来着？你懂橄榄球吗?"接着他让里根站在麦克风前，凭想象演播一场比赛。由于里根的出色表现，他被录用了。

这次求职成了里根人生旅途的新起点。它使里根懂得，一个人只要努力，他的命运就掌握在自己手里。在以后的岁月里，里根奋发努力，凭他个人的能力，从演员一直做到了美国总统。

一个人命运的好坏，并非天生注定，也不能被别人操纵。一个人一生不可能永远幸运，也不可能永远被厄运纠缠。要相信，命运由我们自己创造、命运掌握在我们每个人手中。

我们有权力决定生活中该做什么，不能由别人来代做决定，更不能让别人来左右我们的意志，而自己却成了傀儡。

其实，只有自己最了解自己，别人并不见得比自己高明多少，也不会比自己更了解自身实力，只有自己的决定才是最好的。从现在起，做自己的主人，不要让别人来控制了你。

达尔文当年决定弃医从文时，遭到父亲的严厉斥责，说他是不务正业，整天只知道打猎捉耗子。在他的自传上写着："所有的老师和长辈都说我资质平庸，我与聪明是沾不上边的。"而就是这样一个不务正业、与聪明不沾边的人，却成了生物进化论的发现者。

我们应该做命运的主人，不能任由命运摆布自己。当我们面对生活中不可避免的挫折、困难、病痛时，如果被打败，让这些生活的绊脚石主宰了自己，整天专注于病痛的折磨上，使自己的日子只有痛苦，而没有快乐，那便是丧失了自我。人生的旅途上，如果你奋斗了，努力了，拼搏了，但你依然屡遭挫折，连栽跟头，也不用抱怨命运的不公，而是要理智地接受和承认现实，并进一步找出分析遭到挫折和失败的原因，时而改变现状，改变命运，这才是智者的选择。

真正的命运的主人，是能够战胜病痛的，是不会向命运屈服的。像达·芬奇、莫扎特、梵高等等，都是我们的榜样，他们生前都没有受到命运的公平待遇，但他们没有屈服于命运，没有向命运低头，他们向命运发出了挑战，最终战胜了它，成了自己的主人，成了命运的主宰。

怎样改变我们的命运呢?

（1）用一块钱改变命运。一块钱，如果拿去买一本书来看，因此懂得为人处世的道理，懂得创业发财的方法，命运就此改变了；一块钱，如果拿去赌钱，赌输了，打打杀杀惹来牢狱之灾，一生就完了。所以一块钱可以改变人的命运。

（2）用一句好话改变命运。一句好话赞美对方，对方一欢喜，给我一些帮助，给我一些建言，从此改变了我的命运；如果一句话说得对方不欢喜，处处刁难我，我的命运可能就此变坏了。

（3）用一件善事改变命运。我做了一件好事，得了好因缘，可能就此平步青云；做了一件坏事，因而惹来灾难，麻烦不断，可能命运就很坎坷了。

（4）用一点知识改变命运。我有丰富的知识与技能，除了自己受用外，我把它传授给别人，他因此发达了，于是回报我、答谢我，我的命运也就跟着改变了。

（5）用一些方便改变命运。给人方便，就是给自己方便，不给人方便，本来很好的机会也会被破坏而失去，命运就不一样了。

（6）用一个笑容改变命运。给人一个微笑，对方很欢喜，会有好缘分。中国民间传说的“三笑姻缘”，就是一笑订终身，所以一个笑容，可以改变一个人的命运。

挪威大剧作家易卜生有句名言说：“人的第一天职是什么？答案很简单：做自己。”是的，做人首先要做自己，首先要认清自己，把握自己的命运，实现自己的人生价值，只有这样，才真正算是自己的主人。

完善自我人格

欧阳修说：君子修养品德，内要端正自己的思想，外要修饰自己的仪表。苏洵说：脸脏了不忘擦洗，衣服脏了不忘清洗，这是做人起码的常识。可见，按照这个常识做人，完成了自我的人格，才能被人看得起。平时做人要庄严，要恭敬；不要轻佻，不要苟且，不要散漫。

君子不重则不威。人作为万物之灵，能超越自我，成就事业，这都要依靠自己去创建，依靠自己去奋斗。

做人如果可以深入观察自己，深入认识自己，唤醒自身沉睡着的潜能，那么，伟大无比的力量和奇迹将会因此而产生。唤醒潜能后，你会惊奇地发现，你和圣人没有什么不同，圣人和你也没有什么不同；你就是英雄，英雄就是你，英雄和你没有半点分别。不过，你又应想到，你之所以不能成为圣人，不能成为英雄，还是因为你没有全力以赴地挖掘自己，创造自己。发现这些原因后，你会懂得，做人应完善自我独立的人格。完善独立的人格是成就圣贤豪杰不可缺少的条件。

歌德说，人格是大地之子。一个人在一生中可能会遇到各种变化，如生活条件变化，家庭关系变化，职业变化，地位变化，或者受挫遭难，或者伤残，甚至大灾大难，但是无论什么情况，都应保持独立的人格，自尊自敬，自爱自重。自尊的人一定能自敬，自敬的人一定能自重，自重的人一定能自爱。自尊的人不会自卑，自敬的人不会自贱，自重的人不会自暴，自爱的人不会自弃。

颜回说："尧是人，舜是人，有所成就的人就应该像他们那样受到后人的崇敬。"这就是自尊。陆象山说："双手攀南斗，翻身倚北辰。举头天外望，无我这般人。"这就是自尊自重。陆象山又说："天下的事情，是每一个人的事情。"这就是自敬自爱。人总要看得起自己，才能使人看得起我，才能产生一种无比的自信心。

1. 自尊

做人若要方正，只有自尊。自尊是自我规矩，自我规矩才能自成方圆。自尊不是自我夸大，唯我独尊。自夸的人狂妄，怪异，荒诞。做人要自尊，就是要自己看得起自己，在自己的心中确立这样的信念：天地赋予我的优势并不比别人少一分一毫，别人有的我也有。只要自强不息，锲而不舍，精进如斯，成功就不会少我一分。做人不能自暴自弃，以至辜负了天赋的才华，辜负了人生的美好。

自尊心是一种美德，是促使人不断发展的动力。莎士比亚说："如果我们把自己看成是泥土，那我们将会真的成为被人践踏的泥土了。"莎士比亚又说："没有自尊就是自卑。"自卑的人，总是安于现状，安于平庸，不求上进，总觉得自己低人一等，矮人三分。其实，你的能力并不比别人差，你的人格并不比别人低，只要你肯自我发掘，自我奋斗，力争朝夕，终有一天会有所成就。

自尊和自大，没有任何关系。自卑和自大，却是一对孪生兄弟。自卑感与自大狂，是一物的两面，它们好像剃须刀片，两面都是伤人的锋刃。这个锋刃，不仅伤害别人，同时也伤害自身。不只是普通人自卑，就连许多伟大的人物在某些时候、某些地方也存在自卑感，只不过伟大的人物能战胜自卑。你能战胜自卑吗?

2. 自敬

孔子教导弟子们说:“对人诚敬、有礼,就不会遭到侮辱。”这就是敬人自敬的道理!自尊的人,是一个自敬的人。不尊敬自己,如何尊敬别人?如何获得自尊?程颐说:“修养须用敬。”对身体尊敬,就不会怠慢;对心灵尊敬,就不会躁动;对行为尊敬,就不会放纵;对事业尊敬,就不会懒惰;对天地鬼神尊敬,就不会疏忽。尊敬也是恭敬。做人处处恭敬,就不会德不立,就不会业不成;做事处处恭敬,思想就会集中,精神就会专注。

诚实是天道的法则,恭敬是人事的根本。认为自己比别人尊贵,就会对别人傲慢;认为自己比别人聪明,就会拒绝别人的意见而炫耀自己。这种人,是得不到别人的尊敬的。

3. 自重

自尊是自重的标准,自重是自尊的条件。自尊的人也是自重的人。能看重自己,才能摆正自尊的位置。看自己的重量重于天下,就会自尊自敬。看自己的重量轻如鸿毛,就会无所不为,无所不顾。自重的人不自暴自弃,自重的人重视自己、轻视外物。被外物纠缠的人形体受劳累,被名誉纠缠的人心志受烦恼,被利益纠缠的人精神受伤害,被别人纠缠的人自身受摧残。所以老子说:“崇尚献身于治理天下的人,才可以将天下托付给他;不愿舍身治理天下的人,你怎么可以将天下寄托给他呢?”

远古时代,尧希望许由继承他的王位,许由认为自己没有治理天下的才能,因此没有答应尧的请求。许由这么做,是看重自身,更是看重天下。尧后来将天下交给了舜,在舜的治理下,国家繁荣昌盛,从而证明了许由的推辞是正确的选择。做人做到自重,身体就不会被外物拖累,就不会被物欲迷惑。不被拖累,不被迷惑,人自能守住一,守住中,守住道。

“醉里乾坤输万物,闲来万物更输谁?死生有命人何与?消长随时我不悲。”这首诗表明了人心的自重,表明了人心自有主宰。“汝等诸人被十二时使,老僧使得十二时。”赵州和尚这句禅语表明人心有主宰就不会因外物而发生改变。心不因外物有所改变,这只有自重的人才能做到。老子说:“重是轻的根本,静是躁的君主。”自重的人能领导别人,不自重的人被别人领导,这是不可逆转的事实。

4. **自爱**

做人自爱什么？就是爱护自己的人格，爱护自己的名节。守住了名节则人格在，人格在则万事成。

自尊自重的人，也是自爱的人。自尊自爱的人，从不自轻自贱、自暴自弃。懂得自爱的人，能自我保全。爱护自己的身体就能完善自己的身体，爱护自己的品行就能修养自己的品行，爱护自己的心神就能培养自己的心神。

做人要做到名节不亏，就需要自爱。庄子说："圣人休休焉则平易矣，平易则恬淡矣。平易恬淡，则忧患不能入，邪气不能袭，故其德全而神不亏。"这番话完全是自爱自全的道理。颜回"一箪食，一瓢饮，身居陋巷，不改其乐"，不懂得自爱的人做不到这一点。

八仙之一的汉钟离曾做诗说："露滴红阶玉满畦，闲拖象履到峰西。但令心似莲花洁，何必身将槁木齐。古堑细香红树老，半云残雪白云啼。虽然不是桃花洞，春至桃花亦满蹊。"这就是自爱。能自爱的人，心中另有一番天地；能自爱的人，"吾心中自有世界，世界尽在吾心中"。吕洞宾说："一粒粟中藏世界，半升铛内煮山川"；屈原行吟于江岸，向渔父倾吐心曲说："沧浪江的水如果清洁，可以用来洗我系帽子的丝带；沧浪江的水如果浑浊，可以用来洗我沾满污泥的双脚。"这些名言表现出了不与浊世推移、自尊自爱的坚定志向。

第8章

勇于面对挫折与失败

勇敢面对生活，面对挫折和痛苦，面对失败带来的阴影。时刻牢记：人生不会永远失意，一时的打击其实更应该成为我们前进的动力。面对挫折，不管当前的挫折处理得怎么样，都要调整心态，放松心情，无论得失都能坦然面对。

其实，失败中深藏着求生的意愿、成功的契机和超然的心绪。只有学会正确对待挫折失败，才能在以后的工作中少走弯路、少犯错误。

真正的勇敢者，是不惧怕失败的，关键是看你从每次失败中汲取了什么，认真总结失败的原因，为下一次成功积累经验。

要迎难而上

学着正面思维，正确看待成长路上的挫折和打击，我们就会因为这些不利因素而更加强大，成功也就离我们更近了！

在我们决心成功的过程中，一定会遇到许多艰难、困苦、挫折与失败。你不打败它们，它们就会打败你。

人是弹性很强的动物，再苦的日子人也能过下去。要摆脱困境，出路无非两条。一是乐天知命，随遇而安，视樊笼为乐园，以糟糠作美食，这需要高度的修养和以苦为乐的精神，需要把困境看穿，直到它不再成为困境。二是振作起来克服自己的不足，甘冒风险去争取，这需要先向自己宣战，不等不靠，不期待别人的给予。除此之外，还有别的路吗？

遇到困难和挫折的时候，正面思维才能让我们更理性地面对问题，解决问题，向成功迈进，让我们学着做一个正面思维者。

面对同一个问题换一个角度去思考，答案就截然不同。在挫折和打击面前，强者会勇敢地面对它，迎接它，然后不断取得进步；而弱者才会在它跟前悲观哭泣，最后得到的也只能是失败。

一个成功的奋进者应该能经得起风雨，应该具有抗挫的能力，只有在困境中奋起，才能成为强者。

法国物理学家伦琴小时候学习成绩很好，但很顽皮。一次，学校以不尊重师长为理由，开除了他的学籍，使他因为没有中学毕业证书而不能上大学。几经周折与努力，伦琴终于以优异的成绩考取了苏黎世学院，可毕业时学校又因为履历问题而拒绝他做一位知名教授的助手。

面对种种挫折，伦琴从来没有掉过眼泪，而总是激流勇进，迎难而上。经过整整 20 年的努力，他终于担任了德国匹兹堡大学校长。后来，伦琴发现了 X 射线，成为一个获得诺贝尔物理奖的科学巨人。

从来好事多磨难。在温室里成长的花朵，一旦将它放到屋外，受点风吹雨打，它就会丧失生命力。而长期生存在野外的红梅花儿，则经得起风霜，耐得住严寒。一个人出身豪门，自小到大的生活太过优裕，道路太过顺畅，未经磨难，如果突然遭遇挫折和坎坷，常常会一筹莫展，两眼一抹黑，对自己的前途，从事的事业，拥有的一切，产生怀疑和动摇因而彷徨犹豫，怨天尤人，停步不前。这和温室的花朵遭逢风雨而凋谢一般，悲剧从此产生。相反，那些身居陋巷、历尽人世沧桑的人却不同。他在漫天飞雪，风如刀，霜如剑的过程中，形成他应付挫折的心理承受能力，由于他原本就在磨难、痛苦、艰辛的环境中成长，一般生活中的小小挫折，他能轻松地对付过去，不会被吓倒而趴下。

马歇尔·菲尔德的零售店在芝加哥大火中烧毁了，所有的家产付之一炬。面对这个令人沮丧的场景，他却指着燃烧中的灰烬说：“我要在这个地方，开一家全世界最大的零售商店。”他做到了。在芝加哥的史笛特街及鲁道夫大道的交汇处，人们至今依然可以看马歇尔·菲尔德的公司巍然矗立着。

如果马歇尔·菲尔德在大火之后一味地悲观失望，那肯定不会有今天的成就。面对挫折，只有越挫越勇，这也是强者之所以成为强者的原因。

在事物发展的过程中，挫折可被视为障碍、阻挡、压制，与顺利相对立而存在；在事物发展的结局里，挫折可被视为失败，与成功相对立而存在。生活的多姿多彩，原是潇洒与无奈共存，失望与希望相随。诸如环境、背景、大气候、小气候等等条件，无时无刻不在制约着你的行为，压抑着你的欲望，从而注定了成功需要奋斗。奋斗者的成功之路充满着希望与辉煌。成功如果都如人所愿，绝不出现任何的挫折和意外，这个世界也就变成了一个极其无聊的场所，人类的所有活动、所有劳作也将变得毫无意义，人群之中也就没有成功、失败之分。

亿万富翁霍英东，从一个穷苦渔民之子，一跃成为香港房地产业的巨头。有人对他的经历用16字加以精确地概括："白手起家，艰苦创业，名成利就，爱国爱乡"，十分精辟地道出了他的成功秘诀。霍英东在创业之初，吃尽了千辛万苦。然而他凭借超人的毅力和过人的胆识，经过几十年的拼搏，终于成为香港房地产巨子，拥有60多家公司，以经营房地产为中心，从杂货到航运、建设、旅店、酒楼、百货、石油、淡水湖……构成一个遍布于海内外庞大的工商业体系。

霍英东有一句名言："外国人能办到的事，我们中国人同样能办到，同样能办好，有些事情比外国人办得还要好。"他正是以顽强的精神向自己的极限挑战，向困难和艰险挑战，向西方和世界挑战。挑战使霍英东成为香港工商界的巨人，而且跻身于世界经济强人之列。

历史的发展证实，一个国家和民族的事业不可能一帆风顺，它会遇到各种偶然的、必然的挫折和困难，要想取得胜利，必须克服困难，战胜挫折。同样，个人在追求成功的征途中，在幸福之路的行程中，也会遇到五彩缤纷、形形色色的挫折和困难，也只有战胜挫折，才能获得胜利，赢得成功。

学会在逆境中崛起

芸芸众生在对成功者头上的光环顶礼膜拜的同时，哀叹自己为什么没有成功的机会关照自己呢。这些人就是在这种自怨自艾的消极心态中，错过了一次又一次成功的机会。要明白，成功总是属于那些倍尝艰辛、异常顽强的人们！

经过失败的磨砺，再加上永远进取的决心，你也可以成为一个杰出的人物。你要鼓足勇气，相信自己生来便是一名冠军，现在无论有什么障碍和困难，它们都不及你在出生时所克服的障碍和困难的十分之一那么大！要想成功，一定要学会在逆境中崛起。

生活中有晴天也有雨天，有欢乐也有痛苦。挫折是不能避免的，凡成功者，都与挫折进行过无数次交锋。因此，平时要有良好的心态，有一种随时应付挫折的心理准备，要认为任何挫折的发生都是有可能的。这样，在挫折降临到自己头上时，就不会茫然无措，无所适从。同时看到挫折积极的一面。挫折能够提高我们的自我认识水平，发现自己的优缺点，培养我们坚强的意志，增长知识和才干，积累丰富的生活经验。正如列别捷夫所说："平静的湖水练不出精悍的水手，安逸的环境造不出时代的伟人。"

人这一生不可能都是一帆风顺的，所谓的机会自然也不总是顺风而来的，蕴藏在逆境中的机会永远都是非常巨大的，是足以改变人的一生的。所以，你要有面对逆境的勇气和智慧，任何时候，对于逆境都应该抱着一种乐观并且积极的心态。

奥格·曼狄诺是《世界上最伟大的推销员》一书的作者。他出生在一个平民家庭，28 岁时，他读完了学校课程，有了工作，并娶了妻子。但后来，由于自己的愚昧无知和盲目冲动，他犯了一系列不可饶恕的错误，最终失去了自己一切宝贵的东西——家庭、房子和工作，几乎一贫如洗。于是，他开始到处流浪，寻找自己，寻找赖以度日的各种答案。

有一天，曼狄诺认识了一位牧师。这位牧师解答了他提出的许多困扰人生的难题，临走的时候，还送给他一部《圣经》。此外，牧师还给他开了一份书单，上面列着 11 本书，它们是——《钻石宝地》、《思考的人》、《向你挑战》、《最伟大的力量》、《富兰克林自传》、《获取成功的精神因素》、《爱的能力》、《信仰的力量》、《思考致富》、《从失败到成功的销售经验》和《神奇的情感力量》。牧师说，如果读完这些书，他就能解决面临的困难。

从这一天开始，奥格·曼狄诺就依照牧师开列的书单，把 11 本书全部找来细细地阅读。渐渐地，笼罩在心头的那一片浓重的阴云退去了，似有一抹阳光照射进来——他终于看到了希望。

在以后的日子里，曼狄诺当过小贩、公司推销员、业务经理……在这条他所选择的道路上，充满了机遇，也满含着辛酸，但他已不可战胜，因为，他掌握了积极思考的技巧。当遇到困难，甚至失败时，他都用书中的语言激励自己，坚持不懈，直至成功。终于，在35岁生日那一天，他创办了自己的企业——《成功无止境》杂志社，从此步入富足、健康、快乐的乐园。

奥格·曼狄诺的成功为他带来了巨大的荣誉和财富，以至他被人们称为商界英雄。但曼狄诺没有就此止步，他又开始著书立说。44岁这年，他写出了《世界上最伟大的推销员》一书。该书一经问世，即在世界范围内出版，不仅仅是推销员，包括社会各个阶层人士，全都被这部作品的风格深深吸引，争相阅读。

曼狄诺的经历使人感慨，如果他没有早年的坎坷，就不会有后来的成就。不平凡的经历是成功的财富，而如果他对人生不肯作重新的思考，并勇敢面对生活，也就不会克服重重困难，成就辉煌的人生。当我们遭受到许多苦难时，容易产生“我实在吃不消了”的意识而想逃避，不敢面对苦难，勇敢地站起来，只是想办法要逃开。像这样消极的态度，是绝不可能产生任何效果的。

犹太民族具有罕见的向逆境挑战的勇气和毅力，这既是这个民族的独特性格，也是使其生存至今的一个重要因素。

犹太人喜欢对自己说：我们必须勇敢，并且充分利用自己所具有的优良的素质，活下去。要生存，要认识自己，要行动。我们最大的敌人便是恐怖、谨慎、懦弱和胆怯。

如果把挫折当做一次学习的机会，那你就是在迈向目标的路上意外获得了一份财富。

在挫折中奋起

人生活在这个世界上，并不是事事都像自己想的那样顺心如意的，生活中总会有一些令人感到不快的事发生，如果你想多些快乐，这本来是可以忽略不计的。只有把不便和困难分开，才能真正解放自己。

只要心态积极，就没有不可能的事情！

有这样一个故事，主人公叫布朗，他的生活充满挫折，但他把自己面临的所有问题看作成功的转机。布朗在公司当兼职雇员，干得不错，后来妻子同他一起从事这一项工作。

然而不幸降临，儿子染上重病，家里房子起火，公司经营不善，妻子同事纷纷退职，情况越来越糟。

正在这祸不单行之时，布朗的母亲又突然生病。他认为那样的日子是他人生中的灾难。但他没有灰心，他认为这是他生活的转折点，是他决定驾驭自己的生活并取得成功的时候。布朗和妻子商量，布朗继续做生意，妻子则出去工作。在沉重的生活压力下，他们又开始了工作。一点一点，一天一天，一次还一点债，他们终于熬过来了。

是什么力量促使布朗重新振作起来？是心态的力量，是不甘心失败的决心，是不找借口开脱的决定。他发现自己梦想成为成功者的能力，甚至是当社会的每一个标准都表明他是彻底的失败者的时候，他有了动力而且坚持到最后，并取得成功。

人生在世，谁都会遇到厄运，适度的厄运具有一定的积极意义，它可以帮助人们驱走惰性，促使人奋进。因此厄运又是一种挑战和考验。我们的生活因厄运变得丰富而多彩，我们的性格因坎坷而锤炼得成熟。

痛苦的事故或个人重大的挫折，经常是成长与改善的机会。许多人表示，经历生活的打击，对他们如同当头棒喝，结果他们就觉醒了。

漫漫岁月，茫茫人海，生活道路上无不充满坎坷，如生活困难，高考落榜，升职无望，体质不佳，借贷无门，办事受阻，无端受控等等天灾人祸。不管你喜欢不喜欢，不管你愿意不愿意，挫折随时都可能“翩翩而来”。

应该怎样看待挫折，怎样去面对挫折呢？

“自古英雄多磨难”，历史上许多仁人志士在与挫折斗争中做出了不平凡的业绩。音乐家贝多芬，一生遭遇的挫折是难以形容的。他17岁失去母亲，20岁出现耳聋症状。对一个音乐家来说，耳聋的打击是多么的大啊！可贝多芬不消沉、不气馁，他在一封信中写道：“我要扼住命运的咽喉，它妄想使我屈服，这绝对办不到。”他始终顽强地生活，艰难地创作，成为世界不朽的音乐家。

科学家贝佛里奇说：“人们最出色的工作往往是在处于逆境的情况下做出的。”因此可以说，挫折是造就人才的一种特殊环境。

当然，挫折并不能自发地造就人才，也不是所有经历过挫折的人都能有所作为。法国作家巴尔扎克说：“挫折就像一块石头，对于弱者来说是绊脚石，让你却步不前；而对于强者来说却是垫脚石，使你站得更高。”只有抱着崇高的生活目的，树立崇高的人生理想，并自觉地在挫折中磨炼，在挫折中奋起，在挫折中追求的人，才有希望成为生活的强者。

人生在世，不如意的事情肯定会有，因为世界毕竟不是你一个人的世界，造物主尽量要公平一些，不可能把所有的好事都摊到你的头上，也要适当考验考验你，看看你在不顺的时间会是一种什么样子。如果你反应过激，他还会继续考验你，直到你能以一种平和的心态去看待、对待一时的不顺或者挫折。

以一种平和的心态去看待人生的不顺和挫折，并非是一种消极的心态。在有时候，你后退一步，寻找到一种海阔天空的人生境界，这也是一种积极的心态。起码，它教你认识了生活，认识到人生不会一帆风顺，然后，就逼着你去学习在遇到不顺和挫折的时候，去怎样对待人生，对待挫折，对待你自己。

面对逆境，要有忍耐的心态

在工作、生活中有很多时候要有忍耐的心态，因为，能忍则安。我们得到的工作和职位，得到的幸福和成功，得到的友谊和爱情，不是因为我们的防卫姿态，而是源于身心的开放。忘记误解，忘记自己，我们才会得到人生最宝贵的财富。

学会忍耐，说着容易做起来很难，当我们忍不住时，就试试美国前总统杰克逊的方法："生气的时候，开口先数到十，如果非常愤怒，先数到一百。"而事实上在工作、生活中我们无一不忍，有人说，忍是难的，但也是美的，因为忍只不过是一个过程，好的结果将会做为忍的奖赏送给你。

对于个人来说，为了将来的利益，凡是一些非原则的事情都可以让步。对于不可忍的问题，也应用"忍"的办法来处理，在冷静的心情下谋划，这叫"大义之忍"。大义之忍并非不怒，而是一种策略。富兰克林说："有耐性的人，能得到他所要的一切。"这才是工作、生活中的取胜之道。

人生在世，谁都会有丰裕顺利的时候，也会有突然跌倒落入逆境的时候。人只能经过无数次的打击磨炼后，才会变得更加坚强成熟。

在逆境中崛起须有坚忍之志，而坚忍之志来源于对事业孜孜不倦的追求。虽然成功的机会对于每个处在艰难困苦逆境中的人都是均等的，但是，成功并不是每个人都能获得，它属于坚忍者。有了坚忍之志，才能战胜险恶的环境，才能在逆境中崛起。

舒伯特从小就对音乐产生了浓厚的兴趣。长大后，尽管生活困苦不堪，他也丝毫没有减弱对音乐的酷爱。

一次，舒伯特被饥饿折磨得焦躁不安，漫无目的地在大街上走着，他被酒店的酒菜香所吸引，不由自主地走了进去。望着满桌的鸡鸭鱼肉味美色鲜，饥肠辘辘的舒伯特多想吃点什么东西充饥呀。然而他口袋空空，没有一文，他随便地翻着一张旧报纸，突然，几首儿歌一下子触动了他此时无限悲凉的心，灵感霎时间涌上心头，他立即掏出纸笔，飞快地记录下脑中盘旋的儿时的记忆和现实的凄凉，整个乐曲一挥而就。闻名后世的《摇篮曲》，在他饿得发昏的时候诞生了。

音乐，是舒伯特赖以支撑没有倒下去的一个顽强支点。凭着它，舒伯特才有异乎寻常的坚忍之心，方能在艰难困苦之中迈出坚实的步伐，才有了他音乐生涯的最后辉煌。

忍耐是做人必备的修养。历史上有名的“断齑划粥”的故事，说的就是以“先天下之忧而忧，后天下之乐而乐”的名句传世的范仲淹。他幼年丧父，家境贫寒，但他从小就养成了宁可不吃饭，也要读书的好习惯。他住在醴泉寺僧房时，因口粮不足，他便把仅有的一点粮食煮成一锅稀饭，等冷凝后，用刀划成几块，再切上几块咸菜，每顿饭各取一块充饥，坚持3年在僧房昼夜苦读。终于使范仲淹获得了丰富知识，掌握了治国安邦平定天下的本领，成为宋代著名的政治家、文学家、军事家。他这种逆境中顽强坚忍的搏击精神，同他《岳阳楼记》名作一样广为人们传颂，成为汲取战胜逆境的力量源泉。

如果我们沿着一些成功者奋斗的阶梯探寻下去，也会发现每一个人身后都有着鲜为人知的苦难与彷徨，他们原来也是普通人，很多苦难磨炼着他们的意志，使他们在困难面前百折不挠，为人所不能为，永不服输，也更是这种敢于同命运抗争的精神成就了他们非凡的人生。

著名发明家贝尔费尽大半生的财力，建立了一个庞大的实验室。但是不幸的是，一场大火将他的实验室烧成了灰烬，造成了严重的损失。他一生的研究心血几乎都付之一炬。

当他的儿子在火场附近焦急地找到父亲时，他看到已经六十七岁的贝尔居然静静地坐在一个小斜坡上，看着熊熊大火烧尽一切。

贝尔见儿子来找他，扯开喉咙叫儿子快去找妈妈来：“快把她找来，让她看看这场难得一见的大火。”

大家都以为大火可能对贝尔造成了重大打击，但是他说：“大火烧去了所有的错误。感谢上帝，我们又可以重新开始了。”

没多久，新的实验室建起来了。时至今日，贝尔实验室已成为科学家的摇篮。

生活中经常有类似贝尔所遭受的大火，心态消极的人只会有一种命运，那就是被火吞灭。而像贝尔一样心态积极的人，不妨往好处想一想，重新鼓起勇气，成功才会离你越来越近。

任何人的一生不可能一帆风顺，总会遇到挫折。无论从事什么工作，都会有和预期相反的结果。长时间下来，谁都会产生悲观情绪，然而，人生并不尽是曲折，当云开日出时，前途自然光明无限。所以，凡事须耐心等待时机的来临，不必惊慌失措。当然，身处顺境亦不能得意忘形，应该谨慎小心地生活着。

挫折与失败是成功的转机

每一个成功者，几乎都会被人们看做是会做人做事的人，人们会情不自禁地把羡慕的眼光投向他们。可是，你是否想到，几乎他们中的每一个人都经历过挫折与失败的考验?

曾经有一位成功的企业家说：“如果你想取得成功，那就请加快你失败的速度。”每个人都希望自己能够拥有一帆风顺的人生，但这毕竟是一种美好的想象。人的一生中，成功和失败是相伴的，挫折往往是成功的序曲。很多的人都是在经历了无数次失败后，才取得了成功。

不论遇到多么辛苦的事情或艰难的工作，请牢记：挫折与失败正是使自己进步的转机。

有这样一个故事：

秋季开学后，希尔由于成绩太差不能再回去上课了。希尔的父亲与法学院院长取得了联系，但这没能改变学校的决定。院长说：“希尔是个非常好的青年，但他不可能成为一名律师。他最好去找其他职业。”希尔给院长写了信，申请重读，但杳无音讯。希尔感到心烦意乱。在重大事情上，他从未真正受过挫折。高中时他是个受欢迎的好学生，是一个小有名气的足球运动员。不费吹灰之力，他就进入了坐落在博耳德市的科罗拉多大学，并正式被该学校最负盛名的法学院录取。

希尔的父亲只有小学文化，他当了40多年铁路邮局办事员。但他热爱学习，同时他知道儿子极想成为一名律师。他建议希尔考虑一下威斯敏斯特法学院，那儿开设夜校课程。科罗拉多大学是一扇通向法官宝座和声名显赫的律师事务所的大门；而威斯敏斯特则是一所穷人学校，没有享受终身职位的教授，也没有法律权威。希尔最终还是去见了威斯敏斯特法学院院长克里福特·韦尔斯。韦尔斯院长允许希尔在威斯敏斯特法学院注册入学，但有一个条件，他得重修一年级的所有课程。院长说："我将时刻监督你。"一扇门关闭了，但另一扇门向希尔敞开了。

希尔十分珍惜这个机会，加倍努力地学习，并且对法律证据产生了浓厚的兴趣。第二年，教希尔这门课程的教授过世了，希尔令人不可思议地应邀接任了他的课程。证据研究后来成为希尔的终身专长。

28 岁那年，希尔成了丹佛市最年轻的乡村法官，而后，他当选了地方法院法官，接着被总统任命为美国联邦司法部地方法院法官。后来，他获得了科罗拉多大学颁发的乔治·诺林奖以及授予他的名誉法学博士学位。

一位名人曾说过：成功永远比失败多一次。成功人士的奋斗历程总是充满了成功、失败的轮替。

有一次有人问一位总裁成功的秘诀是什么，他回答："加倍你失败的次数。"一个人要成功必须采取大量的行动，不管做任何事情都一样。只要你行动的次数越多，你失败的次数也就越多，然而失败的次数越多，就越可能有成功的机会。当你成功的几率不是百分之零，你就应该继续行动，继续接受失败，每失败一次，你成功的希望就多一分。

在篮球场上要想成为得分王，就要不断投篮，当然投不进的次数也一定很多；当一个推销员想要增加业绩就要不断地销售，当然销售的次数越多，失败的次数也就越多，所以你的成交率可能很低，但你的业绩可能比别人要大，这就是数字游戏。

关键是，行动的次数一定要非常多，一定要不断地接受失败，而且加倍你失败的次数。世界首富洛克菲勒说："你要成功，就要忍受一次次的失败。"你要把失败当成迈向成功所交的学费。其实失败并不可怕，害怕失败的心态才最可怕。

用阳光心态面对生活的不幸

人一生是由幸福和悲伤、成功和失败、欢乐和痛苦交织而成的，只有你能经受得住成功和失败的考验，才能展示你的真正价值。

人生如果有了目标，就应该努力去实现，或许你往事不堪回首；或许你没有取得期望的成功；或许你失去至爱亲朋，失去企业，甚至住房；或许你因病不能工作，意外事故剥夺你行动的能力，然而，即使面对这一切的不幸，你也不能屈服！

美国著名作家梭罗每天早晨的第一件事，是告诉自己一个好消息。然后，他会对自己说：我能活在世间，是多么幸运的事。如果没有出生在世，我就无法听到踩在脚底的雪发出的吱吱声，也无法闻到木材燃烧的香味，更不可能看见人们眼中爱的光芒。于是，他每一天都满怀对生命的感激之情。

没人喜欢面对困难和不幸，但聪明的人善于把它当作成长的机会。

挫折与失败是一种挑战和考验。适度的失败与挫折，可以帮助人们驱走惰性，促使人奋进。英国哲学家培根说过：“超越自然的奇迹多是在对逆境的征服中出现的。”

挫折助人成长。人的成长过程是适应社会要求的过程，如果适应得好，就觉得宽心和谐；如果不适应，就觉得别扭、失意。而适应就要学会调整自己的动机、追求和行为。一个人出生时，根本不知道什么是对，什么是错，正是通过鼓励、制止、允许、反对、奖励、处罚、引导、劝说，甚至身体上的体罚与限制才学得举止与行为的适应和得当，学会在不同环境、不同时间、不同对象、不同规范条件下调整行为。反之，从小无法无天的孩子，一旦独立生活就会被淹没在矛盾和挫折之中。

生活中，每个人都难免会遇到各种各样的挫折、失败和打击，面对这些失意的人生经历，有人会把负面情绪和心理感受牢记于心，耿耿于怀。这样一来，他们的心灵长期受到困扰，就会丧失对生活的自信和热情。

阳光被向征成面对困难时的乐观心态，面对烦恼时的豁达胸怀，面对不幸时的坚强信念，生活中光明美好的那一面。

就像硬币具有两面一样，生活也总是阳光与阴影同在，但如果你想做一个快乐而充实的人，请你永远面朝阳光，从不幸中找到万幸，从黑暗里找到光明。

古人说“人生得意须尽欢”，而人生失意时也不能停下脚步，也应该积极进取。历史上许多伟人，许多有成就者，都有过失意的时候，但他们都能失意不失志，都能做到胜不骄，败不馁。

司马迁因李陵一案而官场失意，被施宫刑，但他没有被打垮，反而成就了他“史家之绝唱，无韵之离骚”的传世之作。

蒲松龄一生梦想为官，可最终也没能如意，但他是幸运的，因为他能及时反省，能及时调转人生的航向。俗话说：“朝闻道，夕死可矣。”如果他不能及时省悟，便不会有流芳后世的《聊斋志异》问世，他的大名也不会永载史册。

人生的失意并不可怕，可怕的是同时也失去志气，一蹶不振，破罐子破摔。

失意时只要能及时省悟，及时调整自己的心态，你就会从此踏上另外一条通往成功的大道，实现自己的人生价值，赢得属于自己的一片天空。

大文豪巴尔扎克也说：“世界上的事情永远不是绝对的，结果完全因人而异。苦难对于天才是一块垫脚石，……对于能干的人是一笔财富，对弱者是一个万丈深渊。”

所有的事物既有它坏的一面，也有它好的一面。“塞翁失马，焉知非福”，这个耳熟能详的故事，就明确地指出了任何事物都有两面性的道理，应该全面看待所有问题，包括不幸。所以，不幸不是绝对的，幸运也不是肯定的，关键在于是否看到它向阳的那一面。

心态健康的人，会注意到阳光、友情、温暖，寻找到欢乐，不缺乏自我安慰的办法，并有回避危险的能力。在这个自然的层面上，好心态的人，会把日子过得舒畅，就是遇到挫折，也能自我调整，能较自然地处在一种对事物的全面理解中。

跌倒了再站起来

美国著名成功学家温特·菲力说："失败，是走上更高地位的开始。"许多人所以获得最后的胜利，就在于他们屡败屡战。对于没有遇见过大失败的人，有时反而让他不知道什么是大胜利。通常来说，失败会给勇敢者以果断和决心。的确，逆境可以激励人心，帮助你战胜生活大道上的"恐怖地带"。因此，一个不了解自己生活强项的人，只能吞下失败的苦果。

常听到许多成功人士说："我失败过。"这是英雄式的宣言，是对过去失败的肯定。可惜，我们当中许多人无法说出："我失败过。"为什么呢？这些人从没有失败过。他们总是逃避失败、害怕失败，做一件事之前往往瞻前顾后、举步不前。为了避免失败，他们想了一个万全之计：不做事！不做事，自然谈不上失败，但也谈不上成功。世间许多人就是在这条既没有成功也没有失败的道路上走完了平庸的一生。

在普通情形下，失败一词是消极的，但对于成功者而言，失败和成功并非泾渭分明，失败是成功之母，成功是失败之子。看似失败的，也许是成功的；看似成功的，也许是失败的；失败之中也许蕴涵着成功，成功之中也许蕴涵着失败。

何谓失败？说得通俗一点，失败就是：一个策划的方案，由于种种原因没有付诸实施；一个预期的目的，因为时间的耽搁而没有达到；一种分解的试验，在具体操作过程中发生了错误，使之无法进行下去；一项紧张的比赛，被对手战胜。这几个例子，都可以称为失败。

失败使人沮丧，使人丧失勇气，严重者一蹶不振。这是从消极方面说。积极方面，失败会催人奋起，会激起人更大的决心和潜能，从而实现更加辉煌的成就。

当我们动手去做一件事情，如果认为自己永远不会失误的话，这是不切实际的。我们至少在某个方面一定要有失败之处，毕竟，失败是进取过程中的一个重要组成部分。在尝试一件新事物的时候，要坚持下来，请不要忘记下面这个取得成功的组合式：

失败——再做一些努力；

失败——坚持下去，对自己宽厚些；

失败——继续干，直到成功。

人活一辈子不可能做到一帆风顺，人们总会遇到跌倒的时候。但是不管怎么样，无论你因为什么跌倒了，跌得如何，一定要记住：爬起来！

在跌倒后又爬起来的一刹那，已经证明你具备了成功的最重要的条件——承受任何打击的决心。

当失败、跌倒的时候，勇敢地站起来。你依然是你，在前方会有你美好的归宿，当然这途中也许你跌倒过无数次。

只要永不屈服，就不会失败。对于一个没有失掉勇气、意志、自尊和自信的人来说，就不会有失败，他最终是一个胜利者。

无论你摔得如何重，跌得有多惨，但你保持了自我，你依然会站起来，你依然会变得好起来，因为你还年轻。

年轻是你的骄傲，是你永远的财富。虽然现在你身无分文，但在年轻的背后，有着更多的财富等待着你，只要你有毅力，有恒心去争取。

只要我们确立了一种不服输的人生精神，最终就能创造出属于自己的人生境界，完成从弱势地位到优势地位的转换，在社会中争取到最大的属于自己的生存空间。

即使你彻底失败了，上帝仍然不会抛弃你。社会会给你另一个机会，还会教导你渡过难关。你可以从逆境中学到许多宝贵的经验——只要你不被逆境击倒，而变得愤世嫉俗。也许你多半不能改变外在的环境，但你可以改变自己的心态："明天的情形或许和今天一样，但明天的我绝不是今天的我。"你若改变态度，可能因此而改变整个形势。

爱默生说："伟大高贵人物最明显的特征，就是他坚定的意志，不管环境变化到何种地步，他的初衷与希望，仍然不会有丝毫的改变，而终至克服障碍，以达到企望的目的。""跌倒了再站起来，在失败中求胜利。"这是历代伟人的成功秘诀。

挫折可以激发人的进取精神

在挫折中保持良好的、积极的、健康的心态是非常重要的，一个人如果任凭失败的痛苦在他的心灵上肆虐，让痛苦扭曲自己的灵魂，就好比往伤口上撒盐，是自我折磨。

重要的是，在任何时候都要保持清醒的头脑，特别是在遭受挫折和失败的打击后，更应该在困境中把握自己，以生命的勇气和对生活的热情迎接痛苦的挑战，在自己的成长中获得坦然和诚实的精神鼓励。

有些人遭到挫折后，陷入懊丧、怨恨、消沉、灰心的情绪而不能自拔。有的人萎靡不振，自暴自弃，丧失了信心，放弃了努力。有的人自怨、自我诅咒、自我虐待，甚至萌发了厌世轻生的念头，走上了自残自杀的道路。这是消极的、不足取的自我逃避方式。

对于一个有志者来说，挫折的发生，会唤起他的自信心，激发他的进取心。失败只能说明某一时间、某一地点的情况，许多失败可能连着成功；这时的失败也许正蕴含着那时的成功。如果你拒绝了失败，实际上你也就拒绝了成功。如果你是一个害怕失败的人，那你就不会成功，成功的人是在失败中产生的。

格兰恩·卡宁汉，自小双腿因烧伤无法走路。但是，他后来不但学会走路，还成为奥运会历史上长跑最快的选手之一。为什么呢？他说，一个运动员的成功，85%靠的是信心及积极的思想。换句话说，你要坚信自己可以达到目标。他说："你必须在三个不同的层次上去努力，即生理、心理与精神。其中精神层次最能帮助你，我相信天下没有办不到的事。"凭着精神上的自我激励，他成功了。那么四肢健全的我们难道还有理由在挫折面前退缩吗？

德国跳高运动员迈法特 16 岁那年在第 20 届奥运会上跳过 1.92 米，打破奥运会女子跳高纪录，轰动世界田坛。回国后，她在一片喝彩声中骄傲起来，放松了训练，热衷于参加社交活动。后来，在第 21 届奥运会上，仅跳过1.80米，惨遭失败。回国时迎接她的已不再是鲜花和喝彩，而是来自多方的责难和冷遇。她在深深的思索中认识到：成功或者失败都只能说明过去，既不能自我陶醉，更不能一蹶不振。她调整好心态，刻苦训练。终于，在第23届奥运会上跳过2.02米，创造了新的世界纪录，重新登上了冠军宝座。

从挫折与失败中吸取教训

我们所有的人，现在或过去，都不免在某件事中失败。失败使我们焦躁不安，失去安全感。有些人因失败而愧悔不已，终日为曾经遭受的困顿挫折左右，不能自拔。有时，我们正准备尽心尽力去干某件值得一干的事情时，却因以往的失败经历而彷徨不前、左右为难，生怕重蹈覆辙。

如果我们被这些失败机制所慑服，我们便会背离正常的生活。因为，我们忽略了自身具备的珍贵财富，即自身固有的成功机制，失败最终吞噬安宁，导致紧张不安，信心丧失殆尽。

一个人在遭遇挫折之后，如果他想要再一次站起来，那他就会去认真总结经验教训，探究导致失败的原因，寻找摆脱困境的办法。他正是在这样一个思考、总结、探索、创造的过程中，提高自己的认识、增长自己的才智，使自己变得比以前更加聪明起来。

我们必须学会接受自己的现状。我们永远不是完美无缺的，可能犯错误，自我形象遭到扭曲，但我们必须从中吸取教训，而不是因噎废食，从此抛弃我们辛辛苦苦开拓的事业。从失败中愤然而起，最终带来的是信心和快乐。

任何一个人在实现人生目标的过程中，一定会遇到各种各样的困难和挫折。只有从挫折中吸取教训，才能不断地向前迈进。真正的失败是犯了大错，却未能及时从中汲取有用的经验教训。

当我们观察成功人士时，会发现他们的背景都不相同。但是他们有一个共同的特点，就是都经历过艰难困苦的阶段。

拿破仑·希尔深知，成功就是一连串的奋斗，对此他特意讲了一个故事：我最要好的朋友是个非常有名的管理顾问。一走进他的办公室，就会给你一种高高在上的感觉。

办公室内各种豪华的装饰摆设、考究的地毯、忙进忙出的人潮以及知名的顾客名单都在告诉你，他的事业非常成功。

但是，就在这家鼎鼎有名的公司背后，也藏着鲜为人知的辛酸史。在他刚开始创业的头6个月就把10年的积蓄用得一干二净，因为付不起房租，很长一段时间都住在办公室。他因为坚持实现自己的理想，而拒绝了很多待遇很丰厚的工作，并为了这个理想而奋斗。他曾被顾客拒绝过、冷落过，拒绝他、冷落他的客户和欢迎他、尊敬他的客户几乎一样多。

就在整整8年的艰苦创业中，没有听他说过一句怨言，他反而说："我不觉得苦呀，我还在学习啊。这是一种无形的，捉摸不定的生意，竞争很激烈，实在不好做，但不管怎样，我还是要继续学下去。"

他真的做到了，而且做得轰轰烈烈。

我有一次问他："是不是已经感到筋疲力尽了？"他却说："没有啊！我并不觉得辛苦，反而觉得是受用无穷的经验。"

看看《美国名人榜》就知道，这些功业彪炳千古的伟人，都受过一连串的无情打击，只是因为他们都坚持到底，才终于取得辉煌的成就。"

这个世界上没有不劳而获的事。如果能利用种种挫折与失败，来驱使你更上一层楼，实现你的理想，我们何乐而不为呢？

想向成功迈进，就必须要学会面对失败，在失败中学习才能让我们走向成功。

道斯·洛厄尔现在是毕马威公司美国加州分公司的"超级员工"之一。在他的岗位上他创造了自己的工作辉煌：连续5年工作无丝毫误差，获得过超过500位客户的极力称赞，并在公司中获得了同事与主管的一致认同。但是这一切的获得不是凭空而来的，而是在经过了一系列的失败后，自己不断总结学习而取得的。

洛厄尔刚加入公司时，对公司的运作情况还不是很清楚。刚开始他想得很美好，认为不过就是算算账而已，然而接下来的一系列失败让他认识到绝不是这么简单。在他开始上班的第一个月，他交给部门经理的一张报表就出现了一个相当大的失误：原来在一项金融计算中，存在一个他没有使用过的计算公式，错用了这个计算公式让他的结果出现了很大误差。

部门经理让重新做这张报表。洛厄尔对这第一张报表的失败非常重视，他认识到自己的专业知识上还有很多的欠缺。于是他从这个计算公式入手全面系统地重新学习了相关知识，并成为这方面的专家。但是并不是说从这以后他就再没有遇到过失败，恰恰相反，他仍然遇到各种各样的失败。但是，他已经养成了从失败中学习的习惯：与客户面谈失败之后，他从中学习经验教训，最后成为一个与客户交流的高手；第一次开发新的客户，对方并不接受，总结这样的失败教训，他最后做到了一个人开发了分公司 15% 的客户……这一切的成就都来自不断地向失败学习。

在失败中，我们可以看到很多有价值的东西：一些可贵的资料和信息；磨炼你的性格、挖掘潜力；使自己更容易获得帮助。如果能够从失败中吸取教训，积累经验，就能转败为胜，由失败走向成功。

真正善于学习的人，不仅仅要学习正面的成功事例，还必须懂得从失败中学习。如果能够从失败中吸取教训，积累经验，就能转败为胜，由失败走向成功。

养成从失败中学习的习惯，这样每一次失败便成为下一次成功的起点。

没有失败，没有挫折，就无法成就伟大的事业。

让挫折增强你的意志力

挫折虽给人带来痛苦，但它往往可以磨炼人的意志，激发人的斗志；可以使人学会思考，调整行为，以更佳的方式去实现自己的目的，成就辉煌的事业。

有的人渴望成为强者，但却经不住失败的打击，他们经过一段时间的拼搏，如果遭到一次乃至几次的失败后，便会偃旗息鼓，鸣金收兵。这不是对意志的磨砺，只是弱者的一事无成的先兆。“自古英雄多磨难，从来纨绔少伟男”。真正出类拔萃的人，大多是那些历尽艰辛，在挫折中磨炼出坚强意志的人，是在逆境中不懈地奋斗的人。

挫折增强你的意志力。现在的青少年长期生活在被服务的环境中，从进小学到读大学，直到工作选择，都由父母去承受压力，因而他们对各种困难体验都不深，缺乏忍耐力，没有坚强的意志，而且遇到挫折就被击垮了。实际上生活中许多轻度挫折，是意志力的“运动场”，当你大汗淋漓地跑完全程，克服了生活的挫折，就会获得愉快的体验。

心理学家把轻度的挫折比作“精神补品”，因为每战胜一次挫折，都强化了自身的力量，为下一次应付挫折提供了“精神力量”。

要认识到，挫折的价值，就是刺激你奋起，只有当你失去信心时，你才真的被打败了。

如果你想摘玫瑰，你就要不怕刺。很多人在自己的工作岗位上尽心尽力，勤勤恳恳，然而一辈子无声无息，寂寥而终。原因在于缺乏闯劲，根本而言，缺乏承受失败的能力。他们一方面用保守而坚硬的外壳来保持自己本质的脆弱，一方面又嫉妒那些成功成名的创业者，或对正在碰壁的冒险者冷嘲热讽。这种矛盾的心理使他们感到无所适从，这就决定了他们的盲目与自卑感。

著名的企业家杰克·本顿曾这样说：“苦难是一笔巨大的财富。我从苦难中获得的东西，都是我赢得成功必要的投资。”苦难塑造了强者健康有力的品格，丰富了他们的斗争经验，锻炼了他们非凡的才干，而这些都是获取成功必不可少的因素。所以人们常说：“苦难是成功之母！”

读过《时间简史》人的必定不会陌生于斯蒂芬·霍金这个名字。这位已经走过60多年生命之路的、被誉为继爱因斯坦之后最杰出的科学家，你知道吗？他已是一个双手只有3个手指能够活动，既不能直立行走，又不能说话的高度残疾人。

在牛津大学上学时，霍金经常无故地摔倒，从牛津毕业，考入剑桥大学读博士后，霍金的病情开始加剧。在医院里，医生除了告诉他得的是一种极其特殊的运动神经细胞病之外，什么也没说。霍金从医生的眼神中得知自己患了一种不治之症，也就不再寻根问底。

疾病使霍金更加成熟，在学业上更加勤奋钻研。1965年，年仅23岁的他进入剑桥大学任研究员。1969年成为该学院杰出的科学家。

1985年，霍金不幸染上肺炎，手术后，他完全丧失了说话能力，他依靠电脑专家为他特制的电脑语音合成器，写出了两部书和一批科学论文，其中包括1988年出版的畅销书《时间简史》。

见过霍金的人是这样描写他的：“干瘪抽搐的霍金无力地蜷曲在轮椅上，头向右歪着靠在椅背上，一张无法合拢的嘴似乎永远在天真地微笑，口水从右边的嘴角流到光洁的下巴上”；但“透过厚厚的近视镜片，霍金的眼睛是那么深邃，令人不由得想起他研究的黑洞、宇宙的起源等深奥的问题。”

霍金也从来不忌讳谈自己的疾病，当别人问他怎么看待运动神经细胞病时，他总是回答：“我根本不去想它。我尽可能地去过一种正常人的生活，不去想我自己的疾病，也不抱怨这种疾病让我无法去做一些事。”霍金甚至拿自己的疾病开玩笑：“我每天上床睡觉的时候开始想黑洞的问题，由于残疾，我的一个简单上床动作要花费很多时间，这给了我充分的时间来想问题。”

霍金现在是英国剑桥大学应用数学和物理系的终身教授，这是伟大的科学家牛顿曾经担任过的职位。今天，霍金仍然在他人生之路上矢志不渝地奋斗着。

美国实业巨子霍华特·约翰逊在回忆录中说：“我们感谢上帝！他赐予我们幸运的同时，也用厄运考验我们的意志；因为意志懦弱的人是不配获得真正的幸福的。”没有永远顺风的帆船。假若你把一切寄托于好运气上面，你就会成为残酷命运下的牺牲品。

挫折对造就人才和促进事业的成功有着极大的推动作用。但是，挫折毕竟是人生道路上的逆流，与人生前进的方向背道而驰。所以挫折并不是多多益善。正确的态度应该是，尽量避免，争取向成功转化。

有的人在厄运和不幸面前，不屈服，不后退，不动摇，顽强地同命运抗争，因而在重重困难中冲开一条通向胜利的路，成了征服困难的英雄和掌握自己命运的主人。在生活中的不幸面前，有没有坚强刚毅的性格，在某种意义上说，也是区别伟人与庸人的标志之一。

以下是成功人士的经验之谈：

不以胜败论英雄，只要你能够将一件事情坚持做下去，即使暂时失败了，也仍然值得珍视。

把失败看成是成功的最好熔炉，它更能坚定自己的愿望，使自己的人格更加成熟。

在失败中寻求胜利之道。失败在某种意义上说就是发现错误，既然是有些事情做错了，那就要抓住这个求变的时机，将失败转为成功。

逆境是达到真理的一条通路。不懂得在痛苦中丰富和提高自己的人，多半是愚蠢和懦弱的。对我们遇到的麻烦和问题，既不回避，也不沮丧，而是多想办法，这样才能使自己与智慧结下缘分，成为生活的强者。

第9章

人生有起伏，每天给自己信念

坚强的信念是成就伟大事业不可缺少的要素。所谓“世上无难事，只怕有心人”，说的就是这个意思。

信念与成功其实是一体的两面，信念愈坚定，成功的几率也愈大；反过来说，一个没有信念的人，是难以有大成就的。

成功的人自有其不同于凡俗的神态，那种流露在脸上的坚强自信，正是内心不折不扣的表现。你若是想要出人头地，一定要具备肯定自我的心态；必先肯定自我，你才会获得成功。

信念影响人生

“人不是注定要被打倒的”，这是海明威的著名格言，它代表一种高度整合的人格信念。如果说世界上真的存在神话的话，看来非信念莫属：

信念是我们做人的关键，我们的一切活动，都离不开信念的作用。

我们经常以为一个人的成就深受环境所影响，有什么样的遭遇就有什么样的人生。其实这是错误的想法，影响我们人生的绝不是环境，也绝不是遭遇，而得看我们对这一切有什么样的信念。

有一位老人，十年前被诊断患了癌症，医生预测他的生命最多还有两年。面对癌症，老人始终保持着一种乐观向上的情绪，不管病情发生多大变化，他从不气馁和颓废。在积极配合医务人员治疗的同时，他还积极参加自己力所能及的体育锻炼。就这样，他已平安度过了十个春秋。在一次闲聊中我问他，是什么神奇的力量支撑着他活了这么多年，老人笑着对我说："是信心，几乎每天早晨，我都对自己说，我不会倒下去，我还有许多事情要做，我一定能把病治好。"

人生到底是喜剧收场还是悲剧落幕，是丰丰富富的还是无声无息的，就全在于你到底抱着什么样的信念。

信念何以对我们的人生有这么大的影响？事实上它可算是我们人生中追求快乐、避开痛苦的引导力量。当我们在人生中发生任何事情时，脑海里便自然会浮现两个问题：一是这件事对我是快乐还是痛苦（或者说是好还是坏）？二是此刻我们得采取什么行动，才能避开痛苦或得到快乐（或趋吉避凶）？这两个问题的答案如何，就全得看我们所持的是何种信念。

罗杰·罗尔斯是美国纽约州历史上第一位黑人州长，他出生在纽约声名狼藉的大沙头贫民窟。他不像其他在这儿出生的孩子，从小只知道逃学、打架、偷窃甚至吸毒，长大后无法从事体面的职业。罗杰·罗尔斯不仅考入了大学，而且成了州长。

在就职记者招待会上，一位记者对他提问：是什么把你推向州长宝座的？面对众多记者，罗尔斯对自己的奋斗史只字未提，只谈到了他上小学时的校长——皮尔·保罗。

1961 年，皮尔·保罗被聘为诺必塔小学的董事兼校长。有一次，皮尔·保罗看着贪玩的罗尔斯的小手说："我一看你修长的小拇指就知道，将来你是纽约州的州长。"当时，罗尔斯大吃一惊，因为长这么大，只有他奶奶让他振奋过一次，说他可以成为 5 吨重的小船的船长。这一次，皮尔·保罗先生竟说他可以成为纽约州的州长，着实出乎他的预料。他记下了这句话，并且相信了它。

从那天起，"纽约州州长"就像一面旗帜指引着罗尔斯，他的衣服不再沾满泥土，说话时也不再夹杂污言秽语。他开始挺直腰杆走路，在以后的 40 多年间，他没有一天不按州长的身份要求自己。51 岁那年，他终于成了纽约州州长。

是信念让罗杰·罗尔斯成为了州长。信念是每个人都可以靠自己的力量获得的，相信自己，相信自己的信念，信念就能把你引向奇迹。

你的人生，是由你自己创造的。如果你的内心有积极的看法和信念，那是你所创造的，如果你内心的看法和信念是消极的，那也是你所创造的。

如何才能建立一个强烈的信念呢？

（1）你得先有一个起码的信念。

（2）你得不断吸收新鲜有力的依据，以强化这个信念。

（3）给自己找一个印象深刻的例子或自创一个，让自己充分明白若不这么做可能得付上何等代价，并且不断质疑以使这个信念达到深信不疑的地步。

（4）付诸行动，因为每一次的行动必定会强化这个信念，使你有更强的决心坚持这个信念。

坚持到最后的一刻

任何事业要成功都需要持之以恒。同样，要获得别人的信任也是如此。良好的态度要一以贯之，千万不要今天扮了一天笑脸，明天难以自制而故态复萌，显出粗俗急躁的本性。一个志向高远、决心坚定的人，做任何事情都会有始有终，而不会半途而废，否则，绝难获得人们的信任。

坚持下去，已经成为所有卓越人物的共同信条，成为他们生活中的一个基调。每一个成功的人，在确定了自己的正确道路后，都在不屈不挠地坚持着，忍耐着，直到胜利。

任何成功都必须全力以赴，坚持到底，否则你永远无法得到你想要的一切。

亨利·福特在成功之前因失败而破产过 5 次。丘吉尔直到 62 岁才成为英国首相，那时他已经历过无数次失败和挫折了。他最伟大的贡献是在他成为“年长公民”后完成的。有 18 位出版家否决掉理查·巴哈的 1 万字故事《天地一沙鸥》，最后这本书由麦克米兰出版公司于 1970 年印行。到了 1975 年，仅在美国一地，这本书便卖出 700 万本。

在成功的过程中，坚毅是无可取代的。但我们时常会发现许多失败的人都是有特殊天分的。他们拥有许多大好的机会，只因为太快放弃而未能成功，热情也在一夜之间为懒惰和不耐烦所取代。

坚毅和决心才是使工作完成的关键。如果你想成功，你必须坚持到底。

哥伦布为了证明向西航行也可以到达印度，率领三艘帆船开始了自己的寻找新大陆的航行。他们在无边无际的大西洋上艰苦地航行了七十多天，但仍然看不到陆地的影子。船上的水手们逐渐对他的计划感到怀疑和失望，他们要求哥伦布返航，否则就将他杀死，哥伦布面对这种情况，诚切地对水手们说：“相信我，也相信你们自己。千万不要放弃，相信新大陆就在不远地前方，大家一起前进吧！”。正是在哥伦布的不断的鼓励下，船队继续向前航行，最后，他们终于寻找到了新大陆，创造了一个奇迹。

人生中经常有许多事情不是我们所能控制的，例如你被公司解聘、另一半舍你而去、家中有人生病、亲人不幸过世……这一切似乎你都无能为力，只能眼睁睁地看着它发生。

或许你曾试过一些方法，找一份工作、结识一位伙伴、使家人身体健康，让快乐的时光重现，可是都未见成效。有些人或许会重新振作，力图扭转困境，但是当再次失败时，就失去了再尝试的勇气。为什么会这样呢？只因为我们每个人都想避开痛苦，没有人愿受再三失败的打击。当一个人付出全力去做，结果得到的尽是失望的时候，请问他还有劲去尝试吗？也就是经常受到失望的打击，我们不仅不愿再去尝试，甚至根本不相信还有任何可为之处。

若你发现自己有了不想再尝试的念头，那么就得当心这种心态，你已经患了“无力感”的心理病了。幸好，这种病并不是绝症，只要你现在就改变自己的认知和做法，那么所有的不如意就会一扫而空。

爱迪生说：“我才不会沮丧，因为每一次错误的尝试都会把我往前更推进一步。”扭转人生的第一步，就在于抛却一切负面、消极的想法，别一味相信自己什么都不行、是无可救药的了。为什么你会这个样子？只因为曾经试过好多次不见成效，就意味着自己束手无策了吗？因此，你要记住这样一句话：过去不等于未来。过去你曾怎么想、怎么做都不重要，重要的是今后你要怎么想、怎么做。在驶往未来的道路上，许多人是借着后视镜的引导，如果你就是其中之一，那么就不免会出意外。相反的，你应放眼于现在，着眼于未来，看看有什么能使你变得更好的方法。

扭转人生的另一重要步骤，就是需要你坚持到底，为改变困境努力不懈。

美国著名的电台广播员莎莉·拉斐尔在她的30年职业生涯中，曾遭18次辞退，可是每次她都放眼最高处，确定更远大的目标。

最初由于美国的无线电台认为女性不能吸引听众，没有一家肯雇用莎莉。她好不容易在纽约一家电台谋到一份差事，不久又被辞退了，辞退她的理由是说她跟不上时代。

莎莉并没有因此灰心丧气，她总结了失败的教训，又向国家广播公司电台推销她的访谈节目构想。电台勉强答应了，但提出要她在政治台主持节目。"我对政治所知不多，恐怕很难成功。"她曾一度犹豫，但坚定的信心促使她大胆地去尝试了。她对广播早已轻车熟路，于是她利用自己的长处和平易近人的作风，大谈7月4日美国国庆节对她自己有何意义。另外，她还邀请听众打电话来畅谈他们的感受。听众立刻对这个节目产生兴趣，她也就因此而一夜成名了。

如今，莎莉·拉斐尔已成为自办电视节目的主持人，曾两度获奖。在美国、加拿大每天有800万观众收看这个节目。她说："我遭人辞退18次，本来大有可能被这些遭遇所吓退，甘愿放弃，做不成我想做的事情。结果相反，我让它们鞭策我勇往直前。"

在人生的棋局上能立于不败之地的人，就是那些失利后依然能正视现实，锐意进取的人。乐观向上的人，只要他活着，就会永远保持年轻和活力；就会永远面对现实，接受自己——绝不妄想，绝不自贱，他会尽其所能地面对人生。

罗兰说："一件事情的失败只是因为你在最后关头停止了前进，你是否会功败垂成，只看你有没有再坚持那最后的一刻。"不放弃，不改变初衷，在自己认为最合适的事情上面去求发展，自然会有成功的一天。

竭尽全力做好每一件事情

学一门知识或做一件事情，只满足于自己想学好做好，是学不好也做不好的，要有溺水者求生一样的强烈欲望，你才能把自身潜力发挥到极致。

我们无论做任何事情，只是尽心尽力还远远不够，这样你最多比别人干得好一点，却无法从平庸的层次跳出来。只有竭尽全力，发挥出别人双倍的能量，你才会有优秀的表现。

俗话说得好：天不负人。你付出多少，便会得到多少回报。因此，不要埋怨生活，不要哀叹命运，你尽了最大的努力，生活就会给你最丰厚的回报！

1946 年，年轻的吉米·卡特从海军学院毕业后，遇到了当时的海军上将里·科费将军。将军让他随便说几件自认为比较得意的事情。于是，踌躇满志的吉米·卡特得意洋洋地谈起了自己在海军学院毕业时的成绩："在全校 820 名毕业生中，我名列第 58 名。"

他满以为将军听了会夸奖他，孰料，里·科费将军不但没有夸奖他，反而问道："你为什么不是第一名？你尽自己最大努力了吗？"这句话使吉米·卡特惊愕不已，很长时间答不上话来。但他却牢牢地记住了将军这句话，并将它作为座右铭，时时激励和告诫自己要不断进取，永不自满和松懈，尽最大努力做好每一件事情。最后，他以自己坚忍不拔的毅力和永远进取的精神登上了权力顶峰，他成了美国第 39 任总统！

在生活中，我们经常听到这样的话："我觉得自己已经尽了最大的努力，可惜结果却很令人失望。"说这话的人，是否真的尽了最大的努力呢？未必！他们把做得有点累视为尽了全力，其实还远远未能充分发挥潜力；或者是一曝十寒，并未时时努力。

正如台湾地区大企业家王永庆所说："天下的事情没有轻轻松松、舒舒服服让你获得的。凡事一定要经过苦心的追求，才能真正了解其中的奥秘而有所收获。"

在一次英语讲座中，一位听者问讲演者："现在，《疯狂英语》在各高校相当流行，你能谈谈对《疯狂英语》的看法吗?" 讲演者笑着答道："《疯狂英语》我也看过，我并不想具体地评论这本书的优缺点，但是我要告诉大家《疯狂英语》好就好在'疯狂'二字上。要想学会英语，先理解'疯狂'二字，是让自己'疯狂'起来，疯狂地去学它，这样你才能有一定的收效。

如果你在学习时能投入一股疯狂的劲，无论什么你都一样能学好。"

听了这段话，我们应有所感悟：无论我们做什么，还是学什么，只要我们让自己的潜能燃烧起来，疯狂地去做，去学，这个世界上就没有什么是我们学不会、做不成的。

任何事情只要值得去做，我们就应该全力以赴地去做。

拉马科是一位著名的生物学家。小时候，拉马科的父亲希望他长大后当个牧师，就送他到神学院读书，后来由于德法战争爆发，拉马科当了兵。他因病退伍后，在银行里找了份工作，这时，拉马科想当个金融家。

不久，拉马科又爱上了音乐，整天拉小提琴，想成为一个音乐家。后来，他的哥哥劝他当医生，拉马科学医 4 年，可是对医学没有多大的兴趣。

一天，24 岁的拉马科在植物园散步时遇上了著名的思想家、文学家卢梭，卢梭一眼就喜欢上了拉马科，常带他到自己的研究室里去。在那里，这位"南思北想"的青年深深地被科学迷住了。

从此，拉马科花了整整 11 年的时间，系统地研究了植物学，写出了名著《法国植物志》。35 岁时，他当上了法国植物标本馆的管理员，之后的 15 年，他依然研究植物学。

拉马科 50 岁的时候，开始研究动物学。从这一天始，拉马科用了 35 年时间来研究动物学，直到他去世。这样算起来，拉马科从 24 岁起，用 26 年时间研究植物学，35 年时间研究动物学，他因此成了一位著名的生物学家。

最成功的人，都是能够迅速而果断做出决定的人，他们总是先确定并固定自己的主要目标，然后集中精力并为这个目标而努力工作，就像拉马科那样，最终获得了成功。

在这个世界上，没有谁会轻易成功，在成功的背后总是隐含着许多感人的故事，每一个故事都是以汗水乃至鲜血为基本色调。你必须逼出自己的全部能量，然后才能心想事成。

坚定的信念让人产生动力

1952年，世界著名的游泳好手弗洛伦丝·查德威克从卡德林那岛游向加利福尼亚海滩。两年前，她曾经横渡过英吉利海峡，现在她想再创一项纪录。

这天，当她游近加里福尼来海岸时，嘴唇已冻得发紫，全身一阵阵地寒战。她已经在海水里泡了16个小时。远方，雾霭茫茫，使她难以辨认伴随着她的小艇。

查德威克感到难以坚持，她向小艇上的朋友请求："把我拖上来吧。"艇上的人们劝她不要向失败低头，要她再坚持一下。"只有一英里远了。"他们告诉她。浓雾使她难以看到海岸，她以为别人在骗他。"把我拖上来。"她再三请求着。于是，冷得发抖、浑身湿淋淋的查德威克被拉上了小艇。

后来，她告诉记者说，如果当时她能看到陆地，她就一定能坚持游到终点。大雾阻止了她去夺取最后的胜利。

这件事过后，她认识到，事实上，妨碍她成功的不是大雾而是她内心的疑惑。是她自己让大雾挡住了视线，迷惑了心，先是对自己失去了信心，然后才被大雾给俘虏了。

两个月后，查德威克又一次尝试着游向加利福尼亚海岸。浓雾还是笼罩在她的周围，海水冰凉刺骨，她同样望不见陆地。但这次她坚持着，她知道陆地就在前方；她奋力向前游，因为陆地在她的心中。

坚定的信念让人产生十足的动力，因此，它对于人生的影响举足轻重。它隐藏在我们身体的内部，只要善于运用，它就是一股取之不尽的力量源泉。当然，信念需要行动来贯彻，源泉也需要开凿。如果怀抱着一生的信念，却守株待兔，那你至多只是个空想主义者。一张地图，无论多么详尽，也不能把你带到目的地。

只有行动，才能把你送往想去的地方。而行动，正是通过信念来指导的。我们一般不会察觉，我们所有的行动都是符合一个信念框架的。每个行动的背后都有一个正面的意图。

我们所做的事情总是有某些依据、某些目的的，但做出行为的那一个人并不是马上就可以看清楚这些，至于观察这个行为的其他人，就更不用说了。

我们的行动也就是信念的证据。信念对行动的影响有正面的也有负面的效果。就以看书为例，如果我们采取的行动是把书放下并且翻开在你最后阅读的那一页，一直放到下一次你想要继续阅读的时候。

如果这位读者有一个自我信念是这么说的："我是一个思想自由的人，我就是我自己，我不是一些琐碎规矩的奴隶。"这个行动就有了一个解释，并且会归因于那个信念。但是如果另一个自我信念说："我是杂乱无章的。"这个行动就很有可能连同其他数以百计的没有其他明显理由的行动，在"我是杂乱无章的"这个心理架构里找到安身立命的所在，并且不断支撑和增强这个信念。

这样，这个杂乱无章的自我形象就会更加强化了。在日常生活中，这一类"令人丧失力量的"信念越强，就有越多的日常行动受它们的影响。因此，对于信念，就有一个去伪存真的任务。辨别好的信念，自我暗示好的信念，就等于为自己建了一座稳固的灯塔，找到了一处甘泉的源头。

一个坚忍的人，任何人都会相信他，会对他给予全部的信任；一个坚忍的人，到处都会获得别人的帮助。那些三心二意、缺乏韧性和毅力的人，没有人会信任他，他面对的只有失败。

成功有两个最重要的条件：一是坚定，二是忍耐。一位经理在描述自己心目中的理想员工时说："我们所需要的人才，是意志坚定、有奋斗进取精神的人。我发现，最能干的员工大多是那些天资一般、没有受过高等教育但却拥有全力以赴的做事态度和永远进取精神的人。这种人在成功者中大约占到九成。"

永不屈服、百折不回的精神是获得成功的基础。海伦·凯勒女士，是一位出色的美国作家，但众所周知，她又聋又哑又盲。美国总统艾森豪威尔在接见她的时候，曾激动地说："你的顽强的毅力，战胜了本身的残疾，使你像一个奇迹似的由一个又聋又哑又盲的不幸者变为优秀的作家，这种精神，是值得我们任何一个美国人学习的——特别在极艰苦的时候，在失败的时候！”是的，她之所以获得这样的成就，完全是由于她不屈不挠的与命运斗争、克服障碍的精神？

相信信念的巨大力量。信念是一种无坚不摧的力量，当你坚信自己能成功时，你必能成功。

有一年，一支英国探险队进入撒哈拉沙漠的某个地区，在茫茫的沙海里跋涉。阳光下，漫天飞舞的风沙像炒红的铁砂一般，扑打着探险队员的面孔。口渴似炙，心急如焚——大家的水都没了。这时，探险队队长拿出一只水壶，说：“这里还有一壶水，但穿越沙漠前，谁也不能喝。”一壶水，成了穿越沙漠的信念之源，成了求生的寄托目标。水壶在队员手中传递，那沉甸甸的感觉使队员们濒临绝望的脸上，又露出坚定的神色。终于，探险队顽强地走出了沙漠，挣脱了死神之手。大家喜极而泣，用颤抖的手拧开那壶支撑他们的精神之水——缓缓流出来的，却是满满的一壶沙子！

他们执著的信念，已经如同一粒种子，在他们心底生根发芽，最终领着他们走出了“绝境”。

恒心是成大事者的特征

当人们竭尽全力却依然要面临失败的结局，当其他各种能力都已束手无策、宣告绝望之时，恒心便闪亮现身，帮助人们取得胜利，获得成功。

因为无坚不摧的恒心而做成的事业是神奇的。当一切力量都已逃避了、一切才能宣告失败时，恒心却依然坚守阵地。依靠忍耐力，依靠恒心终能克服许多困难，甚至最后做成许多原本已经失望的事情。

当人人都停滞不前的时候，只有富有恒心的人才会坚持去做；人人都因绝望而放弃的信仰，只有富有恒心的人才会坚持着，继续为自己的意见辩护。所以，具有这种卓越品质的人，最终能获得良好的声誉和可观的收益。

以一颗坚忍的耐心，坚定自己的意志，不放弃希望并发挥自己的才干，便会获得成功。世界上那些意志不坚强的人往往没有地位；而那些意志坚定的人，世界反而会替他们开辟道路。

追求成功的最锋利的武器就是人生的崇高信念，坚定执著而有耐心，即恒心。它看似简单平常，其实要想做到却并不容易。

保持恒久的心态，其实是最佳的人生策略，它是追求成功者不可缺少的一把利刃。在人生的旅途上，一定要积极进取，但并不意味着急功近利，一味猛打猛冲。

让我们来看看前人成功的例子，或许能获得不少启发。

《三国演义》里的刘备是个有远大目标的人，可以说他自小就目标明确，那就是要借乱世之变化，凭自己的才干，做个乱世皇帝。

刘备曾经依附过曹操，依附过刘表，依附过孙权，依附过袁绍。然而他努力了大半生，仍然一无所获。然而刘备是个有恒心的人，三顾茅庐，最后以其诚恳的态度和忍耐的精神感动了诸葛亮。而在诸葛亮的辅佐下，他终于有了蜀国的天下，也终于有了他三分天下有其一的成就。

刘备的成功说明恒心是克服一切困难的钥匙，它可以使人们成就一切事业。

世界上没有任何东西可以替代恒心，知识、金钱、权势以及其他一切都不能替代。

恒心是一切成大事者的特征。劳苦不足以使他们灰心，困难不足以使他们丧失意志，不管是怎样的艰难困苦，他们总会坚持忍耐着，因为“坚韧”是他们的天性。他们或许缺乏某种良好的素质，或许有种种弱点、缺陷，然而恒心却是成大事的人所绝不会缺少的品德。

凡是用恒心当做资本从事事业者，他成功的可能，比那些以金钱为资本者要大得多。人们的成功史，每时每刻都在证明拥有恒心可以使人脱离贫穷，可以使弱者变成强者，变无用为有用。

做事情时，你可能没有一个明显的对手和敌人，但你有一个真正的对手，那就是你自己。在这个过程中，你要和这个对手比拼意志、毅力，看谁耐得住各种艰辛、折磨、烦恼，看谁能坚持到最后。放弃本身也是一种习惯。虽然有99%想要成功的欲望，但只要有1%想要放弃的念头，就没有成功的机会。

一个慈祥、和蔼、诚恳和乐观的人，再加上富有耐心的卓越品质，实在是非常幸运的。做我们喜欢的事情，做我们感到富有趣味的事情，是比较容易成功的；但要尽力去做那些我们自己不喜欢的甚至为我们的内心所反对而又不得不做的事情，却是需要恒心的。

不论工作合意与否，总能坚持到底，一定要达到目的的人，才能获得胜利。那些以一种勇敢的精神、坚毅的步伐、满腔的热情，去做那些自己不喜欢、同自己不相称的工作，并最终能做出非凡业绩的人，具有真正英雄般的恒心。

任何事业要成功都需要持之以恒。同样，要获得别人的信任也是如此。良好的态度要一以贯之，千万不要今天扮了一天笑脸，明天难以自制而故态复萌，显出粗俗急躁的本性。一个志向高远、意志坚定的人，做任何事情都会有始有终，而不会半途而废，否则，绝难获得人们的信任。

一个竭尽全力、坚定意志去完成自己既定目标的人，更能获得他人的钦佩和敬仰。一旦树立了有毅力、有决心、有忍耐力的声誉，那么世界终将为他打开出路。而那些意志不坚定缺乏恒心的人，往往就要为别人所轻视，甚至要受到践踏，最终逃脱不了失败的命运。

把不可能变为可能

人生的法则就是信念的法则。获得成功的人，他觉得唯有信念方能左右命运，因此他只相信自己的信念。在别人看来不可能的事，如果当事人能从潜在意识去认为“可能”，也就是相信可能做到的话，事情就会按照那个人信念的强度如何，而从潜意识中激发出极大的力量来。这时，即使表面看来不可能的事，也能够做到了。

“最大的成功”总是保留给具有“我能把事情做得更好”的态度的人。

面对困难，你真正需要做到的是学会思考，认真积极地思考。积极思考的力量相当惊人，任何一种困境我们都可以通过积极的思考来解决。

实际上，人的一生中会遇到很多的问题，当你遇到问题时，一旦认真进行思考，就会找到解决方法。

马博士还是一个小孩子的时候，学校里有一位令他难忘的老师。他常常会突然无缘无故地停下讲课，走到黑板前写下两个好大好大的字：不能。然后转过头来，笑问全班同学："我们该怎么办?"同学们就会高高兴兴地对他说："把'不'字去掉。"老师拿起黑板擦，把"不"字擦掉，"不能"就变成"能"了。

我们就需要这样的教导，每个人必须随时提醒自己，把"不"字去掉，就只剩下"能"了。如果"不能"这个词在心中扎根，就会招致许多烦恼。

如果你总是在说"能"，把消极思想所带来的灰尘污垢去掉，每天都以清醒的头脑开始新的一天，这种智慧、清晰的思想将会引导你走上成功之路。

18 岁的克鲁斯在报纸上看到招聘启事，正好是适合他的工作。第二天早上，当他准时前往应征地点时，发现应征队伍已排了 20 个人了。如果换成另一个意志薄弱、不太聪明的男孩可能会因此而打退堂鼓，但是克鲁斯却完全不一样。

克鲁斯认为自己应该动动脑筋，运用智慧想办法解决困难。他不往消极面思考，而是认真用脑子去想，看看是否有法子解决。于是，一个绝妙方法便产生了！

只见克鲁斯拿出一张纸，写了几行字。然后走出行列，并要求后面的男孩子为他保留位子。他走到负责招聘的女秘书面前，很有礼貌地说："小姐，请你把这张便条交给老板，这件事很重要，谢谢你！"

老板打开纸条，看后笑笑交给秘书，她也把上面的字看了一遍，笑了起来，上面是这样写的："先生，我是排在第 21 号的男孩。请不要在见到我之前做出任何决定。"

克鲁斯得到了这份工作。

你不认为克鲁斯应该得到这份工作吗？像他这样会思考的男孩无论到什么地方都一定会有所作为。虽然他年纪很轻，但是他知道如何去想，如何去认真思考。他已经有能力在短时间内，抓住问题核心，然后全力解决它，并尽力做好。

要想成功，学会积极思考非常关键。人必须调整心态，直到将否定思考转变成肯定思考为止。

永远不要消极地认定什么事情是不可能的，你要认为你能，处处以主动尽职的态度工作，即使从事最平庸的职业，也能增添个人的荣耀。而当你一旦领悟了就掌握了打开成功之门的钥匙。

人生的大道不可能永远是坦途，困难、挫折，甚至是绝境都是在所难免的。绝境并不可怕，只要人不绝望，只要心中与困境作斗争的勇气仍在，即使山穷水尽，也会有柳暗花明的时候。

经历苦难时，坚守信念非常重要。有时候，死神也对意志坚定的人心怀恐慌，敬而远之！

艾森豪威尔曾担任过美国总统，对于他来说，一生有两个大转折点，一个转折点是当选为总统，一个转折点是他在13岁时遭遇的一次灾难。这次灾难，对于艾森豪威尔来说，意义非常巨大，是他自己把自己从死神手中抢救了回来。

13岁时，一次，在放学回家的路上，艾森豪威尔一不小心摔了一跤，当时只是擦破点皮，连疼痛的感觉都没有。可到了晚上，那膝盖突然疼了起来。第二天早晨，他的腿已经疼得非常厉害，但他仍默默无语，照例按时起床上学。第三天早晨，他的腿疼得连走路都十分困难，他母亲发现了，看到他那条肿得不能脱下靴子和袜子的腿，伤心地哭了："你怎么不早说呢?"母亲一边用刀把靴子和袜子从他的脚上割下来，一边哭喊着去叫医生来。医生看了看艾森豪威尔的那条腿，连连摇头："太晚了，只能锯掉这条腿了。""不！"他大叫起来，"我不让你锯，除非我死！"医生无奈地离开了房间，艾森豪威尔忍着伤痛对他哥哥说："如果我神志不清的话，千万不要让他们锯我的腿。你要替我发誓，发誓！"哥哥答应了他的要求，两天两夜一直守护在他身旁。他的体温越来越高，并开始胡言乱语。全家人都守在他的身边，含着眼泪看着他痛苦顽强地挣扎着。

医生一次次过来，又一次次回去。最后，出于一种无助而又无奈的气愤，医生大喝一声："你们都在看他死！"可是，奇迹偏偏在不久后发生了。当医生又一次过来时，他看到了一个惊人的变化，艾森豪威尔的那条肿胀的腿正在消退下去。三个星期后，他终于战胜了腿残和死亡的危险，奇迹般地站了起来。

凡事想开一些，让自己拥有包容的个性和坚强的意志，那么挫折对你来讲，就并非不可逾越，它对你的伤害也不会那么明显。无论何时，你会比挫折更强大。

碰到困难绝不言退

潜能成功学家安东尼·罗宾说：“面对人生逆境或困境时所持的信念，远比任何事都来得重要。”这是因为，积极的信念和消极的信念直接影响创业者的成败。

做事遇到困难，是再通常不过的事情了，我们每个人在任何时候都会遇到大大小小不同的困难，这些困难也向我们提出了不同的挑战，我们的回答就是：“战胜困难的人，就是强者！”说，总归是容易的，那么我们将如何依靠我们自身的优势与强项去战胜困难呢？

人生如战场，试想一下，如果你身临战场，当你遇到困难和敌人时就赶紧后退，其后果如何？把事情做好，把困难解决掉，这不也是一种“作战”吗？因此，当你在自己的生活和事业中碰到困难时，应遵循一个原则——绝不言退，发挥自己的优势！

碰到困难绝不言退，发挥自己的优势，这包含着两个意思：

第一：做给别人看

要让别人知道你并不是一个懦弱之人，一个胆小鬼。即使你做事失败了，你不怕困难的精神和勇气也会得到他人的赞赏；如果你顺利地克服了困难，这就更加向他人证实了你的能力！如果有人出于对你的不服、怀疑、中伤、嫉妒而故意给你出些难题，当你一一解决时，你不仅解除了他人的不良心理，而且还提高了自己的地位。

第二：做给自己看

一个人一生中不可能一帆风顺，事事顺心如意。碰到点困难，这并不可怕，应把困难当成是对自己一种考验与磨炼。也许你不一定能解决所有的困难，但在克服这些困难的过程中，你在智慧、经验、心志、胸怀等各方面都会有所成长，所谓“不经一事，不长一智”，说的就是这一道理。这对你日后面对困难有很大的帮助，因为你至少学会了。如果你顺利地克服了困难，那么在这一过程中你所累积的经验和信心将是你一生当中最可贵的财富。

可见，“绝不言退”并不只是单纯的勉励自己的话，实际上，它具有很大的价值。

如果你不相信，那就想象一种“遇难即退”的后果吧，这种人首先就会被人认为是一种庸庸懦懦之人，没有人认为他能成就大事；而事实上也是如此，因为他闪躲、逃避，无法克服困难、提升自己，自然也只能做一些无关紧要的小事情了。

当然，克服困难也要讲究方式方法，有些困难确实很大，你肯定不可能马上解决，在这种情况下，你只有采取其他更聪明的方法来解决，不能硬战死战，否则会让自己碰得头破血流。也许你会认为这是一种退却，不！这种解决办法与退却完全不同！

因为你并未放弃解决这一困难，只是采取了一种灵活的方式。在你的心里，时时还想着这一困难，并且正想着用各种办法去加以解决，所以这不算退却。当你碰以困难时，可以首先评估一下：

（1）这一困难的难度有多大？

（2）自己的能力如何？

（3）有无外力可以援助？

（4）如果万一失败，自己对失败的承受力如何？

（5）这一困难值不值得自己去克服？

“留得青山在，不怕没柴烧”，如果你评估的结果对自己不利，那就完全可以采取缓兵之计。如果有机会获胜，而且你也应该去克服这种困难，那就要竭尽全力了。

机会稍纵即逝，如果你轻易放弃，也许会形成一种习惯，而一个人一旦养成稍微遇到点难处就放弃的习惯，那一辈子恐怕都做不成什么大事。

你是不是轻易放弃的人？如果不幸你是的话，那就从今天起，坚强、勇敢地面对困难与挑战，永远不要轻易放弃吧！

希望就是力量

一个人只要有了必胜的信念，他就能什么样的艰苦都能忍受，什么样的环境都能适应，他就能成为他所希望成为的那种人。在遇到挫折时，如果认为自己被打倒了，那么他就必然会被打倒；如果认为自己屹立不倒，那他就将永远屹立着。

希望就是力量。在很多情形下，希望的力量可能比知识的力量更强大，因为只有在有希望的背景下，知识才能被更好地利用。一个人，即使他一无所有，只要他有希望，他就可能拥有一切，只要我们心中存在希望，只要我们心中有一颗希望的种子，那么就一定会创造出奇迹！

生命的天平，常在希望和绝望之间摇摆不定。只要加重希望的分量，就能保护生命，就可以使天平的指针倾向于人类的方面，与其和绝望搏斗，不如先要加强希望。

那些真正意识到自己力量的人永不言败！对于一颗意志坚定、永不服输的心灵来说，有希望就永远不会有失败。有这样一个故事：

当年，美国曾有一家报纸曾刊登了一则园艺所重金征求纯白金盏花的启事，在当地一时引起轰动。高额的奖金让许多人趋之若鹜，可是在千姿百态的自然界中，金盏花除了金色的就是棕色的，要想培植出白色的，显然不是一件容易事。因而许多人在一阵热血沸腾之后，就把那则启事抛到九霄云外去了。

时间过得很快，20 年后，有一天，那家园艺所意外地收到了一封热情的应征信和 1 粒纯白金盏花的种子。当天，这件事就不胫而走，引起了很大的轰动。

寄种子的原来是一个年已古稀的老人。老人是一个地地道道的爱花人。当他 20 年前偶然看到那则启事后，便怦然心动，决定好好培植出来。他不顾几个儿女的反对，义无反顾地干了起来。他先撒下了一些最普通的种子，精心培植。一年之后，金盏花开了，她从那些金色的、棕色的花中挑选了一朵颜色最淡的，任其自然枯萎，以取得最好的种子。次年，他又把它种下去。然后，再从这些花中挑选出颜色更淡的花的种子栽种……，日复一日，年复一年。终于，在20年后的一天，他在那片花园中看到一朵金盏花，它不是近乎白色，也并非类似白色，而是如银如雪般的白。一个连专家都难以解决的问题，却在一个不懂遗传学的老人手中迎刃而解，这是奇迹吗?

当年那么普通的一粒种子啊，也许谁的手都曾捧过。捧过那样一粒再普通不过的种子，只是少了一份对希望之花的坚持与捍卫，少了一份以心为圃、以血为泉的培植与浇灌，才使你的生命错过了一次最美丽的花期。

在成功者的字典里，是绝没有“绝望”一词的，因为他们不会轻易地否定自己，只知道等待自己的终将是希望，即使许多事情似乎已经到了绝望的边缘，他们也会冒险拼搏一下，为自己挖掘生存的希望。

这里有一个放牛娃绝处逢生的故事，它告诉人们即使在最绝望的时候也要扼守住最后的希望，并去做最后的拼搏和冒险，这样，就会多给自己一次机会。说不定，会因此而获得一个崭新的人生。

一天，放牛娃上山砍柴，突然遇到老虎袭击，放牛娃吓坏了，抓起镰刀就跑。然而，前方已是悬崖！老虎却在向放牛娃逼近。为了生存，放牛娃决定和老虎决一雌雄。就在他转过身面对张开血盆大口的老虎时，不幸一脚踩空，向悬崖下跌去。千钧一发之际，求生的本能使放牛娃抓住了半空中的一棵小树。这样就能够生存了吗？上面是虎视眈眈、饥肠辘辘的老虎，下面是阴森恐怖的深谷，四周到处是悬崖峭壁，即使来人也无法救助。吊在悬崖中的放牛娃明白了自己的处境后，禁不住绝望地大哭起来。

这时，他一眼瞥见对面山腰上有一个老和尚正经过这里，便高喊“救命”。老和尚看了看四周的环境，叹息了一声，冲他喊道：“本人没有办法呀，看来，只有你自己才能救自己啦！”

放牛娃一听这话，哭得更厉害了：“我这副样子，怎么能救自己呢?”

老和尚说：“与其那么死揪着小树等着饿死、摔死，不如松开你的手，那毕竟还有一线希望呀！”说完，老和尚叹息着走开了。放牛娃又哭了一阵，还骂了一阵老和尚见死不救。天快要黑了，上面的老虎算是盯准了他，死活不肯离开。放牛娃又饿又累，抓小树的手也感到越来越没有力量。怎么办？放牛娃又想起了老和尚的话，仔细想想，觉得他的话也有道理。是啊，这么下去，只能是死路一条，而松开手落下去，也许仍然是死路一条，但也许就会获得生存的可能。既然怎么都是个死，不如冒险试一试。

于是，放牛娃停止了哭喊，他艰难地扭过头，选择跳跃的方向。他发现万丈深渊下似乎有一小块绿色，会是草地吗？如果是草地就好了，也许跳下去后不会摔死。他告诉自己："怕是没有用的，只有冒险试一试，才能获得生存的希望。"他咬紧牙关，在双脚用力蹬向绝壁的一刹那松开了紧握小树的手。身体飞快地向下坠落，耳边有风声在呼呼作响，他很害怕，但他又告诉自己绝不能闭上眼睛，必须瞪大眼睛选择落脚的地点。奇迹出现了——他落在了深谷中唯一的一小块绿地上！

后来，放牛娃被乡亲们背回家养伤。两年以后，他又重新站立起来！放牛娃用自己的经历告诉人们，绝处也能逢生。只要你不放弃希望，不放弃努力，就有可能获得重生的机会。

只要一息尚存，就有希望。不论遭遇何种不幸，只要能继续生存下去，就证明了自己不是失败者。不要轻易地就对生活绝望，把灾难当做一所学校，把逆境当成营养，敢于为自己冒一个大险，结果可能是你抓住了机遇，营造了生命的春天。

怀有勇敢的拼搏精神，不对命运服输，不承认世界上有绝望之说，始终扼守着最后的希望，于绝望之处挖掘出希望来。这也许就是许多人做事成功的秘诀吧。

坚定不移的信念

不管做什么事，只要放弃了，就没有成功的机会；不放弃，就会一直拥有成功的希望。如果你有99%想要成功的欲望，却有1%想要放弃的念头，这样只能与成功无缘。

人人都想希望成功，最实用的成功经验，那就是"坚定不移的信念"。可是真正有信念的人并不多，结果，真正做到的人也不多。

有时候，我们可能会听到这样的话："光是像阿里巴巴那样喊'芝麻，开门'，就想使门真的移开，那是根本不可能的。"说这话的人把"信念"和"想象"等同起来了。不错，我们无法用"想象"来移动一座山，也无法靠"想象"实现我们的目标，但是只要有信念，我们就能移动一座山。只要相信我们能成功，我们就会赢得成功。

大部分的人可能都认为自己不是个成功的人，而且也认为成功对自己来说是不可能实现的，说不定早已灰心丧气了。的确，成功的人不多，我们或许是个不幸的人。但真正的事实却是：其实任何人都有成功的机会，只是想不想去获得它而已。

遭受困难，有的人在一个月之后放弃，在两个月之后放弃，在三个月之后放弃……这些人抱着这样的习惯和态度，是不可能成功的。因为，放弃本身也是一种习惯；放弃，代表你对困难的恐惧，对成功的恐惧。

不要因困难而变成一位恐惧的懦夫。当你尽了最大的努力还没有成功时，不要放弃，只要开始另一个计划就行了。

希腊一位名叫戴莫森的演说家，由于口吃，说话吐字不清晰而自感到羞于见人。戴莫森的父亲留下一块土地，希望儿子富裕起来。然而，希腊当时有一条法律规定，某人在向社会公众声明土地所有权之前，首先要在公开的辩论中战胜所有人，否则，他的土地就会被没收，由政府公开拍卖。口吃，加上性格内向，戴莫森在辩论赛中惨重败北，失去了那块土地的所有权。在这次事件的严重刺激下，戴莫森认识到，失败很难使人坚持下去，而只要不放弃，成功就容易继续下去。从此他发奋努力，创造了希腊有史以来的演讲高潮。戴莫森成功了，他从此受到许多有同样口吃的老人、青年和孩子的崇拜。

关于信念的威力，并没有什么神奇或神秘可言。信念起作用的过程其实很简单：相信"我确实能做到"的态度，产生了能力、技巧与精力这些必备条件，每当我们相信"我能做到"时，自然就会想出"如何去做"的方法。

雨后，一只蜘蛛艰难地向墙上已被风雨吹打得支离破碎的网爬去，由于墙壁潮湿，它爬到一定的高度，就会掉下来，它一次次地向上爬，一次次地又掉下来。

第一个人看到了，他叹了一口气，自言自语："我的一生不正如这只蜘蛛吗？忙忙碌碌而无所得。”于是，他日渐消沉。

第二个人看到了，他说：“这只蜘蛛真愚蠢，为什么不从旁边干燥的地方绕一下爬上去？我以后可不能像它那样愚蠢。”于是，他变得聪明起来。

第三个人看到了，他立刻被蜘蛛屡败屡战的精神感动了。于是，他变得坚强起来。

正如故事中的三个人一样，有成功心态者处处都能发现成功的力量。其实每一件事情，无论结果是成还是败，其中都会有积极的因素，成功者往往可以从中得到收获，并化为自己前行的动力。而缺乏成功心态的人，则只会看到失败的一面，正如故事中的第一个人，失去了前进的勇气，这就是成功和失败的主要原因。

你若不是逼迫自己走向失败、悲哀，就是正引导着自己攀向成功的最高峰，这完全取决于你如何去做，如何去想。如果你要求自己获得成功，并与之配合明智的行动，那么，你定会获得成功。

拿破仑·希尔说，在放弃所控制的地方，是不可能取得任何有价值的成就的。轻言放弃是意志的地牢，它跑进里面躲藏起来，企图在里面隐居。放弃带来迷信，而迷信是一把短剑，伪善者用它来刺杀灵魂。

不管你做什么事情，如果你选对了行业，如果你切实渴望成功，只要你不放弃，就会到达成功的彼岸，幸福女神就会垂青于你。

有的人为了自己的梦想，可以坚持一年，两年，甚至十年，二十年，有的人则能够坚持一辈子，至死不渝，在他眼里，想要成功就不能放弃，放弃就一定不会成功。

所谓成功的心态其实很简单，就是相信只有经受失败和困惑才能获得成功；就是深知只有立即采取切实的行动才是获得成功的唯一途径；就是深信，只要努力了，一定会取得成果。所以，立即行动、不畏艰辛、充满希望才是成功者所必备的心态。

第10章 拥有一颗感恩的心

在现实生活中，我们常自认为怎么样才是最好的，但往往会事与愿违，使我们不能平静。我们必须相信：目前我们所拥有的，不论顺境、逆境，都是我们最好的安排。若能如此，我们才能在顺境中感恩，在逆境中依旧心存喜乐。

不懂得感恩的人，绝对不会有幸福和快乐。因为感恩的心是人生快乐的源泉。一个人只有懂得感恩并领悟幸福快乐，才能真正体验人生的意义和价值，才能享受成功的人生。

做人要有一颗感恩的心

一位哲人曾说："对一件好事表示感谢，就像做一件好事一样伟大。"

每个人从小到大，父母养育我们，师长教育我们，社会供应我们，我们每天都在接受。我们要如何回馈我们的父母、师长、社会大众呢？首先要懂得感恩，有了感恩心，就会发愤图强，追求成功，所以感恩心很重要。

在一个"与成功者对话"的论坛上，一位听众请教台上的企业家："您觉得一个人成功的秘诀在什么地方？"企业家没有讲一番大道理，而是告诉在座的各位："保持一颗感恩的心。只要你对人对事对物保持一颗感恩的心，你一定会成功。"这段话赢得了阵阵掌声。

我们知道很多经典的书籍，如佛经、《圣经》、《古兰经》，它们都告诉你要有一颗感恩的心，可是很少有人一语道破，成功的秘诀就是要有一颗感恩的心。我们都要有一颗感恩的心，感谢别人的帮助。

20 世纪 30 年代世界经济大萧条时期，美国一位富有的面包师把城里最穷的 20 个小孩找来说："在上帝带来好运之前，你们每天都可以来拿一个面包。"

每天早晨，这些饥饿的孩子都会围住装面包的篮子想拿到最大的一个面包。等他们拿到了面包，顾不上向好心的面包师说声谢谢，就急忙跑开了。

只有格琳娜，一位衣着贫寒的小姑娘，既没有同大家一起吵闹，也没有与其他人争抢。

她只是谦让地站在一步之外，等其他孩子离去以后，才拿起剩在篮子里最小的一个面包。她从来不会忘记亲吻面包师的手以表示感激，然后才捧着面包高高兴兴地跑回家。

有一天，其他的孩子走了之后，格琳娜得到一条比原来更小的面包。但她依然不忘亲吻面包师。回家以后，妈妈切开面包，发现里面竟然藏着几枚银币。妈妈惊奇地叫道："格琳娜，马上把钱送回去，一定是面包师揉面的时候不小心掉进去的，赶快去，把钱亲自交给好心的面包师！"

格琳娜把银币送回去的时候，面包师说："不，我的孩子，这没有错，是我特意把它们放进去的。我要告诉你一个道理：谦让的人，上天会给予他幸福。愿你永远保持一颗宁静、感恩的心。回家去吧，告诉你妈妈，这些钱是上天的奖赏。"

滴水之恩当涌泉相报。成功人士提醒我们，不知感恩可能：

（1）不能享受既有的事物。我们并不是时时刻刻感觉到我们的财富。对自己没有感觉，我们怎么会为它而感激？

（2）不知感恩，使我们无法得到更多我们想要的东西。你比较喜欢把东西给哪种人——不肯承认你给了他东西的人，还是表达了由衷感谢之心？老天爷的反应也无二致。吱吱叫的轮子可能最先得到润滑，却也会最先被换掉。

不知感恩妨碍我们成功——越不知感恩，妨碍越大。现实生活中有很多这样的人，他们这也看不惯，那也不如意，怨气冲天，牢骚满腹，总觉得别人欠他的，社会欠他的，从来感觉不到别人和社会对他的生活所做的一切。这种人心里只会产生抱怨，不会产生感恩。哲人说，世界上最大的悲剧和不幸就是一个人大言不惭地说，“没人给我任何东西”。

作家三毛曾说过这样一段话：“一个小女孩因为没有鞋子穿而哭泣，直到她看见一个没有腿的人。这个小故事，虽然十分平凡，可是它常常在我的心中激励我。当我偶尔对人生失望，对自己过分关心的时候，我也会沮丧，也会悄悄地怨几句老天爷，可是一想起自己已有的一切，便马上纠正自己的心情，不再怨叹，高高兴兴活下去。”

有的女孩总是不满意自己的容貌，也许是因为太希望自己十全十美了，以致把自己外形上不太理想的地方格外的注意与强调。在我们的生命之中，可以得到快乐的源泉很多。如果一位女子有得天独厚的美丽姿容，固然值得快乐，可是除此之外，我们可以从诗文、绘画等精神活动中找到快乐；我们可以从帮助别人、服务社会上找到快乐。一个平凡诚朴的朋友，一个温暖朴素的家，也是一种快乐。只要我们对人对己，都不苛求，在内心修养上多去磨炼，就可以摆脱一些围绕自己的平庸肤浅的看法，对人生的乐趣去求更深一层的了解，那时，外观的漂亮或不漂亮都不太重要了。

时时怀着感恩的心，是一种宝贵的美德，更是一种基本的礼仪，知足的人是懂得感恩的，能对一花一草、一山一水都表示谢意的人，他的人生必定是富足而丰富的。

时时怀着一颗感恩的心，最大的受益人不是别人，而是自己。

别忘记表达出你的感激之情

生活中，许多人奉行的原则是“你满足我的需要，然后才满足你的需要”。这种方式很少能发挥效果。一个人这么渴望别人付出感激之情，相对的他也会努力希望获取别人的接受和赞同。但是这个过程中，这个人难免会痛苦、悔恨、甚至变得没有自信。也许你几句感激的话或一点感激的行动，就能使一个人活得快乐、自在，你何乐而不为呢？

有这样一位妇人，她辛苦地支撑着一个家，却从未得到家人的任何感激。

有一天晚上，她问她的先生："彼得，我在想，万一我有一天死了，你会不会花一笔钱买花向我哀悼，你会吗?"

"当然会啊！玛莎，你干吗问这个?"

"我只是在想，其实到那时候，20 块钱的鲜花对我已经一点意义也没有了。但是我还活着的时候，有时候只要一点鲜花，对我却更有意义。"

玛莎的感叹，不也正是你周围每个人内心深处呐喊的心声吗? "有时只要一点鲜花"，便能带给别人活下去的希望和喜悦。

你还等什么呢? 你还要等到你的心无法再爱，眼睛永远无法再睁开，耳朵也永远听不到，才肯行动吗?

为什么人类总是隐藏他们感激的心情呢? 或许是人与人之间的摩擦，摧毁了他们感谢的心，或相互的伤害抹杀了彼此的和气，也可能是他们习惯了没有感激的日子，自己也不懂得。这是本末倒置的做法，不是吗?

仔细想想别人曾经为你所做的——爱的表示、友善的动作、信心的鼓励、友好的示意。我们每个人都应该明白，生命的整体是相互依存的，每一样东西都依赖其他每一样东西。无论是父母的养育，师长的教诲，配偶的关爱，他人的服务，大自然的慷慨赐予……人自从有了自己的生命起，便沉浸在恩惠的海洋里。

一个人真正明白了这个道理，就会感激大自然的福佑，感激父母的养育，感激社会的安定，感激食之香甜，感激衣之温暖，感激花草鱼虫，感激苦难逆境。

感恩是美丽的字眼，它是一种深刻的感受，能够增强个人的魅力，开启神奇的力量之门，发掘出无穷的智慧。感恩也像其他受人欢迎的特质一样，是一种态度。你必须真诚地感激别人，而不只是虚情假意。

感恩和慈悲是近亲。时常怀有感恩的心情，你会变得更谦和、可敬且高尚。

每天都该用几分钟的时间，为你的幸运而感恩。所有的事情都是相对的，不论你遇到何种磨难，都不是最糟的，所以你要感到庆幸。

"谢谢你"、"我很感谢"，这些话应该经常挂在嘴边。以特别的方式表达你的谢意，付出你的时间和心力，比物质的礼物更可贵。

把你的创意发挥在感谢别人上。例如，你是否曾经想过，写一张字条给上司，告诉他你多么热爱你的工作，多么感谢工作中获得的机会？这种深具创意的感谢方式，一定会让他注意到你，甚至可能提拔你。感恩是会传染的，上司也同样会以具体的方式，表达他的谢意，感谢你所提供的服务。

不要忘了感谢你周围的人：你的丈夫或妻子，亲人及工作的伙伴。因为他们了解你，支持你。大声说出你的感谢。家人知道你很感激他们的信任，但是你要说出来。经常如此，可以增强亲情与家庭的凝聚力。

记住，永远有事情需要感谢。推销员遭到拒绝时，应该感谢顾客耐心听完他的解说。这样他下一次有可能再惠顾！

无论你走到哪一家公司，如果你能够对为你服务的女职员说一声“谢谢”，她一定会从心里感激你的。反过来说，如果她的这种工作被人所漠视，或者被人认为是理所当然的话，她一定感觉不舒畅。关于这一点，你只要改变一下自己的立场就不难明白了。

事实上，有一些女职员就是因此而不满，最终才辞职的。因此，我们最好尽可能地给对方“谢谢您”的感激之语，以便给彼此的人际关系带来良好的结果。

一天中午，大家正聚在办公室里闲聊，突然闯进一个男孩。他很年轻，眼里流露出胆怯和不安。男孩拿出一张字条，结结巴巴地说：“我，我是电脑公司的，你们单位欠了我们钱，总共有1000元。”说完，男孩不知所措地站在那儿，像犯了错误似的。

有人不耐烦地说：“没钱！下回再来！”男孩嘴唇微微地嚅动着，但什么也没说，转身离去。或许这是男孩第一次出门要钱，他不知道向谁要，其实这时会计就坐在职员云的旁边。

第二天快下班的时候男孩又急匆匆地来了，当时办公室里只有几个人，会计看了一眼男孩，说：“来迟了，没钱！”男孩眼里满是焦急：“那我什么时候来才有钱？”“那说不准。”会计抛下一句话就离开了办公室。

过了几天，这天下雪了。男孩来到了办公室满怀期待地望着办公室里的几个人，却没有人理他，每个人都在做自己的事。主任抬起头见他还站在那儿，便说：“没见我们正忙吗？到外边去，等我们有空儿再进来。”男孩尴尬地低下头，匆匆地走开。

那天下午，云上班时看到男孩仍站在走廊上，这回男孩没进办公室，他一直默默地站在外面，一两个小时过去了，大家在办公室里谈笑风生，男孩仍然站在外面，外面很冷。

这时云再也耐不住了，走到男孩身边轻声说："那个穿红衣、披肩发的就是会计，她有钱！"男孩走进办公室，这一次，他终于拿到了钱！

下班后，云走出办公室，发现男孩竟然还站在那里，他看到云便走过来诚恳地说了声"谢谢"，然后便匆匆离去。云怔住了，她被这个男孩感动得差点落泪，也为身边那些冷漠麻木的人感到羞愧。

学会感谢会让我们在社交场合变得彬彬有礼，给人留下很好的印象。

懂得感恩就会快乐

感恩之心会给我们带来无尽的快乐。有一首歌的歌词写道："不在乎天长地久，只在乎曾经拥有。"为生活中的每一份拥有而感恩，能让我们知足常乐。感恩不是炫耀，不是停滞不前，而是把所有的拥有看做是一种荣幸、一种鼓励，在深深感激之中产生回报的积极行动，去与他人分享自己的拥有。感恩之心使人警醒并积极行动，使人更加热爱生活，使创造力更加活跃；感恩之心使人向世界敞开胸怀，去投身到仁爱行动之中。

没有感恩之心的人，永远不会懂得爱，也不会得到别人的爱；拥有感恩之心的人，即使仰望夜空，也会有一种感动，体会到一丝快乐。

保持一种感恩的心态可以改变一个人的一生。如果你能每天怀着一颗感恩的心去工作，在工作中始终牢记"拥有一份工作，就要懂得感恩"的道理，你一定会收获更多。

当我们清楚地意识到无任何权力要求别人时，就会对周围的点滴关怀或任何工作机遇都怀有强烈的感恩之情。因为要竭力回报这个美好的世界，我们会竭力做好手中的工作，努力与周围的人快乐相处。结果，我们不仅心情会更加愉快，所获帮助也会更多，工作也会更出色。

有两个行走在沙漠的旅人，已行走多日，在他们口渴难忍的时候，碰见一个牵骆驼的老人，老人给了他们每人半瓷碗水。两人面对同样的半碗水，一个人接过这半碗水，愤怒地指责老人过于吝啬，抱怨水太少，不足以消解他身体的饥渴，抱怨之下竟将半碗水泼掉了；另一个人接过这半碗水，他深知这一点水难以解除身体饥渴，但他却拥有一种发自心底的感谢，并且怀着这份感恩的心情，喝下了这半碗水。

结果，前者因为拒绝这半碗水而渴死在沙漠之中，后者因为接受并喝了这半碗水，终于走出了沙漠。

这个故事告诉人们，对生活怀有一颗感恩之心的人，即使遇上再大的灾难，也能熬过去。感恩者遇上祸，祸也能变成福。

对于生活怀有一颗感恩之心的人，他的心境是平和的，心情也总是很愉快的，即使遇上再大的灾难，也能顺利过关。常怀感恩之心的人，即使遭遇挫折，也会很快战胜挫折，而那些常常抱怨生活的人，他们总是身在福中不知福，即使遇上了福，他们也不认为那就是福，并且无法从其中体会其中的快乐。

所有快乐的人都心怀感恩，不知感恩的人不会快乐，而你期望越多，感恩心就越少。在期望获得满足的一刹那，我们必须想到那绝不是必然的事，既然如此，感恩之心会增加我们的愉悦，也会使我们将来不至于不快乐。

犹太教和佛教都教人随时心怀感恩。犹太教徒凡事都要感谢上帝：为了盘中的食物、清晨醒来、休假，甚至见到美丽的彩虹，都有感激上帝的颂词。佛教徒“上报四重因”（三宝恩、父母恩、国家恩和众生恩）。当中的众生恩也类似犹太教的感恩范围，甚至更大。

这就告诉我们，要互相协助互相宽恕，只有懂得感恩的人才能明白这个道理。

自然界中生物互相链接，生命的整体是相互依存的，任何生物都不可能脱离独立存在。人有了不忘感恩之情，人与人，人与大自然、人与社会也会变得更加和谐，更加亲切。我们自身也会因为这种心理的存在而变得愉快和健康起来。感恩之情是滋润生命的营养素，是人生幸福的源泉。

懂得感恩的人，他的一生是幸福的。

阿里是阿拉伯著名作家，他的书中记下这样一个故事：有一次他和吉伯、马沙两位朋友一起旅行。3 人行经一处山谷时，马沙失足滑落。幸而吉伯拼拿拉他，才将他救起。马沙于是在附近的大石头上刻下了："某年某月某日，吉伯求了马沙一命。"3人继续走了几天，来到一处河边，吉伯跟马沙为了一件小事吵起来，吉伯一所之下打了马沙一耳光。马沙跑到沙滩上写下了："某年某月某日，吉伯打了马沙一耳光。"

旅游回来之后，阿里好奇地问马沙为什么要把吉伯的事刻在石头上，而把吉伯打他的事写在沙上？马沙回答："将吉伯救我的事刻在石头上是让我永远都不要忘记，感激吉伯的救命之恩。至于他打我的事，我会随着沙滩上字迹而消失，而忘得干干净净。"

人有了不忘感恩之情，人与人、人与自然、人与社会也会变得更加和谐，更加亲切。我们自身也会因为这种感恩心理的存在而变得愉快和健康起来。说感恩心是滋润的营养素，一点也不过分。

记住别人对我们的恩惠，洗去自己对他人的忌恨，这是做人最起码的心态。

感谢生活的馈赠

生命的整体是相互依存的，每一样东西都依赖其他每一样东西。人自从有了自己的生命起，便沉浸在恩惠的海洋里。

在我们身边有很多这样的人，他们这也看不惯，那也不如意，怨气冲天，牢骚满腹，总觉得别人欠他的，社会欠他的，从来感觉不到别人和社会对他的生活所做的一切。这种人心里只会产生抱怨，不会产生感恩。哲人说，世界上最大的悲剧和不幸就是一个人大言不惭地说，"没人给我任何东西"。这是一个事实，是许多人失败的根源。

我们生活在科学技术日新月异发展的今天，毫无疑问，只要我们有钱，任何有关我们衣食住行等的物质条件我们都可以随心所欲地实现，并把它们搬运回家，尽情地享受。也许正是因为如此，人们对这些东西的感恩之情才变得日益淡薄，认为获得它们是理所当然的，因而也就不爱惜它们。正如德国大诗人海涅所说，太容易得到的东西便不是珍贵的东西。试想：如果我们生活中的各种东西全部消失，我们还能生存吗?

一个人的本事极有限。那种对一切东西都怀有感恩之心的人是有人性的人。请不要对自己目前的境遇抱怨，不要对自己所拥有的感到不满意。人呀，总是这样，得不到的就是最好的，得到的往往又不肯去珍惜。可是如果那一天，你手中握住的像沙子一样被你不经意地从指缝间滑落，当你懂得珍惜的时候，证明你已失去。这时，后悔也已经来不及了。

不重视现在的人，就不会有可以期待的未来。

感谢生活的馈赠吧！若你没得到什么，那是因为你本没有付出什么；若你觉得自己所得太少，其实你本可以付出更多！

人有了感恩之心，人与人之间才会变得和谐、亲切，而这种感恩之心也会使我们变得愉快和健康。

有位父亲告诫刚踏入社会的儿子：“若遇到一位好老板，便要忠心地为他工作；假如第一份工作就有很好的薪水，那算你的运气好，要努力工作以感恩惜福；万一薪水不理想，老板也不太好，就要懂得在工作中磨炼自己的技艺。”

这位父亲是睿智的，所有的年轻人都应将这些话牢牢地记在心底，始终秉持这个原则做事。即使起初位居他人之下，也不要计较。在工作中不管做任何事，都应将心态回归到零，学会感激工作中的一切：感谢工作环境，感谢你的老板，感谢每一次的工作机会。并积极地将每一次工作任务都视为一个新的开始，一段新的体验，一扇通往成功的机会之门。

或许每一份工作都无法尽善尽美，但每一份工作中都有宝贵的经验和资源，如失败的沮丧、成长的经验、老板的严苛，同事间的竞争等等，这些都是任何一个工作者走向成功必须体验的感受和必须经历的锻造。

保持一种感恩的心态可以改变一个人的一生。如果你能每天怀着一颗感恩的心去工作，在工作中始终牢记“拥有一份工作，就要懂得感恩”的道理，你一定会收获更多。

当我们清楚地意识到无任何权力要求别人时，就会对周围的点滴关怀或任何工作机遇都怀有强烈的感恩之情。因为要竭力回报这个美好的世界，我们会竭力做好手中的工作，努力与周围的人快乐相处。结果，我们不仅心情会更加愉快，所获帮助也会更多，工作也会更出色。

我们每个人都应该明白，生命的整体是相互依存的，世界上每一样东西都依赖其他每一样东西。无论是父母的养育，师长的教诲，配偶的关爱，他人的服务，大自然的慷慨赐予……人自从有了自己的生命起，便沉浸在恩惠的海洋里。

一个人真正明白了这个道理，就会感恩大自然的福佑，感恩父母的养育，感恩社会的安定，感恩食之香甜，感恩衣之温暖，感恩花草鱼虫，感恩苦难逆境，就连自己的敌人，也不忘感恩。因为真正促使自己成功，使自己变得机智勇敢、豁达大度的，不是优裕和顺境，而是那些常常可以置自己于死地的打击、挫折和对立面。

挪威著名的剧作家亨利·易卜生把自己对立面瑞典剧作家斯特林堡的画像放在桌子上，一边写作，一边看着画像，以此激励自己。易卜生说："他是我的死对头，但我不去伤害他，把他放在桌子上，让他看着我写作。"据说，易卜生在对立面目光的关注下，完成了《培尔·金特》、《社会支柱》、《玩偶之家》等世界戏剧文化中的经典之作。

多一些感恩，少一些抱怨

感恩不仅指要感谢大恩大德，它更是一种境界、一种胸怀、一种善于发现美并欣赏美的道德情操。要感谢父母的养育之恩，亲人的关爱之恩，老师的教育之恩，企业的就业之恩，同事的协作之恩，上司的栽培之恩等等，总之感恩世界种种的给予。

在日常工作和生活中，我们经常可以看见这样一些人，他们整日在不同公司之间穿梭，看起来很忙，但却不是在为工作而忙，而是在忙着到处寻找工作。他们曾经在许多公司任职，从事过不同的职业，能力不能说没有，但却被自己满腹的抱怨掩盖。其实，他们所抱怨的东西并不是导致失业的最主要原因。恰恰相反，这种抱怨的行为正好说明，他们现在的处境——四处寻找工作，完全由自己一手造成。在生活中，时常有这样一些人，抱怨他的专业不好，抱怨他的住处很差，抱怨没有一个好爸爸，抱怨工作差、工资少，抱怨空怀生身绝技没人赏识。其实，现实有太多的不如意，就算生活给你的是垃圾，你同样能把垃圾踩在脚底下，登上世界之巅。

没有一种生活是完美的，也没有一种生活会让一个人完全满意，我们做不到从不抱怨，但我们应该让自己少一些抱怨，而多一些积极的心态去努力进取。因为如果抱怨成了一个人的习惯，就像搬起石头砸自己的脚，于人无益，于己不利，生活就成了牢笼一般，处处不顺，处处不满，反之，则会明白，自由地生活着，其实本身就是最大的幸福，哪会有那么多的抱怨呢?!

一天，某公司要裁员，内勤部办公室的小丽和小林都在被裁人员名单中，按规定她们要在一个月之后离岗，她俩得知这一消息都很伤心。

第二天上班，小丽跟谁都没有什么好声气，仿佛吃了火药，她跟主任诉冤，找同事哭诉："凭什么把我裁掉？我干得好好的……"她声泪俱下的样子，确实令人同情。而她也只顾到处诉苦了，以至于她的订盒饭、传送文件、收发信件等分内工作都不再过问了。她原本是个很讨人喜欢的人，但现在她整天找人诉苦，许多人都开始有些怕和她接触了，后来就有点厌烦她了。

小林在裁员名单公布后，虽然哭了一晚上，但第二天一上班，她就和以往一样地干开了。她主动向大家揽活。面对大家同情和惋惜的目光，她笑笑说："是福跑不了，是祸躲不过，事已至此，不如干好最后一个月，以后想干都没机会了。"她仍然每天非常勤快地打字复印，随叫随到，坚守在自己的岗位上。

一个月后，小丽下岗，而小林却留了下来。主任当众传达了老总的话："小林的岗位，谁也无可替代，这样的员工，公司永远不会嫌多！"

不管何时何地，怨天尤人对解决问题都是毫无帮助的！

其实，所抱怨的事并不是什么大不了的事，在日常生活中是经常发生的一些小事情。但是，明智的人一笑置之，因为有些事情是不可避免的，有些事是无力改变的，有些事情是无法预测的。能补救的则需要尽力去挽回，无法转变的只能坦然受之，最重要的是要做好目前应该做的事情。

所以，我们不应抱怨公司、抱怨社会，我们应该持着感恩的态度去工作，既然上天已经给了我们工作的机会，给了我们发展的空间，我们每个人都有责任、有义务、责无旁贷地去做好每一项工作，每个人都应该为自己的工作甚至公司尽一份心、出一份力。我们要脚踏实地，从现在做起，从身边的每一件事做起，即使是自己不喜欢的工作也要尽职尽责地去完成，只有这样才能对得起自己，对得起他人。事实证明，抱怨解决不了任何问题。当我们开始抱怨时，证明我们已经无能为力了。所以，从现在开始，停止你的抱怨，不久你会发现，生活和心态全部得以改变。

懂得感恩会获得很多

感恩是一种良好的心态，又是一种奉献精神，当你以一种感恩图报的心情工作时，你会工作得更愉快，你会工作得更出色。

人要有一颗感恩的心。如果我们每个人以一种感恩的心情来看待身边的人和事，来看待这个世界，一定会觉得周围的人很可爱，这个世界很美好，我们自己也会得到回报，也会觉得很富有。

金无足赤，人无完人，世界上从来没有十全十美的事情。对于你的工作也同样，也许工作中有许多不尽如人意的地方，但是，只要你怀着一颗感恩的心去工作，在工作中始终牢记“拥有一份工作，就要懂得感恩”的道理，你一定会获得很多。

凯琳和他的同学史比毕业后进入同一家大公司就职，他们是同样的学历，同样的没经验。但是，史比的职位却比凯琳高一级，薪水也高出很多。但是凯琳并没有因这种不公平的待遇就对这份工作感到厌倦。她仍是兢兢业业地做好每一项工作，并且在做好自己工作的同时还主动帮其他同事克服困难。因为，在上班的前一天，她的妈妈这样对她说：“无论遇到什么样的老板，或是遇到什么不顺心的工作，都要感恩他给予了你这样的机会，并尽心尽力地把自己的工作做好，这样做的结果表面上是对每个人都有好处，其实，最终受益的还是你自己。”

凯琳将这些话牢牢记在心里，并且自始至终地秉承这个原则工作。即使初进公司时就受到不公平的待遇，她也并没有抱怨，仍是怀着感恩，主动去做好每一件工作。一分耕耘，一分收获。凯琳最终坐上了总经理的交椅。

从这里我们可以看出来，无论在职场上受到什么样不公平的待遇，都要将自己的心态摆正。不论老板交给你什么样的任务，都要尽心尽力，全力以赴地去工作。任何事情都不能敷衍了事。

感恩是一种良好的心态，又是一种奉献精神，当你以一种感恩图报的心情工作时，你会工作得更愉快，你会工作得更出色。

有些人把太多事情视为理所当然，因此心中毫无感恩之念。既然是当然的，何必感恩？一切都是如此，他们应该有权利得到的。其实正是因为有这样的心态，这些人才会过的一点也不快乐。

南非前总统曼德拉，一位世界著名的政治家。早年时曼德拉因为领导反对白人种族隔离的政策而入狱，白人统治者把他关在荒凉的大西洋小岛罗本岛上27年。当时曼德拉年事已高，但白人统治者依然像对待年轻犯人一样对他进行残酷的虐待，当时看守他的狱警就有3个之多。1991年曼德拉出狱当选总统。总统就职仪式开始后，曼德拉依次介绍了来自世界各国的政要，然后他说，能接待这么多尊贵的客人，他深感荣幸，但他更高兴的是，当初在罗本岛监狱看守他的3名狱警也能到场。随即他邀请他们起身，并把他们介绍给大家。

曼德拉的宽容精神和博大胸襟，令那些关押了他27年的白人汗颜，也让所有在场的人肃然起敬。看着年迈的曼德拉缓缓站起，向3个曾关押他的看守致敬，在场的所有来宾乃至整个世界，都静了下来。

后来，曼德拉回忆说，牢狱岁月给了他时间与激励，也使他学会了如何处理自己遭遇的痛苦。他说，感恩与宽容常常源自痛苦与磨难，必须通过极强的毅力来训练。获释当天，他的心情平静："当我走出囚室、迈过自由之门时，我已经清楚，如果不能把悲痛与怨恨留在身后，那么我仍在狱中。"确实像曼德拉说的：悲痛与怨恨就像是牢笼，束缚着我们的身心，而宽容与豁达则是打开牢笼之门的钥匙。

我们之所以总是烦恼缠身，总是充满痛苦，总是怨天尤人，总有那么多不满和不如意，多半是因为我们缺少曼德拉的宽容和感恩之心。

有些人说："我讨厌我的生活，我讨厌我生活中的一切，我必须做一点改变。"这些人必须改变的是他们不知感恩的态度。如果我们不懂得享受我们已有的，那么，我们很难获得更多，即使我们得到我们想要的，我们到时也不会享受到真正乐趣。

在现实生活中，我们常自认为怎么样才是最好的，但往往会事与愿违，使我们不能平静。我们必须相信：目前我们所拥有的，不论顺境、逆境，都是我们最好的安排。若能如此，我们才能在顺境中感恩，在逆境中依旧心存喜乐。

让我们带着一种从容坦然、喜悦的感恩心情做人做事吧，那样我们会收获很多。

用孝心回报父母养育之恩

不管是什么人，都有做儿女的时候，也都有做父母的时候。很多人在做孩子的时候，却怎么也体会不到父母的良苦用心，一旦做了父母就应该懂得父母对子女的无私奉献。无论在什么时候，你都应该用孝心对待父母。

是父母给了我们生命，哺育我们长大成人，父母的恩情我们即使用一辈子的时间也是报答不完的，然而，我们时时都要心存感激，当我们在天涯海角，也不能忘记了家的方向，尽最大努力尽我们微薄的孝心。

几乎每个人都是在父母无微不至的关怀和照顾下长大成人的。回报父母的养育之恩有多种方式。生活中到处都有这样的机会，只要你用心去找，一定能够找到的。

遵守孝道，一直是中华民族优良的传统美德。我国古代流传下来许多孝敬父母的故事，像“孝感动天”、“卧冰求鲤”等感人的故事。

慈是做父母的义务，而孝是做儿女的义务。

陈毅同志对父母的拳拳孝子情，就非常感人。

身为国务院副总理兼外交部长等要职的陈毅，62 岁时，随周总理出国访问归来，途经成都，去看望重病在身已年过八旬的老母。进屋时，恰遇老母因病重，小便失禁，刚换下的一条尿裤，母亲见儿子到来，无比欣喜，但不愿让儿子见污浊之物，便挥手使眼色，让侍候她的侄女把尿裤扔到床下。陈毅见此情景，忙拉住母亲的手问是怎么回事，母亲知道瞒不住，只好说了实情。陈毅听后感慨地说："娘，您久病在身，我没能侍候，心里有说不出的难受，这裤子今天就让我去洗了。"接着，又对张茜说："家乡有句俗话，'婆媳亲，全家和'。你这个平常不能照顾婆婆的媳妇，也该尽点孝道，让我们一起来洗好不好？"

陈毅和张茜乐呵呵地为老母洗了尿裤和其他衣物。

随着历史的发展，虽然孝行的伦理原则已焕发出新的生机，但以自由和平等为基础的孝慈不仅是必要的，而且还是必需的。为人处世中凡嫌弃父母的逆子，必将受到人们的谴责；凡是孝敬父母的孝子，必将受到人们的赞扬。

"孝"是离乡游子的眷恋，"孝"是无法重现的幸福。"孝"是一失足成千古恨的往事，"孝"是生命交接处的链条，一旦断裂，永无连接。

赶快为你的父母尽一份孝心。也许是一处豪宅，也许是一片砖瓦。也许是大洋彼岸的一只鸿雁，也许是近在咫尺的一个口信。也许是一顶纯黑的博士帽，也许是作业簿上的一个红五分。也许是一桌山珍海味，也许是一只野果一朵山花。也许是花团锦簇的盛世华衣，也许是一双洁净的布鞋。也许是数以万计的金钱，也许只是含着体温的一枚硬币……但在"孝"的天平上，它们等值。

不知你是否听过这样一句话："树欲静而风不止，子欲养而亲不待。"善待父母是中华民族的传统美德，也是一个人做人的良知，多少人为自己没有机会侍奉父母而引以为终身的遗憾。

老舍先生在《我的母亲》一文中写道："生命是母亲给的，我之能长大成人，是母亲血汗灌养的。我之能成为一个不十分坏的人，是母亲感化的。我的性格、习惯，是母亲传给我的。她一世未曾享过一天福，临终前吃的还是粗粮。唉，还说什么呢？心痛！心痛！"

季羡林先生在《我的母亲》一文中写道："我永久的悔就是：不该离开故乡，离开母亲。"季先生的家在"鲁西北一个极端贫困的村庄"。他的家更是贫中之贫。离开家几年，成为清华学子的他，突然接到母亲去世的噩耗，赶回家乡，看到母亲的棺材，伏在土炕上，一直哭到天明。季羡林先生在文章中写道："我后悔，我真后悔，我千不该，万不该离开了母亲。"

世上有些东西可以弥补，有些东西永无弥补。老舍、季羡林两位先生在事业上可以说几乎都达到了他们所从事领域的峰巅，可是他们在忆起父母的时候都伤痛于“子欲养而亲不在”，心底深处留下了永久的遗憾。

某位著名演员在电视台做访谈节目时说，年幼时，懵懂无知顶撞过父母；成年后，为事业拼搏，疏忽了父母；年富时，事业有成，可他们都已经远离人世。说着，他在亿万电视观众面前，泣不成声，泪如雨下。

我们每个人都会有自己遗憾的故事，当我们有一天站在父母的墓前，咀嚼着“子欲养，而亲不待”的悲哀，这种遗憾的滋味是如此凄凉，如此无奈。

我们总以为自己还年轻，我们总相信来日方长，相信水到渠成，相信机会多多，可是我们忘了，忘了时间的残酷，忘了人生的短暂，忘了生命的脆弱，忘了人世间有太多的偶然和遗憾，它们都是无法挽回和弥补的！它们都将永远啃噬着你的良心，可是，为时已晚！

孝敬父母，我们不要等，父母要求我们的并不多，我们能常回家看看，常问候他们，陪陪他们，他们就会很高兴了。只是，天下的儿女们，一定要抓紧啊！趁我们父母健在的光阴。

学会珍惜，你的人生会更快乐

就生命的有限性而言，能活着就是一种福报，一种令人赞叹的喜悦。但有许多人不懂得珍惜它，一天到晚挑剔东挑剔西，不满这不满那，他们失去欢笑，也失去生活的勇气；他们把生活变成了烦恼，情绪上的不安，人生成了众苦煎迫的历程。

人生不要太圆满，有个缺口让福气流向别人是很美的一件事，你如果能体会到每个生命都有欠缺，就不会再去与人做无谓的比较了，反而更能珍惜自己所拥有的一切。

有位著名企业家说：“这辈子所结交的达官显贵不知多少，他们的外表实在都令人羡慕，但深究其里，每个人都有一本难念的经，甚至苦不堪言。”所以，不要再去羡慕别人如何如何，好好算算上苍给你的恩典，你会发现你所拥有的绝对比没有的要多出许多，而缺失的那一部分，虽不可爱，却也是你生命的一部分，接受它且善待它、珍惜它，你的人生会快乐豁达许多。

1. 珍惜你自己

李白有诗云："天生我材必有用。"我们不要因为自己的某些缺陷、一时的失意而看不起自己。做人，你要学会珍惜自己，肯定你自己存在的价值。

我们每一个人都有自己存在的价值，生命的价值不依赖于我们的出生门第，不依赖于我们的长相，也不仰仗我们结交的人物，这些都不是决定我们生命价值的最根本的东西，最根本的取决于我们本身！我们是独特的——永远不要忘记这一点！大自然造你，只造了一个你，一千年以前没有你，一千年以后也不会有你，天底下只有一个独一无二的你。没有人可以替代你，因此你没有理由看不起自己。

蔡志忠先生是闻名遐迩的漫画家，你知道他是怎么步上成功之途的吗？据了解，他很懂得珍惜自己，珍惜其特有的天赋，一直画下去，不断的学习和成长。他把人生比作跑马拉松，但大多数的人只是跟着别人跑，不知道自己要跑到哪里。他认为，人生最重要的是先认识自己，依自己的目的和能力去跑，那就可以不理睬别人是否跑得比你自己快。

蔡志忠先生说："小学阶段，我是品学兼优的好学生，参加初中联考，是全校唯一考取第一志愿的毕业生。当时看来，继续读高中、大学，将是人人称羡、顺理成章的过程。然而，这时我却对自小即热爱的漫画，投以全部的心力，大量阅读、吸收，尝试编剧、创作，加上老师的教法我不是很能吸收，结果竟遭留级的命运。其实当时我心里明白——只要我对漫画的心力，挪转十分之一到课业上，就能将学校功课应付自如；可是漫画就像稀世宝贝，我实在无法移开自己的目光。接着由于得到一个漫画工作的机会，于是 15 岁那一年，我毅然决定放弃学业，朝着我的人生目标行去。"

蔡志忠对青年朋友的建议是："早下决心，为自己的兴趣、理想而努力。"

其实无论是贫穷还是富有，无论是貌若天仙，还是相貌平平，只要你始终充满自信，坚信自己存在的价值，你便是最美的——无人替代的美。

都说年轻的妈妈是最漂亮的，其实完全从生理上来说，恰恰相反。这是什么原因呢？就是因为年轻的妈妈肯定自己存在的价值，知道自己在孩子眼里，她是不可替代的。

在我们的人生道路上，我们可能会无数次摔倒，被各种逆境或意外事故击倒、欺凌甚至碾得粉身碎骨。我们可能会觉得自己似乎一文不值。但请你记住，无论发生什么，或将要发生什么，你永远是你自己，你不会因为各种打击而丧失价值。无论你是肮脏或洁净，衣着齐整或不齐整，家财万贯还是一贫如洗，只要你还肯定自己，还认为自己是无价之宝，那便没人能否定你。

佛教禅宗大师对人生的格言是：“你自己本身就是宝藏。”要好好爱惜自己，接纳自己，发挥天赋，为社会提供服务，用自我实现来爱惜自己，爱惜家人和社会，乃至你所植根的国家。

2. 珍惜你的工作

你在这个世界上选择什么样的工作？如何对待工作？从根本上说，这不是一个关于做什么事和得到多少报酬的问题，而是一个关于生命的意义的问题。

鲁迅先生曾经严肃地指出：“我觉得，那么躺着过日子，是会无聊得使自己不像活着的。我总这样想，与其不工作而多活几年，倒不如赶快工作少活几年的好，因为结果还是一样，多活几年也是白白的。”

在工作时，最重要的是充满珍惜感而不是环境。毫无疑问，工作环境要让人适应才行，工作环境再好，在那里工作的人没有意愿，环境再好也是白搭。

有珍惜眼前工作的心态，人的工作意愿自会产生，上进心自会更旺盛，也会更脚踏实地，注意力也会更集中。有一位焦老先生，他原来在一家监理公司工作，退休后在家安闲不住，经朋友介绍后，到某工程总队二大队当质检顾问，亲戚朋友都担心他的体力、精力是否能吃得消。令人兴奋的是，焦老先生每天都按时骑车上下班，神采奕奕，大有“返老还童”之感。有晚辈跟他开玩笑，问他有何灵丹妙药使自己青春焕发。老先生笑着说：“是工作，当顾问就得接受无休止的挑战，使命感让我发现自己居然有这样的天赋。”在人的生命中，抛弃一切，只专心去追求某一个机会是很重要的，在追求的过程中，会使自己的工作观更加坚固。

高尔基曾说过："工作如果是快乐的，那么人生就是乐园；工作如果是强制的，那么人生就是地狱。"一个热爱工作的人，是一个具有高度责任感和创造力的人，他充分享受着工作的乐趣和荣誉；同时，因为努力工作，工作也给了他足够的尊严，和实现自我的满足感。他真正体味到了工作的乐趣，生命的意义，他才是最优秀的员工，才是社会最需要的人。

工作的质量往往决定生活的质量，一个人所做的工作是他人生态度的表现，一生的职业，就是他志向的展示、理想的所在。所以，了解一个人的工作态度，在某种程度上就是了解那个人。因此，美国著名教育家威廉·贝内特说："工作是我们要用生命去做的事。"

你不能决定自己的寿命，但你可以保证生命的质量；你不能预知明天，但你知道自己没有辜负今天，因为你还工作着，工作是人类拯救自己的希望。工作使自己的热情变成现实。从这个意义上说，工作是人生的一半，而人生的另一半也是工作。

3. 珍惜你的婚姻

如果你想生活得幸福丰足，安心在事业上发展，你一定要有一个美好的家庭。家庭，提供你安全感，让你感到温暖。家庭是一个避风港，是你休憩和恢复活力的地方。幸福的家庭是成功的基础，但是一定要切记，美好的家庭是自己营造出来的，它的成功就在你的手上。

创建美好的家庭，它的前提是要有一个美好的婚姻。婚姻美满，带来家庭的和谐，相对的父母子女也能得到温暖的气氛和安全的保障。一个人早年是否过得幸福，视父母婚姻美满程度而定，至于家庭是贫是富，其影响并不很大。长大成家是否感到幸福，则与自己的婚姻情况有关。婚姻不但影响一个人的心理生活，甚至影响事业前途。汉朝司马迁研究历史，更发现婚姻与个人的成败攸关。因而司马迁先生在《史记》"外戚世家"中说："夫妇的关系，是人道中重大的伦常；礼制的用处，唯独在婚姻上最为谨慎。"

许多人都知道婚姻的重要，刻意注重选择对象。但很少讲求如何培养美满的婚姻，如何缓和彼此间的紧张情绪，如何挽救琴瑟失谐的婚姻现状，这也许是现代社会离婚率逐渐增高，而离婚家庭的子女失去了应有温暖的原因。

为了培养美满的婚姻，使婚姻持久地维持下去，先生应有好的礼貌和态度，过正常生活，尊重和关心妻小；太太也要在生活上尊敬先生，有礼貌，言词谦和。

婚姻甘苦在人为，真的关心自己的婚姻，就得主动改正和适应。使婚姻真正快乐的是彼此欣赏和爱护对方的特质，弗洛斯特曾说：“我们对万物之爱，是爱其本来面目。”如果我们不把对方变为自己的从属，期待他成为自己心目中的人物，而能彼此接受，那才是真爱。

4. 珍惜你的家庭

幸福的家庭往往都是一样的，而不幸的家庭却各有他的不幸。

大多数成功人士在谈及自己的成功秘诀时都忘不了提及自己的家庭。很多人都认为人一生最终最大的幸福、归宿、成就感和精神动力就是家庭幸福。不善经营家庭的人，往往不善经营事业。家庭是你必须回去，也必定接纳你的地方。没有一个地方有家那么具有奉献性。

很多人都以家庭和事业相冲突为借口来否定婚姻，他们总是说先立业后成家，好像这是两个完全无法同时进行的事情。他们完全没看到两者相互促进的一面。

一个温馨浪漫、尽享天伦之乐的家庭里，诚实是家庭的建筑师，整洁是家庭的装饰工，感情是家庭的温暖器，欢乐是家庭的照明灯，勤奋是家庭的通风口。珍惜你的家庭吧！

把握现在，珍惜所有

人要懂得惜福，你自己有许多福气却不自知。你能说话、能听闻、能工作思考、能爱护他人，这都是你的大福报。

《唐语林》中有两则吃饼的故事。

唐太宗大宴群臣，宇文士及割熟肉，割完之后，用面饼揩手上的肉汁，太宗不做声，眼睛斜视着他。不知是这位宇文士及有节俭的习惯还是因为感觉到芒刺在背，总之是不动声色地用饼揩好手，然后从容地把这块饼吃下去了。那一边太宗也松了一口气。到了唐玄宗这一辈，国家已经很富裕，宠妃还享用万里飞骑送来的荔枝，但他本人却也很舍不得一块饼。这一回割熟肉的是太子李亨，他也用饼擦手上的肉汁，玄宗也一直盯着他看，大不高兴。太子慢慢地举起大饼，大口大口地吃起来，玄宗非常高兴，对太子说："福当如是爱惜。""福"在古代是指祭神的酒肉，也泛指食物。中国语言中有"惜福"一词，就是从爱惜粮食这个意思上来的。

旧时，许多长辈告诫子女们说："老天爷给每个人安排了一定的福分。如果你小时候把福分享用光了，老的时候就会穷苦。"这句教诲对今天的每个人都适用。人应该珍惜自己的福分，慢慢享用，不要挥霍。"宁吃少来苦，不受老来贫"。年轻时刻苦一点，年纪大的时候，就多一点享福的可能。最低限度，俭朴的生活习惯，可以帮助人多有一点力量去适应各种环境。

为人处世，应有勤劳节俭、冰清玉洁的品行。也只有勤俭，才能永保廉洁；只有冰清玉洁的品行，才能长久处世。守住节俭并依此修持，贫穷时可以独善其身，富贵时可以善待天下。守住了勤俭，就足以风范于人间，风范于世道。勤就不缺乏财物，俭就知道节余；劳就能进益，节就能知足，这是古代人惜福的方法。在勤、俭、劳、节中，俭是首要的。

珍惜福分的人，福常有余；暴殄天物的人，福常不足。所以老子以俭为宝贝。并不只是生活中应该懂得节俭的道理，如果所有的事情懂得节俭，将会收到意想不到的效果。比如，在吃喝上节俭，可以养护脾胃；在嗜好上节俭，可以集中精力；在语言上节俭，可以调养气息；在应酬上节俭，可以养身安神；在思虑上节俭，可以少生烦恼；在欲望上节俭，可以清心养德。凡事俭省一分，便增益一分。这虽然是持身之道，也不失为处世之道。

元史记载：元世祖忽必烈因为想念成吉思汗创业的艰难，到草原上挖来一盆青草，放在皇宫御座前，他告诉群臣们说，这是节俭草，后世子孙应懂得勤俭的道理。元英宗硕德八剌曾经在御用大安阁看到先祖的遗物，衣服都是用普通的木棉纺织而成，上面还打了补丁，英宗感慨地说："祖宗创业维艰哪！身上穿的衣服也这样节俭，我哪里敢奢侈呀！"

身在福中要知福。知道自己现在过着一种不愁衣食的生活，是一种难得的福分。不要小看这福分，不要浪费这福分。一方面要知足，一方面仍要尽量节俭。这样才不会养成奢靡颓惰的习惯。日后才可以有足够的准备去应付各种不同等级的生活。

“多在有日思无日，别到无时思有时。”对经历过艰苦的人来说，尽管现在生活富裕，但仍应念念不忘过去的艰苦困难的日子。这样，做人才可以知足，才可以安分，才可以不敢松懈地继续努力，也才可以保住既有的财富。

人生的幸福不是一味追求得来的。虽然说没有努力就没有幸福，但不懂得惜福，到手的福气也是会流逝的。不懂得珍惜自己，不愿活出自己生活意义的人，即使有了巨大的财富，也是空虚不实的。

感恩，是幸福的起点，也是奋进的泉源，因为感恩，所以惜缘、惜福。不知感恩的人，总是认为自己的幸福都是应得的，不知饮水思源，又怎会珍惜眼前的一粥一饭？

这样的人即使拥有了全世界的幸福，他们的生命却依然是贫瘠的。

“世间最珍贵的不是‘得不到’和‘已失去’，而是现在能把握的幸福。”幸福是什么？幸福就在于把握现在，珍惜所有，坚信你所拥有的就是最好的。

感恩是一种生活态度

在人生的长河里，每个人都活得很辛苦，每个人都有着这样的失意、那样的挫折：要活，要吃，要穿，要去找工作，去挣钱，去养活自己和家人；要等着评职称，晋级，涨工资，分房子；要去面对生活中的种种琐事；还要应对高考落榜、下岗失业、病痛折磨等等不测。然而这一切并不可怕，因为终有一天这些都将成为过去，我们会迎来新的生活。可怕的是，也许有那么一天，我们对生活失去了热情，那样我们的日子就会忧伤，生活就会没有亮点，一切就会索然无味。

生活本身的确是五味俱全、丰富多彩，但做人的情操和理念却是自己可以牢牢把握的，要平和地对待生活中的每一件事，要善意地对待你周围的每一个人，要永远保持一种真诚、友爱、宽容、健康的心态，用心去感受生活对我们的恩赐。

从前，在英格兰利物浦迪河河畔住着一个磨坊主杰克，他是英格兰最乐观的人。杰克从早到晚总是忙忙碌碌，同时像云雀一样快活地唱歌。杰克是那样的乐观，以致“感染”了周围的人，他们也都乐观起来了。这一带的人都喜欢谈论杰克愉快的生活方式。有一天，国王也听说了杰克，于是说：“我要去找这个奇怪的磨坊主谈谈。也许他会告诉我怎样才能快乐。”

他一迈进磨坊，就听到磨坊主杰克在唱：“我不羡慕任何人，不羡慕，因为我要多快活就有多快活。”

“我的朋友，”国王说，“我羡慕你，只要我能像你那样无忧无虑，我愿意和你换个位置。”

杰克笑了，给国王鞠了躬说：“我肯定不和您调换位置，国王陛下。”

“那么，告诉我，”国王说，“是什么使你在这个满是灰尘的磨坊里如此高兴、快活呢？而我，身为国王，却每天都忧心忡忡，烦闷苦恼。”

杰克又笑了，说道：“我不知道您为什么忧郁，但是我能简单地告诉你，我为什么高兴。我自食其力，我爱我的妻子和孩子，我爱我的朋友们，他们也爱我。我不欠任何人的钱。我为什么不快活？这里有这条迪河，它每天使我的磨坊运转，磨坊把谷物磨成面，养育我的妻子、孩子和我。”

“不要再说了。”国王说，“我羡慕你，你这顶落满灰尘的帽子比我这顶金冠更值钱。你的磨坊给你带来的，要比我的王国给我带来的还多。如果有更多的人像你这样，这个世界该是多么美好啊！”

幸福直接与我们自己的心态有关，而与世俗的一切、与一切的物质都没有什么必然联系。

不要以为幸福直接等于金钱，不要以为幸福直接等于情爱，不要以为幸福就是香车宝马、功名利禄，不要以为幸福就是随心所欲、无法无天。其实幸福是另外的东西，是有灵性的东西，是需要有微妙对应的东西。只有懂得收藏才会懂得品味，只有懂得品味才会抓住幸福。

其实，对于大多数人来说，在和平年代里，家境平安，内心充满阳光，一心一意地享受世界的精彩，就已经是幸福了。如果你身体健康，没有疾病，那么你很幸运，所以你应该对生活感恩。如果你从未尝过战争的危险、牢狱的孤独、酷刑的折磨和饥饿的滋味，那么你的处境还比较好，所以你应该对生活感恩；如果你的冰箱里有食物可吃，身上有衣服可穿，有房可住及有床可睡，那么你还算富有，所以你应该对生活感恩；如果你在银行里有存款，钱包里有票子，口袋里有零钱，那么你属于幸运之人，所以你应该对生活感恩。当你对生活充满了感激时，你会觉得自己得到了很多很多，你会觉得自己是幸福的，因为命运并没有抛弃你。纵然生活中有风雨，你也不要害怕，因为有那么多爱你的人会支持你……

如果你有一个很好的工作，有一个很和谐的婚姻，孩子聪明乖巧，父母身体健康，经济状况也不错，也有很好的朋友，可是你还是觉得有好多的烦恼，那就是你不知足、不懂感恩了。在这个世界上不是所有的人都有食品，不是所有的人都拥有健康的身体。风雨交加的日子里，有的人没有房子可以遮风挡雨；夜幕降临的时刻，有的人没有灯光可以照明……因此，如果你衣食无忧，你就应该拥有一颗“感恩”的心。善于发现事物的美好，感受平凡中的美丽，我们应该以坦荡的心境、开阔的胸怀来应对生活中的酸甜苦辣，让原本平淡的生活焕发出迷人的色彩。

其实，“感恩”不一定要感谢大恩大德，“感恩”是一种生活态度，一种善于发现美并欣赏美的道德情操。人生在世，不如意事十有八九。如果我们囿于这种“不如意”之中，整天惴惴不安，那生活就会索然无趣。

哈佛大学曾做过一个有趣的心理调查。调查人员给调查的对象打了个电话，问道：“你现在在干吗?”“上班。”“上班感觉怎样?”“没劲极了，枯燥乏味。”“那你希望干点什么?”“还等两个小时下班就好了，我可以和同事一起去酒吧。”

两个小时后，调查人员又打了他的电话。“你现在在干吗?”“和同事在酒吧。”“感觉该好些了吧。”“还是没劲，都是些无聊的话题，我正打算去找女朋友。”

过了一小时，调查人员再次拨通了他的电话，“和女朋友在一起快乐吗?”“别说了，烦死了。说话时，有个女同事打来电话，询问工作上的事情，女朋友硬是要我交代是不是有外遇了。你说这能不烦吗，我还是回家得了。”

到了晚上，调查人员的电话刚拨通，这个被调查者就先开口了：“别问了，很没劲，杂志翻完了，光盘看完了，有点儿寂寞。”“那你想怎样?”

"还是上班好，明天工作努力点儿，好让薪水多增加点儿。"

有时候，有工作可做也是一种幸福。每一份工作其实都有它的乐趣，对工作我们也应该学着珍惜。

当我们埋头工作了很长时间，终于在某一时刻圆满地完成了任务时，我们站起身来，推开窗，恰好外面又是蓝天白云，花香草也香，那么，不要忽略了这一刻，它就是幸福。慢慢品味它，享受它，并且收藏它吧。

人的一生，是一个不断感动的过程，也是一个不断寻找自我的过程。我们只有在真切面对自我的时候，才会由衷地感动。起床、吃饭、工作、游戏、休息、交友、恋爱、结婚……这些扎实的环节让我们领略生活的乐趣，缺少哪一样都不行。琐屑表现我们生存的安妥，生活的乐趣应从微小事物中去寻求：美味的食物、真诚的友谊、和煦的阳光、欢愉的微笑。除非获得你的允许，否则没有人能够令你苦恼。

有一天，俄国作家索洛古勒对列夫·托尔斯泰说："您真幸福，您所爱的一切您都有了。"托尔斯泰说："不，我并不具有我所爱的一切，只是我所有的一切都是我所爱的。"

也许是生活的压力太大，有些人说："活着，真累。"也许是遇到不顺的事太多，有些人说："活着，真烦。"也许是对柴米油盐的平凡生活厌倦了，有些人说："活着，真没劲。"这里，有一个如何认识生活的问题，也有一个如何调整自己心态的问题。生活是真实而粗糙的，它不会总是一帆风顺，也不会总充满着戏剧性的高潮，更多的时候它是平凡琐碎的，甚至显得沉闷，我们不可能指望它天天都如狂欢节一般，而我们能够做的就是拥有一种好的心态。不对生活抱有不切实际的幻想，就不会太痛苦和失望。

其实，我们都或多或少得到过生活的恩惠，接受过他人的帮助，可我们是不是都用心记住了这些，并因此多了一份感恩之心呢？如果你有一颗感恩之心，生活便会在你的眼里变得越来越美好。如果你带着感恩的心情去工作而不以挣钱为目的，你带着感恩的心情去爱而忘记别人对你的伤害，那么你就会觉得生活着的这个世界是多么美好。

第11章

内心充满爱，生活会更加圆满

爱是人类最伟大的主题，只有爱才能融化所有的仇恨。富有爱心是成功学的一条基本定律。如果我们富有爱心，就具备了成功的一个重要条件——品德，我们的成功将变得更为容易。

心中要有爱

法国哲学家居友所说：“我们每个人都有很多的同情、很多的爱心，比维持我们生存所需要的多得多，我们应该把它施舍给别人，这就是生命开花。”

爱的力量是不容忽视的，只要心中充满了爱，不可能的事情往往都会变成可能。美国一位大学教授和他的学生来到黑人贫民窟搞调查研究，其中有一个课题是预测该地区的250名黑人孩子将来的前途。学生们认真地做着报告，几天后，这份报告的结果出来了，但它令教授忧心忡忡。学生们在报告中预测，这250名黑人孩子将来无所作为，只能成为社会的负担。

30年后，教授去世了，他的一位同事从他的档案中发现了当年的那份报告。这位同事在好奇心的驱使下，来到了当年的黑人贫民窟。他看到，事实并没有报告的结论那么令人沮丧，相反，这里发生的一切让这位同事佩服得五体投地。原来调查的250名黑人孩子中，除了18人离开故土，无最新消息外，其余的232人都成就斐然，他们当中有的人成为银行家，有的人成为大律师，有的人成为企业家，有的人成为著名影星。

教授的同事逐个采访了这232人，追问他们何以能成功？这些人说得最多的是："应该感谢我们的小学教师。"同事费尽周折找到了那位小学教师，此时，她已是白发苍苍的老人，说话不太清楚，可是有一句话同事能听懂："I love these children.（我爱这些孩子）"

因为心中有爱，所以这个老师才能将任何人都不抱希望的孩子，教导成对社会有贡献的人。因此，爱的力量是不容忽视的，只要心中充满了爱，不可能的事情往往都会变成可能。

这个故事让人想到英国伟大的诗人罗杰斯生前和朋友们谈得最多的一个话题。一个女孩子人见人爱，有人问她："为什么大家都这么喜欢你？"小女孩天真地说："我猜，大概是我爱每一个人的缘故吧。"

生命的目的在爱人。我们做人到底拥有多少成功和快乐，这要取决于我们到底付出了多少爱，又有多少东西在爱着我们。

做人最博大的自由是爱，做人最富有的财产也是爱。爱的成就无限宽广，因为它能到达一切才智难以到达的心灵彼岸。

美国几所医院做了些实验，把新生婴儿分成两组。第一组每天都抱起来抚摸3次，每次10分钟；第二组完全不抚摸。结果，第一组体重增加的速度是第二组的两倍。这种治疗法有一个很长的医学专有名词，但是我们只需要一个字就可以涵盖它，那就是"爱"。如果没有爱，婴儿长得不健康；没有爱，大人也一样痛苦。

人需要爱，世界需要爱。爱使世界相互联结，使世界成为人的世界。地球本是人居于其中的一个大家庭，人字的一撇一捺本就意味着人与人的相互支撑——无爱不成人世界。人要爱人，世界应该充满爱。有爱，人的世界才会充满盎然生机；有人爱，能爱人，我们才能品尝到生之欢乐，才能有不竭的生之热情——无爱的世界只是一片冷寂的荒漠。

爱人者，人恒爱之；敬人者，人恒敬之。爱是一种活动的情感，不是静止的物体。爱是我们生活中一种很特殊的经验，要想拥有它，最佳办法是把它施舍给别人。

只有去爱每一个人，爱才不至于自私、褊狭、跛扈，才不容易像脱水的花朵般凋败，才能受到更恒久更普遍的祝福。学会真正去爱一个人，就是学会爱身边的一切，爱世间的万物。

善待别人就是善待自己

在一场激烈的战斗中，上尉忽然发现一架敌机向阵地俯冲下来。照常理，发现敌机俯冲时要毫不犹豫地卧倒。可是上尉并没有立刻卧倒，因为他发现离他四五米的远处有一个小战士浑然不觉。

上尉来不及多想，一个鱼跃飞身将小战士紧紧地压在了身下。此时一声巨响，飞溅起来的泥土纷纷落在他们的身上。上尉起身拍拍身上的尘土，很欣慰看到小战士安然无恙，回头一看，顿时惊呆了：刚才自己所处的那个位置被炸成了一个大坑。

善待他人，其实就是善待自己，当我们在向别人施予我们的善心的时候，也将收获到善的回报，这是一条亘古不变的真理，也许有的来的快一点，有的不能马上感觉到，然而，善的回报一定会来的。

孟子告诉齐宣王说：“君主把臣子看做是自己的手脚，臣子就会把君主看做是自己的腹心；君主把臣子看做是犬马，臣子就会把君主看做是普通人；君主把臣子看做是草芥，臣子就会把君主看做是仇敌。”所以要想人们为我付出，我必须先付出。我不想人们施加给我的，我也就不能施加给别人。

孔子极力强调“先施”，他说到君子之道时说：“君子之道有四个方面，我一个方面都没有达到，要求做儿子服侍父母，我不能做到；要求大臣服侍君主，我不能做到。要求弟弟善待兄长，我不能做到；交朋友时，先好好对待朋友，我也不能做到。”这个“先施”实在是事业成功之宝典。所以老子说：“要想夺取他，必须先给予它。”

做人也是这样，只有爱人的人，人们才永远爱他；敬重人的人，别人才敬重他；施德于人的人，人们才以德来回报他；帮助人的人，人们才帮助他。付出的越多，回报就越丰厚；施予的越广博，成就就越宏大。因此说，善待别人，就是善待自己。

楚汉相争时，蒯通劝说韩信背叛刘邦，与项羽结盟，从而双利俱存，三分天下，鼎立而居，分封诸侯，做天下盟主。韩信不听劝告，他说，他不忍心背叛刘邦。他回想自己当年在项羽手下只是一个小小的郎中，位不过执戟之士，自己向项羽进献计谋时，项羽从不采纳。而刘邦不同，刘邦不但授他上将军之职，让他统帅大军，而且极力改善他的衣食住行，对他家庭的关照也是无微不至。所以韩信回答蒯通说："汉王待我十分厚恩，把他的车给我乘，把他的衣给我穿，把他的食物给我吃。我听古人说：乘过人家车子的人，要给人家分担患难；穿人家衣服的人，也该给人家分担忧虑；吃人家饭的人，就得为人家卖命。我怎么可以图谋私利而违背道义呢！"

周文王因为敬老尊贤，所以吕尚、太颠、闳夭、散宜生、鬻子这些有才能的人都听从他的指挥。商汤王三到有莘，终于使伊尹答应做他的相国。刘备三顾茅庐，所以诸葛亮出山三分天下。这就是礼一所以获十，罪一所以去百，获人所以尊己，助人所以成己的明证。

宋朝的法演禅师曾给世人留下四诫说：

势不可使尽，使尽则祸必至；

福不可受尽，受尽则缘必孤；

话不可说尽，说尽则人必易；

规矩不可行尽，行尽则人必繁。

福乐是每个人都想享有的，如果你处处只想到自己的利益，就会众叛亲离；若过于孤立，则成功的缘分就渐渐疏离；不该得的财富你处心积虑想拥有它，到头来你会失去更多的福报和机会。善待别人，需要的只是一点点的理解与大度，却能赢来意想不到的收获。善待别人，是一种最有力量的方式，也是一条最好的路。这样做的结果，会比仅仅追求财富上的成功，或是个人的成就感，要来得更有意义。

善良最能打动人心

不需要语言，善良便是最好、最美的语言，它没有国界，世界上的任何一个地方的人们都能感受到，并愿意将它传递下去。善良，能够点亮心灵的火种，能够温暖敌人的心房。

1944 年的冬天，饱受战争之苦的莫斯科十分寒冷。数不清的德国战俘排成纵队在莫斯科大街上陆续走过。尽管天空中飘飞着大团大团的雪花，但所有的马路两边，依然挤满了群众。大量的苏军士兵和治安警察，在战俘和围观者之间，组成了一道警戒线，用以防止德军战俘遭到围观群众的袭击。

这些围观者中，大部分是来自莫斯科及其周边地区的妇女。她们是战争中最直接的受害者，她们的父亲，或是丈夫，或是兄弟，或是儿子，在德军所发动的侵略战争中丧生。她们都对德寇怀着满腔的仇恨。

妇女们目光忧愤，全都将双手握成了愤怒的拳头。俘虏们低垂着头，从围观群众的面前走着。忽然，一位妇女走出了围观的人群。她来到一位警察面前，请求允许她走过警戒线去看看这些俘虏。警察见她一脸慈祥，似乎没有恶意，便答应了她的请求。于是，她来到了俘虏身边，颤颤巍巍地从怀里掏出一块面包，并将它塞到了一个疲惫不堪、拄着双拐艰难挪动的年轻俘虏的衣袋里。年轻俘虏怔怔地看着面前的妇女，刹那间泪流满面。他毅然扔掉了双拐，“扑通”一声跪在地上，给眼前这位善良的妇女重重地磕了几个响头。其他战俘受到感染，也接二连三地向围观的妇女跪了下来，这时，整个气氛一下子改变了。妇女们都被眼前的一幕所深深感动，纷纷把面包等各种东西塞给了这些曾经是敌人的战俘。

这位可敬的妇女，用宽容和善良刹那间化解了众人心中的仇恨，并把爱与和平播种进了所有人的心田。

战争把人变成了“敌人”，而爱又把敌人变成了“自己人”。那些妇女的举动体现了人类面对“敌人”时，所能表现出的最伟大的善良以及生命关怀。

爱心的力量不可估量

一天，一个哲学家问他的学生们："世界上最可爱、最宝贵的财富是什么?"学生们听了，便争先恐后地站起来回答，各抒己见。最后一个学生回答道："世界上最可爱、最宝贵的东西，是爱心。"那位哲学家说："的确，他们所有的回答，都被你这两个字所包含，因为爱心比那千万家产有价值得多。而且有这种财富的人，常不用花一分钱的代价，也能做出伟大的事业。"

绝非虚言。人生的美德中再没有比爱心来得更宝贵的了。它是一切美好事物的源头。"如果把爱拿走，地球就变成一座坟墓了。"而当你献出心中的爱时，得到的爱会成倍地增加，甚至一个小小的爱心之举就会改变你的命运。

一颗爱心是这个世界上最珍贵的财富，一颗有爱之心、一颗善良之心总会让这个世界闪闪发光。爱心也最终能赢得别人的爱和事业的成功。

韩国韩进企业集团的董事长赵重熏，原来只是在仁川干货运生意的一名司机。由于当时干司机这一行业是很低贱的工作，所以他设立的韩进商场发展得一直很慢。使他真正发达起来的转折点，就是他做了富有爱心的一件事。

一天，赵重熏由汉城开车前往仁川，经过富平时，看到路旁有辆抛锚的轿车，是位美国女士的。他马上下车热心地帮这位美国女士修好了车。令人意想不到的是，这位女士竟然是驻韩美军高级将领的夫人，她在感激之余把赵重熏介绍给自己的丈夫，从此，这位企业家开始真正地起飞了。因为当时朝鲜战争结束不久，韩国国内物资极度匮乏，全靠美军援助。在这位驻韩美军高级将领的帮助下，赵重熏接下了美援物资运输这笔大生意，他开始日进斗金，快速发展起来。

如今，韩进企业集团包括大韩航空在内，一年总营业额为 12000 亿元韩币。而这一切成就的根源，就是赵重熏的爱心。

爱心的力量不可估量，它是一个人走向成功的内在动力。它不仅可以让你的心灵得到满足，重要的是，你献出爱心的同时，他人会同样记住你的爱心，在你需要帮助的时候，他们也就会真心实意地支持你。爱心是相互的，只要你充满了爱心，你就会时刻被别人的爱心包围着，这样的人能不成功吗？

爱心具有强大的力量，因为这是一切成功的最大秘密。要让爱成为最强大的武器，没有人能抵挡它的威力。

这是发生在美国的一个真实故事：

一个风雨交加的夜晚，一对老夫妇走进一间旅馆的大厅，想要住宿一晚。值夜班的服务生说：“十分抱歉，今天的房间已经被早上来开会的团体住满了。若在平常，我会送二位到别的旅馆，可是我无法想象你们要再一次置身于风雨中，你们何不待在我的房间呢？它虽然不是豪华的套房，但还是挺干净的，因为我必须值班，我可以在办公室休息。”

老夫妇大方地接受了年轻人的诚恳的建议，并对给他造成的不便致歉。隔天雨过天晴，老先生结账时，柜台里仍是昨晚的这位服务生。这位服务生依然亲切地表示：“昨天您住的房间并不是旅店的客房，所以我们不会收您的钱，希望您与夫人昨晚睡得安稳！”

老先生点头称赞：“你是每个旅馆老板都梦寐以求的员工，或许改天我可以帮你盖栋旅馆。”

几年后，就在大家都不记得这回事的时候，这名服务生突然收到一封寄自纽约的挂号信。信里描述了那个风雨的夜晚发生的事情，并邀请他去纽约游玩。信中还附上了一份邀请函和去纽约的来回机票。

在抵达纽约曼哈顿后，服务生见到了这位当年的旅客。老先生指着街口的一栋华丽的新大楼说：“这是我为你盖的旅馆，希望你来为我经营，可以吗？”这位服务生惊奇莫名，说话变得结结巴巴：“你是不是有什么条件？你为什么选我呢？你到底是谁？”“我叫威廉·阿斯特，我没有任何条件，我说过，你正是我梦寐以求的员工。”

这家旅馆就是后来全球著名的希尔顿饭店。1931 年启用，是纽约极致尊荣的地位象征，也是各国高层政要造访纽约下榻的首选。

当时接下这份工作的服务生就是乔治·波特——奠定希尔顿饭店世纪地位的人。

是什么样的态度让这位服务生改变了他的命运？毋庸置疑，他遇到了“贵人”，可是如果当天晚上是另一位服务生当班，会有一样的结果吗？正是他奉献了自己的爱心，才使自己的命运得到改变。虽然是带有机遇性的偶然事件，但是却包含了必然性的因素。

市场经济是什么？谁拥有了顾客，谁就拥有经济效益。顾客靠什么去争取？靠“爱”！一般人通常把爱心视为一种善良的情感。但是，对一个成功的经营者来说，爱是一种能力，一种态度，是一门需要修养和努力的艺术，其基础就是给予、关心、责任感、尊敬和了解。如果你不努力掌握经营爱心的艺术，那么，你的所有的经营意图都注定不成功。因为要想赢得别人的“爱”，必须先从关爱别人开始。对爱心吝啬的人，只能得到别人的冷遇而走向失败。

献出爱，生活变得更美好

一个人只要肯为别人奉献自我，他就会生活在快乐之中。如果一个人能够用爱心无偿地给予别人以服务和帮助，他的生命一定闪烁着光彩，充满着喜悦和快乐。

曾获诺贝尔和平奖，受全世界敬仰的德兰修女，由于和英国平民王妃戴安娜的死亡日期接近，所以有人将她们二人相提并论，但她们却是两个截然不同的类型。

德兰没有戴妃的风华绝代，她个子瘦小，相貌普通；她有的，是一颗美丽的爱心。戴妃在卫生、安全的医院里和艾滋病人握手，会有记者拍下照片刊登在报纸杂志上，让人歌颂她的爱心；可德兰却不知多少次在污秽、肮脏的街道拥抱那些患皮肤病、传染病，甚至周身流脓的垂死病人，把他们带回自己的住处，照顾他们，安葬他们，让人们享受她的奉献。

许多人一谈到德兰修女，都说她是个伟大的人，和她相比，自己实在太渺小了。可德兰修女却说：“我们都不是伟大的人，但我们可以用伟大的爱来做生活中每一件平凡的事。”

第二次世界大战时，德国军队曾经把一批革命者抓起来，关押在一个特制的牢房。所谓特制的牢房，是因为过去的牢房是很多人住在一起，这次则是一人一间。没机会跟别人说话，看不到阳光，在阴暗、潮湿的一个小房间，每天都做编织篮子这样一件机械、单调、重复的事情。结果，几个月下来，有好几个人已变得很憔悴，很忧郁，得了神经病，有的甚至开始死亡。四年下来，只有一个人活着走出来，而且是很健康、满面红光地走出来。他靠的是什么法宝？热爱编织。他想办法每天编织一个新花样，反正是编嘛，与其痛苦地接受它，不如愉快地拥抱它！他刻意寻找编织的乐趣，不仅健康地出来了，而且还成了一个著名的编织师。

爱心，善良之本。有人说，人，不能太善良，善良就要被人欺负，就要吃亏。事实上真正善良的人，真正拥有爱心的人，才能拥有别人的爱，才能得到别人的帮助，而我们生活在一个群体中，任何一个人想离开团队取得成功，都非常困难。

有人曾经对诺贝尔奖获得者作过统计，说早期的诺贝尔奖获得者还有一些是单兵作战，靠个人或很少几个人的努力去做课题而获得诺贝尔奖，但现在诺贝尔奖获得者几乎没有一个是单靠个人的劳动，而必须是一个团体，数百人，甚至更多的人在攻克同一个课题。当然，最后获奖的是其中的一个代表。

我们生活在一个相互依赖、相互联系的社会之中。走向社会，我们就会知道：“一个好汉三个帮，一个篱笆三个桩。”没有好的人际关系，没有好的人缘，我们就很难真正取得人生的辉煌。

心理学把人分成两类，一种叫人缘儿，这种人大家都喜欢他，大家都愿意帮助他；还有一种人叫嫌弃儿，人们都很讨厌他。相信我们都不愿意做嫌弃儿，都愿意做人缘儿。做人缘儿一个很重要的前提就是要有爱心。

有爱心的人才会体贴别人，才会善于了解别人，才能知道别人的冷暖，才会在别人最需要帮助的时候伸出友谊之手，才会在别人最困难的时候给予帮助。所以，学会爱，学会爱别人，爱父母，爱朋友，这是做人和人生成功的一个重要因素。不仅要爱人，还要爱事业，爱学习。不爱学习的人，不爱读书的人，是不会取得成绩的。

爱我们的学习和工作。工作对于一个人而言，是人生最重要的阶段，不仅食、衣、住、行要靠工作，自我的实现也不能脱离工作。

我们要学会在工作学习中寻找快乐，这点很重要。如果我们在工作学习中没有快乐，我们就没有情感的愉悦。很多人在生活中都有这样的感觉，当我们解决了一个很难的问题时，我们会很开心，当我们写出了一篇我们自己很得意的文章的时候，自己也会很快乐。那么，做学问做事业，不仅需要爱，而且要在爱中找到快乐。一个懒于学习和工作的人，把学习和工作当作一个外界强加的事情来做的时候，既无爱可言，也无快乐可言。如果我们不爱工作，那么就很难在工作中取得成绩。

爱的情感，是所有高尚情感的源泉。想一想，我们拥有多少爱？我们对一花一草，对身边的朋友，对我们的亲人，对我们的爱人，对工作，有多大的爱心？爱心是我们今后爱人类、爱别人、爱祖国的力量源泉。一个没有爱心的人，是一个没有出息的人，是一个没有前途的人。爱心无价，无论做什么事，都要有爱心。只有爱，才能享受到人生的真情，只有爱才能感受到人类的伟大。爱心如阳光，什么样的冰山都能融化；爱心如蜜糖，它可以使一颗枯涩的心品尝到甘甜。

善良与成功同行

有着这样一个故事：

一个中年妇女中午在家门口碰到3位老人，她上前对老人们说：“你们一定饿了，请进屋吃点东西吧！”

“我们不能一起进屋。”老人们说。

“为什么？”中年妇女不解。

一位老人指着同伴说：“他叫成功，他叫财富，我叫善良。你现在进屋和家人商量一下，看看需要我们当中哪一位？”

中年妇女进屋和家人商量后决定把善良请进屋。她出来对老人们说：“善良老人，请到我家来做客吧。”

善良老人起身向屋子走去，另两位叫成功和财富的老人也跟进来了。中年妇女感到奇怪，问成功和财富：“你们怎么也进来了？”

老人们都回答说：“哪里有善良，哪里就有成功和财富。”

拥有善良不一定就会成功，然而真正的成功者一定有一颗善良之心。

许多人认为要想成功，就得八面玲珑，机关算尽，讲谋略，讲手段，其实这是一种误解，而且这样得来的成功是与成功的真谛背道而驰的。

做人，素来讲求一颗善良的心。有了善良的心，思想也就纯洁无污。

向善之心，人皆有之。人性本是善良的，人能向善，人能为善。人能向善，人才能使自己趋于美好；人能为善，人的世界才能趋于美好。

海伦·凯勒曾经写道：“任何人出于她的善良的心，说一句有益的话，发出一次愉快的笑，或者为别人铲平不平的道路；这样的人就会感到他的欢欣是他自身极其亲密的部分，以致使他终生追求这种欢欣。”成功，是与善良密不可分的。

有一年夏天，何小姐作为公司职员从深圳去美国纽约参加家用产品展览会。午餐就在快餐厅里自行解决，当时人很多，何小姐刚坐下，就有人用英语问：“我可以坐在这里吗？”何小姐抬头一看，是一位白发长者正端着饭站在面前。她忙指着对面的位子说：“请坐。”接着起身去拿刀、叉、纸巾这类的东西，担心老人家找不到，便帮他也拿了一份。一顿快餐很快就吃完了，老人临走时递来一张名片，说：“如果以后有需要，请与我联络。”何小姐一看，哟，原来老人是一家大公司的董事长呢。

一年以后，何小姐自己注册了一家小公司。生意做了不到一年，客户突然不做了，而这时，新一年的生产计划已经定了，连样品都做好了，更何况，这是她唯一的客户！怎么办？真的一起步就要破产吗？她忽然想起那位韩国老人来，就抱着一线希望去了一封简短的电邮，说不知您是否还记得我，我现在自己开了一间小公司，如果您来深圳希望能来看一看。信发出后一星期，就收到了回信，老人说即日启程来深圳。两天后，他真的来了，还带来了六七个公司职员。他们拿出样品让她试加工，在肯定了产品和质量之后，当场下了足够何小姐做一年的大订单。

何小姐惊喜地问：“您在国内有很多大客户，而我这里只是个小公司，您真的信得过我吗？”老人从皮箱里拿出一本书来，名字叫做《人心的存折》，说：“当初你在纽约给我小小的帮助时，你并没有想到会有这样的回报。就像我在书中所写的：‘人心就像一本存折，只有打开来才知道到底有多少收益。’每本心的存折正是用一点一滴的善去积累的。”

很显然，何小姐的成功源于她对一位老人的善举。如果我们能够以一颗善良之心来面对这世界，成功离我们就不再遥远。

第12章

宽容是一种境界

人与人相处，总要有一方先打开胸襟，对他人要真心实意，不能做两面三刀的事。如果彼此间等待对方先有所表示，那么别指望会有互相理解、彼此合作的那一天了。法国作家雨果说："世界上最宽阔的东西是海洋，比海洋更宽阔的是天空，比天空更宽阔的是人的胸怀"。心胸宽阔的人往往能够得道多助，终成伟业。

宽容是一种积极的心态，一种不苛求、不极端、不任性的健康心理，它需要我们去学习，去体会，去感悟，需要拿出一点勇气和智慧，去想，去做，去生活……在短暂的生命里程中，学会宽容，意味着你的生活将会充满幸福，有更加的美好的前景。

让心胸变得宽大

心胸宽阔是一种修养，人人都能够成为心胸宽阔之人。人尽皆知，不是学问越大，官就越大，度量自然大；也不是小小百姓就成不了心胸宽阔之人。生活需要我们端正态度，摒弃私心与杂念，经常做一做"阔胸"运动，我们自然会变得大度起来。

"海纳百川，有容乃大"，这是民族英雄林则徐说过的话。著名美籍华人陈香梅女士把它看成自己人生的准则之一。陈女士尽管人生经历坎坷不平，但她靠着坚强的性格和超人的才智，集作家、政治家及社会活动家于一身，被评为全美国70位最有影响的人物之一。她对“有容乃大”的自我注释是：不管什么是非都去计较的话，你一辈子就没有办法生活了。在我们生活的社会里，许多事情，尤其是小事情，如果看开一些，自己的心胸就宽大。

宽容，不仅是一种社交的艺术，更是一种为人的度量和人格的伟大。明代朱衮在《观微子》中说过：“君子忍人所不能忍，容人所不能容，处人所不能处。”法国作家雨果说：“世界上最大的是海洋，比海洋大的是天空，比天空大的是胸怀。”可见，以肚量襟怀比喻人的宽容，歌颂人的气度，中外尽然。

马琴利做美国总统时，特派某人为税务主任，但为许多政客所反对，他们派遣代表进谒总统，要求总统说出派那个人为税务主任的理由。为首的是国会议员，身材矮小，脾气暴躁，说话粗声恶气，开口就给总统一顿难堪的讥骂，如果当时总统换成别人，也许早已气得暴跳如雷，但是马琴利却视若无睹，不吭一声，任凭他骂得声嘶力竭，然后才用极温和的口气说：“你现在怒气应该可以平和了吧？照理你是没有权利这样责骂我的，但是，现在我仍愿详细解释给你听。”

这几句话把那位议员说得羞惭万分，但是总统不等他道歉，便和颜悦色地说：“其实我也不能怪你。因为我想任何不明究竟的人，都会大怒若狂。”接着他把任命理由解释清楚了。

不等马琴利总统解释完，那位议员已被他的大度折服了。他私下懊悔刚才不该用这样恶劣的态度责备一位和善的总统。他满脑子都在想自己的错了，因此，当他回去报告咨询的经过时，他只摇摇头说：“我记不清总统的全盘解释，但只有一点可以报告，那就是——总统并没有错。”

拿破仑在长期的军旅生涯中养成宽容他人的美德。作为全军统帅，批评士兵的事经常发生，但每次他都不是盛气凌人，他能很好地照顾士兵的情绪。士兵往往对他的批评欣然接受，而且充满了对他的尊敬与感激之情，这大大增强了他的军队的战斗力和凝聚力，成为欧洲大陆一支劲旅。

在征服意大利的一次战斗中，士兵们都很辛苦。拿破仑夜间巡岗查哨。在巡岗过程中，他发现一名巡岗士兵倚着大树睡着了。他没有喊醒士兵，而是拿起枪替他站起了岗，大约过了半个小时，哨兵从沉睡中醒来，他认出了自己的最高统帅，十分惶恐。

拿破仑却不恼怒，他和蔼地对他说："朋友，这是你的枪，你们艰苦作战，又走了那么长的路，你打瞌睡是可以谅解和宽容的，但是目前，一时的疏忽就可能断送全军。我正好不困，就替你站了一会儿，下次一定小心。"

拿破仑没有破口大骂，没有大声训斥士兵，没有摆出元帅的架子，而是语重心长、和风细雨地批评士兵的错误。有这样大度的元帅，士兵怎能不英勇作战呢？如果拿破仑不宽容士兵，那后果只能是增加士兵的反抗意识，丧失了他本人在士兵中的威信，削弱了军队的战斗力。

传说太阳和北风打赌，看谁能先让行人把大衣脱去。于是太阳用它温暖的光轻而易举地使人脱下大衣；而北风使劲地吹，反而使行人把大衣裹得更紧。太阳与北风打赌的故事展示了一个道理：对别人要像太阳那样，用温暖去感化他们，让他们从中体会到温暖；如果一味地强逼压制，会使人感到极强的心理压力。

要做一个人人欢迎的人，就要有一个大的胸怀。人与人相处，总要有一方先打开胸襟，对他人要真心实意，不能做两面三刀的事。如果彼此都等待对方先有所表示，那么别指望会有互相理解、彼此合作的那一天了。

春秋时代，齐桓公取得的成就全赖宰相管仲的辅佐。但管仲曾因王位继承的问题与他作对，曾经刺杀齐桓公未成。因此齐桓公即位时，想惩罚管仲，后经鲍叔牙的劝说，"大王若想称霸天下，就得起用管仲"，而立管仲为相。管仲为报齐桓公的知遇之恩，在政治上大展才华，不但使齐国兵强国盛，更使齐桓公得以称霸天下。如果齐桓公对于曾经和自己敌对的人缺乏包容之心，不肯接受鲍叔牙的忠言，或许就不会有日后的成就。正因为他能够包容管仲，任贤而不避仇，并将政治的实权交给管仲，这种开明的做法，为他带来了日后的大业。

退一步海阔天空，忍一时风平浪静。对别人的过失，必要的指责无可厚非，但能以博大的胸怀去宽容别人，就会让世界变得更精彩。

成就大业者需要大度量

人有一分器量，便有一分气质；人有一分气质，便多一分人缘；人有一分人缘，必多一分事业。虽说器量是天生的，但也可以在后天学习、培养。我们阅读历史，多少名人圣贤，有时不赞其功业，而赞其器量。所以器量对人生的功名事业，至关重要！有器量的人在为人处世上的表现就是豁达大度。

欲成就继往开来的大业，怎么可以缺乏恢宏豁达、浩然无比的气象。恢宏豁达、浩然无比的气象是每个人都能做到的。天下的学问，非一人之智所能知晓；天下的事业，非一人之力所能办到。海洋之大，非一川之水所能汇成；山岳之高，非一丘之土所能堆积。依靠众人的力量就能生存，个人刚愎自用，独断专横就会失败。

天地有容纳之量，希望成就大业者需要大度量。项羽虽有拔山之力、盖世之气，白手起家抗秦朝，驰骋天下，但和刘邦的较量中，终究逃不过失败的噩运。项羽败就败在无容人之量，就是范增这样的旷世奇才他也无法容纳，而刘邦虽一介草民，却能容纳无数个像范增这样的人才。所以说，大度盖及天下而后能容纳天下，大量盖及天下而后能使用天下，智慧盖及天下而后能扭转天下，勇气盖及天下而后能托举天下。

经常有人用“宰相肚里能撑船”来衡量别人和自己有没有气量。一部分人斤斤计较，眼里容不下沙，肚里容不下气，甚至因气量小而闹出病来，他们明知自己气量小就强调自己不是宰相；一部分人则相反，本不是宰相却伪装做宰相，在许多主要问题上不作斗争，一团和气，破坏原则。这两种做法都是不正确的。

对没有宰相气量的人不能指望太高，明明没有气量却指望宽宏大量，这是不切实际的想法。人们都应该大事清楚、小事糊涂，这样气量就会慢慢大起来。气量大，有涵养，能容人，这些都是在实际生活和社会交往中磨炼出来的。

为什么宰相的气量大，就是因为他们日理万机，管的事多，不大不行；再者，当了宰相，站得高望得远，原本以为是大事的，现在一看，算不上什么大事，也就不再计较。正因为是宰相，当然清楚“不忍不耐，不能做大”的道理，所以也就能约束自己，比以前更有气量，更能宽容了。

唐朝是我国多民族国家形成的重要历史时期，而唐太宗李世民就是这一历史进程开端的伟大奠基者，他以气吞山河的气势征服了周边国家，保证了边境地区的安宁。更能体现其博大胸襟的是他能在战争结束后，为缓解民族间的矛盾，改善民族关系，促进了多民族国家形成的历史进程。他让许多部落首领在京城长安任职。对被任用的少数民族首领，李世民十分信任，用他自己的话说，“待其达官皆如吾百察。”受重用的少数民族将领几乎参加了所有的征讨战争，有的人担任行军大总管，有的人担任安抚使等要职，让他们充分发挥了自己的军事才能，立下卓越战功。这种皇帝直接任命少数民族首领，带领少数民族军队征战，并能完全信任这些将领，在历史上有如此恢宏气度者，李世民大概是第一人。唐太宗用他博大的胸襟把各个民族团结在大唐帝国周围。于是，京都长安不仅是国内各民族的大都会，也成了世界性的大都会，形成万国来朝的鼎盛时代。

有一位老师曾经说：“今天，在大学中，同学或同事由于所谓的‘竞争’而成为对手或敌人的事例屡见不鲜。在那些缺乏度量的人眼中，别人身上哪怕很小的一点优于自己的地方都会打翻自己心理上的‘醋坛子’；一旦看到别人遭到了挫折，他们就会因为‘幸灾乐祸’而手舞足蹈。有人说‘人品’是做人的第一位，但我进一步认为，好的人品其实是开阔的心胸造就的。作为老师，我想学校应该首先教学生做人，然后再教学生做学问。做学问的境界最终取决于做人的境界，而做人的境界就取决于一个人的心胸和器量。”

这位老师说得不错，中华民族向来重视胸襟开阔、雍容大度的优良传统。孔子说：“君子坦荡荡，小人长戚戚。”在事业上建功立业、取得成就的，绝非是那些胸襟狭窄、小肚鸡肠、谨小慎微之人，而是那些襟怀坦荡、宽宏大量、豁达大度者。只要有一种看透一切的胸怀，就能做到豁达大度；把一切都看作“没什么”，才能在慌乱时从容自如。忧愁时，增添几许欢乐；艰难时，顽强拼搏；得意时，言行如常；胜利时，不醉不昏，有新的突破。只有如此放得开的人，才是豁达大度之人。而那些事事工于心计、器量狭小，处处流露出小家子气，那么，不但不会取得真正的成功，也不会体验到任何属于自己的满足和快乐。

宽恕伤害过你的人

宽恕是文明的责罚。只有在有权力责罚时而不责罚，才是宽恕；只有在有能力报复时而不报复，才是宽恕。做人做事应当拥有这种宽恕的德性。不具备邀请伤害自己的魔鬼吃樱桃的德性，是很难取得更大的成就的。

穿梭于茫茫人海中，面对一个小小的过失，常常一个淡淡的微笑，一句轻轻的歉语，带来包涵谅解，这是宽恕；在人的一生中，常常因一件小事、一句不注意的话，使人不理解或不被信任，但不要苛求任何人，以律人之心律己，以恕己之心恕人，这也是宽恕。一只脚踩扁了紫罗兰，它却把香味留在那脚跟上，这更是宽恕。宽恕，是通向自由和快乐的捷径。

人们在受到伤害的时候，最容易产生两种不同的反应：一种是憎恨，一种是宽恕。

憎恨的情绪，使人一再地浸泡在痛苦的深渊里。如果憎恨的情绪持续在心里发酵，可能会使生活逐渐失去秩序，行为越来越极端，最后一发不可收拾。

而宽恕就不同了。宽恕必须随被伤害的事实，从“怨怒伤痛”到“我认了”这样的情绪转折，最后认识到不宽恕的坏处，从而积极地去思考如何原谅对方。

宽容地对待你的敌人、仇家、对手，在非原则的问题上，以大局为重，你会得到退一步海阔天空的喜悦、化干戈为玉帛的喜悦、人与人之间相互理解的喜悦。

甘地是20世纪印度民族独立运动最有权威的领导者，印度国民大会党的主要领导人，人称“圣雄”。甘地不仅是出色的领袖，也是杰出的思想家，他的思想和主张对整个印度半岛产生了巨大而深远的影响。甘地的思想很特别，他的政治观念是建立在印度传统宗教思想基础之上的。英雄式的忍耐性，使甘地的“非暴力运动精神”注入到了每一个印度人的灵魂之中，从而使得英国殖民当局武力式的压迫在非暴力运动精神面前束手无策。

甘地是一个纯粹的精神运动领袖，无限的宽恕和无限的忍耐，始终贯穿在他发动的革命运动之中。在甘地的领导工作中，找不出任何一点以权谋私的痕迹。他总是以牺牲自己的伟大精神来对待工作，并希望借此号召信徒、感服敌人。甘地的心灵永远是仁慈、虔诚的，甘地的胸怀永远是宽容、博大的，即使面对敌人也是如此。在此略举一两件小事。

1907 年，甘地因为所采取的非暴力抵抗运动遭到部分激进分子的抵制，同时，英国当局又用尽全部手段迫使他屈服。有一天，甘地在大街上被一群暴徒无情地攻击和毒打，这群人打到以为他断气了才离开。以后，甘地又被捕入狱、判刑后做了苦役。在那非常时期里，甘地仍然以他那无比的度量、最大的包容宽恕暂时的、永久的政敌，他继续为鞭打他的人奋斗，继续走自己既定的道路。

甘地曾经和泰戈尔在观念上产生了矛盾，两个人之间的友谊出现了微小的裂痕，可是甘地不想做任何文字、口头上的理论和辩解。当有人在他面前攻击泰戈尔时，甘地就想办法阻止他们说下去，并毫不客气地命令他们不要散布流言，破坏他和泰戈尔之间的交情。另外，他还发表声明，表示自己应该感谢泰戈尔。甘地就是依靠宽恕赢得了他的人民乃至敌人的信任和拥戴的。

不要放弃，要努力做到宽恕。写过不少美妙幻想儿童故事的英国学者路易斯小时候常受凶恶的老师侮辱，心灵深受创伤。他几乎一生不能宽恕这位伤害过自己的老师，且又因为自己不能宽恕而感到困扰。然而在他去世前不久，他写信告诉朋友道：“两三星期前，我忽然醒悟，终于宽恕了那位使我童年极不愉快的老师。多年来我一直努力想做到这一点，每次以为自己已经做到，却发觉还须再度努力一试。可是这次我觉得我的确做到了。”

冉阿·让，本是一个勤劳、正直、善良的人，但穷困潦倒，度日艰难。为了不让家人挨饿，迫于无奈，他偷了一个面包，被当场抓获，判定为“贼”，锒铛入狱。出狱后，到处找不到工作，饱受世俗的冷落与耻笑。

从此，他真的成了一个贼，顺手牵羊，偷鸡摸狗。警察一直都在追踪他，想方设法要拿到他犯罪的证据，把他再次送进监狱。他却一次又一次逃脱了。

在一个大风雨的夜晚，他饥寒交迫，昏倒在路上，被一个神父救起。神父把他带回教堂给吃给住，但他等神父睡着后，却把神父房里的所有银器席卷一空。因为他已认定自己是坏人，就应该干坏事。不想，在逃跑途中，被警察逮个正着，这次可谓人赃俱获。

当警察押着冉阿·让到教堂，让神父认定失窃物品时，冉阿·让绝望地想："完了，这一辈子只能在监狱里度过了！"

谁知神父却温和地对警察说："这些银器是我送给他的。他走得太急，还有一件更名贵的银烛台也忘了拿，我这就去取来！"

冉阿·让的心灵受到了巨大的震撼。

警察走后，神父对冉阿·让说："过去的就让它过去，重新开始吧！"

从此，冉阿·让决心洗心革面，重新做人。他搬到一个新的地方，努力工作，积极上进。后来，他成功了，毕生都在救济穷人，做对社会有益的事情。

人的一生谁都会碰到个人的利益受到他人有意或无意的侵害。为了培养和锻炼良好的心理素质，你要勇于接受忍让和宽容的考验，即使感情无法控制时，也要紧闭住自己的嘴巴，管住自己的大脑，忍一忍，就能抵御急躁和鲁莽，控制冲动的行为。如果能像上述故事中的神父那样再寻找出一条平衡自己心理的理由，说服自己，那就能把忍让的痛苦化解，产生出宽容和大度来。

如果说忍耐多少掺杂了无可奈何的作料，那么宽容则是发自内心的襟怀坦白。人的成熟表现在性情上的温厚平和，岁月的烘烤不知不觉地蒸发了心灵中多余的水分，使虚涵的胸怀不至于动辄滥觞，而外面投来的石子也难以激起太大的水花和波纹。宽容别人也就是宽容自己，不苛求别人也就是不苛求自己。在这个过于拥挤的地球上，在情感的润滑剂日见减少的情况下，人与人之间的正常联络需要通过宽容的方便之门。

以宽待人，并不是说一味的宽容，否则就会"过宽杀人"。没有限度的宽是一种麻木怯懦，有时甚至是纵容丑恶。这也就是说，无原则地宽容恶人去换取宽厚的名声，或列举琐碎小事换取精明的名声，都是不对的。

圣人的宽容使人有所依靠，对人也有所容忍。这就要求一个人在宽容别人的时候有一个尺度。

忘掉别人对你的不好

法国谚语说："能够了解一切事物，须能宽容一切事物。"所以我们如果要做一个文明的人，就要了解人间的事物，对于别人的小过失，该予以宽容，切不可加以谴责，而伤了别人的自尊，影响彼此的和气。

两个朋友在沙漠旅行，旅途中他们为了一件小事而发生争吵，其中一个还打了另一个一记耳光。被打的人觉得深受屈辱，独自走到帐篷外，一言不发地在沙子上写下了一句话："今天我的好朋友打了我一巴掌。"

然后，他们继续往前走，一直到一片绿洲，停下来饮水和洗澡。在河边，那个被打了一巴掌的人差点被淹死，幸好朋友救起了他。上岸后，那个人拿了一把小刀在石头上刻下了一句话："今天我的好朋友救了我一命。"

朋友看到后好奇地问道："为什么我打了你后，你要写在沙子上，而现在要刻在石头上呢?"

那个人笑着回答说："当被一个朋友伤害时，要写在易忘的地方，风会负责抹去它；相反，如果被帮助，我们要把它刻在心里的深处，那里任何风都不能磨灭它。"

忘掉朋友对你的不好，记住朋友对你的好！这就是宽容与感恩。互相宽容的朋友一定百年同舟；互相宽容的夫妻一定千年共枕；互相宽容的世界一定和平美丽。

宽以待人，以宽广的胸怀，包容的气度，创造宽松的人际环境。如果你能大度地容难容之事，就会使你拥有极大的人格魅力，令人倾慕。如果你能真正做到以一种包容的态度对待朋友，那你一定会得到他们对你的信赖，使你与他们的关系达到一个良好的状态。

当你受到无辜伤害或被他人欺侮时，你是以牙还牙呢，还是宽恕忍让呢？我们从泰戈尔的《画家报仇》一文中会找到答案。

一位画家在集市上卖画，不远处，走来一位大臣的孩子，这位大臣在年轻时曾经把画家的父亲逼死了。这孩子在画家的作品前流连忘返，并且选中了一幅，画家却用一块布把它遮盖住，并声称这幅画不卖。

从此以后，这孩子因为心病而变得憔悴，最后，他父亲出面了，表示愿意付出一笔高价。可是，画家宁愿把这幅画挂在自己画室的墙上，也不愿意出售。他还坐在画前自言自语地说："该我报仇的时候了。"

每天早晨，画家都要画一幅他信奉的神像，这是他表示信仰的唯一方式。可是现在，他觉得这些神像与他以前画的神像有很大不同。这使他苦恼不已，他不停地找原因。然而有一天，他惊恐地丢下手中的画，跳了起来：他刚画好的神像的眼睛，竟然是那大臣的眼睛，而嘴唇也是那么酷似。画家把画撕碎，并且高喊："我的报复已经回报到我的头上来了！"

这个故事告诉我们，一个人对别人若心存报复，自己所付出的代价会比对方更大。

一位妇女来向著名作家林清玄哭诉，她的丈夫是多么不懂得怜香惜玉，多么横暴无情，哭到后来竟说出这样的话："真希望他早点死，希望他今天就死。"

林清玄听出妇人对丈夫仍有爱意，就对她说："通常我们非常恨、希望他早点死的人，都会活得很长寿，这叫做怨长久；往往我们很爱、希望长相厮守的人，就会早死，这叫做爱别离。"妇人听了感到愕然。

"因此，你希望丈夫早死，最有效的方法就是拼命去爱他，爱到天妒良缘的地步，他也就活不了了。"林清玄说。

"可是，到那时候我又会舍不得他死了。"妇人疑惑着。

"愈舍不得，他就愈死得快呀！"

妇人笑起来了，好像找到什么武林秘籍，欢喜地离开了。

人世间最好的报复是更广大的爱，使仇恨黯然失色的则是无限的宽容。

人间多少悲剧，多少是非，皆因人没有宽容心而发生！不能宽容，实和愚昧同义，而且这种愚昧，不是野蛮人和暴徒的愚昧，因为他们对于世间的事物认识不清，而是一种由隔膜而误会，由误会而发怒，使自己深受其害的因素。

一个真正有爱心的人，懂得用一颗宽容的心去对待周围的人和事。宽容不但是做人的美德，也是一种明智的处世原则，是人与人交往的“润滑剂”，是一种表达爱的特殊方式。常有一些所谓厄运，只是因为对他人一时的狭隘和刻薄，而在自己的前进路上自设的一块绊脚石罢了；而一些所谓的幸运，也是因为无意中对他人一时的恩惠和帮助，拓宽了自己的道路。

容纳和接受别人的缺点

每个人都希望自己完完全全被接受，希望能够轻轻松松与人相处。

在一般情况下和人相处时，很少有人敢于完完全全暴露自己的一切。所以，若是能让我轻松自在、毫无拘束，我们是极愿和他在一起的，也就是说，我们希望和能够接受我们的人在一起。专门找人家错处而吹毛求疵的人，一定不是个好亲人，好朋友。

人与人的交往贵在以善为人，在别人需要时尽可能向他提供方便，给予帮助。“有容，德乃大”。你希望别人善待自己，就要先善待别人，将心比心，给人一些关怀、尊重和理解。即使自己在人生最得意的时候，也不能忘形，不应居功自傲，而是应多想想别人对自己的帮助和恩惠，给他让三分功。人总是喜欢和宽容厚道的人交朋友，正所谓“宽则得众”。

有很多朋友的人，一般都有一颗包容的心，都能对别人采取一种宽容的态度。相反，一个刻薄的人，是很难得到别人的友谊的。可以说，要想有一个轻松和谐的交际关系，宽以待人是不可或缺的。在我国古代就有“君子宽以待人，严于责己”的处世方法。宽以待人，就是对他人要求不过分，不会强求于人；以宽容为怀，能让人时且让人，能容人处且容人。

一位心理学家说：“要改变一个任性或残暴的人，除了对他表示好意，让他自己改变之外，再也没有其他更好的方法了。”

很多优秀的人，往往能影响本质善良的人，接受他们，使他们更好。但是对于任性、残暴的人，他们往往束手无策。为什么呢？因为优秀的那群人根本不能接受粗暴的人，甚至于避之如蛇蝎，在感情上并不相通，这怎么想象对方变好呢？

一位作家曾经和一位有名的精神科医生共进晚餐，话题谈到人际关系中的容纳问题时，那位精神科医生说：“如果大家都有容纳的雅量，那我们就失业了！精神病治疗的真谛，在于医生们找出病人的优点，接受他们，也让病人们自己接受自己。每个人刚生下来，都很轻松自在，同时暴露出恐惧与羞耻心。医生们静静地听患者的心声，他们不会以惊讶、反感的道德式的说教来批判。所以患者敢把自己的一切讲出来，包括他们自己能够感到羞耻的事与自己的缺点。当他觉得别人能容纳、接受他时，他就会接受自己、有勇气迈向美好的人生大道。”

鲁斯·哈比博士指出，如果每对夫妻都能牢记结婚仪式上的誓言：“我不计较这个男人（或女人）的一切，我接受对方所有的行为。”就会挽回很多家庭的不和睦。

请不要设定标准叫别人的行动合乎自己的准则。请给对方一个自我的权利，即使对方有某些不足也无妨。别要求对方完全符合自己的喜好，行动完全符合自己的要求。要让你身旁的人轻松自在，愿意和你交往的话，就多些容纳和接受之情吧！

霍贝斯曾经写道：“眼睛善于观察别人的人，一定疏于观察自己。”的确，一般人看问题，往往会有两套不同的标准，当这个问题发生在自己身上的时候，我们总是会用较宽松的标准来看待；但是，当同样的问题发生在别人身上时，我们认定的标准，可能就会变得严格许多。因为大多数人总是喜欢拿着放大镜到处放大别人的缺点，却只会拿着望远镜来检视自己的缺失。这就是一般人“严以待人，宽以律己”的心态。

要消除这种心态，首先必须改变凡事以自我为中心的自私观念。其次是必须经常自问，当问题发生在自己身上时，你最希望别人用什么样的方式对待你。然后，再将心比心，回过头用同样的方式去对待别人。

有一则小故事是这样的：

有个太太多年来不断指责对面太太很懒惰，“那个女人的衣服，永远洗不干净，看，她晾在院子里的衣服，总是有斑点，我真的不知道，她怎么连洗衣服都洗成那样子……”

直到有一天，有个明察秋毫的朋友到她家，才发现不是对面的太太衣服洗不干净。细心的朋友拿了一块抹布，把这个太太窗户上的灰渍抹掉，说："看，这不就干净了吗?"

原来是自己家的窗户脏了。

每一个人都曾经遇过不少愤世嫉俗的人，或者，你也有过一些看什么都不顺眼，永远觉得命运对自己不公的朋友，但在倾听他们的怨言之后，总会发现有句老话说得很妙：可怜之人，必有可恨之处。

看到外面的问题，总比看到自己内在的问题容易些；而把错误怪给别人，也比检讨自己来得容易（检讨自己和责怪自己，又是两回事了），于是，愤世嫉俗的人常以年轻愤怒到老，遇上有人过得好，都想咬他一口，斜视久了你的眼睛看什么都不顺眼。

当你背向太阳的时候，你会只看到自己的阴影，连别人看人，也只会看见你脸上阴黑一片，只拿愤世嫉俗来替代反省自己，对自己的成长成功是一种最大的耽误。

宽容是一种博大，它能包容人世间的喜怒哀乐；宽容是一种境界，它能使人跃上大方磊落的台阶。只有宽容，才能"愈合"不愉快的创伤；只有宽容，才能消除人为的紧张。

不要事事都计较，而要谦让大度

成功的人有很多种：有的人可以在风云变幻的政治舞台上纵横捭阖、运筹帷幄；有的人可以在跨国企业的领导岗位上指挥若定、谈笑风生；有的人能够用十年磨一剑的执着精神探索未知的科学世界；有的人则甘愿在书香琴韵的天地里品味自然与艺术的恬淡、幽远……但无论是哪一种人，我们只要细心观察就不难发现，他们的成功和宽广的胸怀、坦荡的气度形影相随、寸步不离。

我们身边有许多人，对于别人一些无关紧要的小错误总是纠缠不休，结果弄得大家都不愉快。其实对于无关紧要的小错误我们没有必要去纠正它，放过去也无伤大雅。因为这样做不仅是为了避免不必要的烦恼和人事纠纷，而且也顾及了别人的名誉，不致给别人带来无谓的烦恼。同时还体现了你做人有大的胸怀和度量。

微软一位程序员发现公司的 Basic 语言软件中的着色功能有缺陷，他花了好几天时间才改好。然后，他得意地找到总裁比尔·盖茨说："比尔，你看看这个，我找到了一处设计错误。"

盖茨问他："错在哪里?"

程序员回答说："你看，就在这里。我真不能想象是哪个没有脑子的混蛋写了这段程序。"

盖茨又问："你能证明现在没有问题吗?"

"我敢肯定现在没有问题。"程序员回答说。

"很好!"盖茨点点头。

到后来，那个程序员才听说写错 Basic 语言软件中的着色功能程序的"没有脑子的混蛋"就是他的老板比尔·盖茨。

从比尔·盖茨身上我们可以学到，做人不要事事计较。在人际交往中，产生误解和矛盾是再正常不过的事情，因此，遇事不要斤斤计较，而要谦让大度，不要在意对方过激的态度或言辞，而要勇于承担自己的责任，做到"宰相肚里能撑船"。

《尚书》中说："一个人有包容的雅量，他的德行就伟大。"做人只有容人之所不能容，忍人之所不能忍，恕人之所不能恕，忘人之所不能忘，才能理人之所不能理，为人之所不能为，成人之所不能成，达人之所不能达。

裴遐是晋代地方长官，他与东平将军周馥是十分要好的朋友。有一次，裴遐到周馥家中做客，周馥立即吩咐下人沏茶。落座不久，裴遐和人下起围棋来，周馥的家人前来敬酒，裴遐正玩在兴头上，全部精力都集中在棋盘上，所以，他将递过来的酒搁在一旁，没有及时喝下去。这可气坏了家人，他有意地顺手用力推了裴遐一下，裴遐一个没注意，硬生生地从椅子上跌下来倒在地上。裴遐若无其事地爬起来，仍旧回到座位上继续下棋，举止不变，神态安详，好像什么事也没发生。王衍后来问裴遐，在当时那种情况下，为什么没有反应？裴遐回答说："因为当时我很糊涂。"

晋代兵司马谢万曾经和蔡系争抢一个座位，蔡系把谢万从位子上推了下去，弄得帽子和头巾都掉了。谢万站起来拍拍衣服，边回到座位边说："你差点弄伤我的脸。"蔡系说："我本来就没有考虑到你的脸。"两个人都没有把这件事挂在心上，当时人们都称赞他们的气量大。

“大人不计小人过。”作为一个领导者，必须有大度的心胸。在我们的下属中，可能有各种各样性格的人，各人的处世方式、工作能力都不相同，这就需要我们有宽宏的心胸。

领导者要时时向人们显示自己的大度，尽可能原谅他们的过失，这也是一种重要的笼络技巧。可是有的领导在这些方面就做得有些过火，显得刻薄寡恩，不够容人之量。

陈胜吴广在大泽乡起义，扯起反秦大旗后，陈胜被义军推举为张楚王，设都在陈县。陈胜未起义之前，在家乡耕田种地，给地主当雇工，结交了不少穷苦朋友。那时，大家在一起不分彼此，有说有笑。自陈胜称王后，这些穷朋友陆续到陈县来找他。见到阔别多年的老友，陈胜十分高兴，热情地招待他们，并让他们坐自己的辇车一同回宫。走进宫殿，这群面朝黄土背朝天的庄稼汉总算长了见识，他们东摸摸墙壁，西动动帷幕，都异口同声地说：“陈胜，你做了大王，真了不起，好气派！”接着，大家都随便起来，谈的话题都是陈胜种田雇工的旧事。这时，有人附在陈胜耳边说：“这班穷鬼愚昧无知，狗胆包天，竟然侮辱大王。”陈胜本就不高兴，现在听了谗言，更加生气，一怒之下将这些过去在一起吃喝谈笑的朋友处以极刑。这之后，由于陈胜缺少容人之量，许多老友纷纷退去，注定他最后无法成功。

范仲淹曾经在宋代担任过副宰相，心地仁厚，他曾说：“我一生所学唯‘忠恕’二字，但受用无穷，以至于在朝廷之中辅佐君主，招待幕僚、朋友、亲戚、家人等人不曾有一刻离开过这两个字。”范仲淹曾经告诫他的子弟们说：“人哪怕十分愚笨，指责别人时就会变得十分聪明；哪怕十分聪明，宽容自己时就会变得十分糊涂。你们只要常常用责备别人的思想来责备自己，用宽恕自己的心意来宽恕别人，不怕不可以成为圣贤的人。”以容养量，以忍养气，以恕养性，以忘养心，这样做很少有不能达到宽容的境界的。

容得下几个小人，耐得住几桩逆事，过后感到心胸开阔，眉清目秀，有如咀嚼橄榄，虽然当时觉得酸涩，在回味时则满口清凉。

宽容就像清凉的甘露，浇灌了干涸的心灵；宽容就像温暖的壁炉，温暖了冰冷麻木的心；宽容就像不熄的火把，点燃了冰山下将要熄灭的火种；宽容就像一只魔笛，把沉睡在黑暗中的人叫醒。

第13章

调节不良心理，拥有美好生活

命运掌握在你自己的手中，人生成功与否由你自己决定。人生是一次艰苦的跋涉，在人生的道路上，有阳光雨露，也有暴风骤雨，唯有保持良好的心态，才能坦然地面对所有遭遇的一切。但人性有着种种弱点，这些弱点常常搅乱人的心绪，导致人的心态失衡。心态不好，人生就会多烦恼。因此我们要学会平衡自己的情绪、调整自己的心态，那样我们做起事来就会顺风顺水，我们的人生也必将一帆风顺、路路畅通。

嫉妒心理的自我调节

嫉妒是一种卑劣的心理状态。善妒者总爱和别人攀比，凡事唯恐别人抢先一步。在一定的环境中，某些人在一些方面如才学、收入、穿戴、成就、人缘关系等高于自己时，立即产生一种由羡慕转为恼怒甚至忌恨的情绪，并试图以种种方式中伤、诋毁他人，以维持心理平衡。他不怪自己不努力、不进取，只怨别人有本事，只恨别人比自己强。妒火中烧，能使人头脑发昏，丧失理智，甚至堕落到极其卑劣和凶残的地步。古往今来，嫉妒就像一股祸水，不知害了多少人。

嫉妒使人们对同事在工作中的成绩和贡献采取贬低、冷落，甚至恶意中伤的态度；对兄弟姐妹受到长辈的宠爱感到不满和愤恨；若是自己容貌欠佳，身材不理想则会对天生丽质者产生无名的嫉妒之火。嫉妒还使人们对恋人或配偶以前的生活经历特别敏感，刨根究底，并对她们的行为及社交圈采取严密的防范措施，这是一种在极端占有欲的情感支配下的行为方式。有嫉妒心理的人总是企图压倒别人、操纵别人甚至占有他人的感情。然而往往由于自己勇气不足，优柔寡断，能力低下，手段恶劣而事与愿违。于是嫉妒者不得不经常挣扎在不良心境的痛苦漩涡之中。

嫉妒是一种慢性“毒药”，使人不辨是非。对人无端生怨，对己则身心俱损。嫉妒是产生“恶毒仇恨”、“无名怒火”的重要根源。嫉妒会杀了自己，也会毁了他人。

是什么原因导致人与人之间引发嫉妒?

各方面条件与自己相同或不如自己的人居于优势，自己所厌恶或轻视的人居于优势，与自己同性别的人居于优势，比自己更高明的人居于优势，这些都是引发嫉妒的主要条件。如果本人无意加以比较，或认为自己无法达到那么一个高度，或二者生活在不同层次的世界或嫉妒的对象不在自己身边，或是通过艰苦努力得到的结果，嫉妒将不再产生。

产生嫉妒的原因有：（1）自己的需要得不到满足时容易产生嫉妒，一般来说，虚荣心强、好出风头的人容易产生嫉妒心理；（2）在与他人比较来确定自身价值的过程中也容易产生嫉妒。如果别人的价值比重增加，就会觉得自己的价值在下降，从而就会产生一种非常痛苦的情绪体验。尤其是比较对象和自己不分上下或不如自己时，这种情绪很容易转化为对别人的不满或嫉恨，在行为上表现出从对立的立场上寻找对方的不足，或认为对方之所以成功只是由于外部原因，通过诋毁对方达到自我心理上的暂时平衡。即使是控制自己不表现出上述行为，但是原来轻松无拘无束的交往气氛也会变得紧张起来。因嫉妒引起的人际关系疏远、紧张乃至冲突的事例很多很多。（3）嫉妒源于私心。如果真正大公无私，能全方位考虑问题，就不会产生嫉妒心理。能如此，他人会为你的崇高而感由衷的喜悦，并以“见贤思齐”来要求和勉励自己。不嫉妒不仅会激励别人，更能培养自我。有一个画家，他的作品有一定的影响，同时也给自己带来不菲的收入，但他从不看重这些，也不嫉妒他人——他的座右铭是“我永远是个小学徒”。他追求艺术的理想还像童年那样执著单纯，他追求成功但绝不嫉妒比他更成功的人。也许他成功的奥秘正在于此。还有软弱、依赖、偏激、傲慢等性格上的弱点，同样是诱发嫉妒心理的温床。

荀子说："君子以公理克服私欲。"孔子说："君子明于道义，小人明于势利。"义，是天理所应实行的；利，是人情所应思索的。君子根据天理行事，便没有人欲的私心，所以能泛爱人。小人放纵私欲，不明天理，所以嫉恶别人。

怎样避免产生嫉妒心理？以下是成功人士的经验之谈：

（1）充分认识嫉妒心理的危害性。嫉妒是社会生活的腐蚀剂，腐蚀人的品质，损害人的事业、形象和身心健康。要克服偏激，增强自信，待人力求不受个人心境、情绪的干扰。心胸要开阔，以诚挚友善、豁达大度的态度与他人相处。要知己知彼、正确评价，明了双方长短，学会驾驭感情的激流。还要克服自己性格上的弱点。

（2）多想别人的优点，特别是那些容易招致嫉妒的成功人士。喜欢一个人不仅是因为他是什么人，而且你必须看到不是所有的人都喜欢他。这样一来，心里就不会有容纳嫉妒的空间了。

（3）自我驱除。嫉妒是一种突出自我的表现。无论什么事，首先考虑到的是自身的得失，因而引起一系列的不良后果。若出现嫉妒苗头时，即行自我约束，摆正自身位置，努力驱除嫉妒心态，可能就会变得"心底无私天地宽"了。

（4）用好习惯来代替坏习惯，用善良的字眼来代替恶毒的字眼。例如，当看到别人成功或者取得重大的进步时，试着将嫉妒转化成替他高兴或者赞美。

（5）设想自己应该做什么，而不是别人正在做什么。如果别人获得的成就当之无愧，就想想怎样做才能使自己也和他们一样，而不是嫉恨他们已取得的成就。

（6）嫉妒心理是由于个人虚荣心在作祟。心胸要开阔，以诚挚友善、豁达大度的态度与他人相处。加强思想修养，克服虚荣心，把别人的成就和荣誉当作自己学习的榜样和前进的动力，这是甩掉嫉妒的根本方法。甩掉嫉妒，敢于承认自己的不足，是一种谦逊的美德。学会淡化嫉妒心理，将有利于减少人们彼此的敌意和隔阂，使人们成为各行各业的成功者。

（7）要善于化嫉妒为积极进取的动力，奋起直追、不断充实自己，使潜能和特长得到充分发挥。

嫉妒心理人人有之。积极型的嫉妒是事业成功的动力，而消极型的嫉妒则是滋生邪恶的因素，这已被无数事实所验证。这两种效应若处理得好，会使自己事业有成，得到社会的承认；处理得不好，会使自己遭人唾弃。所以说，如何正确对待嫉妒，对一个人的成功与否至关重要。嫉妒很容易使你疏远别人，实际上，与其羡慕别人的成就，不如自己去努力争取。

浮躁心理的自我调节

浮躁是一种冲动性、情绪情、盲动性相交织的社会心理，它与脚踏实地、励精图治、公平竞争是相对立的。在这个瞬息万变的物质世界中，当人们对当前所处的环境和工作感到不满却没有实际的目标和行动来改变时，而形成的一种盲目的情绪化的冲动心理。当浮躁使人失去对自我的准确定位，使人随波逐流、盲目行动时，就会对家人，朋友甚至社会带来一定的危害。

生活中，我们经常看到一些人，做事缺少恒心，见异思迁，急功近利，不安分守己，总想投机取巧，成天无所事事，脾气大。面对急剧变化的社会，他们不知所为，对前途毫无信心，心神不宁，焦躁不安。由于焦躁不安，情绪取代理智，使得行动具有盲目性，行动之前缺乏思考，只要能赚到钱，违法乱纪的事情都会去做。

社会变革对原有结构、制度的冲击太大，一些原有体制正在解体或成为改革的对象，而新的制度相应又尚未建立起来。在这种情况下，人们就很难对自己的行为进行预测，很人把握自己的未来。同时，伴随着社会转型期的社会利益与结构的大高调整，有可能使一部分原来在社会中处于优势的人“每况愈下”，而原来在社会结构中劣势的人反而高了起来。每个人都面临着一个在社会结构中重新定位的问题，即使是百万大款也不能保证他永远挥洒自如。那些处于社会中游状态的人更是患得患失，战战兢兢，在上流与下游两个端点间做文章，于是，心神不宁，焦躁不安，迫不及待，就不可避免地在为一种社会心态。

现代人浮躁常常表现为：心浮气躁、朝三暮四；自寻烦恼、喜怒无常；患得患失、焦虑不安；手高眼低、静不下心来；耐不住寂寞，稍不顺意就轻言放弃……他们渐渐觉出了自己对社会生存环境的不适应，从而对自己生存状态不满意，于是过火的欲望油然而生。在拜金主义、享乐主义、投机主义所荡涤的躁动化的社会心态驱使下，不少人更多的只有一个目标：为金钱而奋斗。但奋斗又缺乏恒心与务实精神，缺乏对自己的智力与发展能力的准确定位，因而使人们显得异常脆弱、敏感、冒险，稍有“诱惑”就会盲从。

现实中，常有这样的例子：有人因为过度努力，结果却积劳成疾；有人努力读书，考试成绩却不理想，甚至毕不了业；有人努力考取一流的学校，却找不到好的工作；有人坚毅不挠，但却怎么也挽救不了自己濒临破裂的婚姻。究其原因，那就是这些人心理浮躁，没有脚踏实地工作、学习、而是急于求成。

大学毕业后，聪明漂亮的小雨决心在北京扎根并做出一番事业来。她是学习服装设计专业的，本来毕业时是和一家著名的服装企业签了工作意向的，但由于那家企业在外地，小雨想，如果去了，可能几十年在一个不变的环境里，这样就永远无出头之日了。经过考虑，她没有去。她在北京找了几家做服装的公司，可大公司不愿意要没有经验的学生，小公司的条件，小雨又看不上。无奈之下，小雨只有转行，到一家贸易公司做市场营销。

一段时间以后，由于业绩迟迟得不到提高，小雨感到身心疲惫，对工作产生了厌倦。心态高远的她感到还是自己干更好。于是她联系了几个同学一起做服装生意。本以为自己科班出身，做服装生意有优势，可是服装销售和服装设计完全是两个概念。不到半年，生意亏本不说，同学间也因为利益不均闹得不欢而散。

由于生意失败，小雨只好再找地方打工，挣了钱用于还债。由于对自己环境的不满意，小雨又换过几个地方。几年没有目标的奔波让她感到几乎找不到自己前进的方向了。专业知识忘得差不多了。由于没有实践经验，再想做已经很难。跨了几个行业，可是没有一段经历能称得上成功也谈不上经验……残酷的现实使小雨陷入很尴尬的境地，这是她当初无论如何没有想到的。

尽管眼下大学生就业形势并不乐观，但还是有不少大学毕业生对此缺乏应有的心理准备，有的大学生甚至认为低工资的工作不值得去做。令人忧虑的是，虽然这些大学生对待遇的要求很高，可是实际工作能力并不出色，有的大学生在实习期间业绩平庸。这都是他们的浮躁心理作怪。

像小雨这样不满足于现状的人总是希望命运能青睐自己，给予自己更多的恩赐。他们往往对未知的事物存在很多幻想，对已经历的环境的不足则盲目夸大，不想去适应环境，而是尽量选择逃避。他们一方面却坚信自己能找到比现在的环境更优越的地方，另一方面对适应环境缺乏足够的自信。在这种以幻想为主导的思想指导下的行为，其结果就可想而知了。许多朋友在陷入这种心理状态后，经常会被美好的前景所诱惑却忽视了脚下的路。有时候也经过一番思想斗争，但最终是以美好、幻想的破灭而告终。

现在的人或多或少都有一些浮躁，这似乎是一个自然规律。然而，能否尽快学会摆脱浮躁是决定一个人能否顺利成功的关键。

浮躁不是病，而是一种普遍的社会心态，没有什么可怕。只要我们让自己的头脑稍微保持一点清醒，不因浮躁而紧张，我们的心便会随之复归平静，生活也会变得像以前一样容易掌控。

怎样才能让躁动的心安静?

1. 在攀比时要知己知彼

“有比较才有鉴别”，比较是人获得自我认识的重要方式，然而比较要得法，即“知己知彼”，这样才能知道是否具有可比性。例如，相比的两人能力、知识、技能、投入是否一样，否则就无法去比，从而得出的结论就会是虚假的。有了这一条，人的心理失衡现象就会大大减低，也就不会产生那些心神不宁、无所适从的感觉。

2. 遇事要善于思考

不能崇尚拜金主义、个人主义、盲从主义，考虑问题应从现实出发，不能跟着感觉走，不能做违法乱纪的事，要看到命运就掌握在自己手里，道路就在脚下，看问题要站得高、看得远，切实做一个实在的人。

3. 多与大自然接触

人在繁忙的社会中呆久了难免会受到不良风气的影响，多出去走走，让大自然荡涤自己，消除些浮躁心理。

4. 开拓中要有务实精神

改革需要有开拓、创新、竞争的意识，但是也要有持之以恒、任劳任怨的务实精神。务实就是“实事求是，不自以为是”的精神，是开拓的基础，没有务实精神，开拓只是花拳绣腿，这个道理是人人应弄懂的。

5. 养成平淡坦然的心态

平淡并非不思进取，平淡是人的一种境界，一种人经过锤炼与荡涤之后的高境界。是在快节奏的社会生活中能在心里保持一块净土，不以物喜，不以己忧，踏踏实实做好每一件事情。

告别浮躁，让我们从容不迫地迎接每一轮太阳的升起！

无论做什么事，心烦意乱之下是难有所作为的。为了不浮躁，我们还得“耐烦”一些，能静下心来，正确地认识自己，冷静地把握机会，以长远的眼光选择适合自己的目标和道路。只有如此，我们才能踏踏实实地做好每一件事，成就自己的事业。

猜疑心理的自我调节

猜疑是人性的弱点之一，历来是害人害己的祸根，是卑鄙灵魂的伙伴。一个人一旦掉进猜疑的陷阱，必定处处神经过敏，事事捕风捉影，对他人失去信任，对自己也同样心生疑窦，损害正常的人际关系，影响个人的身心健康。有猜忌心理的人，往往爱用不信任的眼光去审视对方和看待外界事物，每每看到别人议论什么，就认为人家是在讲自己的坏话。猜忌成癖的人，往往捕风捉影，节外生枝，说三道四，挑起事端，其结果只能是自寻烦恼，害人害己。

猜疑就像一条无形的绳索，它时刻捆绑着人们的正常思考。只因为一些根本不存在的事情而多生疑虑，忧愁烦恼，甚至郁郁寡欢。猜疑的人不能够很好地与朋友沟通，常常是牛头不对马嘴，最后朋友一个一个地选择离开，剩下的就只有越加孤独寂寥的自己。无端猜疑的人如果认识不到自己的问题所在，常疑神疑鬼，神经高度过敏，对他人总抱着一种不相信的态度，将会严重地影响到其正常的社会交往能力。

猜疑的人，细微敏感，思虑过度，凡事都往坏处想。猜疑的人自我偏向太重，总喜欢把与自己无关的事情往自己身上拉扯，总觉得什么事情都与自己有关。正如培根所说："猜疑之心犹如蝙蝠，它总是在黄昏中起飞。这种心情是迷惑人的，是乱人心智的，它能使你陷入迷惘，混淆敌友，从而破坏人的事业。"

生活中我们常会碰到一些猜疑心很重的人。他们总觉得别人在背后说自己坏话，或给自己使坏。这些人看到别人在讲悄悄话时，就以为是在说他们的坏话；别人态度冷淡一些，他们就会觉得人们对他们有成见、有看法。

有时我们自己也喜欢猜疑，看到别人说笑，便以为他们在议论自己，心里就不痛快起来。喜欢猜疑的人特别注意留心外界和别人对自己的态度，他们总是疑神疑鬼，怀疑他人看不起自己，会加害于自己，他们不相信别人，也不相信自己。如果有人对他好一点，他也会觉得人家是别有用心，居心不良。别人脱口而出的一句话，他很可能琢磨半天，试图发现其中的"潜台词"。他们总是不厌其烦地揣摩别人口中的话语，挑选片面之词加上自己的主观臆想，怀疑别人居心叵测。猜疑的人会伤害到人际交往，没有人喜欢与不相信自己的人做朋友的。所以，克制猜疑心理，对我们维持一种积极健康的心理状态至关重要。

导致猜疑的原因主要与个人的一些特点有关：

有些人在某方面自认为不如别人，但自尊心过强，因而总以为别人在议论自己、算计自己、看不起自己。越想越认为是真的，陷入猜疑怪圈而无力自拔。

还有些人以往比较轻信别人，并视之为知己，告诉许多个人的秘密。但却遭到他的欺骗，从而蒙受了巨大的挫折和失败，甚至导致很强的防御心理，不愿再信任他人，遇到什么事情都要怀疑再三。

猜疑似一条无形的绳索，会捆绑我们的思路，使我们远离朋友。如果猜疑心过重的话，那么就会因一些可能根本没有或不会发生的事而忧愁烦恼、郁郁寡欢；猜疑者常常嫉妒心重，比较狭隘，因而不能更好地与周围的人交流，其结果可能是无法结交到朋友，变得孤独寂寞，对身心健康都有危害，因此需要加以改变。

克服猜疑心理的方法如下：

1. 理性思考，不无端猜疑

当发现自己生疑时，不要朝着有利于猜疑的方向思考，而应问自己：为什么我要这样想？理由何在？如果怀疑是错误的，还有哪几种可能发生的情况？在做出决定前，多问几个为什么是有利于冷静思索的。

2. 发现自己的优点，增强自信心

每个人都不是十全十美的，都有自己的优点和不足。不要只看到缺点而灰心丧气，更重要的是发现自己的优势，培养自信心和自爱心，相信自己有能力，会给他人一个良好印象的。

3. 增强对自我的调节能力

一个人在人生旅程中，难免遭到别人的议论和流言。如果猜疑别人对自己的看法，不必放在心上，但丁有一句名言："走自己的路，让别人说去吧。"要善于调节自己的心情，不要在意他人的议论，该怎样做还怎样做，这样不仅解脱了自己，而且产生的怀疑也烟消云散了。

4. 加强交流，解除疑惑

有些猜疑来源于相互的误解，如果是这种情况的话，就应该通过适当的方式，两人坐下来交流。通过谈心，不仅可以使各自的想法为对方了解，消除误会，而且还避免了因误解而产生的冲突。总之，我们必须做到实事求是，理性思考，才能从猜疑的枷锁中解脱出来。

猜疑往往是心灵闭锁者人为设置的心理屏障。只有敞开心扉，将心灵深处的猜测和疑虑公之于众，增加心灵的透明度，才能求得彼此之间的了解沟通，增加相互信任，消除隔阂，获得最大限度的谅解。

猜疑之火往往在"长舌人"的煽动下，才越烧越旺，致使人失去理智、酿成恶果。因此，当听到流言时，千万要冷静，谨防受骗上当。当我们开始猜疑某个人时，最好能先综合分析一下他平时的为人、经历以及与自己多年共事交往的表现，这样有助于将错误的猜疑消灭在萌芽状态。

狭隘心理的自我调节

狭隘是一种心胸狭窄、气量狭小的心理和人格缺陷。狭隘心理的人往往极度的感觉过敏，常常表现为：吝啬小气，斤斤计较，吃不得亏，会想方设法弥补“损失”；不能容忍他人的批评，不能受到一点委屈和无意的伤害，否则便耿耿于怀、伺机报复；人际交往面窄，追求少数朋友间的“哥们义气”，只同与自己类似或不超过自己的人交往，容不下那些与自己意见有分歧或比自己强的人。

狭隘心理的人，爱嫉妒，对别人获得成就或荣誉感到紧张不安，妒火中烧，爱寻衅争吵，或者在背后说风凉话，或者公开抱怨和指责别人；自以为是，自命不凡，对自己的能力估计过高，总是把失败和责任归咎于他人却不追究自己的责任，在工作和学习上往往言过其实；同时又很自卑，总是严厉苛刻地要求别人，但从来不信任别人的动机和愿望，认为别人存心不良；有问题易从个人感情出发，主观片面性大；而不知道客观地分析问题；如果建立家庭，常怀疑自己的配偶不忠等等。狭隘还给自己带来无端的烦恼，影响自己的情绪和在他人心目中的形象。

心理学家分析，心胸狭隘心情忧郁的，如静不如动，饮食少而无规律，经常失眠，神经衰弱，爱发脾气，生闷气等，如果上述性格与生活习惯产生作用，会互相加剧形成恶性循环，结果导致内分泌紊乱组织器官因养分不足而过早衰老。

喜欢走极端，与其头脑里的非理性观念相关联，这是具有狭隘心理的人的一大特色。因此，要改变狭隘行为，首先必须分析自己的非理性观念。如：(1) 世上没有好人，只相信自己；(2) 不能表现出温柔，这会给人一种不强健的感觉。(3) 对别人的进攻，必须立马予以强烈反击，要让他知道我比他更强；(4) 不能容忍别人一丝一毫的不忠。

心胸狭隘的人偏激固执，敏感多疑、防御心理过强。生活中有狭隘心理的人很多，但是他们往往缺乏自知之明，又不愿意就医，于是对其人际关系带极大的负面影响，甚至影响了正常的生活，学习和工作。

克服狭隘的不良心态，应注意以下几点：

1. 要博学广闻

一个努力学习、知识渊博、经历丰富的青年就不会固守狭隘的偏见，就能高瞻远瞩，放眼四方。提高文化水平，加强道德修养可以改造不良的性格人的性格虽有一定的稳定性，但它又是可变的，只要自己下决心去改，是能产生明显效果的：懒汉可以成为勤奋者；悲观失望的人也可以成为生机勃勃的人。方法一是提高文化水平，二是加强道德修养。因为人的性格形成是受人的文化水平和道德水平影响的。有文化、有道德的人，就有理智感，就能以正确的态度去对待现实生活，这就有助于形成良好的性格特征。

2. 有意识地进行自我锻炼、自我改造

人是一个自我调节的系统，一切客观的环境因素都要通过主观的自我调节起作用。每个人都在不同的程度上，以各种不同的速度和方式塑造自我，包括塑造自己的性格。随着一个人独立性和自主性的发展以及他的认识能力的发展和相对成熟，其性格的发展也从被动的外部控制逐渐向独立性自我控制转化。如果每一个人都意识到这一变化，促进这一变化，自觉地确立性格锻炼的目标，从而进行自我锻炼，就能使对现实的态度、意志、情绪、理智等性格特征不断完善。

3. 培养健康情绪，保持乐观的心境

一个人，如果常年累月爱生气，为一点小事而激动就容易形成暴躁、易怒、神经过敏、冲动、沮丧等异常情绪。因此要乐观地生活，要心情开朗，始终保持愉快的生活体验。当遇到挫折和失败时，要从好的方面去想。想得开烦恼就会自然消失。当心里实在苦恼时可以找一个崇拜的长者或知心朋友交谈或去看心理医生，不要让苦闷积压在心，否则，容易导致性格的畸型发展。一个真正做到超越了狭隘自私心态、心胸宽广的人，才能活得坦荡自如，做事业也才能做大、做强。进行正当的人际交往。交往的增多，可加深彼此了解与沟通，更透彻地了解别人与自己，开阔心胸。如果认识不到这一点，不愿结交意见相悖或强于自己的人，那你永远只能在你的小圈子中徘徊。

4. 抛开“自我中心”

尝试摆脱以“我”为中心的态度和思维模式，从他人的角度去看周围的世界，设身处地去理解、体会他人的言行、态度。要培养集体主义精神和高尚的情感，积极参加集体活动和社交活动，多接触人，多与人交往。与人相处应热情、直率，善于团结互助，融“小我”于“大我”之中。人只有融入大集体中，才会得到知己，才会心情舒畅，才会学到很多有用的东西。抛开“自我中心”，就不会遇事斤斤计较，“心底无私”才能“天地宽”。

5. 开阔视野，拓宽心胸

拓宽兴趣范围，多参加各种文娱、体育活动，使自己时刻感受到生活、学习中的新鲜刺激，感受到生活的美好，从而在健康向上的氛围中增强精神寄托，消除心理压力。

在闲暇时，不妨走出校园、家门，到大自然中去领略它的博大、美丽，大自然会让你感到自己的渺小。培养豪迈气概，有利于走出狭隘的内心世界。

6. 以博爱的心胸面对世界

在处理具体事务上要学会宽容，要学会以同情、博爱的态度对待他人和解决问题。有些人因为刚刚走进社会时上过当或受过骗，这样就对人总存有一种提防心理，从而犯疑心病，总用阴暗的眼光去看待人。要克服这种狭隘心理就要学习宽以待人，学会宽容，以博爱的心胸面对世界。因为造成我们狭隘心理的不是世界而是我们自己。因此，我们要正确地看待别人，看待我们共同生活的社会。

逃避心理的自我调节

当鸵鸟遇到危险的时候，它就会本能地把头埋进土里，以此来逃避危险，现实生活中，也有很多人遇到挫折或挑战，不敢直面现实而是以鸵鸟式的自欺欺人地躲开，希望因此能够避开应有的责任。这是一种消极的心理，体现了胆怯和自卑。

选择逃避的人多数因为不自信。一个人不自信，他的心理承受能力就比正常人要脆弱得多。当突如其来的困难来临或面临着重大抉择时，他发现自己肩上的担子超过平常，因为不自信不敢以积极的心态去承担，于是选择了逃避。

在竞争激烈的现代社会，如何保持健康的心理状态是相当重要的。许多研究心理健康的专家一致认为，适应良好的人或心理健康的人，能以“解决问题”的心态和行为面对挑战，而不是逃避问题，怨天尤人。然而，在现实生活中，能够以正确的态度和行为面对挫折与挑战其实并非易事。

在面临生活的挫折或挑战时，总是喜欢从外部条件出发，让外因成为主导因素，成为自己责任的借口。我们可以看到周围的不少人，他们或因工作、事业中的挫折而苦恼抱怨，抱怨没有好的环境适应不了新的变化。或因家庭、婚姻关系不和而心灰意冷，而如果任凭这种心理发展下去，就容易由逃避心理产生焦虑、恐惧甚至轻生的心理，生命似乎是那么脆弱。

一个人做错了事担心受到指责，而这种指责往往又是当事人不愿意接受的，于是他往往会找借口推卸责任或者采取欺骗，希望他人能够不再追究。

选择逃避的人通常是因为害怕承担责任。人们经常会含糊其辞、或者故意隐瞒关键问题。于是在面对他人的指责时，他们往往会说出这样的言语：“我也不想的。”“事情本来不是这样的，都是……”“是某某让我这样做的，我没有选择的余地。”等等诸如此类的话语。另外一方面指责，往往会引起不快和惩罚。为了避免这些不快和惩罚。为了避免这些不快和惩罚，许多人想办法逃避责任，比如轻移批评、推卸责任，言过饰非等等。

逃避自己理应承担的责任和义务，就会受人指责，失去更多的朋友。生命就是一种责任，谁逃避自己的责任，谁就会被命运捉弄。谁拒绝承担组织和团队中所应负的责任和义务，谁就会被淘汰出局。

我们每个人都知道人生不是帆风顺的，每个人都会遇到大大小小的挫折和失败，每个人都会犯错误，人无完人，关键是面对这些挫折和失败时，我们应该怎么做？是自欺欺人的做法，即使别人一时难以发现自己的错误，但是这无疑又助长了自己下一次犯错误的侥幸心理。当犯下错误时，勇于承担责任是成熟的表现。那么，逃避是自欺欺人的做法，我们又该如何去防治它呢？

1. **不找借口，为自己的行为负责**

你要知道你作出决定，就理应受到相应的责备与赞扬。但是有时，人们可能受到客观原因而遭受失败。如果你是无辜的，你经常能够通过事实，证据和逻辑驳斥对你的指责。但是，如果你真的有责任，就应该接受别人的责备，而不应该寻找所谓的客观原因作为借口了。

2. **相信自己一定能改正错误，并且重新再来**

人生在世，孰能无过。从你出生时起，你就与周围的世界产生积极的互动，环境对你产生的影响，但是你往往更会对周围的事物产生影响，你能够在众多选择中作出自己的决定，你拥有主宰自身行为的能力，因而完全能够对周围环境产生影响。

3. **积极调整心态**

面对生活新变化时，每个人都应积极地调整心态，从内心深处找准自己的位置，做生活的主人。要做到不以物喜，不以己悲，直面挑战，笑迎现实。

4. **培养自信**

逃避责任往往是因为不自信引起的，一个人不自信时，他的心理承受能力就非常脆弱，当他面对现实的困难，危险、压力、挫折、失败等情况时，他就不敢勇敢地去面对，从而选择逃避。对自己不自信的人要培养自己的自信心，其方法有多种，例如心理暗示法，即每天早晨起来后用语言提醒自己保持自信或对着镜作自信的表情；体育锻炼能磨炼一个人的意志和自信心，一个经常参加体育锻炼，身强体壮之人要比身体瘦弱的人更加自信。

一个人在心理状况最糟糕的状态下，不是走向崩溃就是走向希望和光明。有些人之所以有着不如意的遭遇，很大程度上是由于他们个人主观意识在起着决定性作用。他们选择了逃避。如果我们能够善待自己、接纳自己，并不断克服自身的缺陷，克服逃避心理，那么我们就能拥有更为完美的人生。

依赖心理的自我调节

你的一切成功，一切造就，完全决定于你自己。

善于驾驭自我命运的人，是最幸福的人。在生活道路上，必须善于做出抉择，不要总是让别人推着走，不要总是听凭他人摆布，而要勇于驾驭自己的命运，调控自己的情感，做自我的主宰，做命运的主人。

大仲马得知儿子小仲马寄出的稿子总是被退回，便对小仲马说："如果你能在寄稿时，随稿给编辑先生们附上一封短信，说'我是大仲马的儿子'，或许情况就会好多了。"

小仲马说："不，我不想坐在你肩头上摘苹果，那样摘来的苹果没有味道。"

年轻的小仲马不但拒绝以父亲的盛名做自己事业的敲门砖，而且不露声色地给自己取了十几个其他姓氏的笔名，以避免那些编辑先生们把他和大名鼎鼎的父亲联系起来。

面对一张张退稿笺，小仲马没有沮丧，仍在不露声色地坚持创作自己的作品。他的长篇小说《茶花女》寄出后，终于以其绝妙的构思和精彩的文笔震撼了一位资深编辑。这位知名编辑曾和大仲马有着多年的书信来往。他看到寄稿人的地址同大仲马的丝毫不差，怀疑是大仲马另取的笔名。但作品的风格却和大仲马的迥然不同。带着这种兴奋和疑问，他乘车造访了大仲马家。

令他吃惊的是，《茶花女》这部伟大的作品，作者竟是大仲马名不见经传的儿子小仲马。"您为何不在稿子上署上您的真实姓名呢?"老编辑疑惑地问小仲马。小仲马说："我只想拥有真实的高度。"

老编辑对小仲马的为人赞叹不已。

《茶花女》出版后，法国文坛书评家一致认为这部作品的价值大大超越了大仲马的代表作《基度山伯爵》。小仲马一时声名鹊起。

天上下雨地上滑，自己跌倒自己爬。锻炼意志和力量，需要的是像小仲马那样的自助自立精神，而不是来自他人的影响力，也不能依赖他人。

过分地依赖之心，是人性的一大弱点。小时候父母包办过多，没有独立行动、自作主张的训练，吃饭、穿衣及日常起居没有较早地自理而让别人侍候，总是绕着妈妈的围裙转，不敢离开几步，于是直接形成了依赖心理。

有依赖心理的人，遇事首先想到别人、追随别人、求助别人、人云亦云、亦步亦趋，没有自恃之心，不敢相信自己，也不自作主张，不能自己决断。在家中依赖父母、爱人，害怕爱人出差；在外面依赖同事、依赖上司；不敢自己创造，不敢表现自己，害怕独立。他的人格不成熟、不健全，仍然停留在童稚阶段。

有依赖心理的人，不能独立地做成任何事情，无从谈起操纵和把握自己的命运，他的命运只能被别人操纵。只有在他具有利用价值时，人家才会利用他。如果他的利用价值消失了，或者已经被利用过了，人家会把他抛开，让他靠边站。只因为有依赖心的人太软弱无能，只因为有依赖心的人的心目中只能相信别人，所以他不敢相信自己，更不能自信胜于他人。

有依赖心的人是一个可怜的人。他做事四处碰壁，不被信任，不受欢迎，遭人鄙视。怎样避免依赖呢？不妨照着下面的建议去做：

1. 要充分认识到依赖心理的危害

要纠正平时养成的习惯，提高自己的动手能力，多向独立性强的人学习，不要什么事情都指望别人，遇到问题要做出属于自己的抉择和判断，加强自主性和创造性。学会独立地思考问题。独立的人格要求独立的思维能力。

2. 要在生活中树立行动的勇气，恢复自信心

自己能做的事一定要自己做，自己没做过的事要锻炼做，正确地评价自己。

3. 丰富自己的生活内容，培养独立的生活能力

在学校中主动要求担任一些班级工作，以增强主人翁的意识。使我们有机会去面对问题，能够独立地拿主意，想办法，增强自己独立的信心。

4. 多向独立性强的人学习

多与独立性较强的人交往，观察他们是如何独立处理自己的一些问题的，向他们学习。同伴良好的榜样作用可以激发我们的独立意识，改掉依赖这一不良性格。

5. 你应该与你觉得在心灵上依赖的人谈一谈，宣布你要独立的目标，

解释你出于义务做事时的感受

这是起步的最佳方法，因为别人甚至可能不知道你身为依赖者的感受。

6. 你应该提醒自己，父母、配偶、朋友、老板、孩子及其他人常会不赞同你的行为，这与你是什么样的人无关

无论在什么情况中，你总会遭到一些反对，如果你有心理准备，就不会因此感到挫折。这样就能破除许多在情绪上操纵你的依赖关系。

7. 你应该认清你有隐私的欲望，不必凡事都要某人参与，你是独立而且有隐私权的

若你觉得凡事必须有某人参与，你就无从选择，当然你就是一个依赖者。

人，要靠自己活着，而且必须靠自己活着，在人生的不同阶段，尽力达到理应达到的自立水平，拥有与之相适应的自立精神。这是当代人立足社会的根本基础。一个缺乏独立自主个性和自立能力的人，连自己都管不了，还能谈发展成功吗？即使你的家庭环境所提供的“先赋地位”是高于常人，你也必得先降到凡尘大地，从头爬起，以平生之力练就自立自行的能力。因为不管怎样你终将独自步入社会，参与竞争，你会遭遇到远比学习生活要复杂得多的生存环境，随时都可能出现或面对你无法预料的难题与处境。你必须得靠顽强的自立精神克服困难，坚持前进！

自主的人，能傲立于世，能力拔群雄，能开拓自己的天地，得到他人的认同。勇于驾驭自己的命运，会控制自己，规范自己的情感，善于布局好自己的精力，自主地对待求学、择业、择友，这是成功的要义。要克服依赖性，不要总是任人摆布自己的命运，让别人推着前行。

偏见心理的自我调节

偏见是由于对他人或其他群体缺乏事实根据的、偏执于某一极端的、不符合事实的认识而产生的结果。偏见的特征是以有限的或不正确的信息来源为基础，因而对一些人的看法往往是捕风捉影的、道听途说的、人云亦云的。有偏见的人，看人处世容易走极端，往往“抓住一点，不计其余”，如果说某个人好，就什么都好，如果说某人不好，就一无是处。偏见使人囿于自己的一孔之见，使人用有色眼镜看问题，使人懒于思索问题、拒绝接受新的东西，使人难于得出正确的判断和结论，使人越来越无知和愚昧……总之为偏见缠身的人们，是很不容易理解他人的，不管对方是不是具有最美好愿望和最善良动机。

从前有四个盲人很想知道大象是什么样子，可他们都看不见，只好用手摸。胖盲人先摸到了大象的牙齿，他就说：“我知道了，大象就像一个又大又粗、又光滑的大萝卜。”高个子摸到的是大象的耳朵，“不对，不对，大象明明就是一把大蒲扇嘛！”他大叫起来。“你们净瞎说，大象只是根大柱子。”原来矮个子盲人摸到了大象的腿。剩下的是一位年老的盲人，他摸到了大象的尾巴，摸完后直嚷了起来，“哎，大象哪有那么大，它只不过是一根草绳。”四个盲人争吵不休，都说自己摸到的大象才是真正大象的样子。实际上他们谁也没说对。

“盲人摸象”的故事家喻户晓，其寓意是不能只看到事物的一部分而应看到全局才能了解事物全面、真实的情况。看问题不能以偏概全，完全根据自己当时所处立场而下定论。可以这样说，只要认同人与人之间的差异，就能理解偏见无处不在。

每个人都可能患上偏见的“疾病”，只不过程度轻重不一。

陈平起初在魏王手下办事，因为有错而不受重用，离开后又为项羽所用，结果犯了罪，跑掉了。通过魏无知介绍见到汉王刘邦，被任命为都尉。周勃对刘邦说：“我听说陈平在家时曾经与嫂子有不正当关系，跑到魏王那里，魏王不能容他；跑到西楚王项羽那里，项羽也不能容他。现在又跑到我们这里来了。这样一个反复无常的人，您竟然也重用他，还请仔细考虑一下吧。”刘邦因而责备魏无知。魏无知说：“我说他行是指他的才能，您要了解他的品行。现在如果有像居生那样讲信义、像孝已那样有德行的人，但对你的事业没有什么帮助，您怎么去用他呢?”刘邦点头称是，又任命陈平为护军中尉，各路将领都受他监督，将领们不敢再说什么样了。后来陈平献出几条妙计，帮助刘邦打下了天下，平定了内乱，立下了汗马功劳，被封为右丞相。

心存偏见是人际交往中的一大障碍。要避免偏见，就要注意观察人和事，透过现象，认清本质。也就是说，要用辩证的观点、发展的观点、全面的观点去观察、分析、了解人和事，然后再下结论。不能只见现象，不见本质；只见一叶，不见泰山。

怎样克服偏见呢？

1. 注意克服“先入为主”的习惯心理

在人际交往中，重视第一印象是较普遍的心理倾向。注意给人留下美好的第一印象是完全必要的，但第一印象是外在的，有的还具有一定的虚假性，仅凭第一印象就有可能出现偏见。

2. 避免“循环证实”心理

有些人对他人的偏见十分强烈，而且这种偏见一旦形成后，久久不能消除，还自认有许多“理由”，究其原因是受了“循环证实”的影响。所谓“循环证实”，就是心理学上所说的“互动”效应，即你对某人抱有反感，久而久之，对方也会对你产生敌意，于是，你就相信自己最初的判断是正确的。反感对反感，敌意对敌意，两人的偏见和隔阂越来越深，遇到这种情况，自己应首先主动理智地改变偏执的态度和行为，切断偏见的“恶性循环”。

3. 注意排除“近因效应”的习惯心理

在评价一个人的时候，人们还有这样的习惯心理：近期印象深刻而占优势，容易掩盖对其的一贯了解。这种现象，在心理学上叫做“近因效应”。当一个人的言行、态度等与以往相背时，人们特别容易产生“近因效应”。例如，某人过去帮了你许多忙，但是近日有次他拒绝为你帮忙，你就容易“记仇不记恩”，对他这个人不满。所以，我们在评定人的时候，应该注意纵向分析，功过比例分清。

4. 注意排除“投射作用”的习惯心理

人们有时会有这样的偏见：喜欢把自己的一些特点、个性、能力以至兴趣、爱好等归属到其他人身上，这在心理学上叫做“投射作用”。要避免偏见，就要注意在评定别人的时候，不要把别人当做自己来看待。

5. 提高知识修养水平

可以说，偏见是无知和愚昧的产物。一个人知识修养水平越高，观察和分析问题的能力越强，偏见越少。反之，则容易受流言蜚语、道听途说的愚弄，而对人形成偏见。

报复心理的自我调节

所谓报复心理，是指当人们受到强烈破坏性刺激后，受到外界或他人的伤害后，产生的某种与对方行为相对抗的“以牙还牙”的反应性心理。报复心理容易使人冲动不计后果，从而做出复仇行为。

我们每个人都有可能产生过报复心理，但大多数的人能够通过冷静的分析，理智的思考而没有演变为报复行为。而有的人在报复心理的驱使下，不能控制自己，以致出现了报复的攻击行为。

报复心理是有某种积极意义的，它可以变成个人或群体进步的动力，促使自己由弱小变得强大。但无论如何，报复心理是具有破坏性的，是一种不健康的心理，是心胸狭隘、道德修养差的表现。对于报复心理的产生，难以完全避免。但对失去理智，不计后果的行为却不赞成。因为其结果常常是弊大于利。报复心理不仅会对报复对象造成这样或那样的“伤害”，而且有害自己的心理健康。

有报复心理的人，容易误解别人的意思，对别人怀有一种戒备和防范心理，很难与人相处。有的因出一时之气而招来百日之悔，有时报复了别人，自己的良心也会不安，甚至自责自惩。如果为了报复而打架斗殴，互相伤害，轻则使人际关系更加恶化，陷入恶性循环。重则两败俱伤，甚至导致犯罪，锒铛入狱，后悔莫及，这又何苦呢？有报复心理的人自我意识卑劣、行为极端、瞧不起别人，也不愿与人相交，因此没有良好的人际关系。

其实，报复心理也是自卑心理的极端表现。为了维持心理平衡，但却无法从行动上去实现某种欲望，于是便从心理上自我发泄，诅咒社会对己不公平，对比己地位高的和曾经给自己带来不幸的人，都怀着一种仇恨的心理，有时甚至采取诽谤、侮辱、侵犯人权、违法乱纪等不正当手段。严重情况下，会愤世嫉俗、玩世不恭，甚至对社会都深怀敌意。对失去理智的报复行为所带来的不良后果，无疑是我们每个人都不愿看到的。

如何克服严重的报复心理，怎样避免报复行为呢？需要注意以下几点：

（1）学会换位思考

生活中与他人发生矛盾冲突在所难免，对此要有心理准备，不能回避，也不能“以暴抑暴”。学会换位思考，可以尽量减少矛盾的产生，减少报复心理的折磨。分析别人之所以那么想，一定有他的原因。找出那个隐藏着的原因，那你就拥有了解释别人的行为或者个性的钥匙。试试看，真诚地使自己置身于别人的处境里。如果你总能对自己说：“我要是处在他的情况下，会有什么感觉？会有什么反应？”那你就能节约不少时间，免去许多苦恼。

（2）认识报复心理和行为的危害性

实施报复者，短暂的快意之后，到头来是“众叛亲离”，还要整天担心遭到报复；被报复者，虽然得到了大家的同情和帮助，但所受的伤害始终是一个心理阴影。所以说，报复行为的最终结果只能是两败俱伤，没有胜利者。报复心理是要不得的，它会让你的内心越来越狭隘，身心疲惫。

（3）学会自我调节，淡化报复心理

当遭受欺侮，自尊心受到伤害时，愤怒之情会油然而生，甚至怒火中烧。这时，我们可通过自我心理调节加以淡化、转移。经过冷静理智的反思与调节，可能你心中的怒火就会不知不觉地熄了一大半，甚至烟消云散。

（4）学会宽容、感动与关爱

心胸开阔一点，以避免报复心理的产生。世界上没有完美的东西，有阳光就会有阴影，人生路上的挫折、委屈在所难免。要学会用辩证的眼光看待这个世界。不要仇视他人，试着去发现他人的优点，试着从小事里学会感动，你会发现别人没有想象的那么可恶，社会也没有想象的那么昏暗。学会关爱他人，你必然会收到爱的回报；学会宽容他人，我们如果有宽阔的胸襟、宏大的气量，那么，你就不会去斤斤计较那些鸡毛蒜皮的得失，心理承受力无疑会得到增强。一些以往看得很重的委屈与所谓的侮辱也就会微不足道从而置之度外。这样，报复之心自然就无法产生了。“爱产生爱，恨产生恨”，懂得用宽容的心去看待仇恨自己的人，甚至能帮助对方摆脱危险，这样的人才是真正高尚的人。

(5)给自己一个发泄的空间。人在生活中总会或多或少地受到外界的压力和侵害，在“受伤”后，关键是如何调整自己的心态。可以大哭一场，可以摔桌砸椅，但是这些过后，应该如何坚强地面对自己的人生，而不是把时间消磨在报复的心态中。

在产生报复心理时，一定要先用理智驾驭住冲动着的感情，要冷静地思考自己打算进行的报复行为将可能导致后果的危害性，克制过火行为。从而学会宽容，“得饶人处且饶人”。“以责人之心责己”，避免把过错都归于他人。

逆反心理的自我调节

逆反心理，是指人们出于维护自尊的目的，对他人的要求偏偏采取相反态度和言行的一种心理状态。指的是一定数量的社会成员对一定的社会现象与正常条件下应该有的认识、行为倾向持完全相反的态度。

逆反心理是冲动、盲目、执拗、幼稚的表现。

逆反心理很强的人必然冲动。只要别人一开口，他会不假思索地说:“谁信你的话。” “又来这一套。”一脸我无所谓的样子。表现出不屑的神情。

逆反心理很强的人必然盲目。只要社会或是报纸舆论上宣传的，他必然不信。相反地，只要是被社会反对的，挨批的，他就会津津乐道起来。

逆反心理很强的人必然执拗。你说是东，他偏说是西;你说是白，他偏说是黑;你越拥护，他越反对……这类人缺乏思维的灵活性。

逆反心理很强的人必然幼稚。由于他们都是很简单、很片面地看问题，直线式思维，当你问他为什么赞成或者为什么反对的时候，他往往说不出任何的理由来，更多的是出自人云亦云。在逆反心理的作用下，人们常与要求者“顶牛”、“对着干”，常做出以反常的行为来显示自己的“高明”、“非凡”的行为。逆反心理是一种不健康的病态心理。

前苏联心理学家普拉图诺夫在《趣味心理学》一书的前言中，特意提醒读者请勿先阅读第八章第五节的故事。大多数读者却采取了与告诫相反的态度，首先翻看了那些内容。这就是逆反心理在作怪。

青少年逆反心理尤为严重，一般认为，青少年时期是容易产生逆反心理的时期。许多著名的发展心理学家将青少年看作是一个“危险阶段”。心理学家把青少年心理的转变标为“心理上的断乳期”。他们认为，这一个心理上的断乳阶段是十分危险的发展阶段。常有如下多种表现：对正面宣传作不认同、不信任的反向思考；对先进人物、榜样无端怀疑，甚至根本否定；对不良倾向持认同情感，大声喝彩；对思想教育蔑视对抗等等。

逆反心理的产生原因包括以下几点：

（1）强烈的好奇心。当某事物被禁止时，尤其是在不加任何解释的情况下，最容易引起人们的好奇心和探索欲望，于是逆反行为就出现了。

（2）自我肯定的心理需求。逆反心理很强的人错误地理解了“自我实现”的含义，对于青少年尤其如此。他们正处于性格形成和自我认识的时期，通过否定权威和标新立异可以满足自我肯定的心理需求。青年人不会满足于适应社会，他们还希望社会承认他们的价值和地位，因此他们往往有意采取逆反行为，以引起别人的注意。

（3）施教者的不足。施教者的可信任度、教育手段、方法、地点的不适当，更容易引发受教者的逆反心理和行为。

（4）不良精神刺激。有的人遭受过种种挫折，受到了不良精神刺激，逆反心理变得十分严重。

比如，有的人多次失恋，便认为人世间没有真正的爱情，如果谁赞美爱情，他们就会大加否定。

（5）对社会政治、经济、思想领域的剧烈变动不适应的反映。这类人对改革开放的艰巨性、复杂性、长期性认识不足，全盘否定社会传统文化，并对社会现有的文化标准和价值观念持厌恶、否定的情绪……这是逆反心理恶劣的表现。

逆反心理虽然算不上一种变态心理，但带有变态心理的某些特征及其行为表现，会使人（尤其是青少年）出现多疑、反抗、偏执、蛮横、怠慢、冷漠、见异思迁、不合群等等的病态性格，使之信念动摇、理想泯灭、意志衰退、工作消极、学习被动、生活萎靡等，深一步发展还可能使人出现犯罪心理。

逆反心理对于社会发展有很大的危害性。小的方面，逆反心理严重损害个人的心理健康。同时，在社会上，逆反心理的泛滥往往会影响领导的决策，推迟改革的实施。逆反心理使人陷于盲目和缺乏理智，很不利于青少年的成长和发展。逆反心理不利于社会群体氛围的形成，不利于整个民族的精神文明建设。所以，很有必要施以防治。

那么，如何“医治”这种不健康的逆反心理呢?

(1) 从逆反心理产生内容来看，它是对信息缺乏全面掌握引起的，为了减少这种逆反心理，就必须要准确、全面、完整地理解、掌握信息。

(2) 正确认识自己，努力提升自我。提倡自我教育，要求人们（尤其是青少年）学会把自己作为教育对象，经常思考自己、主动设计自己，并自觉能动地以实际行为努力完善或造就自己。

(3) 自我完善，提高文化素质，丰富生活阅历。这是克服逆反心理的根本道理。广闻博见能使我们避免固执和偏激；一个广闻博见的人，会很理智地处理问题，而不会一味逆反。

(4) 运用社会力量，提高素质培养。要把对青少年的思想情操等各方面的培养同社会政治生活、经济文化活动以及社会道德风尚联系起来，以提高其心理适应能力，使他们更好地适应社会，不致迷失方向。

(5) 实现社会风气的根本好转。社会大环境的影响对人们逆反心理的产生往往起着重要的作用。在一个风气败坏、腐败盛行的社会里，人们无论如何也做不到“百依百顺”。实现社会风气的根本好转，对防治人们的逆反心理大有裨益。

(6) 积极地调整人与人之间的关系，加深相互之间的沟通，减少个人偏见，只有对对方理解了、信任了，逆反心理就自然会减少了、消除了。

(7) 培养想象力。有逆反心理者通常缺乏多渠道解决问题的想象力。我们的思想一旦被逆反心理控制住，那么我们的视野就会变得狭隘、短视和愚蠢。逆反心理使我们无法进行正确的思维和判断。对总是怀有逆反心理的人来说，努力培养起自己的想象力十分必要，它有助于开阔思路、摆脱偏执。宽容的思想方式和想象力可以通过自我思维训练获得。

(8) 对于青少年的家长来说，应该给予青少年心理上足够的关心和支持。关注他们的心理变化，但又不能过多地干涉。如果过多地干涉，反而会增加他们的逆反心理。要学会引导、关怀和沟通。亲人和朋友的关心，可以大大减少青少年逆反心理的形成和表现。

吝啬心理的自我调节

吝啬，就是小气。吝啬者一般都有冷漠和自私的表现，吝啬是一种有能力资助或帮助他人，却不肯付诸行动的行为。吝啬者会为了自己的利益不择手段，甚至会损害别人的利益，也不让自己吃亏，更不会帮助别人。

吝啬之人的另一个称呼，就是“一毛不拔”的“铁公鸡”。

吝啬之人都非常计较个人的得失，遇事总怕自己吃亏。他对个人利益却丝毫不让步，总是高估人家低估自己，永不知足，因而也具有贪婪之心。吝啬是极度自私的一种表现，这样的人不会去帮助别人，很怕自己吃亏，有的为了自己的利益去损害别人的利益。他们完全不想承担责任，为了自己的生活快乐和逍遥，对自己的亲人和孩子都不管。

吝啬的人很少参加社会活动，总是围绕在自己的小圈子内，一切都是为了自己，对他人的事情从来不在意。在物质上表现为非常看重自己的钱财，不愿借给别人。在精神上表现为极度冷漠，对别人的痛苦从来没有怜悯之心，有时候会有幸灾乐祸甚至落井下石的心理和行为。

以下是吝啬心理产生的原因：

1. 个人因素

吝啬是自私的一种表现，它的产生也来自于私心，当私心过于膨胀，就会导致以自我为中心，对他人的事情从不关心，只考虑自己的得与失，即使自己有能力去帮助别人，也会因为私心太重，害怕失去自己的利益，而不去帮助别人。

2. 外界因素

环境的不良也是造成吝啬心理的原因。父母对孩子的教育方式不正确，他们的身教和言行对孩子产生了负面的影响。有的是因为自己从来没有受到过别人的关爱，自己也认为没有必要关心别人，不愿意轻易地去帮助别人。

以下是防治吝啬的方法：

1. 正确认识吝啬

要想改掉自己的吝啬心理和行为，就先要对吝啬有个正确的认识。并且要分析自己产生吝啬的原因和因素，从根本上对自己的吝啬心理和行为进行纠正。吝啬会给人际关系带来危害。由于吝啬，人就会变得自私和冷漠，使人际关系变得冷冰冰的，既不利人也不利己。并且要认识到吝啬会导致失去亲人和朋友，成为一个名副其实的孤家寡人，那么即使自己拥有再多的金钱，也没有人和你分享，使自己充分意识到快乐比金钱更重要。

2. 要学会帮助别人

在现实生活中，人际关系很重要，自己不可能独立地去处理所有事情，总是需要别人的帮助，要得到别人的帮助，首先就要学会付出、去帮助别人。

3. 宽以待人，严于律己

学习这样的品德可以使自己的人生得到升华，有利于防治吝啬心理。

4. 进行心理治疗

感觉到自己的吝啬心理，虽然做出极大的努力，也没能纠正过来时，就需要心理医生的帮助。他们会根据具体情况来判定治疗方案。

第14章

巧用心态，拥有幸福人生

幸福是人的一种感受，一种心理状态，是人对自己生活中美好事物的一种心理体验。幸福掌握在自己手中，而不是在别人眼中。幸福是一种态度。不管是我们面对一项全新的事业，还是面对生活中出现的任何一种新的情况，人生道路上的每一个境遇都给了我们一个积极应对或消极应对的机会。正是我们选择的应对方式，决定了在事情结束后我们所感受到的幸福和不幸福的程度。

用勇气建立幸福的生活

具有勇敢品质的人，他们坚信自己事业的正确性，清醒地意识到行为的后果及其社会价值，愿为事业做出任何牺牲。

事业起初如一棵嫩芽，要它成长、要它茁壮，一定要有阳光去照耀它。

自我肯定能诱发光明积极、活泼开朗的性格而渐渐奠定信心的基石。如果自我肯定过于勉强，往往会带来反效果，但反复的自我肯定仍是有助于消除反效果，所以勉励自己，勇于作为，仍不失为好现象。

一个勇敢、坚韧的人，到处都受到人们的欢迎；而一个总是怨天尤人、专说失败的人，谁都不愿意与他交往。能在世界上不断发展自己事业的是那些对未来满怀希望、愉快活泼的青年。就我们本身而言，也希望避开那些整天满面愁容、无精打采的人。

幸福的生活只属于各方面都有把握的人。那些即使有机会也不敢把握、不能自信成功的人，只能落得一个失败的结局。唯有那些有十足的信心、能坚持自己的意见、有奋斗勇气的人，才能保持事业的雄心，才能自信必定成功。

在生活以及生存竞争中，能取得最终胜利的人，一举一动中一定充满了自信，他的勇敢的灵魂一定会使人自然对他产生特殊的尊敬。人人都可以看出被击败在地、陷入困境而怯懦地不敢抬头的人，给人一副死气沉沉的样子；他们看起来就缺乏决断力和自信；无论是行动举止、谈吐态度，他们都容易给人以一种懦弱无能的印象。

如果你建立了一定的事业发展基础，而且你自信自己的力量完全能够愉快地胜任，那么就应该立即下定决心，不要再犹豫动摇。即使你遭遇困难与阻力，无论如何也不要考虑后退。

在建立事业和幸福生活的过程中，荆棘有时比那玫瑰花的刺还要多。它们会成为你成功道路上的拦路虎，这只拦路虎在测试你意志究竟是否坚定、力量是否雄厚。只要你不气馁、不灰心，任何拦路虎都无法阻挡你前进的步伐。只要紧紧盯住已经确定的目标，坚定地相信自己的能力和事业上成功的可能，这样就能使你在精神上先达到成功的境界。随后，你在实际的事业过程中的成功也一定是确信无疑的。

世界上有无数的失败者，都是因为他们没有坚强的自信心，因为他们心神不定、犹豫怯懦，因为他们三心二意，对事情缺乏果断的决策能力。但其实他们体内明明包含了成功的因素，却硬是被自己驱逐出了自己的身体。

你要坚决果断，遇事马上决策、立即行动绝不犹豫；任何时候任何事情都要胸有成竹，决不气馁；你的意志必须强如钢铁，不可随便动摇，面对挫折你应坚强承受，无论你受到怎样的打击与引诱——这是战胜一切的诀窍。

你要成为环境的主人，而不是环境的奴隶。你无时无刻不在改善你的境遇，无时无刻不在向着目标迈步前进。你应该坚定地说：你自己的力量足以实现那件事情，绝对没有人能够抢夺你的内在力量。你要从个性上做起，改掉那些犹豫、懦弱和多变的个性，养成坚强有力的个性，把曾被你赶走的自信心和一切由此丧失的力量重新挽救回来。

无论你陷于何种穷困的境地，一定要保持你那可贵的自信心！你那高昂的头无论如何不能被困难压下去，你那坚强的心无论如何不能在恶劣环境下屈服。

因为只有勇敢的人才能建立幸福的生活。

学会平衡自己的心态

心态是我们真正的主人。我们如果能把握自己的心态，就能有效地控制自己的情绪。然而，在现实生活中，能够把握自己心态的人并不多。大多数人的内心世界或多或少都有一些不平衡心理。某人做生意赚了钱，某人仕途顺利，某人买了高级轿车，某人住进了豪华别墅……你觉得自己本来不比他们差，却不如他们风光体面！只要一对比，就发火、激动，就会产生不平衡的心理，而这种心理不平衡又驱使着你去追求一种新的平衡。如果在追求新的平衡中，你能用正当的竞争方式，去自觉接受道德的约束和限制，通过自己的努力、奋斗去实现人生的自我价值，达到一种新的平衡，倒也是值得称赞和庆幸的；如果在追求新的平衡中，因为怒火而失去理智，不择手段，毫无廉耻，膨胀自私贪欲之心，让身心陷入一种失控的状态中，那么就必然会产生一些意想不到的可怕后果。由此，你的人生必将陷入难以回旋的败局之中。

姜某曾是个表现不错、工作积极又很能干的业务员，因政绩突出不断受到提拔。但在最近这几年，当他知道过去的同事、同学通过各种途径生活条件都比他要好的时候，心里总不是滋味。想想自己能力至少不比他们差，职位也比他们高，可钱却比他们少，工作也比他们辛苦，经济上却不如他们，深感不平衡，心里便窝了一团火，因此也就有了一定要超过他们的想法。于是在他任职期间，大肆收受贿赂。这样，他思想上警惕的闸门在不平衡心理的驱动之下终于松动了，欲望的洪水顿时倾泻而下，一发不可收，攀比、不平衡的心理，最终使他走上了犯罪的道路。

不平衡使得一部分人心理自始至终处于一种极度不安的焦躁、矛盾、激愤之中，使他们牢骚满腹，不思进取，工作中得过且过，心思不专，更有甚者会铤而走险，玩火烧身，走上了危险的钢丝绳，落得身败名裂。因此，我们必须要走出不平衡的这种心理误区。要走出心理不平衡的这种误区，可以参考以下几点：

1. 学会比较

不平衡心理源于比较方式的不当，源于比较"参照系"选择的失误。如上例的姜某，所选择的比较"参照系"是那些有钱人，自认为能力、才华不比他们差，而收获却比他们少，这是多么不公平啊！而其实，只要我们多想一想那些普通劳动者，我们的心理就不会有这样多的焦灼、急躁与失落，甚至是愤愤不平。面对着众多普通人，我们的心灵必然会多一份平静豁达，甚至多一份愧疚，也就没有什么不平衡可言了。

2. 优势比较

当人们受挫后需要自己设法平衡心理。优势比较法要求去想那些比自己受挫更大、困难更多、境况更差的人。通过挫折程度比较，将自己的失控情绪逐步转化为平心静气。

3. 向他人倾诉

也叫情绪发泄法，即将自己的心里痛苦向他人倾诉。倾诉法是近年来心理医学普遍提倡和比较有效的一种治疗心理失衡的方法。受挫后如果把失望焦虑的情绪封锁在心里，会凝聚成一种失控力，它可能摧毁肌体正常机能，导致体内毒素滋生。适度向他人倾诉，可以将失控力随着语言的倾诉逐步转化出去。倾诉作为一种健康防卫，既无副作用，效果也较好，如果倾诉对象具有较高的学识修养和实践经验，将会对失衡者的心理给予适当抚慰，鼓起你奋进的勇气。

4. 目标法

挫折干扰了自己原有的生活，毁灭了自己原有的目标，重新寻找一个方向，确立一个新的目标，这就是目标法。目标的确立，需要分析思考，这是一个将消极心理转向理智思索的过程。目标一旦确立，犹如心中点亮了一盏明灯，人就会生出调节和支配自己新行动的坚定信念和意志力，去努力进行达到目标的行动。

因此，要想以健康的心态生活，首先要学会平衡自己的心态，少攀比，少生气，生活才会幸福、长久。

无私的人是幸福的

有人说幸福就是需要什么就能得到什么。比如说，一个人需要吃饭、需要睡觉、需要上网、需要荣誉、需要亲情、需要爱情。如果都能实现，那么，这个人是幸福的。

幸福不应只存在于某一孤立的个体。如果一个人的幸福是建立在他人的痛苦之上，那么这种孤立于他人的幸福是不会长久的。

如果一个人以多数人的幸福为幸福，以多数人的痛苦为痛苦，那么，他的幸福的实现，其幸福感将是极其强烈的，并且是无限持续的。

如果我们把幸福仅仅理解为满足个人需要，满足个人内在问题的解决，那么这种幸福就是一种自私的幸福。

自私是人类的一种正常表现，每个人都有自私的时候。但无私帮助别人也是人的正常心理活动，甚至每个人也都有过无私帮助别人的时候。

自私是一种较为普遍的心理现象，是一种近似本能的欲望，处于一个人的心灵深处。自私心理潜藏较深，它的存在与表现便常常不为个人所意识到，有的人不顾社会历史条件的要求，一味想满足自己的各种私欲，可是自己却并非意识到他的行为过于自私，相反他在侵占别人利益时往往心安理得，正因为如此，我们才将自私称为异常心理。

私欲这种东西能否根除呢？不能。世界上还没有这种一劳永逸的良方。但是自私也不是洪水猛兽，只要我们在意识到自己的自私行为时及时调适。一个想要改正自私心态的人，不妨多做些利他行为。例如关心和帮助他人，给希望工程捐款等。私心很重的人，可以从让座、借东西给他人这些小事情做起，多做好事，可在行为中纠正过去那些不正常的心态，从他人的赞许中得到利他的乐趣，使自己的灵魂得到净化。

私欲是一切生物的共性，所不同的是其他生物的私欲是有限的，人的私欲是无限的。正因为如此，人的不合理的私欲必须要受到社会公理、道义、法律的制约，否则这个社会就不属正常的社会。作为任何一个人，他的内心中存在一种普遍的道德、法律和保持自己的私心杂念是不矛盾的。如果人性中全是崇高的道德理念，人就不再是人而是神，如果人心中全是私心杂念，无崇高的道德理念，人就不再是人，而和动物没什么区别。

你是否注意过，别人之所以骂你自私，并非因为你追求个人利益，而是因为你忽略了当你的利益得到满足时是否损害了别人的利益。

了解自私与无私的定义，才能对许多事物产生正确的看法。无私的一般定义是：具备或流露不关心自己的动机。依此定义来看，普天下所有的智力健全者没有一个不是自私的。不关心自己是患严重心理疾病或过度压抑自我的征兆。辞典上是这么解释自私的：最关心自己或只关心自己。这个定义可以涵盖世界上每个心智建全的人。自私无所谓好坏，因此你可以坦然接受自私心态，只要确定你是合理而非无理的自私就可以了。抱着“世界属于我，我只顾自己”的处世态度，以至于大多数人对你避之唯恐不及，这是无理的自私。无理的自私常表现如下：自私自利，或者赤裸裸，或者琵琶遮面，只顾及私人的利益、地位，以及自己的“外交形象”，只有在自己利益受到损害时，才“坚持原则”，才“明辨是非”，才“敢于坚持己见”不屈做“恶人”；最注意的事就是不让任何人抢自己占据或者准备占据的职位；除了自己以外，什么都不关心；总希望自己显姓扬名，而要其他人隐姓埋名；傲慢自大，总以为“老子天下第一”；认为职员尤其是蓝领阶层和女性员工懒散，没有能力，忘恩负义，无论哪一方面均不如自己；对一般员工没有热情和兴趣，叫不出员工名字；不愿接见员工，和员工关系不和睦，甚至僵化；自己有错，却死不承认，还老是责怪别人，对他人所犯错误则认为是不大敬，应严加责罚。

自私和无私之间仅是一线之隔。越过它，你可以感受到舍己为人、不求任何回报的快乐。这是最大的喜悦，也是人生道路上不可或缺的一步。自私的人停留在狭小自我的束缚里，无法想象和体会帮助别人的快乐。无私是所有伟大人物共同的特性之一。没有无私的服务，做什么都不会得到成就。如果所从事的行为是自私的，纵然读破万卷经书也是枉然。

幸福更多的时候是一种心境，追求幸福，包含着人们对美好生活的企盼，更寄托着人们对人生境界的追求。不同的人有不同的志向和理想，体现了不同的信念追求和价值取向。“人活着是要有一点精神的”。人生的价值并不在于获取了多少、享受了多少，更多的时候在于为社会做了多少贡献、给他人带来多少福祉。因为只有这样，人类才能繁衍生息，社会才得以不断进步。否则，人人都去索取，都去为了个人的幸福而不顾他人的感受、甚至不择手段，人类社会就会灭亡。因此，那些为人民谋利益、谋幸福的人，本身也是最洒脱、最幸福的人。

善待他人就是善待自己

友谊是心灵的沟通，情感的交流；是无私的关怀，可贵的信任；是正直的忠告，热情的鼓励。友谊是对理想的共同追求，是前进征途上的精诚合作，是困难之途上的相互支持，是人生道路上的神圣承诺。

有句话说得好：“幸福并不取决于权力和容貌，而是取决于你与周围人的相处。”你想做个幸福、快乐、成功的人吗？那么就从善待他人开始吧！

与人为善说起来简单，做起来却不是件容易的事，它包含的内容很广泛。如：关心他人，当朋友遇到困难的时候主动伸出友谊之手；尊重他人，不去探究他人的隐私，不在背后议论他人；善于和别人沟通、交流，善于和那些与自己兴趣、性格不同的人交往；承认别人的价值，负起自己该负的责任……我们可以给善待他人下这样一个定义，善待他人最重要的原则就是“己所不欲，勿施于人”。凡事要从对方的角度来考虑，遵从这个原则，你将获得许多好朋友、好伙伴。

人际交往不单单是行动上做出来的，更是从心底里“流”出来的。在人际交往中要以诚待人，用“心”和他人交流。有的人非常渴望友谊，但他们却不肯向对方敞开自己的心扉。

合作是当代社会常想到的话题，说合作必须是真诚为基础的。你只有真诚对待别人，对方才会与你真诚合作。真诚是一种习惯，善待他人也是一种习惯。请记住这句话：善待他人也就是善待自己！

关于善待他人习惯的养成，这里可以提供一些建议。

1. 自信的态度

自信的人不随波逐流、唯唯诺诺，他们有自己的想法与处世风格，很少对别人吼叫、谩骂，甚至连争辩都极为罕见。他们对自己了解得相当清楚，并且肯定自己，自信的人容易赢得别人的认同，也容易培养自己关怀周围的人或事的作风。

2. 体谅他人的行为

这其中包括“体谅对方”与“表达自我”两方面。所谓体谅是指设身处地为别人着想，并且体会对方的感受与需要。在经营“人”事的过程中，我们要体谅和关心他人，设身处地为对方着想。

3. 善用询问与倾听

询问与倾听的行为，是用来控制自己的方法，让自己不要为了维护权力而侵犯他人。通过询问的方式可以引出对方真正的想法，了解对方的立场以及对方的需求、愿望、意见与感受，通过倾听既可以诱导对方发表意见，也可以让对方感到我在尊重他，尊重他的说话，进而对自己产生好感。一位优秀的沟通高手，绝对善于询问以及积极倾听他人的意见与感受。

放下互相仇视的眼光

在日常生活中，人们往往视对方为“敌人”，还常常提醒自己，他是我的竞争对手，也就是我们的敌人！只要他成功了，我就会被打败！因此要提高警惕，不要对他有半点好心。

对现代人而言，随时随地都会遇到这样的“敌人”，如商敌、情敌、棋敌、考敌等。其实，既然同样是人，为什么要为自己设下那么多的敌人？为什么要那么怀恨别人？这种朝朝暮暮与人为敌的人，终有一天会变成冷酷无情的人。

在人际交往中，什么人都得有所接触，是对手又怎么了！对手也一样能和你坦诚相处，真心交流。只要你能放下那种狭隘的看法，用一种欣赏的目光去看清他，你就会发现，对方其实并非想象中的那样，他有许多东西值得你去学习和借鉴。

为了避免产生这种现象，我们应该尽量欣赏对方的成就，体谅对方，而不是播下仇恨的种子。

多年前的一场 NBA 决赛中，NBA 中的一位新秀皮蓬独得 33 分，超过乔丹 3 分，成为公牛队比赛得分首次超过乔丹的球员。比赛结束后，乔丹与皮蓬紧紧拥抱着，两人泪光闪闪。这里有一个乔丹和皮蓬之间鲜为人知的故事。当年乔丹在公牛队时，皮蓬是公牛队最有希望超越乔丹的新秀。他时常流露出一种对乔丹不屑一顾的神情，还经常说乔丹某方面不如自己，自己一定会把乔丹推倒一类的话。

但乔丹没有把皮蓬当做潜在的对手而排挤他，反而对皮蓬处处加以鼓励。有一次乔丹对皮蓬说："我俩的三分球谁投得好？"

皮蓬有点心不在焉地回答："你明知故问什么，当然是你。"因为那时乔丹的三分球成功率是 28.6%，而皮蓬是 26.4%。

但乔丹微笑着纠正："不，是你！你投三分球的动作规范、自然，很有天赋，以后一定会投得更好，而我投三分球还有很多弱点。"并且还对他说："我扣篮多用右手，习惯地用左手帮一下，而你，左右都行。"这一细节连皮蓬自己都不知道。他深深地为乔丹的无私所感动。

从那以后，皮蓬和乔丹成了最好的朋友，皮蓬也成了公牛队 17 场比赛得分首次超过乔丹的球员。

而乔丹这种无私的品质则为公牛队注入难以击破的凝聚力，从而使公牛队创造了一个又一个的神话。

乔丹与皮蓬的故事告诉我们，在现实生活中，对自己的对手、敌人、对立面，与其怨恨报复、对抗、无味的搅局，倒不如谨慎地、不卑不亢地先求助于对方，以此博取对方的好感而消弭以往的情绪和芥蒂更为有利。

用仇恨的眼光看待对手，不但不能解决问题，还会把自己搞得疲惫。与其如此，还不如用一颗友善的心去欣赏对手。

欣赏对手，你就会得到意外的收获，不但使对手变成朋友，而且还能取得对手的信任和帮助。一举多得，何乐而不为呢？

赞美他人，照亮自己

“赞美”这种东西，不是出自我们的口，而是出自我们的内心世界。一个对生活充满绝望、不抱理想的人，对周围人和事物的态度不可能持乐观和赞美的态度，有的只是冷酷和愤世嫉俗。

在我们生活的世界里，有很多人和事值得我们去赞美，去讴歌，去为之心动神怡。即使在平日里，我们也要在“那么一刻”发出惊人的感叹：嫩芽爬上枝头，春天来啦！或者白雪茫茫，不觉吟诵“只识弯弓射大雕”，豪迈的情调也会油然而生。除了这些美丽的事物外，即使是最平凡的事物都有值得我们赞美的地方。环顾你的周围，你就会发现我们每个人都拥有一些别人所没有或不能拥有的优点：小王是把钱看重了一点，但他富有正义感；小李文化不高，但言谈比一些大学生还要得体；小张不会跳舞，但歌唱得非常好……也许在我们的办公室中，我们的同事就有一些我们想学学不到的优点：他成天快活，我则是一脸苦相；她口齿伶俐，而我却笨嘴拙舌。每个人都有值得赞美的地方，而当他听到赞美的时候也都会更加发扬他的优点，甚至改正他的缺点，同时也学会赞美别人。在某大学中曾经进行过一项实验，所有学生被分为三组，第一组学生经常受到鼓励和赞美，第二组学生任其自由发展，第三组学生除了受批评之外无其他评价。结果任由发展的一组进步最小，受批评的一组有一点进步，但是受赞美的一组表现最为突出！

我们生活在重负的时代里——物质上、生活环境上都决定了我们不可能有太多的享受：想长生不老，不行；想上月球旅行，也只有那几个人可以。然而我们不要苦了自己，要创造个人的幸福。而要创造幸福，就要求我们用一种赞美的态度去欣赏我们周围的人和事物。当你赞美别人时，你也会得到同样的回报。

有一个故事，说的就是这个道理。一位女士搬来小镇住几个月之后，向她的邻居抱怨本地药店老板的服务太差。她知道邻居是药店老板的朋友，希望邻居会把她的投诉转告店主。第二次她去药店里，老板微笑着欢迎她，又说十分高兴再见到她。他说希望她喜欢这个小镇，如果他能做点什么事情来帮助她和她丈夫在这个小镇定居下来，他会乐意去做。说完又很迅速地给她配药。后来这位女士向她的邻居谈起这个奇迹般的变化时，她的邻居回答说："其实我只是告诉他，你对他能把这家小镇药店建立和经营起来很惊讶。你认为他的药店是你见过的经营得最好的药店。"

赞美可以缩短人与人之间的距离，为我们赢得友情和坚强的团体。然而赞美的最大好处还在于使被赞美者获得提高：你赞美一个人勇敢的时候，这个人会变得更加勇敢；你赞美一个人正直的时候，这个人会变得更加正直。

赞美别人照亮了我们的生活，也创造了我们和谐的工作环境。在很多人脑海里有一个普遍的观念是"同事是敌人"，因而对于周围的人取得的成绩，爱嫉妒、爱贬低或喜欢从侧面去找岔子。有位大学生在刚参加工作的时候也是这样：那一年评"先进工作者"没有他的名，虽然他从业务素质到实干精神自认为不错。第一天他为此而伤脑筋睡不着觉，甚至想起了被评上的那位同事的几个不足，他真想破门而出批评评奖的不公正！可是他转而想了一下自己的不足，又认为采取另一种方式会更好：大家都是同事，共事的时间还很长，不要为这种小事而破坏了关系。第二天他便向被评上者表示祝贺。他对别人的赞美态度使他一下子解脱了出来，而且他们的友情也从此开始了。其实，在很多同事或朋友之间，这种和谐的气氛就是通过互相赞美而产生的。

在实际生活中，赞美帮助我们赢得了朋友。我们所拥有的众多朋友，都是因为我们在内心深处赞美他们、接受他们而获得的，因为这些朋友都在这方面或那方面拥有我们不能有的优点。我们赞美他们，他们也赞美我们，彼此之间的距离也就缩短了。我们并不要求他们与我们有相同的文化、相同的成长背景、相同的专业爱好。我们只求他们其中的一点，或诚实可靠、或处事稳健、或富于幽默感，就足以"使我惭愧、促我自新"了。

给予比索取快乐

要想活得幸福快乐，你就得学会“施与受”的艺术，因为这正是维持文明生活所必需的血液。一个人若只知道接受他人的恩惠与施舍，必然永远不会快乐。如果一个人的一生只从别人那里索取或接受而不懂得给予，那么渐渐地，别人给予他的也会越来越少。无论是金钱还是在别的方面的帮助上，施与受都是对等的。

舍己为人，亏己利人，薄己厚人，损己益人，把持着这四项基本观念，人们就会心悦诚服。

人有困难我就周济他，人有危难我就解救他，人有所想我就随他所想。这样愿望就能达到，幸福就会归来，祸害就会免除，纯粹是一片仁人的胸怀。

所以孔子说：“以富贵而天下，何人不尊；以富贵而爱人，何人不亲。”以我的富而能富他人的人，想贫也不可能了；以我的贵而能贵他人的人，想贱也不可能了；以我的达而能达他人的人，想穷也不可能了。

当一个在从他丰富的幸福仓库中拿出一部分幸福送给别人时，并不会因为拿出一部分使自己的幸福减少，反而会感到更加幸福。因为他将忧愁变成喜悦，把恨变成爱。在他眼中世界永远是美好的，人永远是幸福的。而得到他帮助的人也会感到幸福的增加。这样，当你慷慨地施予的时候，世界上的幸福就会无形地多了一份。

当一个人帮助他人时，其实就是帮助他自己。他会觉得与他人之间有一种亲密的感觉。他会自豪地认为自己是个对世界和社会很有贡献的有用之人。这就培养了他的自尊和信心。此外，接受他帮助的人定会对他十分感激。在这个由人组成的社会中，他会感觉更舒服、更幸福。

老子说：“尽力照顾别人，我自己也就更加充实；尽力给予别人，我自己反而更加丰富。”他人有恩德于我，虽是一碗饭的施舍，也不能忘记；我有恩德于他人，虽是救死之恩也不能企望报答，也不能向他人提及，也不能希望回报。此时回报已经在我心中，就是那助人为乐的幸福。这也就是古代圣人所说的“施恩于人不求回报，受人恩惠不能忘记”的道理。

一个人在选择人生时，其实也在选择态度。态度决定一切。谁懂得付出与给予，他人生的结局总不会太坏。高尔基也说：“给予别人，永远比向别人索取愉快。”

我们懂得付出，就永远有可以付出的资本；我们贪图索取，就永远有必须索取的企求。付出越多，收获越大；索取越多，收获越小。这种惯性趋势时刻操纵着我们，我们生活的状态就像滚雪球似的，越滚越大。只要我们养成付出、给予的习惯，我们就会拥有越来越多的可供付出、给予的资本。只有懂得施予，才能真正获得。

好心态有益于健康

健康是生命的源泉。失去了健康，会生趣索然，效率锐减。能够有健全的体魄与饱满的精神，在这两者之间，又保持完善平衡，这是一种天大的福分。

心态对于一个人的成功有着重要的作用，有一个积极的心态比什么都重要。

在某医院的一个病房里，医生遗憾地对一对夫妻说：“这个孩子不能活了。”这个刚生下来两天的婴儿因为先天不足，很可能会夭折。但是父亲不相信自己的孩子会这样死去，他坚定地回答：“这个孩子会活下去！”不仅如此，他立刻开始行动起来！他委托一位儿科医生照料这个孩子，这位医生同样具有积极的心态，他抓住每一个让孩子康复的可能进行治疗，出乎第一个医生的意料的是，经过一个星期紧张的治疗，这孩子确实活了！

相反，曾经有一位62岁的建筑工程师，一天当他下班回到家里，上床就寝时，突然感觉胸痛，呼吸急促。他的妻子非常惊慌，她怀着希望为丈夫按摩，试图增强他的血液循环。但是，这位工程师还是死去了。工程师死后，这位妻子绝望地对她的母亲说："我再也不能活下去了！"这位妻子由于经受不住心理上的打击，也死了。

同样是面对疾病，父亲和医生积极自信的心态让生机渺茫的婴儿健康地活了下来，但是消极的心态却夺去了工程师夫妇的生命，可见拥有一个积极的心态是多么重要。

人能不能健康长寿，跟他每天的心情有很大关系。心情好，心脉顺通，身心流畅，身体自然就好，反之变亦然。

积极的心态对你的健康、工作都起着重要的作用，会促进你的心理健康和身体健康，延长寿命。消极的心态则一定会逐渐破坏你的心理健康和身体健康，缩短你的寿命。美国的石油大王洛克菲勒活了98岁，发明大王爱迪生活了84岁，钢铁大王卡耐基活了84岁，日本企业巨子松下幸之助活了90多岁，拿破仑·希尔活了87岁……这些人之所以能成功，能长寿，就是因为他们时刻用积极的心态迎接事业，迎接生活的结果。积极心态的两大报酬就是心理健康和身体健康。真的，用你的实践努力去验证吧！

有一位年少有为的企业家，事业一片大好的时候，却因为身体的原因突然变得意志消沉，他悲观地认为自己要死了，甚至每天开始规划自己死后公司和家庭应该怎样安排，每天沉浸在这种死亡的阴影里，他的情绪越来越低落，身体健康状况也越来越差。这时候一位医生给他做了认真检查，发现他的症状只是经常感到呼吸急促，心跳很快，喉咙梗塞。医生在综合分析了他的情况之后，建议他暂停手上的工作，用一颗积极的心去面对轻松悠闲的生活。这位企业家听从了医生的建议，在家里休息了一段时间，但是由于恐惧，他的心里仍不安宁。他的呼吸变得更加急促，心跳得更快，喉咙仍然梗塞。这时医生劝他到一个风景秀丽的景区去度假，或许高山大川能够帮助他。但遗憾的是，他去的景区虽然有使人健康的气候，壮丽的高山，但仍不能阻止他陷入对死亡的恐惧，一周后，他回到家里，绝望地开始迎接死神的到来。他的家人看到这种状况，把他带到了一个著名的心理学家面前。心理学家对他说："我给你写一个诊所的地址，你到那里去，你可以彻底弄清病情，不会有比这更差的结果的，不是吗？"这个诊所的医生给他做了全面检查，然后医生告诉他："你生病的主要原因是吸进了过多的氧气，当你感觉到呼吸困难、心跳加快的时候，你可以向一个纸袋里呼气，或暂且屏住气息。"医生递给他一个纸袋，于是他顺从地按照医生的建议呼气，结果他的心跳和呼吸变得正常了，喉咙也不再梗塞了。几个月以后，他不再恐惧，病症也随之消失。当面对疾病的时候，除了常规的治疗，一个聪明的办法是坚持用积极的心态去面对，这样才能击败压力。

著名心理健康专家乔治·斯蒂芬森博士总结出十一条保持心理健康的方法，可供参考：

（1）当苦恼时，找你所信任的，谈得来的，同时头脑也较冷静的知心朋友倾心交谈，将心中的忧闷及时发泄出来，以免积压成疾。

（2）遇到较大的刺激，或遭到挫折、失败而陷入自我烦闷状态时，最好暂时离开你所面临的环境，转移一下注意力，暂时回避以便恢复心理上的平静，将心灵上的创伤填平。

（3）当情感遭到激烈震荡时，宜将情感转移到其他活动上去，忘我地去干一件你喜欢干的事，如写字、打球等，从而将你心中的苦闷、烦恼、愤怒、忧愁、焦虑等情感转移、替换掉。

（4）对人谦让，自我表现要适度，有时要学会当配角和后台工作人员。

（5）多替别人着想，多做好事，可使你心安理得，心满意足。

（6）做一件事要善始善终。当面临很多难题时，宜从最容易解决的问题入手，逐个解决，以便信心十足地完成自己的任务。

（7）性格急躁的人不要做力不从心的事，并避免超乎常态的行为，以免紧张、焦躁，心理压力过大。

（8）对别人要宽宏大量，不强求别人一定都按你的想法去办事，能原谅别人的过错，给别人以改过的机会。

（9）保持人际关系的和谐。

（10）自己多动手，破除依赖心理，不要老是停留在观望阶段。

（11）制订一份既能使你愉快，又切实可行的休养身心的计划，给自己以希望。

成功的策略

——心态决定命运细节决定成败详解

细节篇

第15章

关注细节，成就卓越

杰出始于普通，卓越源自平凡。无视小事会让我们贻误大事；留心小事可以让我们成就大事。

细节的成功看似偶然，实则孕育着成功的必然。细节不是孤立存在的，就像浪花显示了大海的美丽，但必须依托于大海才能存在一样。所以智慧的人总能捕捉到一些细节，并以此来鉴定人们的品格。

细节能反映一个人的修养

我们靠什么提高竞争力？就是要从细节入手，扎扎实实地提高自身修养。有良好的修养，我们细节最容易为人所忽视，所以最能反映一个人的真实状态，因而也最能表现一个人的修养。正因为如此，透过细节看人，逐渐成为衡量、评价一个人的最重要的方式之一。

会成长得更快、更强。

细节最容易为人所忽视，所以最能反映一个人的真实状态，因而也最能表现一个人的修养。正因为如此，透过细节看人，逐渐成为衡量、评价一个人的最重要的方式之一。现在，有些用人单位在招聘时，还专门针对细节下些功夫。

有一个流传很广的关于应聘的故事：

有家招聘高级管理人才的公司，对一群应聘者进行复试。尽管应聘者都很自信地回答了考官的简单提问，可结果都未被录用。这时，有一位应聘者，走进房间后，发现干净的地毯上有一个纸团，他一声不响地弯腰捡起了纸团，准备将它扔到纸篓里。这时，考官说话了："你好，朋友！请看看你捡起的纸团吧！"这位应聘者打开纸团，只见上面清楚地写着："热忱地欢迎你到我们公司任职。"后来，这位应聘者成了这家公司的总裁。

扔纸团，显然是招聘公司用来考察求职者是否关注细节的，那些对纸团视而不见的应聘者无疑是不及格的，不及格自然铩羽而归，而那位弯腰捡纸团的应聘者正是招聘公司寻求的对象。在这里，一个不经意的细节就决定了面试的成败。

又有这样一个故事：南非有一个高尚而富有的企业家建了一所女子学院。在那里女孩子们能受到良好的英文教育，还能学习怎样自立。企业家需要一个负责人兼教师。学校董事会给企业家推荐了一位年轻妇女，董事会各成员对这位年轻女士的学识、修养、完美的风度大加赞扬，认为她是这一职位的唯一人选。于是，那位企业家感到自己很幸运，他立刻就邀请这位女青年来见自己。百闻不如一见，这位女青年名副其实地具备所有需要的素质。然而，企业家却莫名其妙地拒绝给她任何机会。很久以后，当有朋友问起，为什么不可思议地拒绝雇佣如此能干的一个教师时，企业家回答说："那是因为一个小细节，一个像蝌蚪文字一般隐伏着重大意义的小细节。那个女青年来我这儿时，穿着昂贵的时装，戴的手套却肮脏破烂，鞋上的扣子近一半已掉了。一个邋遢的女人不适合做任何女孩的老师。"那位应聘者或许永远都不会知道她落选的原因，因为无论从任何方面讲她都非常适合这个工作，然而她忽视了衣着的细节，所以错过了就业的机会。

企业用人是有标准的，平时一些不经意的细节小事，并不是用标准就能衡量得出来，但它却能反映出一个人真实的东西——修养。

夸张地说，细节有时候可以决定命运。曾经有一位女大学生在谈到婚姻爱情这个话题时说，假如有个男同胞在她面前打个嗝，哪怕他再优秀，也绝无同他发展下去的可能。这话多少有点孩子气，也近乎苛刻了，但有时候，这样的细枝末节还真能左右人的选择。

一个小伙子经人介绍认识了一位才貌并不出众的姑娘，第一次见面后他决定继续保持联系的重要理由就是：当他们在看电影的时候，那个女孩吃完了手中的冰淇淋后，把包装纸缠在木棒上始终拿在手里，直到走出影院才投进垃圾箱。女孩做得十分自然，不像是故意做出来的。仅此一个细节，体现出了她自身良好的教养；仅此一个细节，他们终于喜结连理。

对于细节的敏感不仅仅体现在婚姻恋爱的选择上，很多时候，人们对于一个人的评价，也时常要受到一些细节的影响。平时，我们展示完美的自己很难，因为这需要每一个细节都完美；但毁坏自己很容易，只要一个细节没注意到，就会给自己带来无法挽回的影响。

细节的成功看似偶然，实则孕育着成功的必然。细节不是孤立存在的，就像浪花显示了大海的美丽，但必须依托于大海才能存在一样。所以智慧的人总能捕捉到一些细节，并以此来鉴定人们的品格。

1917 年 1 月 4 日，是蔡元培先生担任北京大学校长的日子。这天，一辆四轮马车驶进北京大学的校门，校园内的马路早有工友恭恭敬敬地站在两侧，向他们的新校长鞠躬致敬。蔡元培见此情景，赶忙走下马车，摘下他的礼帽，向这些杂工们鞠躬回礼，和他们亲切地打着招呼。

在场的人都惊呆了：校长和工友打招呼、鞠躬回礼在北大是前所未有的事情，北大是一所等级森严的官办大学，校长是内阁大臣的待遇，从来就不把工友放在眼里。像蔡元培这样地位崇高的人向身份卑微的工友行礼，在当时的北大乃至全国都是罕见的现象。这不是件小事，北大的新生由此细节开始。他的这一行为，是一面教学子们如何做人的旗帜。

把同样的事做细成就卓越

同样的时机，有人赔钱，也有人赚钱；同样的事业，有的蒸蒸日上，有的破产倒闭。事还是同样的事，为什么不同的人做就产生不同的结果呢？除去不可改变的外部环境因素外，卓越的人之所以成功的很大一部分原因是因为他们做同样一件事做得比其他人要细，要精。

比如做搬家公司，有的搬家公司可能并不成功，有的可能做得小有成就，但有哪一家搬家公司能像阿托搬家中心总公司一样发展到如此的规模和成就呢：它仅用了 9 年时间，年营业额就增加 347 倍，达到 140 多亿日元，并从一个地区性公司的小型企业，发展成在全国近 40 个城市拥有分公司或联营公司的大型企业。美国和东南亚一些国家还争相购买他的搬家技术专利。

阿托搬家中心的总经理叫夺田千代子，由于经营上的成功，她已成为日本服务业的明星，被评为日本最活跃的女企业家之一。她最早与丈夫夺田寿男一起经营运输业。但好景不长，一场石油危机使运输业由盛转衰。为了生存，夺田夫妇日夜奔驰在公路上，少睡觉，多付出，但仍逃脱不了破产的厄运。

正当夺田千代子为今后生计发愁时，报纸上一条简短的消息引起她的注意。消息中说，日本关西地区每年搬家开支400亿日元，其中大阪市就有150亿日元。夺田千代子产生这样一个念头：为什么不在这不引人注目的行业上试一试运气？她和丈夫商量后，就决定办一个搬家的专业公司。

搬家的市场虽然相当大，但怎么能把成千上万分散的住户吸引过来呢？做广告可花不起钱呀！想来想去，她决定利用电话号码簿为自己做不花钱的广告，因为想搬家的人肯定会在电话簿上找运输公司的电话。她了解到日本的电话簿是按行业分类的，在同一行业内，企业的排列是以日语字母为序。所以，她就给自己的公司取名为“阿托搬家中心”，使它在同行业中名列首位，查找时很容易发现它。然后，千代乃又在电话局的空白号码中，选了一个又醒目又容易记的号码——0123。

公司开张后，果然生意很红火，许多顾客都打电话提前预约。夺田千代子经营之初对搬家技术就作过全面的了解，根据顾客的需要，她对搬家技术进行了一系列革新，另外开发出许多附带的服务项目。她抓住顾客珍惜家财和怕家财暴露于外的心理，设计了搬家专用车，把家用器具装在这种车上，既安全可靠，又不会为路人看见。针对日本城市住宅多是高层公寓，夺田千代子专门设计了搬家专用吊车和集装箱，高层公寓居民搬家时，只要用吊车把集装箱送至窗前即可进行作业。此外，夺田千代子的阿托搬家中心还提供与搬家有关的服务300多项。例如：日本人有一种传统习惯，因搬家难免会打扰左邻右舍，每逢搬家，都要给邻居送一些点心或面条，以表歉意。但是往往因为忙乱而忘掉这一礼节。阿托搬家中心便可代顾客办理此事。它还为顾客提供消毒、清扫服务；代理因迁居而发生的变更户籍、改换电话、学生转学、报刊投递、结算账目等手续；还提供室内设计、代购用品、处理废弃物品、修理门窗家具、调试钢琴等服务。

夺田千代子的成功吸引了许多人步入搬家行业，他们纷纷模仿夺田千代子的做法，为了在电话簿上占据显要位置，想出了许多千奇百怪的公司名称。为了迎接各种挑战，夺田千代子将开发新的服务视为公司经营的最重要的课题。“不创新就要落伍!”她经常告诫公司的职员。千代乃认为，信息时代已经到来，只靠电话号码簿这个廉价方式来宣传已经不够，必须利用影响面最广的电视广告进行宣传。但电视广告费用很高，5 秒钟就要 2000 万日元，如果达不到预期效果，一大笔资金就将付之东流。千代乃不惜重价尝试了电视广告，竟然收效显著，阿托搬家中心名声大作，营业额直线上升。

以往搬家总是“行李未到，家人先到”，搬家总是留给人烦恼的回忆，夺田千代子决心把它变成终身难忘的旅行。为此，她特地在欧洲最大的大轿车厂——德国的巴尔国际公司定做了一种名为“21 世纪的梦”的搬家专用车，这种车长 12 米，宽 2. 5 米，高 3. 8 米。前半部分为上下两层，下层是驾驶室，上层是一个可以容纳 6 人的豪华客厅，里面有舒适的沙发、婴儿专用摇篮，还装有电视机、立体组合音响设备、电冰箱、电子游戏机等设施。后半部才是装运行李家具的车厢，载重量为 7 吨。这种新型搬家专用车通过电视广告向日本全国展示后，各地的搬家预约蜂拥而至。特别是好奇心强的孩子们，他们指名要乘坐“21 世纪的梦”搬家车。

夺田千代子十分重视自己公司的服务质量，把它作为增强公司竞争能力的最重要手段之一。该公司每完成一宗搬家任务后，都要请顾客填写“完成证明书”，它的背面则是“赔偿请求书”。作业人员如果连续十次向公司交回“完成证明书”，夺田千代子就亲自奖励给该员工一万日元；如果出现索赔事故或受到顾客批评，不但得不到奖金，还要被扣罚奖金。这种严格的业绩考核方法使公司员工都把提高服务质量与自己的切身利益紧密联系起来。阿托搬家中心以其优质服务和创新经营，才得以在日本众多的搬家公司中脱颖而出，并遥遥领先。

从给公司起名到公司的电话号码，从设计搬家车辆样式到附带的服务项目，从完成证明书到赔偿请求书等等，夺田千代的搬家公司可以说是把“搬家”这件事做得细到了无以复加的地步。而正是她对细节的这种孜孜不倦的执著追求使她在一个新行业，创造出了令人惊叹的奇迹。

因小积大铸就自己的辉煌人生

老子说过："天下难事，必做于易；天下大事，必做于细"。这句话的意思就是：想要成为一个生活中的强者，想要成就一番事业必须要从简单的事情做起，从细微之处入手。当我们以一种甘于平凡、低调，不计小的做人态度去面对生活、工作中的事情时，就能正确地处理生活、工作中的每一件事情，并且脚踏实地地将它做好，从而能更好地把握住每次机遇，将事情做到位，铸就我们的辉煌人生！

在这个世界上，很多时候，很多事情确确实实难有大小之分，今天看起来很大的事，说不准某一天又会变成小事，而现在看起来是小事的事情却极有可能成为大事。

由此可见，大事与小事之间是没有任何具体、明确的区分标准。也就是说，我们要想做出一番事业，就要在面对生活、工作中的任何事情的时候，都保持相同的态度。唯有如此，我们才能真正地成就自我。

张某出国之前在国内是做计算机数据库管理的，移民到加拿大多伦多好几年了。在这期间里，他做过面包厂的工人，也帮人设计过软件，还在香港公司做过网管，而如今做的奶茶生意则要追溯到5年前。一个偶然的机会，他和女友逛街的时候，看着超市里的矿泉水和各式的饮料。女友拉拉他的手，说很想念国内的珍珠奶茶，可是在千里之外的加拿大，原来的普通小幸福也变成了奢侈的豪华大餐了，想喝都没处去买。他一边安抚女友，一边想着：在国内那么受年轻人欢迎的珍珠奶茶，为何不能引入多伦多市场呢？

经过认真的市场考察以及准备后，张某的第一家奶茶店选址设在人流量较大的华人区，"小本生意利润微薄，赚钱主要靠人流量大，所以每个细节都是关键。"张某介绍，开第一家店时，他花了近一个月的时间，每天考察路上的人流层次结构以及消费习惯等一切可能会影响到销售业绩的因素，尽管如此，他的第一家店在开业后前两个月经营仍不理想。为了扭亏为盈，张某在奶茶口味和细节服务上下足了工夫。一方面不断从奶茶原料商处取经并根据消费者的反映，对奶茶口味不断比较和重新调配；另一方面，根据加拿大人的喜好，对奶茶进行创新并向本地的咖啡店学习，把奶精砂糖放在外面，让消费者自己调制喜欢的口味。张某的店面虽然不大，但铺面门前有两张桌椅供消费者歇脚。现在张雄的生意已经越来越红火了，店面已经发展到 5 家，且第六家店开业也在积极筹备中。

张某介绍，根据经验，奶茶店要尽量在人流量比较大的路段，尤其是在年轻消费群体比较集中的学校以及公寓附近最佳，如果路段较好，每天 300 杯销售额是可以保证的。此外，小买卖打的是精细算盘，铺面不能太大，面积一般不要超过 10 平方米，尽量节约投入。“投资实业看中的就是个稳，小本生意想要成功就必须狠抓细节。”

有人说：“把每一件简单的事做好就是不简单；把每一件平凡的事做好就是不平凡。”从现在起，我们就要改变自己的心态，正确地面对生活、工作中的任何事情，并且将它做好，你就能因小积大铸就自己的辉煌人生。

要想成就一番大事，做出一番伟业，其实并非像我们所想象的那样，只有做大事才能成功。而是，只要我们能脚踏实地，甘于平凡，勤勤恳恳地去做，用心地去做，即使是看起来再小的事，只要我们尽心尽力做好，照样能取得不凡的成就。

大事是从小事开始的

任何庞然大物，都不忽略小，只有小，才是最具感染力的。近代尽人皆知的重大发现，从苹果落地发现地心引力，到开水冒气引发的蒸汽机的利用，无不是由偶发思端的小事影响整个世界的。正是由于近代科学发现了最小的物质颗粒——电子、质子、中子、光子，人类才浩荡地走过 20 世纪，快速发展到今天。微电子技术的诞生和发展，是从最初集成电路只包含几个、几十个元器件，发展到一个小小硅片上可以制作出几十万个、上百万个元器件，形成微型电子电路的。正是这个微型电子电路，带来当今世界飓风般的各种生产方式大规模乃至超大规模变化。

可见，未来最终改变我们这个世界、影响人们生活的，不在宇宙，乃在毫微。小的不仅仅是美好，而且关键时刻它孕育一种与命运相关的改变。

米查尔是一位著名的雕塑家。有一天，米查尔在他的工作室中向一位参观者解释为什么自这位参观者上次参观以来他一直忙于一个雕塑的创作。他说："我在这个地方润了润色，使那儿变得更加光彩些，使面部表情更柔和了些，使那块肌肉更显得强健有力；然后，使嘴唇更富有表情，使全身更显得有力度。"

那位参观者听了不禁说道："但这些都是些琐碎之处，不大引人注目啊！"

米查尔回答道："情形也许如此，但你要知道，正是这些细小之处使整个作品趋于完美，而让一件作品完美的细小之处可不是件小事情啊！"

那些成就非凡的大家总是于细微之处用心、于细微之处着力，这样日积月累，才能渐入佳境，出神入化。

对任何伟大的品格、超人的才能都不是凭空产生的，而是在日常小事上积累的结果。不愿干小事的人必定干不了大事。

著名的荷兰科学家万·列文虎克是农民出身。他的成功，源于他对生活小事的关注。初中毕业后，列文虎克来到当地小镇上找到了一份看门的工作。他在这个岗位上一直干了60年，中间没有换过一次工作。

看门的工作比较清闲，列文虎克便把打磨镜片当作自己的业余爱好。他磨呀磨，一天一天地磨，一年一年地磨，锲而不舍，前后一磨就是60年。在打磨镜片时，他是那样的专注和细致，他的技术已经超过专业技师了，他磨出的复合镜片的放大倍数，比专业技师们的都要高。借着研磨的镜片，列文虎克发现了微生物世界。从此，他名声大振，只有初中文化的他，被授予巴黎科学院院士的头衔。就连英国女王都到小镇来拜会他。

列文虎克老老实实地把手头上的每一块玻璃磨好，用尽毕生的心血来做一件小事，终于他在他的小事里看到了成功，科学也在他的小事里看到了更广阔的前景。

不要小看做小事，不要讨厌做小事。只要有益于工作，有益于事业，人人都从小事做起，用小事堆砌起来的事业大厦就是坚固的，用小事堆砌起来的工作堡垒就是强硬的。

有一位女孩大学毕业后，去应征秘书的工作，被公司录取了，由于公司里暂时没有秘书的缺，经理就暂时分配她做泡茶的工作，领秘书的薪水。

刚开始，她很乐意，认为泡茶的工作简单，又可以领秘书的薪水，于是很安心地为公司同事泡了一段时间的茶。过了一年多，她心里开始不平衡了，自己是堂堂大学毕业生，老是做低三下四的泡茶工作。她很不甘心，泡出的茶渐渐地也很难喝了。

有一天，经理喝了一口茶就吐了出来："堂堂大学毕业生连茶都泡不好，干脆辞职算了。"女孩听了很伤心，决定当天下午就辞职。正在这时候，公司有位重要客户来访，经理便叫她泡茶招待客人。女孩擦干眼泪，心想："这可能是我在这家公司泡的最后一壶茶了，不如好好地泡，不要让人觉得连茶也泡不好。"

她专心地将茶泡好，用灿烂的微笑端茶出去，客户只喝了一口就说："呀，好久没喝过这么好的茶了。能把茶泡得这么好的人，做任何工作都是可以胜任的。"经理也喝了一口，这同样的茶叶泡出来的茶水和早上已经完全不同。

结果，公司做成一笔大买卖，女孩立刻调任秘书的工作。

在工作上，无论大事、小事，都要认真对待。往往一个小小的细节，就决定着你的成败。

细节能显示一个人的真正想法

齐国有一位名叫隰斯弥的官员，住宅正巧和齐国权贵田常的官邸相邻。田常为人深具野心，后来欺君叛国，挟持君王，自任宰相执掌大权。隰斯弥虽然怀疑田常居心叵测，不过依然保持常态，丝毫不露声色。

一天，隰斯弥前往田常府第进行礼节性的拜访，以表示敬意。田常依照常礼接待他之后，破例带他到高楼上观赏风光。隰斯弥站在高楼上向四面望，东、西、北三面的景致都能够一览无遗，唯独南面视线被隰斯弥院中的大树所阻碍，于是隰斯弥明白了田常带他上高楼的用意。

隰斯弥回到家中立刻命人砍掉那棵阻碍视线的大树。正当工人开始砍伐大树的时候，隰斯弥突然又命令工人立刻停止砍树。家人感觉奇怪，于是请问究竟。隰斯弥回答道："俗话说'知渊中鱼者不祥'，意思就是能看透别人的秘密，并不是好事。现在田常正在图谋大事，就怕别人看穿他的意图，如果我按照田常的暗示，砍掉那棵树，只会让田常感觉我机智过人，对我自身的安危有害而无益。不砍树的话，他顶多对我有些埋怨，嫌我不能善解人意，但还不致招来杀身大祸，所以，我还是装着不明不白，以求保全性命。"

在日常生活中，许多细节往往显示一个人内心的真正想法，我们可以通过察言观色来揣摩对方的心理行为，也可以通过观察对方的举止言谈，捕捉其内心活动的蛛丝马迹；更可以通过揣摩对方的状态神情，探索引发这类行为的心理因素。

范文程是清王朝的开国元勋，著名的谋略家，宋朝名臣范仲淹的后代，祖辈移居沈阳。他原是明朝落第秀才，满腹经纶，有智谋，有远见。努尔哈赤兴起后，范文程在抚顺谒见他，对策论学，纵横古今，受到努尔哈赤的重视。在清初复杂、动荡而又至关重要的时期，范文程活动了五十年，经历了努尔哈赤、皇太极、多尔衮、福临（顺治帝）三朝四代统治者。他的活动，对清初的国家统一作出了重要贡献。在处理各项军国大政中，范文程特别重视延揽人才，尤其致力于为皇太极网罗汉族人才。他有身为汉人的特殊条件和重才爱才之心，以及说转铁石心肠的特别才干，故而善于劝降明朝将官。

崇德七年（公元1642年），明朝大将洪承畴在松山战败被俘。清人极力劝其投降，但洪承畴誓死不降，骂不绝口，表示只求早死。皇太极无可奈何，只得请范文程前往劝降。

范文程去看望洪承畴，且不提起劝降之事，只是天南海北、说古道今地随便闲谈，从中察言观色。说话中，梁上积尘落在洪承畴衣襟上，洪承畴这个决意将死之人，却几次轻轻地将落尘拂去。这个下意识的动作，他人不会留意，却逃不脱明察秋毫的范文程的目光。他由此判定洪承畴必可说降。他向皇太极蛮有把握地报告说："我看洪承畴是不会死的。他连自己的衣服都那么爱惜，更何况自己的生命呢！"

皇太极闻报十分欣喜。事情果然不出范文程所料，后经巧妙而耐心地劝说，一向信誓旦旦表示要以死报国的洪承畴终于俯首帖耳地投降了皇太极。范文程观察入微，料事如神，善于把握劝说对象的心理活动规律，真达到了绝妙的程度。同时从这一事例中，我们也能看出，从一个人的细微动作中，可以认识到他的心理行为。

1. 手插裤兜者

双脚自然站立，双手插在裤兜里，时不时取出来又插进去，这种人的性格比较谨小慎微，凡事三思而后行。在工作中他们最缺乏灵活性，往往用老办法来解决很多新问题。他们对突如其来的失败或打击心理承受能力差，在逆境中更多的是垂头丧气，怨天尤人。

2. 双手后背者

两脚并拢或自然站立，双手背在背后，这种人大多在感情上比较急躁，但他与人交往时，关系处得比较融洽，其中可能较大的原因是他们很少对别人说“不”。当过兵的人对双手后背这种习惯动作很熟悉。尽管部队规定在正式场合不许袖手和背手，但还是可以看到在非正式场合一群新兵聊天的时候，突然老兵班长来了，他往往就是背握着手，昂起下巴，在新兵中走来走去。把老班长这种动作换成语言来表示，就等于他在说：“我是老兵，我是班长，你们得听我的。”这是相当自信的姿势。

3. 经常摇头者

经常“摇头”或“点头”以示自己对某件事情看法的肯定或否定。他们在社交场合很会表现自己，却时常遭到别人的厌恶，引起别人的不愉快。但是，经常摇头或点头的人，自我意识强烈，工作积极，看准了一件事情就会努力去做，不达目的誓不罢休。

4. 吐烟圈者

这种人突出的特点是与别人谈话时，总是目不转睛地看着对方，支配欲望强，不喜欢受约束，为人比较慷慨，哥们儿义气重，因此他们周围总是包围着一群相干和不相干的人。吐烟圈还能看出此人对某个状况是积极的还是消极的态度，那就是看他把烟圈是朝上吐还是朝下吐。一个积极、自信的人多半会把烟向上吐。相反，消极、多疑的人多半会朝下吐烟。若是朝下吐，而且是由嘴角吐烟时，表示出此人非常消极或诡秘的态度。

5. 拍打头部者

拍打头部这个动作多数时候的意义是表示对某件事情突然有了新的认识，如果说刚才还陷入困境，现在则走出了迷雾，找到了处理事情的办法。拍打的部位如果是后脑勺表明这种人敬业，拍打脑部只是为了放松一下自己。时常拍打前额的人是个直肠子，有什么说什么，不怕得罪人。

6. **拍打掌心者**

与人谈话时，只要他动嘴，一定会有一个手部动作，比如相互拍打掌心、摊开双手、摆动手指等等，表示他对说话内容的强调。这种人做事果断、雷厉风行、自信心强，习惯于把自己在任何场合都塑造成“领袖”人物，性格大都属于外向型，很有一种男子汉的气派。

7. **言行不一者**

当你给某人递烟或其他食物时，他嘴里说“不用”、“不要”，但手却伸过来接了，显得很客气的样子。这种人比较聪明，爱好广泛，处世圆滑、老练，不轻易得罪别人。

8. **触摸头发者**

这种人个性突出，性格鲜明，爱憎分明，尤其疾恶如仇。他们经常做一些冒险的事情，喜欢挤眉弄眼，爱拿人当调侃对象。这些人当中有的缺乏内涵修养，但他特别会处理人际关系，处世大方并善于捕捉机会。

9. **抖动腿脚者**

喜欢用腿或脚尖使整个腿部颤动，有时候还用脚尖磕打脚尖或者以脚掌拍打地面，这种人比较自我欣赏，性格较保守，很少考虑别人。然而当朋友有困难时，他会经常给朋友提出一些意想不到的好的建议。

10. **手摸颈后者**

当一个人习惯用手摸颈后时，是出现了恼恨或懊悔等负面情绪。这个姿势称为“防卫式的攻击姿态”，在遇到危险时，人们常常不由自主地用手护住脑后，但在防卫式的攻击姿势中，他们的防卫是伪装，结果手没有放到脑后，而是放到了颈后。女人伸手向后，撩起头发，来掩饰自己的恼恨情绪，并装作毫不在意的样子。

11. **摊开双手者**

大部分的人要表示真诚与公开的意愿，便是摊开双手。意大利人毫无约束地使用这种姿势，当他们受挫时，便将摊开的手放在胸前，做出“你要我怎么办”的姿态。他做的事情出现了坏的现象，别人提出来，而他摊开双手，表示他自己也没有办法解决，一副无可奈何的样子。摊开双手，有时耸肩的姿态也会随着张手和手掌朝上而来。演员常常用到这个姿势，他们不只是表现情绪，即使在说话前，也能显示出这个角色的开放个性。

12. **解开外衣纽扣者**

这种人的内心真诚友善，他在陌生人面前表达这种思想时，最直接的动作便是解开外衣的钮扣，甚至脱掉外衣。在一个商业谈判会议上，当谈判对手开始脱掉外套，领导便可以知道双方正在谈论的某种协定有达成的可能；不管气温多么高，当一个商人觉得问题尚未解决，或尚未达成协议时，他是不会脱掉外套的。那些一会儿解开钮扣，一会儿又系上钮扣的人，做人较优柔寡断，意志不坚定，犹豫不决。

13. 拍案击节者

这有两种情形。一种情形是，谈话时，一个人以手在桌上叩击出单调的节奏，或者用笔杆敲打桌面，同时脚跟在地板上打拍子，或抖动脚，或用脚尖轻拍，这种节奏并不中途停止，而是不断地嗒嗒作响，这些都是在告诉你他已经对你所讲的话感到厌烦了。另外一种情形是，一个人在看书、读报、看电视，尤其是看球赛之类节目时，突然拍案击节，表示他对故事情节或运动员的某个动作表示赞赏。这种人性格乐观，对烦恼不记挂于心。

14. 双手叉腰者

这种人希望在最短的时间内经过最短的距离以达到自己的目标，他突然爆发的精力常是在他计划下一步决定性的行动时，看似沉寂的一段时间内所产生的。这个姿势，就像他用V字代表胜利的符号一样，成为他的特征。不飞则已，一飞冲天；不鸣则已，一鸣惊人，就是这个意思。

第16章

忽视细节，注定失败

一个细节的失误，造成前功尽弃、满盘皆输的结果。世界上的大企业的倒台，有许多不是因为大事件，而是在小事上栽了跟头。许多大事的失败，往往是在细节上没有尽力所造成的，往往是一些不起眼的小事，造成了大的问题。

细节决定成败，小事决定大事

“千里之堤，溃于蚁穴”的说法充分说明了，无论做人还是做事都不能忽略一些细微的错误，因为细小的错误有时候会改变一个人一生的命运，甚至会改变一个国家的命运。

历史上，英格兰国王理查三世准备和兰凯斯特家族的亨利进行最后的大决战，以此决定由谁来统治英格兰。

开始战斗之前，理查派马夫去装备自己最喜欢的战马。

马夫发现马掌没有了，于是，他对铁匠说：“快点给战马钉掌，国王希望骑着它去冲锋作战。”

“你需要等一等，”铁匠回答，“几天前，因为给所有的战马钉掌，铁片已经用完了。”

“我等不及了。”马夫焦躁地吼道。

铁匠低头不语，从一根铁条上弄下可做四个马掌的材料，把它们砸平、整形，固定在马蹄上，然后开始钉钉子。钉了三个马掌后，他发现没有钉子来钉第四个马掌了。

“我缺几个钉子，”他说，“需要一些时间砸两个。”

“我已经告诉过你我等不及了。”马夫说。

“没有足够的钉子，我也能把马掌钉上，但是不能像其他几个那样牢固。”

“是不是能挂住?”马夫问。

“应该能，”铁匠回答，“但我不确定。”

“那好吧，就这样吧。”马夫叫道，“快点，要不然国王会怪罪我的。”

铁匠凑合着把马掌挂上了。

很快，双方交战了。理查国王冲锋陷阵，鞭策士兵迎战敌军。突然，一只马掌掉落，战马跌倒在地，理查也被掀翻在地上。受惊的马跳起来逃走了，国王的士兵也纷纷转身撤退，敌人的军队包围了上来。

理查向空中挥舞宝剑，大喊道：“马！一匹马，我的国家被倾覆了就因为这一匹马。”实际上，不是一匹马的关系，国王万万没有想到让他丢掉国家的不是一匹马，而是一颗钉子！

于是，从那时起人们就传唱着这样一首歌谣：“少了一个铁钉，丢了一只马掌。少了一只马掌，丢了一匹战马。少了一匹战马，败了一场战役。败了一场战役，失了一个国家。”

一个王朝的存亡竟由一颗小小的钉子决定。这是一个耐人寻味、发人深省的教训。这样的教训在现实生活中比比皆是。

一个细节的失误，造成前功尽弃、满盘皆输的结果。世界上的大企业的倒台，有许多不是因为大事件，而是在小事上栽了跟头。

美国质量管理专家菲利普·克劳斯比曾说：“一个由数以百万计的个人行为所构成的公司，经不起其中1%的行为偏离正轨。”

现代化的大生产，涉及面广，场地分散，分工精细，技术要求高，许多工业产品和工程建设往往涉及几十、几百甚至上千个企业，有些还涉及几个国家。这就需要从技术和组织管理上把各方面的细节有机地联系协调起来，形成一个统一的系统，从而保证其生产和工作有条不紊地进行。在这一过程中，每一个庞大的系统是由无数个细节结合起来的统一体，忽视任何一个细节，都会带来意想不到的灾难。

下面我们来看看几个因为对小事采取了忽视的态度，而导致整个事件失败的实例。

2003年2月1日，美国“哥伦比亚”号航天飞机返回地面时，意外地发生了爆炸事故。航天飞机上的宇航员全部遇难，让全世界感到震惊。事后的调查结果表明，造成这一灾难的凶手竟然是一块脱落的隔热瓦。航天飞机的整体性能等很多技术都是一流的，但一小块脱落的隔热瓦就毁灭了价值连城的航天飞机和无法用价值衡量的7条宝贵的生命。

1998年9月30日，美国芝加哥突然传出爆炸性新闻：有7人因服用一种叫“泰莱诺尔”的止痛药而招致氰化物中毒死亡。此外，还有250人因此而生病。

这一消息对“泰莱诺尔”的生产者——美国强生公司来说，可说是一场猝不及防的大灾难。而整个美国也立即陷入巨大的恐慌中，毕竟美国有1亿多人在使用“泰莱诺尔”。“泰莱诺尔”被全部从货架上撤了下来。与此同时，专家们要求立即停止这种药的生产，新闻界更是蜂拥而至，大有唯恐天下不乱之势。

而面对失去公众信任的巨大危机，强生公司迅速作出反应。

调查表明，他们的生病或死亡均与“泰莱诺尔”无关。

面对这一调查结果，强生公司仍丝毫不敢懈怠。在发生中毒事件后，采取一系列举措应对此事件。从9月30日事件发生，到10月上旬，“泰莱诺尔”的生产全部停止。

公司以各种方式和有关方面取得联系并保持密切接触，邀请他们出席电视新闻会议，让他们了解事件的真相以及处理这一事件的具体措施。这就是强生公司恢复形象的全过程。

他们通过卫星转播的电视召开记者招待会。向记者们介绍了重返市场的有抗污染包装的“泰莱诺尔”新药，然后邀请记者提问。

由于公司这些有力的措施，使其新包装的“泰莱诺尔”的市场占有率回升到了35%，这不能不说是个奇迹。

败有败的理由，成有成的道理。许多大事的失败，往往是在细节上没有尽力所造成的，往往是一些不起眼的小事，造成了大的问题。因此，对工作中的任何一件小事都应该重视，这样就不会因细枝末节而导致全局的失败。

所有的意外，都是由疏忽细节引起的

有些人能够爬上高达百丈的悬崖，却在不到一丈的小树上失足跌了下来。攀登高处的时候，因为知道高，心里有了万全的准备，所以不容易疏忽；小树使人对它失去戒心，心情松懈，就不免大意了。所以，所谓危险，不在树的高低，而是在精神的弛紧。工厂工人受伤的比例，做了一两年的熟手，远比初来的生手要高得多。

所有的意外，都是由疏忽细节引起的，而习惯性的自信，却是造成这些小小疏忽的最大原因。谁又能估计世间因为“不小心”而造成生命的损失、人体的伤害和财产的损失呢？往往由于某些工作人员小小疏忽，车辆倾覆，房屋焚毁，丧失许多宝贵的生命。铁轨上的小小裂痕，或是车轮上的一些毛病，会遭覆车之祸，伤害许多生命。因为不小心随便扔一根燃着的火柴，扔一个香烟头，结果竟然星星之火得以燎原，使得一城一镇的房屋遭到焚毁。人们往往注意大事却疏忽细节，但谁知道闯大祸的就是那些琐碎的细节！

因疏忽而造成的大灾祸，其后果令人触目惊心、惊心动魄！比如由于商店员工工作时的不小心——包扎货物时的不小心，应付顾客时的不小心，而使商店失去的顾客和金钱，不知有多少。由于铁路员工的疏忽，扳道工和机车司机、机械工的不谨慎，使无数乘客丧失了生命。

有人开车手艺不错，已有多年驾龄，但他开车时总是小动作不断，比如点根烟，换盘CD，和骑车的熟人打个招呼等等。旁人说他他不听，反而说：“我艺高人胆大，没事。”结果有一次，他在一座立交桥上连人带车从桥上冲了出去，原因再平常不过：在高速急转弯的同时，他伸手去扶了一下快要倒的矿泉水瓶。

不要以为那些潜伏着危险的不良习惯只是件小事，不要觉得你的本事大，别人眼中的危险事对你而言没有什么大不了的。

范仲淹说：“先天下之忧而忧，后天下之乐而乐。”先忧后乐，与人同忧，与人同乐，一个人能做到这个地步就不错了，可是当你追求成功时也只做到这种地步，这样就不及格了，多少要有先忧后乐的精神。“忧”，不只是担心挂念，广义的解释应该包括思考、创新和构想。所以“先忧”的意思就是比他人先一步思考、创新和构想。每个人都不是十全十美的，如不能完全做到“先忧”的要求，也至少要有这一念头。

在工作中，精确与对工作的忠诚是一对孪生兄弟。一个员工做事精确的良好习惯，要远远超过他的聪明和专长。

为什么有些人做事总是免不了犯各种错误呢？究其原因，或是由于观察得不仔细，或是由于思想的不缜密，或是因为缺少足够的理智，或是因为行动的粗劣。

工作中绝对的正确和精细，是从事任何职业的重要资本，有了这种资本，自然会受到器重，会得到信任。

现在我们所处的时代，物质高度文明，社会生活安定，人们不需要为最基本的生存问题而日日战战兢兢了。然而，谁也保证不了在风和日丽的春天，不能响起晴空霹雳。因而，我们时时要有忧患意识，做到“居安思危，有备无患”。

如果每一个人能把自己的全副心思放在工作上，人人都能谨慎小心地工作，那么不但生命的丧失、身体的损伤、物质和金钱的损失，可以比现在大大地减少，而且人们的人格与品质，也会有一个极大的提升。

忽视责任将会付出沉重的代价

“没有精彩的细节，就没有壮观的整体”。每一个细节直接影响着事业的全局。这是我们必须明白的一个道理，同样也提醒了我们对工作中的一些小事，不能采取忽视的态度，而应该注意、重视它，力求把每一件小事做好，把握住每一个关键的细节。

在工作中，如果我们对一些小事采取忽略的态度，就很可能因此而造成百倍的损失。例如，在生产线上，一个人停下来，整条生产线的相关工序都要停下来；一件产品，哪怕99%的工序做得完美，只要一个地方出了问题，这件产品就是不合格品。100件事情，如果99件事情做好了，一件事情未做好，而这一件事就有可能对某一团队、某一企业、某个人产生百分之百的决定性影响。

某地出口的冻虾仁被欧洲一些商家退了货，而且这些商家还要求赔偿。原因是欧洲当地检验部门从1000吨出口冻虾中查出了0.2克氯霉素，也就是说氯霉素的含量占被检货品的50亿分之一。经过仔细检查，环节出在加工上。原来，剥虾仁要靠手工，一些员工因为手痒难耐，用含氯霉素的消毒水止痒，结果不小心将氯霉素带入冻虾仁。

这些事件引起相关人士的关注：一则认为这是质量壁垒，50亿分之一的含量可谓“微乎其微”，也不一定会影响人体，只是欧洲国家对农产品的质量要求过于苛刻了；二则认为是素质壁垒，主要是国内农业企业员工的素质偏低造成的；三则认为这是技术壁垒，当地冻虾仁加工企业和政府有关质检部门的安全检测技术，远远落后于国际市场对食品质量的要求，无法检测出这么细微的有毒物。但是从另一个角度来看，这50亿分之一的数据，正好给了我们一个重要启示：错误，只要是错误，无论如何细小，都可能造成严重的后果。

不注意小事和细节会带来多大的灾难。

一天，巴西海顺远洋运输公司接到了一艘海轮的求救信号后，立即派出了救援船前去救援。

当巴西海顺远洋运输公司派出的救援船匆匆赶到出事地点时，“环大西洋”号海轮已经消失，21名船员也踪迹不见了；海面上只剩下一个救生电台有节奏地发着求救信号。救援人员看着平静的大海发呆，谁也搞不懂这个海况极好的地方最终发生了什么，从而导致这条当时最先进的船只遭遇灭顶之灾。这时有人发现电台下面绑着一个密封的瓶子，打开瓶子，发现里面有一张纸条，上面用21种笔迹记录了这条船上所发生的一切：

一水理查德：3月21日，我在奥克兰港私自买一个台灯，想给妻子写信时照明用。

二副瑟曼：我看见理查德拿着台灯回船，说了句“这个小台灯底座轻，轮船摇晃时别让它倒下来”。但没有干涉。

三副帕蒂：3月21日下午，船离港，我发现救生筏释放器有问题，就将救生筏绑在了架子上。

二水戴维斯：离岗检查时，发现水手区的闭门器损坏，用铁丝将门绑牢。

二管轮安特乐：我检查消防设施时，发现水手区的消火栓锈蚀，心想还有几天船就到码头了，到时候再换。

船长麦凯姆：起航时，工作繁忙，没有看甲板部和轮机部的安全检查报告。

机匠丹尼尔：3 月 23 日上午，理查德和苏勒的房间消防探头连续报警。我和瓦尔特进去后，未发现火苗，判定探头误报警，拆掉消防探头交给惠特曼，要求换新的。

机匠瓦尔特：我就是瓦尔特。

大管轮惠特曼：我说正忙着，等一会儿再给你们拿新的消防探头。

服务生斯科尼：3 月 23 日 13 点，到理查德房间找他，他不在，坐了一会儿，随手开了他的台灯。

大副克姆普：3 月 23 日 13 点半，带苏勒和罗伯特进行安全巡视，没有进理查德和苏勒的房间，说了句“你们的房间自己进去看看”。

一水苏勒：我笑了笑，也没有进房间，跟在克姆普后面。

一水罗伯特：我也没有进房间，跟在苏勒后面。

机电长科恩：3 月 23 日 14 点，我发现跳闸了，因为这是以前也出现过的现象，没多想就直接将闸合上，没有查明原因。

三管轮马辛：感到空气不好，先打电话到厨房，证明没有问题后，又让机舱打开通风阀。

大厨史诺：我接到马辛电话时，开玩笑说：“我们这里能有什么问题？你还不来帮我们做饭？”然后问乌苏拉：“我们这里都安全吗？”

二厨乌苏拉：我也感觉空气不好，但觉得我们这里很安全，就继续做饭。

机匠努波：我接到马辛电话后，打开了通风阀。

管事戴思蒙：14 点半，我召集所有不在岗位的人到厨房帮忙做饭，晚上会餐。

医生莫里斯：我没有巡诊。

电工荷尔因：晚上我值班时跑进餐厅。

最后是船长麦凯姆写的话：19 点 30 分发现大火时，理查德和苏勒的房间已经烧穿，一切糟糕透了，我们没有办法控制火情，而且火越烧越大，整条船上都是火、火、火……

看完这张绝笔纸条，救援人员相对无言，海面上死一样的寂静，大家仿佛亲眼目睹了整个事故的详细经过。

21个人，21个本职工作中的不负责任最终酿成了这场完全可以避免的人间惨剧。

在工作中，我们每天甚至是每时每刻都有可能出错，比如，你让客户在电话里等了太长的时间，或是一通电话转了四五个人，这样你还妄想能留住这位客户吗？眼睁睁地看着这位客户离你而去吧。再如，将客户的订单弄丢或是延误交货等等。不过话又说回来了，虽然任何事都有出错的可能性，但只要你稍加注意还是可以避免很多本来可以避免的错误的。

细节决定成败，看似细节的小事，不追求完美，而稀里糊涂、粗枝大叶，结果往往给自己带来无穷无尽的麻烦，进而可能给公司带来不可估量的损失。注意你身边的每一件小事，杜绝你身边的各种小毛病，千万别让这些小错误给你带来大灾祸。

忽视细节，将会导致功败垂成

细节背后的力量是非常巨大的，掌握这些细节，熟悉每一个细节，对于做好工作是大有好处的，美国布莱德雷将军曾经这样说过："'二次大战'期间，我们抵达莱茵河的时候，我并不知道怎么建造桥梁，但是我知道相关的事情有哪些，我让桥梁的工兵有足够的时间和补给，这一点是非常有帮助的。"知道了这些细节，并做到对其如数家珍，洞若观火，对自己的工作势必产生很大的帮助。任何一个组织与个人，特别是高层领导者，都必须对自己领导的组织或所负责的工作及细节，了如指掌。

忽视细节，也可能功败垂成。一个小小的细节失误，就可能对全局产生质的影响。

雪印公司是日本颇负盛名的乳品企业，它生产食品的设备是按宇航食品的要求严格设计的，但就是因为在2000年，一位员工失误把未洗净消毒的一个器皿送入生产流程，不幸造成上万人中毒入院，成为日本空前的中毒事件，从而致使工厂停产，并造成110亿元日元的严重损失，总经理辞职，并在各大报章作全版道歉广告，但恢复名誉却绝不是一件轻而易举的事情。这么惨重的后果，问题只出在一个员工的一个行为细节上面。

在某种程度上讲，发现细节、关注细节、做好每一个细节的能力就是执行力，每一个想要提升执行力的组织与员工都必须坚持注重细节的原则，养成不忽视每一个细节的良好习惯。

在现实生活与工作中，我们发现很多领导者和管理者对自己的工作不求甚解，只抓大概，当被问到工作的细枝末节时，他们要么胡乱应付、一问三不知，要么把下属叫来回答你，等到哪一天出现麻烦的时候，他们也不知问题到底出在哪里。

一个肯于从小事做起，并且把小事做好的员工可以说是总是会得到老板和上司地赏识的。因为一个企业是否能得到更好的发展，是否能在竞争激烈的市场环境中得到更好的生存与发展，关键就体现在员工的工作精神和态度上，体现在员工们对小事的执行能力上。

工作无小事！我们忽略了工作中的任何环节，都必定会因此而受到应有的惩罚，让我们来看一个事例，看看下面事例中的主人公因为忽略掉小事而付出的巨大代价吧！

刚刚毕业的小张，为了能尽早地寻找到一份好工作，在参加一次招聘会的时候，他为了尽早赶到会场，早晨起来忙碌了一番，匆忙之间把一个水杯碰翻，溅湿了放在旁边的简历。他认为这无关紧要，只是将简历简单擦了一下，便匆匆忙忙塞进背包，一路奔向会场去了。

招聘会上，小张对一家房地产公司的营销策划主任的职位很满意，于是，走近前与那招聘考官交谈了起来，那个考官见小张仪表整洁、谈吐自如，专业知识也很优秀，就答应先收下他的简历看一下。

小张觉得自己表现不错，心中希望大增，于是赶紧从书包中翻出简历。这才发现，简历上已经浸满了大片的水渍和污点，而且由于和其他物品混杂在书包里，再加上钥匙等东西的划痕，已经褶皱不堪了。小张显得很尴尬，尽量将它弄平整，然后才递了过去。

看着这样一份斑斑渍渍的简历，考官的眉头皱了皱，但还是收下了。

几天以后，公司通知小张去面试。在面试的时候，小张表现积极活跃，无论是现场操作幻灯片，还是为虚拟的产品做简介与评述，他都完成得相当精彩。甚至可以即兴表演文娱节目，赢得了面试负责人的啧啧称赞。当他结束面试走出办公室时，一位负责招聘的小姐对小张说："你是今天表现最出色的一个。"

然而面试过去一周后，依然没有得到回复。小张迫不及待地打了一个电话向那位负责的小姐询问情况，那位小姐沉默了一会，告诉他："其实我们老总对你也很满意的，但你却败在了简历上。他说，一个连简历都保管不好的人，怎么相信他能管理好一个部门呢?"

疏忽小的细节，出了错误又不及时补救，这是小张最后失败的根源。试想一下如果能够重新制作一份简历或者对弄脏的简历重新包装一下，结果会是什么样子呢?

一个人的行为举止，特别是在一些细小事情上的表现，往往最能反映出一个人的品质，一个不注重细节，不注意及时纠正小错误的人，是不可能真正拥有强烈的责任感和敬业精神的。

我们只有从小事做起，将小事做好，才能真正有能力有机会去做大事，把大事做好。如果，我们在工作中忽略了小事，忽略了小错误，不及时采取补救的措施，必定会因此而付出应有的代价。

不要轻视身边的任何一件事

从孔子的"席不正不坐"、"割不正不食"到"勿以善小而不为，勿以恶小而为之"，可见，"注重细节"自古以来便是名学大儒们所奉行的行为准则。犹如"窥一斑而见全豹"，就是从妥善处理点滴小事的过程中，你的能力及工作态度就会被领导和同事认知，你良好的个人形象也在潜移默化中形成的，反之亦然。就好像露珠虽小，但折射出的却是整个精彩的世界。

相反，那些对琐事不屑一顾，处理问题时消极懈怠的人，鲜有成功者。这类人往往好高骛远、眼高手低。成功对他们来说犹如等待天上掉馅饼。

在某家公司里，有一位掌管销售的副总经理张先生与掌管财会的刘女士存在许多矛盾。在这间经理办公室里，时常可以听到张先生的抱怨声："这也不能报销，那也不能支出，她哪知道我们在外面开发业务的艰难啊!"

事实上，目前的经济确实很不景气，业务员们通常要花费更多的气力，才能获得一定的成绩，各种说不清楚的支出，自然会比较繁多。但这位“固执”的刘会计，也不知道变通，整天只会按章办事，难怪让这位张副总愤愤不平，发出不少牢骚。公司的员工们也都知道，张副总与刘会计是一对难以共事的冤家对头。

没过多久，善于运用“智谋”的张副总，就使了一个坏招，让他嘴中“脑筋不太灵光”的刘会计背上了一个黑锅，成为代罪羔羊，被迫辞职。过了些日子，年迈的总经理退休，张副总顺利升职，成为新的总经理。坐在宽敞的总经理办公室，张总经理得意扬扬，现在公司里面的一切，都顺心如意，再也没有人敢和自己作对了。花起钱来，也自然大胆了。

年底时候要作年终结算，可是公司的业绩，却不见起色，面对董事会的压力，焦急不安的张总经理，想了许多方法，都不见成效。到最后，终于想出了一个自以为是的“高招”——更改公司的账目，让亏损的数字全都变成赢利，不就可以让董事会满意了吗？想到这里，他找来了公司的新会计，幸好他非常合作，立即就更改了账目。一时间这位新总经理，在董事会上，博得了一阵叫好声，诸位董事对他的业绩感到非常满意，还准备送给他高额的红利。但纸始终包不住火，不久之后，东窗事发，他不仅被董事会免职，还受到检察机关的追究，不得不面对牢狱之灾。在法庭上，当他面对检察官的追问时，深有所感地说道：“我总以为这不过是件小事，可是没想到最后的结果却成了这样……”

一个细节的失误，造成前功尽弃、满盘皆输的结果。面对着血淋淋的惨痛教训，难道我们还要继续忽略身边细小的问题吗？

更让人痛惜的是另一种人，他们平时勤勤恳恳地工作，并且卓有成效，成功已经指日可待。可是因为一时的疏忽大意而与唾手可得的成功失之交臂。

一位勇者发誓要排除万难，攀登一座高峰。在众人期待的目光中，他出发了。然而，他最终却以失败告终，出人意料的是，逼迫他放弃的原因只是鞋中的一粒沙子。在长途跋涉中，恶劣的气候没有使他退缩，陡峭的山势没能阻碍他前行，难耐的孤寂没有动摇他坚定的信念，疲惫与饥寒也没有使他畏惧。不知何时他的鞋里落入一粒沙子，起初他并没在意，他完全有时间和有机会把那粒沙子从鞋里倒出来的，可是在我们的勇士眼中，它实在是太微不足道了。的确，比起勇士所遇到的其他的困难来讲，那粒沙子的存在简直可以忽略不计。然而越走下去那粒沙子越是磨脚，最后每走一步都伴随着锥心刺骨的疼痛，他终于意识到这粒沙子的危害。他停下脚步，准备清除沙粒，但是却惊异地发现，脚已经被磨出了血泡。沙子被清除出去了，可是伤口却因感染而化脓。最后，除了放弃，他别无选择。

使人疲惫的不是远方的高山，而是鞋里的一粒沙子！当你看完这个故事后，你是不是有所感悟呢?

要想获得成功，就不要轻视身边的任何一件事，即使是再简单不过的工作，也要把它做到尽善尽美，否则的话，就会像上面的故事中的勇者一样，因为一粒沙子而阻碍了继续前行。

忽略小事，错失唾手可得的机会

正所谓“合抱之木，生于毫末”，对于“大树”来说，最基本的东西是“毫末”，而对于我们来说最基本的东西是小事。所以我们万万不能忽略小事。

某市有家企业与一家美国大公司商谈合作问题，这家企业花了大量工夫做前期准备工作。在一切准备就绪之后，公司邀请美国公司派代表来企业考察。前来考察的美国公司的代表在这家企业领导的陪同下，参观了企业的生产车间、技术中心等一些场所，对中方的设备、技术水平以及工人操作等，都表示了认可。中方非常高兴，设宴款待美方代表。宴会选在一家十分豪华的大酒楼，有20多位企业中层领导及市政府的官员前来作陪。美方代表以为中方还有其他客人，当知道只为招待他一人之后，感到不可理解。美国代表在回国之后，发来一份传真，拒绝与这家中国企业合作。中方认为企业的各种条件都能满足美方的要求，对代表的招待也热情周到，却莫名其妙地遭到美方拒绝，对此也相当不理解，便发信函询问。美方代表回复说：“你们吃一顿饭都如此浪费，要把大笔的资金投入进去，我们如何能放心呢?”

对于这家企业来说，能得到一笔巨额投资对于其未来发展具有重要作用，所以这次合作是一件大事，但这件大事却因为一顿饭的“小节”而毁于一旦。

如果说吃饭是一种“小节”，那么随地吐痰就更是一种小节了，但这种小节却使一家制药厂失去了一次大的机会。

国内有一家药厂，准备引进外资，扩大生产规模。他们邀请德国拜尔公司派代表来药厂考察。在进行了短暂的室内会谈之后，药厂厂长便陪同这位代表参观工厂。就在参观制药车间的过程中，药厂厂长随地吐了一口痰。拜尔公司的代表清楚地看到了这个场景便马上拒绝继续参观，也终止了与这家药厂的谈判。

在这位代表看来，制药车间对卫生的要求是非常严格的，作为一厂之主的厂长都能随地吐痰，那么员工的素质可想而知！与这样的药厂合作，如何能保证产品的质量呢？

一顿饭、一口痰，这其实都是生活中小的不能再小的事情了，可事实清楚地摆在我们面前，这些小事没有处理好，最终毁掉的是一些多么重要的事情啊！人们因为自己的行为获得成就，也会因为自己的行为受到惩罚，哪怕是极小的事情，都有可能带来严重的后果，因此，越是小事越马虎不得。

小事不可忽视，在管理学中的“蝴蝶效应”为我们作了进一步的阐述。

亚马孙河流域热带雨林中的一只蝴蝶，偶尔挥舞几下翅膀，就可能在两周后引起美国得克萨斯州的一场龙卷风。这是科学家洛伦兹于1979发表的“蝴蝶效应”理论，它生动地反映了混沌运动的一个重要特征：初始条件的十分微小的变化经过不断放大，对其未来状态会造成极其巨大的影响。

一家著名的国际贸易公司高薪招聘业务人员，应征者源源不断。在众多的应聘者中，其中有一位年轻人条件最适合，毕业于某名牌大学，又有在市外贸公司工作三年的经验，所以当他坐在主考官面前时，显得非常自信。

“你在外贸行业具体做什么？”主考官开始发问。

“做蔬菜。”

“哦，蔬菜。那你说说，对业务人员来说，是产品重要，还是客户重要？”

年轻人想了想，说："客户重要。"

主考官看了看他，又问："你做蔬菜应该知道，新鲜蔬菜中，菠菜出口主要是对日本，以前销路非常好，有多少收多少，可是最近几年，国外客商却不要了，你说说原因。"

"因为菜不好。"年轻人模糊地回答。

"那你说说，为什么不好?"

"噢，"年轻人停顿了一下，"就是质量不好。"

主考官看了看他，说："我敢判定，你从没有去过产地。"年轻人看着主考官，沉默了30秒钟，没有说是，也没有说不是，却反问："你为什么这么说?"

"如果你去过，就应该知道为什么菜不好。采集菠菜的最佳时间只有十天左右，这期间的菠菜鲜嫩好吃，早了不成，晚了就老了。采集后，要摊开放在地里晾晒一天，第二天翻个过，再晾晒一天，把水分充分蒸发，然后再成把捆好，装箱，等食用时放在凉水里稍微浸泡一下就可以了。可是当地农民为了多采多卖，把菠菜直接采到家，来不及放在地上晾晒，而是放在热炕上烘干，这样只需要两个小时就可以烘干了。这样加工处理过的菠菜，从外表上看都一样，可是食用时，无论放在水里怎么泡，都像老树根一样，又老又硬，根本咬不动。国外客商发现后，曾经对此提出警告，一次，两次，还是如此。最后，人家干脆封杀，再不从我国进口了!"

年轻人听了，不好意思地低下头说："我是没有去过产地，所以不知道你说的这些事。"

年轻人带着遗憾走出公司的大楼。这位最有希望入选的年轻人，最终没有被录取。这样的结局，从他离开主考官的那一刻，就已经知道了。他非常清楚：像这样著名的公司，是不会录取他这样一个在外贸公司工作3年、整天陪客户吃饭却没有去过一次产地的业务人员的！他以前万万没有想到，忽视了一件似乎是没那么重要的小事，竟然让他失去了唾手可得的机会。

小节伤大雅，边幅该修还得修

不拘小节常被人看做是大度潇洒的表现：大礼不辞小让，做大事的人哪顾得了那些鸡毛蒜皮的小事?

非也。知道吗？大事全部是由不起眼的小事组成的，唯有把每件小事做好，才有可能做成大事业。更何况，许多生活社交上的所谓小事也许不会给你带来明显的财富收入，但却是一个人修养素质的全部体现，是一个人潜在的形象及人际资源方面的投资。

托尼在美国一家保险公司任高级精算师，受一家保险公司之邀，前去商谈一些可能合作的培训项目。托尼提出与地方的保险经理们见个面，以便更好地了解该地的保险业市场。托尼的要求得到了满足，在某保险经理人的会客室，托尼见到了几个重要的负责人。处女座的托尼非常注重细节和卫生，而那天会见的人，却着实给托尼留下了一个“难忘的第一印象”。他说：“那个主要负责人热情地坐在我身边，专注地介绍着保险业的前景，而我的视线却无法离开他的鼻子，我根本没有听进去任何内容，我的思维全被那‘红杏出墙’的鼻子占领了！只要一看他的脸，我就产生强烈的欲望——要替他剪掉那扰乱我思维的鼻毛。我试图忘却他的鼻毛，把目光和注意力移到他头以下的部位，却又看到他肩上落着白花花的一层头屑，我忍不住要作呕。为了礼貌，我只好又把目光放在他脸上。整个上午，我的大脑中只有两个画面——黑鼻毛、白头屑。待到中午吃饭时，我生怕自己被安排在他身边，借口讨论技术坐在另一个负责人身边。”如此不注意个人卫生的人，给客户留下的影响也就不言而喻了，而凭着这样的影响，即使生意谈妥了，你还指望会有下次吗?

有的人也许腰缠万贯，但却言辞卑鄙，举手投足好像个下里巴人；有的人口袋里没几个钱，衣着打扮也非名牌，但就是举止大方，气度不凡，让人不敢小瞧。比如说走路这样一个再平常不过的行为，有的人走路时低头驼背，无精打采，有的人则挺胸抬头，气度轩昂；有的人在左摇右晃或连蹦带跳，有的人则端庄大方，沉稳干练等等。同样的道理，站姿、坐姿、吃相、着装等无一不向别人传递着你的修养品味、性格学识等多方面的信息。

小乔和小A是同一天来到这家著名广告公司应聘美编的。单从两个人的作品上看，技术水平不相上下。小乔在思路方面略胜一筹，因为她在广州有过3年的工作经验，两个人一起参加试用，但最后只能留下一个。

小乔上班时间从来都是一身T恤短裤的打扮，光脚踩一双凉拖，也不顾电脑室的换鞋规定，屋里屋外就这一双鞋。不管是在工作台前画图，还是在电脑前操作，只要活干得顺手，一高兴起来准把鞋踢飞。刚开始，同事们还把她的鞋藏起来，和她开玩笑，后来发现她根本不在乎，光着脚也到处乱跑。相反小A是第一次工作，多少有点拘谨，穿着也像她的为人一样——文静、雅致，带着少许灵气，她从来不通过怪发型、亮眼妆来标榜自己是搞艺术的，只是在小饰物上展示出不同于一般女孩的审美观点来，说话温温柔柔的，很可爱。

有一天中午，电脑室的空气中忽然飘出腥臭味道，弄得一班人互相用猜疑目光观察对方的脚，想弄清到底谁是“发源地”。后来，大家发现窗台下面有嗦嗦的响声，原来那里放着一个黑色塑料袋，有胆子大的打开来一看，居然是一大袋海鲜。众人的目光不约而同地集中在小乔身上，没想到她坦坦荡荡地说：“小题大做，原来你们是在找这个。嗨，这可怪不得我，这里的海鲜只能算是海臭，一点都不新鲜，简直比广州的差远了。”这时小A端过来一盆水：乔姐，把海鲜放在水里吧，我帮你拿到走廊去，下班后你再装走。”小乔一边红着脸，一边把袋子拎走了。

结果呢，试用期才过了两个月，小乔背包走人，尽管她的方案比小A做得要好，但是老板不想因为留下这样一个太不修边幅的人，而得罪一大批其他雇员。临走的时候，老板对小乔说：“你的才气和个性都不能成为你搅扰别人心情的原因，也许你更适合一个人在家里成立工作室，但要在大公司里与人相处，该修边幅还得修。”

不要以为小节无伤大雅，相反要注意从小处入手，树立自己良好的形象，全方位地完善自我，最终使自己登上大雅之堂。

不要讳疾忌医，不要害怕承认错误

春秋战国时期，有一位叫扁鹊的医生去进见蔡桓公，发现其面色难看，就要求为其治病，可蔡桓公为了不让别人知道他的病，坚决不治，以至于疾病从皮肤蔓延到肌肉，到肠胃，再到骨髓，最后死于本可以治愈的皮肤病。几千年以来，不乏为蔡桓公叹息者，如果他当初听取扁鹊的意见，就算是没有感觉到不适也应该让医生看一下，那结果可能就大不一样了。平时生活中看似很细微的事情，就是这样毫不留情地影响着整个事态的发展，也许它只是无数块砖头中的一块，却导致了整座大楼的倒塌；也许它只是一个棋子，却影响了整盘棋局的输赢；也许它只是蔡桓公身体里的一粒癌细胞，却让一个活生生的人命丧黄泉……

从孩提时代起，父母和老师就开始教导我们：要敢于承认自己的错误和缺点。可真要做到这一点并不那么容易。如今我们有些人已经是为人父母，也时时在教育自己的孩子：别怕认错。但自己总是做不到这一点，这让人想起来难道不好笑吗？

一旦我们做错了事情或者是暴露了缺点，即使我们深知自己确实错了，我们还都很容易想到通过掩饰把它隐藏起来。但是，所谓纸包不住火的，尤其很多错误都是当着公众的面就更难逃脱群众雪亮的眼睛，一味地掩饰只能导致欲盖弥彰。因为你要去掩盖第一个错误，必然要用一些非常手段，不得已犯下第二个错误，旧的蛛丝马迹可能不见了，但却留下新的线索……依此类推，终会形成一个错误链，使你的神经越来越脆弱，担心某一处的薄弱而使你的整个帝国随之崩溃。

终有一天，人们不仅认识到你的错误，你的缺点，而且对你的人格提出质疑，你的信任度会立刻下降，你整个人的价值也会随之贬值。假如我们势必要因为自己的错误和缺点遭受责备时，为什么不先发制人，自己责备自己。这样难道不比让别人责备好得多吧？听自己的批评，不比忍受别人的斥责容易得多吗？为什么我们不学会善待自己？

本田宗一郎是日本著名的本田车系的创始人。在日本乃至整个世界的汽车制造业里，本田宗一郎可谓是一个重量级人物。

但没有人是十全十美的。1965 年，在本田技术研究所内部，人们为汽车内燃机是采用“水冷”还是“气冷”发生了激烈争论。本田是“气冷”的支持者，所以新开发出来的小轿车采用的都是“气冷”式内燃机。

1968 年在法国举行的一级方程式冠军赛上，一名车手驾驶本田公司的“气冷”式赛车参赛。在跑至第三圈时由于速度过快导致赛车失控，赛车撞到围墙上后油箱爆炸，车手被烧死。此事引起了本田“气冷”式汽车的销量大减。技术人员要求研究“水冷”式，仍被本田拒绝。一气之下，几名主要技术人员准备辞职。

本田公司的副社长藤泽感到事态严重，就打电话给本田本人：“您觉得您在公司是当社长重要，还是当一名技术人员重要?”本田在惊讶之余回答：“当然是当社长重要。”

藤泽毫不留情地说：“那就同意他们去搞水冷引擎。”本田省悟出来，毫不犹豫地说：“好吧！”后来几个主要技术人员开发出适应市场的产品而使公司的销量大增。这几个当初想辞职的技术人员均被本田委以重任。

1971 年，本田公司步入了良性发展的轨道。一天，公司的一名中层管理人员西田与本田交谈时说：“我认为公司中层领导都已经成长起来，您是否考虑一下该培养接班人了?”西田的话很含蓄，但却表明了要本田辞职的意愿。

本田一听，连连称是：“您说得对，不提醒我倒还忘了，确实该退下来了，不如今天就辞职吧！”由于涉及移交手续问题，几个月后本田便把董事长的位子让给了河岛喜好。

一个人无论地位多高或者拥有多么巨大的成就，都不可避免地会犯这样或那样的错误，能够虚心听取下属与自己主张相反的意见：当下属提出要求让自己辞职时不会认为下属有夺位之嫌，这两件小事就足以决定本田人生境界的高尚。

凡事差不多，最后只能一事无成

胡适先生早年写过一篇《差不多先生传》的文章，这是一篇带有寓言性的讽刺作品。“差不多”反映了办事马虎、不认真、不负责、敷衍了事的通病。胡适先生这样写道：

你知道中国最有名的人是谁？提起此人可谓无人不知，他姓差，名不多，是各省各县各村人氏。你一定见过他，也一定听别人谈起过他。差不多先生的名字天天挂在大家的口头上，因为他是全国人的代表。

“差不多先生”的相貌和你我都差不多。他有一双眼睛，但看得不很清楚；有两只耳朵，但听得不很分明；有鼻子和嘴，但他对于气味和口味都不很讲究；他的脑子也不小，但他的记性却不很精明，他的思想也不很缜密。

他常常说：“凡事只要差不多就好了，何必太精明呢？”

他小的时候，妈妈叫他去买红糖，他却买了白糖回来。妈妈骂他。他摇摇头道：“红糖和白糖不是差不多吗？”

他在学堂的时候，先生问他：“直隶省的西边是哪一个省？”他说是陕西。先生说：“错了。是山西，不是陕西。”他说：“陕西同山西不是差不多吗？”

后来他在一个钱铺里做伙计，他也会写，也会算，只是总不精细，“十”字常常写成“千”字，“千”字常常写成“十”字。掌柜的生气了，常常骂他，他只是笑嘻嘻地说：“‘千’字比‘十’字只多一小撇，不是差不多吗？”

有一天，他为了一件要紧的事，要搭火车到上海去。他从从容容地走到火车站，结果迟了两分钟。火车已在两分钟前开走了。他白瞪着眼，望着远去的火车上的煤烟，摇摇头道：“只好明天再走了，今天走同明天走，也还差不多。可是火车公司未免也太认真了，8 点 30 分开同 8 点 32 分开，不是差不多吗？”他一面说，一面慢慢地走回家，心里总不很明白为什么火车不肯等他两分钟。

有一天，他忽然得了一种急病，叫家人赶快去请东街的汪大夫。家人急急忙忙地跑去，一时寻不着东街的汪大夫，就把西待的牛医王大夫请来了。“差不多先生”病在床上，知道寻错了人，但病急了，身上痛苦，心里焦急，等不得了，心里想道：“好在王大夫同汪大夫也差不多，让他试试看吧。”于是这位牛医王大夫走近床前，用医牛的法子给“差不多先生”治病。不一会儿，“差不多先生”就一命呜呼了。

“差不多先生”要死的时候，断断续续地说道：“活人同死人也差……差……差……不多……凡事只要……差……差……不多……就……好了，何……何……必……太……太认真呢?”他说完这句格言，方才绝气。

他死后，大家都很称赞“差不多先生”样样事情都看得破，想得通，大家都说他一生不肯认真，不肯计较，真是一位有德行的人，于是大家给他取了个死后的法号——圆通大师。

后来，他的声名越传越远，越久越大。无数人都以他为榜样，于是人人都成了一个“差不多先生”——然而，中国从此就成了一个懒人国了。

胡适先生这篇《“差不多”先生传》再现了这样一个哲理，怀着“差不多”心理为人处世、说话办事，最后只能一事无成，含恨离世。

绝不是危言耸听，“差不多”心理在我们的生活中普遍存在。有的领导要求一位员工将手中的工作做细，换来的回答却是：“差不多就行了，何必那么认真呢?”从某种意义上说，“差不多”所反映出来的是做事不认真、不负责任、对自己要求不够严格现象。

在工作中，你可能觉得自己做的和别人做的比起来差不多，以为那样就足够了，但你的上司、你的老板心中有数，你的顾客心中也有数，你一定会因为你的勤奋或懒惰赢得或失去晋升的机会。你也会因为你态度的好坏而赢得或失去客户。

“差不多”心理要不得！我们每个人、每件事，都要努力避免陷入这个误区当中去，而应该像戴尔·卡耐基那样，将答案精确到每个数字。

一个年轻人应聘临时职员，工作任务是为这家招聘公司采购物品。在一番测试后，只剩下这个年轻人和另外两名优胜者成为竞争对手。

面试的最后一道是笔答题。题目为：假定公司派你到某工厂采购2000支铅笔，你需要从公司带去多少钱?

第一名应聘者给出的答案是120美元。主持人问他是怎么计算的。他说，采购2000支铅笔可能要100美元，其他杂用就算20美元吧！主持人对此未表态。

第二名应聘者给出的答案是 110 美元。他解释道，2000 支铅笔需要 100 美元左右，另外可能需用 10 美元左右。主持人同样没表态。

最后轮到这位年轻人。主持人拿起他的答卷，见上面写的是 113.86 美元。见到如此精确的数字，主持人不觉有些惊奇，立即让应试者解释一下答案。

这位年轻人说："铅笔每支 5 美分，2000 支是 100 美元。从公司到这个工厂，乘汽车来回票价是 4.8 美元；午餐费是 2 美元；从工厂到汽车站为半英里，请搬运工人需用 1.5 美元……因此，总费用为 113.86 美元。"

主持人听完，欣慰地笑了。这名年轻人自然被录用了。

这名年轻人是谁？他就是后来的人际关系学专家戴尔·卡耐基。

第17章

点滴小事积累，成就辉煌人生

人，能一心一意地做事，世间就没有做不好的事。这里所讲的事，有大事，也有小事，所谓大事小事，只是相对而言。很多时候，小事不一定就真的小，大事不一定就真的大。关键在做事者的认知能力。“不积跬步，无以至千里；不积小流，无以成江海。”生命中的大事皆由小事累积而成，没有小事的累积我们成不了大事。

只有做好小事，才能做成大事

任何大事皆由小事累积而成，没有小事的累积也就成不了大事，只有做好小事，才能做成大事。在职场中，每一件小事的日积月累，就是今后事业稳步上升的基础。打个比方平时的每一件“小事”其实就好像一个房子的地基如果没有这些材料，美丽的房子，只会是“空中楼阁”，根本不可能变为“实物”。

工作和盖楼是一样的，如果没有每一块砖的搭建，是不会有高楼大厦的。时时刻刻对“小事”的重视和用心，久而久之会在工作的过程中得以彰显。同时也必然会得到丰厚的回报。“皇天不负苦心人”，精微的“细节”蕴含了太多意深远大的好机会。从此刻起做好“小事”明天一定会更加美好。有些小事看起来无足轻重，却是成就大事业的开始，我们再来看看下面这个小故事。

现今已是一家百万资产企业老板的陈某，在他初到浙江金华的时候，身无分文，也没有任何的技术特长。他所拥有的，只是一个发财的梦想。他非常清楚，发财的希望不能靠偶然的机遇，要靠高于别人的工作能力。他决心学习成为一个大老板需要的各种技能。

开始的时候，随同乡到金华的陈某在半年的时间内换了近10份工作。每份工作的性质都不同。对任何一项工作，无论是普通的生产流水线上的装配工还是勤杂工，他都认真对待，决不马虎。不过，一旦他完全掌握这项工作的技能，马上就跳槽，不愿在自己熟悉的事情上浪费时间。两年后，一位老板看中了他的才干和敬业精神，决定把整个工厂交给他管理。陈某没有让老板失望，他把工厂管理得很好，他的收入也非常可观。可是半年后，他突然向老板提出辞呈，跳槽到一家日用品生产厂当了推销员。他认为，要成为一流商人，只有企业管理经验是不够的，还必须熟悉市场，了解顾客需求。推销无疑是一份最接近顾客的工作，于是，他放弃体面的职位和优厚的薪金，干起了推销员。

经过几年“修炼”，陈某对自己的才能充满了自信。他用极低的价钱买下一家濒临倒闭的工艺品厂，经过一番整顿，很快使它起死回生，成为一家赢利状况极佳的企业。其后，他再接再厉，买下一家又一家破产企业，并像个包治百病的神医似的，使他们重焕生机。他的财富也像雨季的河流一样，迅速飞涨。在他的不断地努力下，这位白手起家的年轻人已经初步实现了自己的理想，拥有了自己所梦寐以求的事业。

在这个事例中，陈某的人生梦想是做大事、发大财，但他实现梦想的方法却是从一件件简单的小事做起的，学习技能，增长经验，同时积累创业资金。他在一件件小事上打了胜仗，从而为最后大获全胜奠定了基础。

可见，只有把小事做好，才能真正地干成大事。在工作中并没有什么小事、大事之分，而且大事与小事之间因为种种原因，在不断地变化。今天的小事或许就是明日的大事，明日的大事或许因今日的小事才能成全。每一件小事都可以算是大事，也只有小事做好了，才能真正地干成大事。

工作中有许多不起眼的小事，这常常也是被大家所忽略的地方，有心的员工不会看不起这些不起眼的小事。俗话说：“大处着眼，小处着手”。任何一个员工，只有明白这点才会开始关注那些小事，培养做事一丝不苟的精神，成为真正优秀且深具影响力的人。一个瞧不起工作中小事的员工，永远都不可能把工作做好。

因此，我们要想在事业中得到更好的生存与发展，就必须用长远的目光看待工作中的大事与小事，并且在面对工作中的任何事情时都努力将它做好。没有哪个工作是比别人矮一头的，任何工作都值得我们去做好。看不起小事，不愿做小事的员工，绝不会成为一个优秀的员工。只有了解到这一点，你才会开始重视那些以往认为无关紧要的小事，从点滴做起，抛弃好高骛远的想法，成为一个出类拔萃的人。

下面我们来看看优秀的企业员工的工作方法与态度：

（1）不要轻视自己所做的任何一项工作，即使是最普通的工作，也都值得你全力以赴，尽职尽责，认真地完成。要知道，每一项普通的工作都可能成为你的机会。无论幸运与否，每个人都必须从工作本身去理解工作，将他看做是自己的使命和荣耀。

（2）做每件事情都要全力以赴，尽情地享受工作带给自己的乐趣。营销冠军接受的准则之一是做事要付出120%的努力，对于任何事，都要完全投入地去做，看准目标，全身心投入。

（3）从现在做起。改变自己最好的方法就是从现在开始，立即行动。

卓越的员工都知道，在今天这个竞争激烈的社会，仅仅有满腔的抱负是不够的，成功往往都是从点滴开始的，甚至是从细小至微的地方开始的，如果不明白或者不遵守从小事做起的原则，将一事无成。正是这一份份平凡的工作和一件件不起眼的小事才最终成就了公司卓著的成绩，你的能力也会在一件件小事中逐步得到提升。

有人说：“总在一些芝麻小事上浪费时间，什么时候能干成大事呢?”这么想有一定的道理，但是违背了事物发展的规律。立大志、干大事的精神固然可嘉，但只有脚踏实地从小事做起，从点滴做起，抓住每一个细节，才能养成做大事所需要的那种严密、周到的办事作风。小事不屑做，大事又做不了的人，是很难得到别人的认可和尊重的，也就不可能得到老板的重用，更谈不上为公司的发展贡献力量了。

身在职场的青年，正处在风华正茂的黄金时代，美好的未来在召唤着你，如果你想练就一身真正的做大事的能力，成为一个真正的人才，那么从现在起，不要想其他的事情，而是先要把你现在的工作做好。踏踏实实、兢兢业业地从身边的一点一滴做起，沿着小事情铺成的道路，一定会走向伟大光明的未来。

做别人不愿意做的小事

每一个人都渴望成为企业里的顶尖人才，受到众人的瞩目。有人说，成功来自远大的理想，坚定的信念，锲而不舍的精神，有人说，成功来自丰富的知识积淀、敏锐的头脑和灵活解决问题的能力。而对于平凡人来说：成功在于细节，在于做好小事，因为大事是由无数小事集聚成的。不注重细节，不把小事做细做好，势必会影响事业的进步和发展，也影响你自己能力的提高，这样就永远得不到老板的重视。

一心渴望伟大，追求伟大，伟大却了无踪影；甘做凡人小事，认真做好每个细节，伟大却不期而至。这就是细节的魅力，是水到渠成后的惊喜。

我们身边有太多的人，总不屑一顾于小事和事情的细节，太自信于“天生我才必有用，千金散尽还复来”，总是盲目地相信“天将降大任于斯人也”。殊不知，能把自己所在岗位的每一件事做成功就很不简单了。不要以为美国总统比村民组长好当，有其职就有其责，有其责就有其忧。如果力有所不及，才有所不逮，必然祸及自身，导致混乱，所以，重要的是做好眼前的每一件事。

人，能一心一意地做事，世间就没有做不好的事。这里所讲的事，有大事，也有小事，所谓大事小事，只是相对而言。很多时候，小事不一定就真的小，大事不一定就真的大。关键在做事者的认知能力。那些一心想做大事的人，常常对小事嗤之以鼻，不屑一顾。然而，连小事都做不好的人，大事是很难成功的。

有位女大学生，毕业后到一家公司上班，只被安排做一些非常琐碎而单调的工作，比如早上打扫卫生，中午预订盒饭。一段时间后，女大学生便辞职不干了。她认为，她不应该蜷缩在厨房里，而应该上得厅堂。

可是一屋不扫，何以扫天下？一个普通的职员，即使有很好的见解，通常被重用，也要煎熬一段不短的时间，最重要的是努力做到有让别人倾听自己意见的资格和成绩，在别人眼里，你才是举足轻重，不易被人忽视。

因此，从小事做起的工作，年轻时就应努力去做好。

一家公司的人事部经理曾感叹道：每次招聘员工，总碰到这样的情形：大学生与大专生、中专生相比，我们也认为大学生的素质一般比后者高。可是，有的大学生自诩为天之骄子，到了公司就想唱主角，强调待遇。别说挑大梁，真正找件具体工作让他独立完成，却往往拖泥带水，漏洞百出。本事不大，心却不小，还瞧不起别人。大事做不来，安排他做小事，他又觉得委屈，埋怨你埋没了他这个人才，不肯放下架子干。我们招人是来工作、做事的，不成事，光要那大学生的牌子干吗？所以有时候，大学生、大专生、中专生相比之下，大专生、中专生反而更实际，更有用。

现在，社会上有的企业急需人才，而有的大学生却被拒之于门外，不受欢迎，不被接纳，对此现象，人事部经理的一番感叹还是有所启迪的。

美国有一位图书馆馆长，每天早上 8 点，总是亲自为自己的图书馆开门，然后对第一批踏进图书馆大门的读者致意，再巡视一番后，才去自己的办公室。有人告诉他，馆长不必做这些小儿科之事，而他却极认真地回答："我来开门，是因为这是我一天做的事里唯一能对图书馆真正有用的。"

小事，一般人都不愿意做。但成功者与一般人最大的不同，就是他愿意做别人不愿意做的事情。一般人都不愿意付出这样的代价，可是成功者愿意，因为他渴望成功。

别人不愿意端茶倒水，你就要更加端出水平；别人不愿意洗涮马桶，你就要更加洗刷得明亮；别人不愿意操练，你就要更加自我操练；别人不愿意做准备，你就多做准备；别人不愿意付出，你就多付出。

只要你每件事都多做一点，每一件别人不愿意做的小事，你都愿意多做一点，你的成功率一定会提高不少。

同事不愿做的事情，你愿意去做；别人不想做的事，你愿意去做。只要你能做别人不愿意做的事情，只要你能做别人不想做的事情，你就可以成功。

因此，成功最重要的秘诀，就是去做别人不愿意做的小事。

因此，做事不可以被大小限制，被时间限制，被空间限制。人生三不朽，曰立德、立功、立言。因而，需要具有超越自我、超越时空的观念，跳出大小的圈子，成功最普通而又最特殊，最平凡而又最高尚，最渺小而又最伟大。

不因小而损害大，不因少而损害多。抛弃大小的竞争，抛弃高下的念头，抛弃富贵的欲望，而一心一意从小事做起，就是洗厕所、扫大街，也会比别人打扫得更干净。

越是那种埋怨自己工作价值渺小的人，真正给他们一份困难的工作时，他们越是退缩而不敢接受。具有十成力量的人，去做仅仅需要一成力量的工作，其中有生命的意义和悠闲的心情。在长远的人生中，这种生命的意义和悠闲的心情对于人格的形成与扩展，有决定性的帮助。

成功总是从点滴开始的

很多人渴望证实自己的优秀，但却总是停留在梦想阶段，而不是从简单的小事做起，从而失去了很多展示自己价值的机会和走向成功的契机。而真正优秀的人，却把更多的时间用在了实际行动上，用在了做好眼中的每一件事情上。他们关注一点一滴的小事，做好一点一滴的小事，就这样，他们最后成功了。关于这个说法，下面这个故事能让员工明白工作中的大事都是由小事来组成的。

美国的一家图书零售公司正在招聘市场部的经理助理，这一职位吸引了无数才华横溢的年轻人。前来面试的人当中有名校的MBA，还有经验丰富的前辈，皮特只是一家普通学校毕业的普通学生，当他向主考官递上自己简历的时候，主考官并没有完全把这个名不见经传的小伙子放在眼里。还没等皮特详细介绍自己的经历，考官就以等候通知为由搪塞过去。

皮特很沮丧，他认为自己没有希望了，但还是接受了这个事实。当他走出门口的时候，看见地上遗落一本书，不知道是谁这么不小心，于是他把这本节捡起来，用手轻轻擦了擦，放回到原来的桌子上。

这一幕恰好被在一边喝茶的部门经理看在眼里，他立即追赶已经走出正门的皮特，亲切地说：“你被录用了，明天来上班吧！”

最后，只有20岁的皮特被留了下来，而那些所谓的名牌大学毕业的优秀学子只能失望地离去。

无疑，事实证明经理的选择是正确的，这位细致入微的年轻人在公司表现得相当出色，他的努力使公司的年营业额提高了13个百分点。他协助制订销售计划、市场战略时考虑到潜在顾客的种种需要，以及竞争对手的服务弱点，从宣传到价格战再到售后服务，给顾客们呈现了一个完备的销售体系。

无独有偶，下面这个故事更好地阐述了这个问题。

有一个相貌平平的女孩，在一所极普通的中专学校读书，成绩也很一般。她的母亲患了不治之症后，为了减轻家里的负担，她在暑假出去找工作，希望利用两个月的时间挣一点钱。于是他到一家公司去应聘。经理看了她的简历，没表情地拒绝了。女孩忧伤地收回自己的材料，用手掌撑了一下椅子站起来，觉得手被扎了一下，看了看手掌，上面沁出了一颗红红的小血珠，原来椅子上有一颗钉子露出了头。她见桌子上有一条石镇纸，于是拿来用它将钉子敲平，然后转身离去。可是几分钟后，经理却派人将她追了回来，她被聘用了。

在一件很细小的、与自己无关的事情上，也能体现出对别人的体贴和关心，那么他以后的成功是毋庸置疑的。而从小事做起的一个小善举，会在不经意间带给你莫大的回报。在日常生活中，培养注重细节的为人处世风格，也会给你的事业发展奠定良好的基础。

每件小事都值得认真去做

罗浮宫收藏着莫奈的一幅画，描绘的是女修道院厨房里的情景。画面上正在工作的不是普通的人，而是天使。一个正在架水壶烧水，一个正在优雅地提起水桶，另外一个穿着厨衣，伸手去拿盘子——即使日常生活中最平凡的事，也值得天使全神贯注地去做。

行为本身并不能说明自身的性质，而是取决于我们行动时的精神状态。工作是否单调乏味，往往取决于我们做它时的心境。

人生目标贯穿于整个生命，你在工作中所持的态度，使你与周围的人区别开来。日出日落、朝朝暮暮，它们或者使你的思想更开阔，或者使其更狭隘，或者使你的工作变得更加高尚，或者变得更加低俗。

每一件事情对人生都具有十分深刻的意义。你是砖石工或泥瓦匠吗？可曾在砖块和砂浆之中看出诗意？你是图书管理员吗？经过辛勤劳动，在整理书籍的缝隙，是否感觉到自己已经取得了一些进步？你是学校的老师吗？是否对按部就班的教学工作感到厌倦？也许一见到自己的学生，你就变得非常有耐心，所有的烦恼都抛到九霄云外了。

我们在做任何事情的时候，不论是大是小，你都应该尽心尽力，满腔热情，锲而不舍。

如果只从他人的眼光来看待我们的工作，或者仅用世俗的标准来衡量我们的工作，工作或许是毫无生气、单调乏味的，仿佛没有任何意义，没有任何吸引力和价值可言。这就好比我们从外面观察一个大教堂的窗户。大教堂的窗户布满了灰尘，非常灰暗，光华已逝，只剩下单调和破败的感觉。但是，一旦我们跨过门槛，走进教堂，立刻可以看见绚烂的图画。

由此，我们可以得到这样的启示：人们看待问题的方法是有局限的，我们必须从内部去观察才能看到事物真正的本质。有些工作只从表象看也许索然无味，只有深入其中，才可能认识到其意义所在。因此，无论幸运与否，每个人都必须从工作本身去理解工作，只有这样，才能保持个性的独立。

他是名牌大学的毕业生，在一家省级机关上班。踌躇满志，一腔热血，不料上班以后才发现，每日无非是些琐碎事务，既不要太多的智慧，也看不出什么成果，便不知不觉散漫了下来。

一次系统开大会，处里彻夜准备文件，他的工作是装订和封套。处长一再叮嘱：“一定要做好准备工作，别到时措手不及。”

他心里很是不快，想初中生也会的事，还用得着这样嘱咐？似乎是不相信自己一样。文件终于完成，交到他手里。他开始一件件装订，没想到只订了几十份，订书机的钉子用完了。他漫不经心地抽开订书钉的纸盒。脑海里“嗡”的一声：里面是空的。所有的人都在翻箱倒柜，却连半根钉子也找不到。此时已是深夜十二点半，而文件必须在明早八点大会召开之前发到代表手中。处长道：“不是叫你做好准备的吗？连这点小事也做不好，大学生有个屁用啊！”他无言以对，脸上滚烫。

后来几经周折，才找到一家通宵服务的商务中心。终于赶在开会之前，将文件整齐漂亮地发放到了代表手中。

事后，他灰头灰脑等着训斥，平时被他认为是严厉而不近人情的处长，却只说了一句话："你要记住，工作面前人人平等。"

每一件事都值得我们去做。不要轻看自己所做的每一件小事，即使是最普通的事，也应该全力以赴、尽职尽责地去完成。小任务顺利完成，有利于你对大任务的成功把握。一步一个脚印地向上攀登，便不会轻易跌落。通过工作获得真正的力量的秘诀就蕴藏在其中。

积累小事情，问鼎大成功

人的一生由许许多多偶然和必然的事件组合而成，有时一次偶然的事件使某个人变成了大人物，有时一次偶然的事情使某个人变成了小人物。在常人看来，大人物总是和大事件联系在一起，小人物总是和小事件联系在一起。有的人一辈子也不会做成一件大事。但是，无论大人物还是小人物，都会和一件又一件必然的小事发生关系。因此说，小事情是人一生中最基本的内容。

大事能检验一个人的智慧、才能和品格，小事也能。如果每一件小事都做得漂亮、舒心，那你也能得到极大的快乐和对自我的肯定。小事虽然微不足道，但不做也是不能成功的，那些常常游手好闲的人，他的成就肯定不会超过常人多远。忽视小事，专做大事的人，他的成就往往不如做小事的人。这是什么原因呢？因为小事来得频繁，办事所花的日子也多，积累起来数量也就大；而大事来得稀少，积累起来数量也就小。

积累，一件又一件小事地去积累，直到有一天，你会惊讶地发现，自己是一个多么了不起的人。比如雷锋，他并没有做什么惊天动地的大事，但他珍惜每一件小事，把每件小事都当作一个新的出发点，当做一件大事来看待，倾注全部的生命和热情，谁又能怀疑他的伟大呢——伟大的，其实也是平凡的。

每一年积累，不如每季度积累；每季度积累，不如每个月积累；每个月积累，不如每一天积累。

一天不是一周，一周不是一月，一月不是一年。一周需要七天构成，一月需要四周才能构成，一年需要十二个月才能构成。一件事情会影响一个人的声誉，几件事情会改变一个人的一生，无数事情会决定一个人的命运。从搬运工到哲学家，从奴隶到将军，从凡人到伟人，这不是一天、一月、一年就可以达到的，它需要经过长期的努力，长期的追求，长期的积累，长期的磨炼才能达到。

也许一个穷人，会因为某种机遇而一夜之间成为富翁，腰缠万贯，但一个搬运工成为一个哲学家，一个凡人成为一个伟人，绝不是某个机遇的缘故。不断地追求，才有不断的进步；不断地实行，才有不断的成就；不断地积累，才有不断的提高。

栽什么树苗，结什么果儿；播什么种子，开什么花儿。积累耕耘的经验就成为农夫，积累砍削的经验就成为工匠，积累贩卖货物的本领就成为商人。这种积累，既是痛苦的，又是快乐的。

美国社会工作者海伦·凯勒的老师安妮·沙利说过，人们往往不了解，即便是取得最微不足道的成功，也已经迈过了许许多多蹒跚艰难的脚步。

你希望一口吃个胖子，夺取成功就像迈一下脚步那样简单，你或许常这样想："我真希望自己是个完美无缺的人。假如我有好的天资，是个大智者的话，我就会每天干什么事情都永远不会失手，我会马上把吸烟、赌博的恶习戒除掉。"

这是幼稚的懒汉成功逻辑。你以为成功者都有遗传得来的特殊天赋，有把事情做得尽善尽美的诀窍。按这种逻辑，成功者每做一件事情都是轻松愉快的，易如反掌的。懒汉们认为，成功者都是无师自通的天才，学了第一课，就能够一下子成为专家。你这种"马上如愿"的思想，是导致失败的大敌。

无疑地，那种希望"马上如愿"的人还是存在的，像婴儿。婴儿都是要求父母即刻满足他们的意愿的。他们一想撒尿，不管是在大人怀里还是睡在床上，即刻就把衣服尿湿，把被子尿湿。对婴儿的这种行为，父母无可指责，并不会对婴儿提出从发育来说不现实的要求。不幸的是，如果你一生当中总保持着这种马上如愿的要求，那么，你要走向成功是不可能的。

举个例子。你是一个抱着"马上如愿"思想做事的人，你决定当一个画家，你期望自己一下子就能画出像达·芬奇《蒙娜丽莎》那样的杰作，期望自己一夜成名。但你不知道自己是该先画蒙娜丽莎的秀发还是先画蒙娜丽莎的额头，你便认为绘画很艰难，情绪陡变，顿时扔掉画笔，长叹创作之难。因为你相信的是：如果一个人有出息，有才干，想要做什么事，都能一下子如愿以偿，用不着像达·芬奇那样天天画鸡蛋苦苦地做单调乏味的努力，用不着一点点地积累经验，用不着总费多少时间锻炼基本功。这种想法，终将你抛向失败之谷底，不堪回首。

成功，不是直线，而是曲线。成功，是一个缓慢的积累过程，缓慢的学习过程。攀登珠穆朗玛峰，需要从脚下第一步开始，没有一下子就能跃上山顶取得成功的。

大事是由小事集聚成的

任何工作都值得我们努力去做，别轻视你做的每一件事。哪怕是一件微不足道的事，你也要竭尽全力、尽善尽美地做好。“汪洋大海汇聚于小溪”的道理是人人皆知的，可惜的是不少人并没有从中得到教益，他们总不屑于小事和事情的细节，太自信于“天生我材必有用，千金散尽还复来”的幻想空谈之中。

一块钱能换来什么？一份报纸、几块糖、一条手机信息，仅此而已。事实上很少能有人把区区的一元钱放在眼里，但如果要说有一家银行是靠“一元钱”的存款业务起死回生的，你信吗？

第二次世界大战后，日本的财阀、财团都被迫解体或改名，连有着悠久历史和良好信誉的三菱银行，也不得不改名为千代田银行。由于名字非常陌生，生意也就非常冷清。

业务部的岛田晋为此苦闷不堪，每天都在想着如何吸引顾客来存款。终于有一天，他想出了“一块钱存款”的主意。战后的日本，一块钱实在是太小了。在根本没有什么人来存款的情况下，千代田对往来的顾客发出了这样的宣传海报：

“用手掬一捧水，水会从手指间流走。很想存一些钱，但是在目前这种糊口都难的日子里，是做梦也不敢想的。先生们、女士们，如果你们有这种想法的话，那么请您持一本存款簿吧，它就像是一个水桶，有了它，从手指间流走的零钱就会一滴一滴、一点一点地存起来，您就会在不知不觉中，有一笔可观的大钱了。我们千代田银行是一块钱也可以存的。有了一本千代田存款簿，您的胸膛就会因充满希望而满足，您的心就能在天空中飘然翱翔。"

海报一贴出，就造成了极大的影响，原本因为钱少并没想存款的人，都来存钱了，银行也因此渡过了艰难的战后初期。从这以后，"一块钱存款"风行全世界。

一元钱固然微不足道，但把许多个一元钱汇集起来，就能形成不小的数目，它可以对一个人、一个企业产生不可估量的影响。

事实告诉我们，看起来毫末般的"小事"正是摘取事业成功桂冠的关键，是事业结出丰硕果实的沃土。如果我们空想未来，拒绝做"小事"，那么做大事，拥有大能力永远只是海市蜃楼式的空想。

中国女排重夺奥运冠军，为世人所瞩目；中国的芭蕾舞、杂技、歌唱演员在国际比赛中数次获奖，以精湛的表演艺术征服了国外的艺术家、评论家，成绩可谓显赫。如果女排姑娘不是继承和发扬老女排刻苦勤奋、求细求精的训练作风，演员们不是在平时千百次练功时一个个姿势，一个个动作、一个个音符的钻研，苦苦追求艺术的完美，又怎能取得如此巨大的成绩?

有时候我们的工作从表面上看索然无味，可是当你身临其境，努力去做时你会发现事情其实可以变得趣味盎然。所以，不管你从事什么样的工作，都要从工作本身去理解你的工作，把工作看成你人生的权利和荣耀。如果把我们的奋斗历程比作一条精美的项链的话，那么我们所走的每一步便是项链上的一颗颗珍珠。珍珠的美丽，需要我们一个一个细节地去修饰。

人与人之间在智力和体力上的差异并没有那么大。很多小事，你能做，别人也能做，只是做出来的效果不一样。往往是一些细节上的功夫，决定着事情完成的品质，在工作中尤其是这样。如果你看不到细节，或者不把细节当回事，那么你对工作一定不会认真，做事情往往敷衍了事。这样你就找不到工作的乐趣，把工作当作一种不得不受的苦役，也永远不会积极主动地工作，只能永远做别人分配给的工作，还不一定能把事情做好。而考虑到细节、注重细节的人，不仅认真对待工作，将小事做好，而且注重在做事的细节中寻求机会。

在日常工作的大部分时间里，无论是管理者还是员工都是在做一些小事，有些人会在不知不觉中感到腻烦，觉得自己干的事情没有一点意义，甚至辱没了自己的才华，总盲目地相信“天将降大任于斯人也”。殊不知能把自己所在岗位的每一件小事做成功、做到位就已经很不简单了。

有其职有其责，有其责斯有其忧。老板固然希望自己的员工都有雄韬大略，但是他更需要的是每个人都各司其职，从而保证整个公司的运转。也就是说，老板最怕的不是你做不成大事，而是你连小事也做不好，做不到位，影响到企业的大局。所以，千万不要急于做大事，展大才华，要想做大事应先做好眼前的每一件小事。

从小事做起可以积累经验

人的一生就像是在攀爬一座高山，必须每一步都要踩得结实，不然就会有从高空坠落的危险。从小事做起可以帮助我们稳固基础，让我们在“攀爬”的过程中避免落难。

有个“七个烧饼”的故事，说的是：有一个人买烧饼，吃了六个没饱，当吃到第七个时饱了，他觉得前面六个烧饼的钱都白花了，早知道如此，只要买第七个烧饼不就成了吗？这里面的哲学思想就是从量变到质变的过程，也许有些人无法上升到理论高度来阐述这个事实，但大家都明白，如果没有前面六个烧饼垫底，又怎么会有吃第七个烧饼就饱的结果呢？

可见，小会向大转化的，因此生活中的细小事情，不细也不小。小事、细节是构成一个公司管理生活中最小的管理单元，具体的事、琐碎的事，也许过于平淡，但不去做这些小事不注重细节，就不会将工作做好，因为“小则成大”。

智者善于以小见大，从平淡无奇的琐事中参悟出深邃的哲理。他们不会将处理琐碎的小事当作是一种负累，而是当作一种经验的积累过程，当作是做一番宏图伟业的前奏。“不积跬步，无以至千里。不积小流，无以成江海。”成功从来都不是一蹴而就的，成功需要不断积累。

有两兄弟长大了，干了一辈子农活的父亲对他们说：“我们这儿人多地少，土里刨食不容易，将来媳妇都难找，你们还是出去闯闯吧！”兄弟俩各怀揣父亲给的1000元钱出发了。他们在村头相约：看谁先挣到1万元。

春节回家，弟弟喜滋滋地拿出一张存折：不到一年，他挣了1万多元。哥哥也有一张存折，但余额不足3000元。原来，弟弟东奔西跑，与小贩打交道，找准了市场；而哥哥在给人打工学习养殖技术。再次出发时，弟弟豪情满怀：一年后，看谁先挣到5万元！

一年后，弟弟又胜利了。哥哥的存折不足5000元，而弟弟的存款是哥哥的7倍。父亲还是公正的：不管你们挣多少，在我看来，都有很大长进，我也就放心了。

3年后，哥哥回乡自己搞养殖场。他的行为引领潮流之先。而弟弟在市场上奔波数年，已练就一身小贩的本事。

又3年，哥哥的养殖事业稳步发展，在当地颇有影响，他不仅靠售卖农产品赚钱，还通过培训、指导别人养殖技术而获利。但这3年里，弟弟在市场上多次受挫，时赚时赔，目标不断变换，进展不大。

当哥哥成为百万富翁，在城里开公司时，弟弟终于厌倦了东奔西跑。哥哥邀请他到自己手下做销售经理，弟弟一口答应。

有一次与父亲共进晚餐时，他们谈起这些年的经历。父亲说：“看来，种田靠天，做买卖，要靠运气啊！”

哥哥摇摇头说：“其实，更重要的是心态。我一直都在积累，为的就是把基础打牢，而弟弟总是在寻求暴富。虽然有的时候可能会成功，不过基础不牢固，自然风险也大。”

有了稳固的基础，我们的成功才会有保障。正所谓，万丈高楼平地起。

成功需要积累，而做小事恰恰就是积累的过程，所以，把小事做好可以帮助我们稳固基础。

15岁起，古铁雷斯就跟随父亲来到异国他乡打工。每次出门前，父亲都这样告诫他：“只要有人答应教你英语，并给一顿饭吃，你就留在那儿给人家干活。”

他的第一份工作是在海边小饭馆里做服务生。由于他勤快、好学，很快得到老板的赏识。为了能让他学好英语，老板甚至把他带到家里，让古铁雷斯和自己的孩子们一起玩耍。

一天，老板告诉他："给饭店供货的食品公司将招收营销人员，如果你乐意的话，我愿意帮助引荐。"于是，他获得了第二份工作，在一家食品公司做推销员兼货车司机。

临去上班时，父亲告诉他："现在你到外面去闯荡了，最好能记着，做事情要踏实一些，千万不能好高骛远。"

于是，当他开着货车把燕麦片送到大街小巷的夫妻店时，他总是做一些力所能及的小事，比如帮店主把一封信带到另一个城市，让放学的孩子顺便搭一下他的车……就这样，他无怨无悔地干了4年。

第五年，他接到总部的一份通知，要他去墨西哥统管拉丁美洲的营销业务，理由据说是这样的：该职员在过去的4年中，个人的推销量占佛罗里达州总销售量的40%，应予以重用。

后来，他所取得的成绩越来越大。他打开拉丁美洲的市场后，又被派到加拿大和亚太地区。1999年，被调回了美国总部，任首席执行官。

就在他被美国猎头公司列入可口可乐、高露洁等世界性大公司首席执行官的候选人时，美国总统布什在竞选连任成功后宣布，提名他出任下一届政府的商务部部长。

现在，卡罗斯·古铁雷斯这个名字已成为"美国梦"的代名词。古铁雷斯说了这么一句话："一个人的命运，并不一定取决于某一次大的行动，我认为，更多的时候取决于他日常生活中的一些不起眼的小事。"

注重小事，即使是最小的事也要将它做到最好，不仅仅是忠诚敬业精神的体现，同样是积累经验，提升自我能力的一条必经之道。也就是说，如果我们要在职场中获得更好的发展，就一定要立足小事，从小事做起，把小事做好。只有当我们真正将小事做好后才能有经验与能力将更重要的事情做好，从而才能获得更好的发展。因为我们要知道一个事实，那就是无论我们表现得怎样敬业，怎么勇于承担责任，如果不能为企业创造出实际的利润价值，我们的这种敬业精神与责任意识，都只能成为空谈。

也就是说，我们不仅要有着敬业与负责的精神意识，还必须有实际的能力为公司创造价值。然而，我们都知道能力并非是天生的，需要一定的学习与积累，而立足小事，从小事做起，是急速提高我们实际能力的重要途径。下面这个故事或许可以给我们些许启示。

一位售货员在一个百货店已经工作了7年。他是一个不太在意工作细节、更不屑于从小事中积累工作经验的人。他曾给顾客拿过上万次商品，但他既没有留意过不同顾客的不同要求，也没有思考过类似“为什么不同季节会有不同的顾客群光顾”这样一些问题，更没有给供货商提供过一点点有价值的改进生产的建议。

他只是在挣钱糊口，不关心工作中的小事，也不思考工作中的细节。如果他不被淘汰的话，相信他只能当一辈子的售货员。

终生当一名称职的售货员并不是一件不光彩的事，问题在于，他曾多次跟朋友提到他的宏伟目标，希望自己成为一个能够在商界驰骋的精英。假如哪一天他不得不去另外的百货店应聘，相信他除了可以辩解自己虽然年纪大了一些，但是照样可以像年轻人一样一天站 8 个小时外，可能真的说不出太多能够令招聘者满意的优点了。

而那些曾经同在百货店站柜台的年轻人，那些积极进取、善于从工作小事中积累经验的年轻人，有几个已经独立门户，小有建树；另外几个也早已成为国内著名百货公司的中层管理者，在新的公司独当一面了。

大事件是可遇不可求的，小事情却每天都在发生，缠绕在你的身边。大事能检验一个人的智慧、才能和品格，但是这些都是从小事情的处理上获得的经验。小事虽然微不足道，但不做也是不能成功的，没有从小事上获得经验的人，即使把一项宏图伟业交给他，他也挑不起这个重担，仓皇之下不知如何是好，忽视小事、专做大事的人，他的成就往往还不如做小事的人。所以，无论你从事的是什么行业，处在哪个岗位上，千万不要抱怨你的工作琐碎，千万不要因为自己做的是小事而敷衍了事，你应该知道，正是这些小事才锻炼了你处理事物的能力，从而为处理大事积累了丰富的经验！

每天多做一点点

一个成功的推销员用一句话总结他的经验：“你要想比别人优秀，就必须坚持每天比别人多访问 5 个客户。”“每天多做一点”，这几乎是事业成功者高于平庸者的秘诀。

真正的成功是一个过程，是将勤奋和努力融入每天的生活中的过程。当亨利·瑞蒙德在美国《论坛报》做责任编辑时，刚开始时他一星期只能挣到6美元，但他还是每天平均工作13至14小时。往往是整个办公室的人都走了，只有他一个人在工作。“为了获得成功的机会，我必须比其他人更扎实地工作，”他在日记中这样写道，“当我的伙伴们在剧院时，我必须在房间里；当他们熟睡时，我必须在学习。”后来，他成为美国《时代周刊》的总编。

美国著名出版商乔治·W·齐兹12岁时便到费城一家书店当营业员，他工作勤奋，而且常常积极主动地做一些分外之事。他说：“我并不仅仅只做我分内的工作，而是努力去做我力所能及的一切工作，并且是一心一意地去做。我想让我的老板承认，我是一个比他想象中更加有用的人。”

有时，你甚至不必比别人多做许多，只需一点点，就可以从众人中脱颖而出。这是著名投资专家约翰·坦普尔顿通过大量的观察研究，得出的一条很重要的真理：“多一盎司定律”。他指出，取得突出成就的人与取得中等成就的人几乎做了同样多的工作，他们所做出的努力差别很小——只是“多一盎司”。一盎司只相当于1/16磅。但是，就是这么微不足道的一点点区别，却会让你的工作大不一样。

有几十种甚至更多的理由可以解释，你为什么应该养成“每天多做一点”的好习惯——尽管事实上很少有人这样做。其中两个原因是最主要的：

第一，在建立了“每天多做一点点”的好习惯之后，与四周那些尚未养成这种习惯的人相比，你已经具有优势。这种习惯使你无论从事什么行业，都会有更多的人明确要求你提供服务。

第二，如果你希望将自己的右臂锻炼得更强壮，唯一的途径就是利用它来做最艰苦的工作。相反，如果长期不使用你的右臂，让它养尊处优，其结果就是使它变得更虚弱甚至萎缩。

身处困境而拼搏能够产生巨大的力量，这是人生永恒不变的法则。如果你能比分内的工作多做一点，那么，不仅能彰显自己勤奋的美德，而且能发展一种超凡的技巧与能力，使自己具有更强大的生存力量，从而摆脱困境。

社会在发展，公司在成长，个人的职责范围也随之扩大。不要总是以“这不是我分内的工作”为由来逃避责任。当额外的工作分配到你头上时，不妨视之为一种机遇。

提前上班，别以为没人注意到，老板可是睁大眼睛在瞧着呢！如果能提早一点到公司，就说明你十分重视这份工作。每天提前一点到达，可以对一天的工作做个规划，当别人还在考虑当天该做什么时，你已经走在别人前面了！

想成为一名成功人士，必须树立终身学习的观念。既要学习专业知识，也要不断拓宽自己的知识面，一些看似无关的知识往往会对未来起巨大作用。而“每天多做一点”则能够给你提供这样的学习机会。

如果不是你的工作，而你做了，这就是机会。有人曾经研究为什么当机会来临时我们无法确认，因为机会总是乔装成“问题”的样子。当顾客、同事或者老板交给你某个难题，也许正为你创造了一个珍贵的机会。对于一个优秀的员工而言，公司里的组织结构如何，谁该为发生的问题负责，谁应该具体完成眼前的任务，都不是最重要的，在他心目中唯一的想法就是如何将问题解决。

下次当顾客、同事和你的老板要求你提供帮助，做一些分外的事情，而不是让他人来处理时，积极地伸出援助之手吧！努力从另外一个角度来思考，譬如换一个角色，自己就是这件事的责任人，你将如何来更好地解决这些问题?

每天多做一点，初衷也许并非为了获得报酬，但往往获得的更多。

第18章

说话细节，决定成败

在人生奋斗之路上，说话无时无处不会出现，用好它可以出人头地、左右逢源。说话水平高，很多利益呼之即来；说话水平低，很多利益闻声而去。可见会说话对个人价值的实现、人生成功的作用是难以估价的。

一言可以兴邦国

自从人类社会诞生，政治活动便没有中断过，古今中外的政治家历来把当众说话看作掀起政治风云的一把利器。

对于说话，古今中外的远见卓识者历来都给予了高度的重视。“一言可以兴邦，一言可以丧邦”“一言之辩，重于九鼎之宝”“三寸之舌，强于百万之师”等古语，把国之兴亡与舌辩的力量紧密联系起来，借“九鼎之宝”“百万之师”强喻说话的力量，充分揭示了说话的巨大的社会作用。

我国很早就有这方面的文字记述。《周易·系辞上》说：“乱之所生也，则言语以为阶。”认为制造混乱可以借言语为媒介。孔子就明确指出，“一言而兴邦”、“一言而丧邦”（《管子·内业》）。刘向说得更具体：“百行之本，一言也。一言而适，可以却敌；一言而得，可以保国。”（《说苑·谈丛》）。把说话当成百行之本，这是非常有见地的。

古今中外，成功的政治家无不把高超的当众讲话作为实现政治目标的首要手段。他们机敏睿智、伶牙俐齿、巧发奇中、一言九鼎。为维护国家、民族的利益，或游说、或劝谏、或答辩、或谈判、或演讲、或辩论，均以说话水平导航政治风云，左右形势变幻。

马雅可夫斯基曾说："语言是人的力量的统帅。"意即精湛的口语表达艺术在社会生活和人际交往中具有不可估量的魅力和伟力。

高超的说话水平可以叱奸佞于朝堂，醒群众于街衢；化干戈为玉帛，挽狂澜于既倒。历史长河中，这样的例子不胜枚举：

战国时，秦国吞并了韩、魏这两个大国之后，接着企图染指小国安陵。安陵君派唐雎到秦国交涉，同专横、凶残、贪婪的秦王进行了一场殊死的唇枪舌剑之战；痛斥了秦王的无理要求，打击了秦王的嚣张气焰，维护了国家的领土和主权。汉末，诸葛亮对刘备的"隆中对"，一席话将天下三分，奠定了蜀汉的基业；后又巧言游说江东，劝说了孙权与刘备联手共同抗击强大的曹操。美国南北战争中，南方奴隶主驱使奴隶为自己卖命。为了粉碎南方奴隶主分裂国家的企图，林肯总统及时在内阁会议上发表了《解放黑奴宣言》，他向奴隶们庄严宣告："从 1863 年 1 月 1 日这一天起永远获得自由。"两天后，他又站在白宫讲台上向群众演讲，重申这一宣言。他深信，这可以"换取这个国家未来的幸福和繁荣昌盛"。果然，宣言发布之后，奴隶纷纷倒戈、逃亡，南北形势发生巨变，很快林肯领导的北方军获得了彻底的胜利。这些例子无不显示出说话水平在政治风云中的极大威力。

敢于说话，善于说话

每一个人都希望自己具有从容自如的说话信心，梦想自己能展示超凡脱俗的说话魅力。说话的信心和魅力如何，是与说话的水平和技巧休戚相关的。敢于说话而不善于说话，不行；善于说话而不敢说话，也不行。只有既敢于说话又善于说话，才能如虎添翼，锦上添花，产生良好的交际效果。然而，不知读者朋友曾否问自己："我会说话吗？"这是一个看似十分简单而又颇为幼稚的问题。此所谓"会说话"，亦即善于说话，意指说话者能够准确自如、恰到好处地表达自己的思想、感情、意图等；能够把道理讲得条理清晰、形象生动；能够使他人轻松自然、简洁明了地听清和理解自己的话语。同时，善于说话者能够从与他人的交谈中，推测他人说话的意图，并得到有益的启迪，而且还能够通过谈话，增加自己对他人的了解，跟他人建立良好、和谐的友情。由此可见，是否善于说话，与是否敢于说话，二者均举足轻重，不可偏废。

是否敢说又善言，对我们每个人的生活、事业乃至闲暇娱乐都起着至关重要的作用。在生活中，敢于说话又善于说话的人，处处都受人喜爱和欢迎。他能使许多本不相识的陌路人走到一起，携手共进；能使许多志趣各异、性格有别的人互相了解，互相感知彼此的需要；能够排难解纷，消除人与人之间的误会与隔阂；能使愁苦烦闷、郁郁寡欢者得到安慰，使悲观厌世不思进取者得到鼓励；能够使自己周围的人变得更快乐、更聪明、更振作有为。在工作及事业上，敢于说话又善于说话的人，可以充分利用自己的语言交际能力来说服他人，使工作顺利进行，左右逢源。

可以说，说话的自信心与说话的魅力，是一个事业出色的成功人士的必备条件。在闲暇娱乐中，敢于说话又善于说话的人，能随时随地给生活增添乐趣。无论是与朋友结伴，还是与家人相聚，他都可以使人快活，令大家得到更多的乐趣。同时，我们也常看到许多不敢说话、不善言辞的人所遇到的难堪、尴尬情形。他们说话不能准确、完全地表达出自己的意图，让听者觉得十分吃力，更谈不上能使对方产生共鸣，或心悦诚服地接受了。这样就造成了交际上的种种困难，影响工作，影响生活，同时也给自己带来诸多苦恼。敢于说话又善于说话的人，总是使人清清楚楚地明白自己的意图，而不敢说话又不善说话的人，则经常使人产生误解。

敢于说话又善于说话的人，总可以很愉快地在各种场合取得成功，而不敢说话又不善说话的人，却不容易在谈话中使人信服，因而往往成为失败者。由此可见，如何提高自己的说话信心和增强自己的说话魅力，对我们每个人来说都是十分重要的。我们今天所生活的社会正处于文化、科技与信息高度发达的时代，社会生活变得愈来愈复杂，人与社会变得愈来愈密切，人们相互合作的需要也变得愈来愈强烈，同时，社会往来已是必不可少，离群独处更是很不现实。因而，说话的信心与语言表达能力，对任何人来说都变得愈来愈举足轻重。从微观来看，我们每天、每时、每刻都可能会出现在一些不同的场合，而在各种场合都需要说上几句适当的话。如果这几句话的确说得恰到好处，那就能帮我们解决许多问题，克服许多困难，消除许多麻烦，对工作、生活都大有裨益。

总之，每个人都要下苦工夫增强自己的说话信心，提高自己的说话魅力。因为只有如此，才会避免在社交活动中出现失败，才会避免工作、生活上的很多困难，才能促进自己事业的成功，使自己的生活变得色彩缤纷、舒心愉悦。

善于说话是成功事业的催化剂

人类生活到了现在，说话已成为决定一个人生活及事业优劣成败的一个因素。由一个人每天所说的话，可以判定他每天的工作、生活情况。一个人每天的喜怒哀乐，由其言语来决定。

事业的成功和失败，往往决定于某一次谈话，这话绝不是过分夸张的，美国人类行为科学研究者汤姆士指出："说话的能力是成名的捷径。它能使人显赫，鹤立鸡群。能言善辩的人，往往使人尊敬，受人爱戴，得人拥护。它使一个人的才学充分拓展，熠熠生辉，事半功倍，业绩卓著。"他甚至断言："发生在成功人物身上的奇迹，一半是由口才创造的。"这是千真万确的，一项事业的成败，常会在一次谈话中获得效果。你如出言不慎，你如无理跟别人争吵，那么，你将不可能获得别人的同情，别人的合作，别人的帮助。无数成功者的事实证明，敢于当众讲话，善于说话是成功事业的催化剂，它直接关系事业的成败。

1983年元旦，英国女王为多年给首相撒切尔夫人担任顾问的戈登·里斯授以爵位。其主要功绩是：有效地提高了撒切尔夫人的演说能力和应答记者提问的能力；为撒切尔夫人撰写了深得人心的演讲稿……一句话，为英国塑造了一位崭新的"风姿绰约、雍容而不过度华贵、谈吐优雅和待人亲切自然的女首相形象"。由此可见，英国王室和政界对政治家是如何的重视。在西方资本主义发达国家里，当前无不把会说话作为衡量优秀人才的重要尺度，每个公司、企业招聘各类人才，都要进行口试。在日本，一些大公司在招聘人才进行面试时，专门就说话能力规定了若干不予录用的条文。其中有：

应聘者声若蚊子者，不予录用；

说话没有抑扬顿挫者，不予录用；

交谈时，不得要领者，不予录用；

交谈时，不能干脆利落地回答问题者，不予录用；

说话无生气者，不予录用；

说话颠三倒四、不知所云者，不予录用……

日本大公司的这些规定反映了这样一个事实：说话与事业的关系至为密切，它是胜任本职工作最重要的条件之一。

一生失败于说话的人很多，我们和人接触时所说的话，是很容易被人估定其价值的。会说话使人有更多的机会接受重任。有了才干，即使不会说话，虽也可以达到成功的目的，但有才华兼会说话的人，成功的希望更大。因为他的才干可以通过言语谈吐充分地表露出来，使对方更深一层地了解他，并且信任他，这样对方才敢托付给他重任。尤其是一个有学问而不会说话的人与人交谈时，就有点儿难于应付，同时在无形中收获就损失了不少。一个会说话者，有一种不可思议的力量，可以影响周围气氛。

会说话，是人类生活中最难能可贵的艺术和技术。少数会说话的人，可以说是出于天才；但多数会说话的人，却是出于平常多锻炼的缘故。

知识就是财富，口才就是资本。能说会道，才能正确地领悟上级的意图并恰当地表达出来，一个唯唯诺诺、语无伦次的人定不能胜任自己的工作。通过讲话让领导、同事、群众更深层次地了解你，才能让大家信任你，才有机会被提拔到更高的职位，胜任更重要的任务，才有施展才华、事业成功的机会。用好这种催化剂，事业成功也便指日可待了。

会说话的人很受欢迎，他能够使许多原来不相识的人携手，亦能使许多本来彼此不感兴趣的人互相了解，能替人排解纠纷、消除人与人之间的隔阂，能医治他人的愁苦、忧闷，使大家生活得更美好、更快乐。

说话避开“我”字

《福布斯》杂志上曾登过一篇“良好人际关系的一剂药方”的文章，其中有几点值得借鉴：

语言中最重要的5个字是："我以你为荣！"

语言中最重要的4个字是："您怎么看？"

语言中最重要的3个字是："麻烦您！"

语言中最重要的2个字是："谢谢！"

语言中最重要的1个字是："你！"

那么，语言中最次要的一个字是什么呢？是"我"。

亨利·福特二世描述令人厌烦的行为时说："一个满嘴'我'的人，一个独占'我'字，随时随地说'我'的人，是一个不受欢迎的人。"

农夫甲和农夫乙忙完了田里的工作，一起回家。他们走在路上，农夫甲忽然发现地上有一把斧头，就跑过去捡起那把斧头。他说："我们发现的这把斧头还挺新啊！"就想带回家占为己有。农夫乙看到这把斧头是农夫甲发现的，应该归他所有，就对农夫甲说："你刚才说错了，你不应该说'我们发现'。因为这是你先看见，所以你应该改口说'我发现了一把斧头'才对。"

他们两个继续往前走，农夫甲的手上仍然拿着那把斧头。过了一会儿，遗失这把斧头的人走了过来，远远地看见农夫甲的手上拿着他的斧头，就匆匆忙忙地追上来，眼看对方就要追上来了。这时候农夫甲很紧张地看农夫乙一眼，然后说："怎么办？这下子我们就要被他捉到了。"农夫乙听他这么一说，知道甲想把责任归咎到两个人的身上。于是农夫乙就很严肃地对农夫甲说："你说错了，刚才你说斧头是你发现的，现在人家追来了，你就应该说'我快被他捉到了'，而不是说'我们快被他捉到了'。"

在人际交往中，"我"字讲得太多并过分强调，会给人突出自我、标榜自我的印象，这会在对方与你之间筑起一道防线，形成障碍，影响别人对你的认同。因此，会说话的人，在语言传播中，总会避开"我"字，而用"我们"开头。

俄国十月革命刚刚胜利的时候，许多农民怀着对沙皇的刻骨仇恨，坚决要求烧掉沙皇住过的宫殿。别人做了许多工作，农民都置之不理，非烧不可。最后，列宁亲自出面做说服工作。列宁对农民说："烧房子可以。在烧房子之前，我们大家一起来思考几个问题可以不可以？""当然可以。"列宁问道："沙皇住的房子是谁造的？"农民说："是我们造的。"列宁又问："我们自己造的房子，不让沙皇住，让我们自己的代表住好不好？"农民齐声回答："好！"列宁再问："那么这房子我们还要不要烧呢？"农民觉得列宁讲得好，同意不烧房子了。

有人曾经做过调查，看看人们每天最常用的是哪一个字，那就是“我”字。为什么人们对“我”字特别关心呢？就是因为大多数人都喜欢被人称赞，也喜爱称赞自己。因此，你若想得到你所希望得到的，就要避免与对方争高低，而要维护他人的自尊心。为了使对方的面子不受伤害，我们千万不要常把“我”字挂在嘴上，别说“我公司”，而说“我们的公司”。

少说“我”多说“你”

说话好像驾驶汽车，应随时注意交通标志，也就是要随时注意听者的态度与反应。如果红灯已经亮了仍然向前开，闯祸就是必然了。无聊的人是把拳头往自己嘴里塞的人，也是“我”字的专卖者。

人们最感兴趣的就是谈论自己的事情，而对于那些与自己毫无相关的事情，大多数人觉得索然无味，对于你表现最大兴趣的事情，常常不仅很难引起别人的同情，而且别人还觉得好笑。年轻的母亲会热情地对人说：“我们的宝宝会叫‘妈妈’了。”她这时的心情是高兴的，可是旁人听了会和她一样地高兴吗？不一定。谁家的孩子不会叫妈妈呢？你可不要为此而大惊小怪！这是正常的事情，如果不会叫妈妈的孩子才是怪事呢。所以，你看来是充满了喜悦，别人不一定有同感，这是人之常情。竭力忘记你自己，不要总是谈你个人的事情，你的孩子，你的生活。

人人喜欢的是自己最熟知的事情，那么，在交际上你就可以明白别人的弱点，而尽量去引导别人说他自己的事情，这是使对方高兴最好的方法。你以充满同情和热忱的心去听他叙述，你一定会给对方以最佳的印象，并且对方会热烈欢迎你，热情接待你。

把“我的”变为“我们的”

说话时，把“我的”变为“我们的”，可以巧妙拉近双方距离，使对方更容易接受你和你的话。如果你在说话中，不管听者的情绪或反应如何，只是一个劲地提到我如何如何，那么必然会引起对方的反感。如果改变一下，把“我的”改为“我们的”，这对你并不会有任何损失，只会获得对方的好感，使你同别人的友谊进一步地加深。

我们经常看到记者这样采访：“请问我们这项工作”或者“请问我们厂”经常发现演讲者使用“我们是否应该这样”、“让我们”等表达方式。这样说话能使你觉得和对方的距离接近，听来和缓亲切。因为“我们”这个词，也就是要表现“你也参与其中”的意思，所以会令对方心中产生一种参与意识。

比如说“你们必须深入了解这个问题”，便拉开了听众与演讲者的距离，使听众无法与你产生共鸣。如果改为“我们最好再作更深一层的讨论”，就会缩短与听众之间的距离，使气氛立刻活跃起来。

注意说话的方法

我们与人交往时，说话的内容固然重要，但别人对你的评价如何，你给别人的印象是好是坏，很大程度上是由你的语言表达方式决定的。

因此，应该承认，在社会交往中注意自己的说话方法，是开口说话至关重要的一个环节。

有时候，谈话的重点会在我们轻松自在的说话中明显地表达出来；有时候，我们以平和的心态与人说话，也会留给对方深刻的印象；有时候，我们怒气冲冲地与人讲话，也能获得别人的好感；甚至有时候我们与人说话时心不在焉，却依然能够表达自己要讲的意思。

这是为什么呢？这就是因为在不同心态下用不同的说话方法，可以决定我们能否把该强调的重点充分地表达出来。

当然，一个人在与人说话的时候，始终保持一份好的心情，肯定能加深别人对他的好感；反之，说话时装模作样、自命不凡、优越感太强的人，便不会得到别人的认同，朋友也会离他越来越远。

说话应该做到条理分明，因为有关你的工作能力、教育程度、知识水平、兴趣爱好、审美追求等许多方面的情况，皆是通过你的言谈表现出来的。一个说话东拉西扯而没有层次的人，很难让人明白他究竟想要说什么。

所以，一个人说话不能掌握正确的方法，不能强调重点，言语没有分寸，他的社交活动肯定劳而无获，不会有什么好结果。

任教于美国明尼苏达教育学院的罗伯·格林教授，曾请求参加一次研讨会的75位来宾分别写下自己焦虑不安的原因。

结果，令人焦虑不安的主要原因有：

“当我还没有讲完话的时候，其他的人已开始发表自己的意见，使得我的话头被打断。”

“不听别人讲话，自己一味地说。”

“在讨论会上，别人只想发表意见，而忽视自己的言论。”

“说话时有被人轻视的感觉。”

“话讲到一半，忽然被人打断。”

“怕讲不明白。”

“怕没讲明白。”

“对方是否在认真听。”

“自己讲话过于片面。”

“话讲到一半便失去了兴趣。”

“对方无故沉默。”

那么我们在人际交往中，是否也犯过上述这些毛病，是否也因此而无意伤害过别人呢？

现在，你不妨先用下面这些问题来检验一下自己。

开始与别人交谈时，会希望别人快点说完吗？

和不熟悉的人说话时，会觉得不知道说啥吗？

与对方交谈时，你还会想其他事情吗？

是否时常会有找不到话题的时候？

不喜欢别人为你介绍陌生人吗？

是否时常会有想不出好措辞的时候？

是否常常想中断对方的谈话？

即使和亲朋好友谈话，也会有没有话题的时候吗？

当你讲话时，是否感觉到其他人的坐立不安？

对方是否常常会中断你的谈话？

与人交谈时，争执的情形多吗？

你觉得用家常话会很难和别人交谈吗？

是否觉得自己不会幽默？

在会谈的时候，你是否会认为提前结束比较好呢？

是否常常请求对方赶快说明情况？

是否一讲起来就没完没了？

常想教导别人吗?

是否时刻在维护自己的形象?

以上这些问题，如果你有 7 个以上的回答是“是”，那么你就有必要注意说话的技巧了。掌握正确的说话方法，能使我们判断出自己的想法是否合乎情理，同时也能让别人对我们有一个正确的评价，时间一长，自然能给人们留下良好的印象。

说话要有分寸

东晋时代，贵族们尤其喜欢品评人物。有人问大将军桓温：你觉得某某人怎样？桓温刚要评论，又停下来看了看这个人，然后对他说：“你这个人喜欢传闲话，还是不告诉你为好。”

桓大将军位高权重，并不怕这个人传闲话，他这样说或许还有告诫的意思，否则，连这句话都不必说，只回答“今天天气哈哈哈……”就够了。

俗语说：“逢人只说三分话”，还有七分话，不必对人说出。你也许以为大丈夫光明磊落，何必只说三分话呢？细察老于世故的人，的确只说三分话，你一定认为他们是狡猾，是不诚实，而那些老于世故者，却以为说话须看对方是什么人。对方不是可以尽言的人，你说三分真话，已不为少。

孔子也说：“不得其人而言，谓之失言。”对方倘不是相知的人，你也畅所欲言以快一时，对方的反应是如何呢？你说的话，是属于你自己的事，对方愿意听你的吗？彼此关系浅薄，与你深谈，显出你的没有修养；你说的话，若是属于对方的，你不是他的挚友，不配与他深谈，忠言逆耳，显出你的冒昧。所以逢人只说三分话，不是不可说，而是不必说，不该说！老于世故的人，是否事事可以对人言是另一问题，他的只说三分话，是不必说和不该说的关系，绝不是不诚实，也绝不是狡猾。

说话本来有三种限制，一是人，二是时，三是地。非其人不必说，非其时，虽得其人，也不必说，得其人，得其时，而非其他，仍是不必说！

非其人，你说三分真话，已是太多；得其人，而非其时，你说三分话，是给他一个暗示，看看他的反应；得其人，得其时，而非其他，你说三分话，正是为了引起他的注意，如有必要，不妨择地作长谈，这叫做通达世故的人。

有时你的只说三分话，正是你的服务道德。做保密工作的自不必说；做医生的人，普通的病人，或者可以对人提及，对于患花柳病的病人，你是绝对不该对人提及，这是医生的服务道德；做人事工作的人，掌握工作单位所有人的档案，某某何时得升迁，何时受处分，自然了如指掌，但是决不可随便透露，如果口风不严，就可能授人以柄，陷入麻烦；做银行业务的人，业务大概情形，或者可以对人提及，对于存款人的姓名，你是绝对不该对人提及，这是银行人员的服务道德，依此类推，只说三分话的例子还多着呢。

魏晋时期，有两位特立独行的高人：嵇康和阮籍，他们为人处世的态度大体相同，可是结果却大不一样。嵇康被司马昭以不守礼教的罪名所杀，阮籍却得以全生，为什么呢？就是因为前者口无遮拦，得罪了很多人，这些人一旦掌权，自然千方百计罗织罪名，将他置于死地；而阮籍懂得“口不彰否人物”，虽也放浪不羁，却没人找他的麻烦。

说话要注意场合

场合对说话的影响，与场合对交际者的心态和情绪的折射作用分不开。场合不同，氛围不同，人们的心情心绪也不同。他们对一些问题的感受和理解的程度也不大一样。同样一句话，在此场合会被认为合理，有见解，在彼场合则会引起人家的厌恶和反感。因此，在不同的场合就要说符合场景气氛的话，说话要特别注意分寸，否则，不看场合说不合情景的话就必然要碰壁。

鲁迅先生有一篇散文《立论》，非常生动地揭示了说话应注意场合的特点：

一家人家生了一个男孩子，全家高兴坏了。满月的时候，抱出来给客人看——大概自然是想讨点好兆头。一个人说："这孩子将来要发财的。"那人得到一番感谢。一个人说："这孩子将来要做官的。"那人收回几句恭维。一个人说："这孩子将来是要死的。"那人得到一顿大家合力的痛打。

这篇故事性散文里，孩子满月是喜事，主人这时愿意听赞美之词，尽管是信口之言；而说孩子将来必死确是有据之言，却使主人反感。因为在轻松的场合言语也要轻松，在热烈的场合言语也要热烈，在清冷的场合言语也要清冷，在喜庆的场合言语也要喜庆，在悲哀的场合语言也要悲哀。所以说话要看场合，到什么时候唱什么歌。

一位早年毕业于某高等院校中文系、勤勤恳恳工作了几十年的老教师退休了，为此，学校为他和另一位曾多次荣获过"先进"的退休老同志一并举行了一个欢送会。领导对他们的工作和为人进行了热情洋溢而又非常得体的肯定和赞扬，相比之下，对那位曾多次荣获过"先进"的老同志的美誉则尤多。当轮到两位受欢迎的退休老同志致答辞的时候，他们对大家的欢送做了深情的感谢。一时间，会场里充满了一种令人动情的温馨气氛。作为答谢，话本该说到这里为止；然而，那位老教师却并未就此打住，而由人们对另一位"先进"的赞扬中引起了感触，并做了颇为欠当的联想和发挥："说到先进，很遗憾，我从来也没有得过一次……"

话犹未尽，坐在他对面的、平日与他相处得不很融洽的一位青年教师突然抢了话头："不，那是我们不好，不是你不配当先进，是怪我们没有提你的名。"话语带着不肯饶人而又让人难堪的"刺"，冷不防，老教师的眼角眉梢被"刺"出了一股感伤的表情，一时间会场中出现了令人难堪的尴尬气氛。

领导见势不对，马上接过话茬，想把气氛缓和一下。照理说，这时，他应避开"先进"这个敏感的话题，转而谈论其他。然而，他却反反复复劝慰那位退休老教师，叫他对"先进"的问题不要在意，说没有评过先进，并不等于不够先进，先进不仅在名义，更要看事实。如此等等，一席话，等于是把本应避而不谈的话题做了重复和引申，使本已尴尬的局面显得更为尴尬。

这是一个发生在我们身边的真实故事，我们不妨把它叫做一个"不会说话的故事"。从这个故事中，我们能引出几点发人深省的教训来：

一是那位退休老教师的教训：不该作无谓的比照。比照，是谈话中常用的一种手法。用得好，可以使谈话产生某种积极的效果。这里，"积极的效果”是应该特别注意的。在退休欢送会这样的场合，人家所说的都是一些富有情感而又不失真意的十分得体的人情话和好话。对于这种充满人情味的好话，听话者要善于倾听，善于应答，大可不必拿别人的长处来衡量自己的短处，从而引起不快。

二是那位青年教师的教训：不要在别人失意之火燃烧时加油。一位勤勤恳恳工作了一辈子的老前辈即将退休时，虽然可能因为老先生平时在某些方面不善为人处世而与自己伤了和气，然而在欢送会这种场合，我们却不能乘别人一时失言，抓住不放，图一时之痛快而说出那些不合人情的刻薄话，在这种场合，无论如何，还是要在“欢”字上多考虑一些，“欢送欢送”，“欢”而“送”之，要尽可能多留一点美好给人家。

三是那位领导人的教训：应注意避开敏感话题。领导者的能力固然表现在原则性上，在会场一时出现了某种始料不及的尴尬局面时，他没有直接去批评那位言之有失的青年教师，而是竭力肯定那位教师的贡献，具有这种应急应变的意识并立即着手应变，这些都是无可厚非的。然而，从具体的应变能力和说话方式的一面看，却又显得很不够。照理说，在这种场合，他应竭力避开“先进”这个敏感的话题，“顾左右而言他”，巧妙地把话题岔开，使欢送会的气氛由暂时的不欢而重新转向欢快，并顺势掀起新的高潮，而不是如他所做的那样，在敏感的话题上唠叨不休。能否机敏地避开某些不宜多说的话题，对领导者的领导能力也是一种很好的检验。

说话要注意场合。不看场合，随心所欲，信口开河，想到什么说什么，这是愚者的表现。人，总是在一定的时间、一定的地点、一定的条件下生活，在不同的场合，面对着不同的人，不同的事，从不同的目的出发，就应该说不同的话，用不同的方式说话，这样才能收到理想的效果。

切莫自以为是

在我们的周围，有些人喜欢抬杠，只要和别人一搭上话就针锋相对，无论别人说什么，他总要加以反驳，其实他自己一点主见也没有。不过当你说“是”时，他一定要说“否”，当你说“否”的时候，他又说“是”

了。这是一种极坏的习惯，事事要占上风，处处自以为是。生活中，如果你不幸成了那样的人，那请认真地听从别人的告诫。

即使你真的比别人见识多，也不应该以这种态度去和别人说话。这种不良习惯使你自绝于朋友和同事，没有人愿意给你提意见或建议，更不敢向你提一点忠告。你或许本来是一个很好的人，但不幸染上了这种习惯，朋友、同事们都远你而去了。唯一改善的方法是养成尊重别人的习惯。首先你要明白，在日常谈论当中，你的意见未必是正确的，而别人的意见也未必就是错的。把双方的意见综合起来，你至多有一半是对的。那么，你为什么每次都要反驳别人呢?

大概有这种坏习惯的人当中，聪明者居多，或者是些自作聪明的人，也许他太热心，想从自己的思想中提出更高超的见解，他以为这样可以使人敬佩自己，但事实上完全错了。一些平凡的事情，是没有必要费心思进行高深的研究的。至少我们平常谈话的目的，是消遣多于研究吧，既然不是在研究讨论问题，又何必在一些琐碎的事情上固执己见呢。另外有一点应该注意，那就是在轻松的谈话中不可太认真了。

别人和你谈话，他根本没有准备请你说教，大家说说笑笑罢了。你若要硬作聪明，拿出更高超的见解（即使确是高超的见解)，对方也绝不会乐意接受的。因此，你不可以随时显出像要教训别人的神气。

当你的同事向你提出建议时，你若不能立刻表示赞同，但起码表示可以考虑，不可马上反驳。假如你的朋友和你聊天，那你更应该注意，太多的执拗能把有趣的生活变得枯燥乏味。

如果别人真的犯了错误，而又不肯接受批评或劝告，你也不要急于求成，不妨往后退一步，把时间延长一些，隔几天再谈，否则，大家固执不但不能解决问题，反而伤害了感情。因此，在社交中，随时考虑别人的意见，不要做一个固执的人，唯有这样才能获得人们的赞赏和喜爱。

大量事实说明，人们谈话时都有一个目的：想知道别人对某件事的看法是否和自己相同，并进一步希望别人对某件事情和自己能有相同的看法。如果别人的看法与自己的看法略有不同或大不相同，便会感到极不舒服，甚至立即不高兴起来，这是人很正常的一种情绪反应，当然这也是一种很不利于人际交往的现象。因此人们在日常交往中更应该注意的是学会控制自己的情绪，切莫自以为是，即使在别人不同意你对某事的看法时，也应该显得对此很有兴趣。

所以，当你听到别人的意见和你一样时，你要立刻表示赞同。不要以为这样做会被人认为你是随声附和，因而就不吭声了。不吭声，虽然不会被人误解为随声附和，却也容易使人认为你并不同意。

同样，当你听到别人的意见和你不一致时，你也要立刻表示你什么地方不同意、为什么不同意。不要以为这样做会伤害彼此的感情而不吭声。

学会给对方“台阶”下

在交际过程中，难免会遇到一些尴尬的事情，让气氛骤然紧张、难堪，学会给对方一个“台阶”下，不仅缓和了对方的紧张心理，让事情得以顺利发展，而且还会让彼此的关系得到进一步的增进。要达到这样的目的，我们不妨学习使用以下的三种技巧。

1. 变换谈话的气氛

在一个严肃的场合，在场者常常会被一两件突发事件搞得哄堂大笑，这严重破坏了严肃场合的庄重气氛，不利于活动的继续推进。面对这类突发事件，我们应当表现出较强的自制能力，尽量不受其影响，然后拿出一如正常状态下的严肃态度来应付此事，使之成为正常环节中的普通一环。

第二次世界大战期间，一位德高望重的英国将军举办一次祝捷酒会。除上层人士之外，将军还特意邀请了一批作战勇敢的士兵，酒会热烈隆重。没料想一位从乡下入伍的士兵不懂席上的规矩，捧着面前的一碗供洗手用的水喝了，顿时引来达官贵人、夫人小姐的一片讥笑声。那位士兵一下子面红耳赤，无地自容。此时，将军慢慢地站起来，端着自己面前的那碗洗手水，面向全场贵宾，充满激情地说道：“我提议，为我们这些英勇杀敌、拼死为国的士兵们干了这一碗。”言罢，一饮而尽，全场为之肃然，气氛一下变了过来。少顷，人人均仰脖而干。此时，士兵们已是泪流满面。

2. 变换话题的角度

在许多情况下，面对尴尬下不来台的情况时，将思维框定在常态之中，这会对事态的发展毫无作用。如果我们换一种角度对其尴尬的举动作出巧妙、新颖的解释，便可使原本的消极举动具有了另外的内涵和价值，成为符合常理的行动。

3. 变换对方的处境

突然间发现别人的失误或错误行为，但当这些失误或错误行为不会导致重大的损失出现时，我们应尽量克制自己的情绪，以平静如常的表情和态度装作不解对方举动的实际意图和现实后果，并且给对方找到一个善意的动机，变换对方的处境，让事态的发展朝自己所希望的方向推进，以免把对方逼到窘迫的境地。

一天中午，M老师路过学校后操场时，发现两天前帮助搬运实验器材的几位同学正拿着一枚实验室特有的凸透镜在阳光下做“聚焦”实验。他想：他们哪来的透镜？难道是在搬运时趁人不备拿了一枚！实验室正丢了一枚。是上去问个究竟，还是视而不见绕道而去？这时，一位同学发现了他，其余的慌忙站了起来，手拿透镜的同学显得很不自在。M老师从同学们慌张的神情中可以进一步判断这透镜的来历。当时的空气就像凝固了似的，一分一秒也不容拖延。M老师快速地构思，终于想出一条处理办法，他笑着说：“哟，这枚透镜原来被你们找到了？”凝固的空气开始流通起来。接着他用略带感激的语调补充道：“昨天我到实验室准备实验器材，发现少了一枚透镜，以为是搬运过程中丢失了，沿途找了好几遍都未能找到，谢谢你们帮我找到了这枚透镜。这样吧，你们继续实验，下午还给我也不迟。”同学们轻松地点了点头，空气依旧是那么温暖，那么清新。

与人谈话要懂得察言观色

与人谈话，无非是以下几种目的：或者加深了解，发展相互间的合作关系；或者托人办事，有求于人；或者批评别人的错误，使对方弃旧图新；或者申述事情的原委，让对方弄清真相……但要达到上述目的中的任何一种，都必须首先使对方乐意听你谈话。而要做到这一点则又必须了解对方，熟悉对方。

人与人之间的差异有时是惊人的。独特的个性，独特的爱好，独特的生活习惯，独特的知识结构，尤其是独特的心理态势，这些综合起来就使某个人成为独具异彩的“这一个”。我们与人谈话，就要力求了解站在你面前的“这一个”的方方面面。以个性为例，如果你面对的是一位豁达开朗、热情活泼的人，那么你在谈话时就可以更加大胆坦率一些，即使偶尔有一两句话失度走火也不要紧，对方决不会与你计较；如果站在你跟前的是深沉多虑、内向含蓄的人，那么你在谈话时就得小心，要字斟句酌，切不可信口开河。

《鬼谷子·权篇》将“看人说话”的技巧演绎得淋漓尽致：“与智者谈话，要以渊博为原则；与拙者谈话，要以强辩为原则；与善辩的人谈话，要以简要为原则；与高贵的人谈话，要以鼓吹气势为原则；与富人谈话，要以高雅潇洒为原则；与穷人谈话，要以利害为原则；与卑贱者谈话，要以谦恭为原则；与勇敢者谈话，要以果敢为原则；与上进者谈话，要以锐意进取为原则。”这些都是与人谈话的原则。

不同的人爱听不同的谈话内容，这是容易理解的。但困难的是在对一位陌生的谈话者，你怎么知道他爱听什么、不爱听什么呢？这就要“看”人说话——边“看”边说，边说边“看”。这“看”，即是观察：在与对方谈话时，要善于一边说，一边察言观色。

“看”对方什么呢？

1. 看面部表情

狄德罗曾经说过，一个人的“心灵的每一个活动都表现在他的脸上，刻画得很清晰，很明显”。有时对方口头表示赞同你的意见，但他的眉头却不知不觉地紧皱了起来，或者他的嘴唇突然紧闭，而且嘴角向下撇。这些表情恰恰是内心不愉快的流露。因此他说的赞同的话其实是言不由衷的，或者碍于情面，或者屈于权势，才不得不这样说的。

2. 看体态表情

几乎每一种体态，每一种动作都是一种特殊的语言，都在宣泄着一个人的内心世界。问题在于我们要能看懂这些体态表情，要能领会它们的内在含义。假如与你谈话的人双脚并立，双臂交叉在胸前，这就表明此人对你怀有某种敌意，他在作自我防卫；而当他不仅双臂交叉，而且双拳紧握时，那就是说他不只在自卫，还要向你进攻了。又如，如果谈话者常向你摊开双手，这就表明此人是真诚坦率的，他对你毫无提防之心。

3. **看语言表情**

与人交谈时不但要看他说什么，而且还要看他怎么说。这就是要从对方说话声音的高低、强弱、快慢、腔调等看出他的言外之意，听出他的弦外之音。这是因为说话声音的种种变化不但表现一个人的性格——急性的人说话节奏快，声音响亮；慢性子说话节奏缓慢，声音低沉——而且能够表明一个人的情绪与心境。例如，忧伤时语速慢、声音低、节奏平缓，而兴奋时与之相反，语速快，声音高，节奏强烈。

所谓“看人说话”，主要是“看”上述三种表情。从这些表情变化中，我们便可随时猜度对方的心理态势，透视对方的心理需要，然后也就可以随时调整自己谈话的内容与方式，使之更适应对方的思想线索。这样，说话便可获得预期的良好效果。

远离说话的禁忌

许多人有过以下的经历：历尽艰难即将办成的事，却因为一个不该有的失误而前功尽弃；好不容易建立起来的良好人际关系却因为小小的一句话一个动作而毁于一旦，这是什么原因呢？原来是他们没有远离说话的禁忌，以至功败垂成。

说话应远离下列所有的禁忌：

1. **忌骄傲狂妄**

说话和事业的关系，是成功与失败的关系。你如出言不逊，狂妄自大，那么，你将不可能获得别人的同情、别人的合作、别人的帮助、别人的支持、别人的赞赏。

富兰克林在自传中有这样一段话：“我在约束我自己的言行的时候，在使我日趋成熟，日趋合乎情理的时候，我曾经有一张言行约束检查表的实行。当初那张表上只列着12项的美德，后来，有一位朋友告诉我，我有些骄傲，说到这种骄傲，经常在谈话中表现出来，使人觉得盛气凌人。于是，我立刻注意到这位友人给我的忠告，我立刻意识到并相信这样足以影响到我的发展前途。随后我在表上特别列上虚心一项。后来我在说话时竭力避免一切直接触犯伤害别人情感的话，甚至自我禁止使用一切确定的词句，如：‘当然’、‘一定’等，而用‘也许’、‘我想’来代替。”

《三国演义》里有一个祢衡，堪称“狂夫”。他第一次见曹操，把个曹营中勇不可当的武将、深谋远虑的谋士，人人贬得一文不值。他贬低起人来，如数家珍，如“荀彧可使吊丧问疾，荀攸可使看坟守墓，程昱可使关门闭户，郭嘉可使白词念赋，张辽可使击鼓鸣金，许褚可使牧牛放马，乐进可使取状读诏，李典可使传书送檄，吕虔可使磨刀铸剑，满宠可使饮酒食糟，于禁可使负版筑墙，徐晃可使屠猪杀狗，曹子孝呼为‘要钱太守’。其余皆是衣架、饭囊、酒桶、肉袋耳。”

祢衡称别人是酒囊饭袋，称自己：“天文地理，无一不通；三教九流，无所不晓；上可以致君为尧、舜，下可以配德于孔、颜。岂与俗子共论乎！”更有甚者，当曹操录用他为打鼓更夫时，祢衡击鼓骂曹，扬长而去。对这种人，曹操自然不肯收留。祢衡又去见刘表、黄祖，依然边走边骂，最后被黄祖砍了脑袋。可见，狂妄的结局是自毁，是失败。

2. 忌拖泥带水

好的语言并不在多，达意则灵。著名艺术家赵丹先生去世后，有人问黄宗英女士是否再嫁，黄宗英回答说：“我已经嫁给大海，就不能再嫁给小河了。”这句话简洁明快，并且意蕴深刻，耐人寻味。

高尔基曾说：“简洁的语言中有着最伟大的哲理。”在当今的信息时代，人们的生活节奏大大加快，人们不喜欢那些穿靴戴帽、庞杂冗长、繁文缛节的空话套话。说话要达到简洁、明快，就要千锤百炼，使自己的词汇富足、思路清晰。因为词语贫乏，表达必词不达意、啰唆干瘪；思维模糊，表达必语无伦次，枉费口舌。

我们在说话中，也要长话短说，要“筛选”、“过滤”出最精辟的，恰如其分的表情达意的词句，尽可能以省俭的语言表达出深刻的内涵。

美国学者多琳·安森德·图尔克穆说：“如果你还没有想好用哪个词最合适，那你就干脆别开口。”

动人春色不需多。在当今信息社会，一切都是快节奏、高速度，没有人可以听你啰唆地一侃就几个小时。罗斯福的就职演说仅985个字。林肯著名的葛提斯堡演说只有10个句子。喜剧大师卓别林在奥斯卡的领奖台上只说了一句话：“此刻，语言是那么多余，那么无力！”所以说，说话忌拖泥带水。

3. 忌争辩

你喜欢和人争辩，是否以为你可以用议论压倒对方，就会得到很大的益处呢？其实，你不必压倒对方。即使对方表面屈服了，心里也必悻悻然，你一点好处也得不到。好争辩会损害别人的自尊心，因而对方会对你产生反感，因此失掉一些朋友。好胜是大多数人的特点，没有人肯自认失败的，所以一切争辩都是不必的。如果能够常常尊重别人的意见，你的意见也必被人尊重。如此，你所主张的，就会很容易得人拥护。你可以实现你的主张，你可左右别人的计划，但不是用争辩的方法来获取。

4. 忌故弄玄虚

托尔斯泰说："真正的艺术永远是十分朴素的、几乎可以用手触摸到似的。"说话力求通俗、口语化，如不考虑听者的接受能力，用那种文绉绉、酸溜溜的语言效果既不亲切，又艰涩难懂，往往事与愿违，弄得不好，还会闹成笑话。

随着时代变迁，人们的语言习惯也有了很大的改变。古代的不少词汇已逐渐淘汰，弃之不用。如形容人的面貌"面如冠玉"、"樱唇一点"等，如今不会有人再用了。皇帝自称"朕"、"寡人"，称他人为"爱卿"，还有"令尊"、"令堂"、"令爱"之类的称谓，现在再用，就有不合时宜之嫌。用文言文对白的时代早已过去。有的人在演说中使用文言，卖弄学问，故显高雅，这种以艰涩之词惑众的人，没有人听他说话。因为晦涩难懂的话让人费心揣度，势必影响听的效果。而且听众文化素养有很大的差别，应该"就低不就高"。

日常讲话力求明白晓畅，通俗易懂。那种用"请恕冒昧"之类的话就未免是故作"高雅"，听众未必喜欢。罗丹说："用铅笔画些花样，用色彩涂些炫耀的焰火，或是用古怪的文字写些光彩的句子，这些空头作家，就是世界上最机巧的人，然而艺术最大的困难和最高的境地，却是要自然地、相互地描绘和写作。"这句话对平常说话也是适用的。

5. 忌厉声质问

用质问式的语气来谈话，是最易伤感情的。许多夫妻不睦，兄弟失和，同事交恶，都是由于一方喜欢以质问式的态度来与对方谈话所致。说话时习惯质问对方的人多半好吹毛求疵，与人为难，或性情乖僻，或自大好胜，所以即在谈话小节上也把他的品格表现出来。其实除了在不得已的场合，如在法庭上的辩论等之外，质问是大可不必的。如果觉得意见不对，不妨立刻把你的意见说出，何必一定要先来个质问，使对方难堪呢？

说话先质问后解释，犹如先向对方打了一拳，然后再向他解释一样，这不需要的一拳足以破坏双方的感情。被质问的人会被弄得不知所措，自尊心受了大大的打击，如果他也是个脾气不好的人，必致恼羞成怒，激起了剧烈的争辩。虚心、诚实、坦白和尊敬别人，是谈话艺术的必须条件。把对方为难一下，借以逞一时之口快，于人于己皆无好处。你不想别人损害你的尊严，你也不可损伤别人的自尊心。

6. 忌三心二意

说话比写文章难，写文章可以细细推敲，再三订正；说话则不然，一言既出，驷马难追。所以，与人说话应特别留神。

如果不是普通的聊天，就将要说的话事先打好腹稿，免得出口失误。说话时要神态从容，自然流利，眼睛注视听话人的脸，表现诚恳、亲切的神情。而且，随时注意他无言的反应，是否赞成，随时调整你的说法。

如果发觉他的神情不安、不愿多听的样子，就该注意收束，如果发觉他怀疑的样子，就要加以解释。如果发觉他乐于接受，就该单刀直入，不必再绕什么圈子。发觉他要插言，就要请他发表高见。

对方的答话，要特别留神，同样一个“喔”字，有不同的表示。“喔，”是表示知道了。“喔！”表示惊奇。“喔？”是表示怀疑。如果他说：“好的，照着你的意思做吧。”这是完全接受。“好的，以后再说吧。”这是不肯接受。“好的，让我研究研究。”这是原则上同意，办法还要讨论。如果他说：“好的，你听我回音。”这是肯帮忙的表示。“好的，我替你留意。”这是没有把握的表示。“好的，我替你想办法。”这是肯负几分责任的表示。你能够细细体味，便知道此次说话是否成功。

7. 忌自我夸大

在一切愚笨的行为中，再没有比在别人面前自我夸张、自我炫耀更愚笨的了。

“那次的纠纷，如果不是我给他们打发开了，不知要弄到怎样。你们要知道，他们对任何人都不放在眼内的，不过当着我面前，就不敢妄动了……”

你觉得这种话听来肉麻吗？即使这次的纠纷的确因为他的排解而得到

解决，如果换一句“当时我恰巧在场，就替他们排解了”的话，不是更使人敬佩吗?

当一件值得称赞的事情被人发觉之后，人们自然会崇敬你的，但假若你自己夸张叙述出来，所得结果必恰恰相反——人们听到你的自我夸张时，轻视就会把崇拜掩盖了。

“幸而他听从我的指挥，否则他不会有今日的成就。”“他们都想把我压下，但反而让我把他们打倒了。”“这一班人都是蠢材，我不知他们整天在忙什么，我毫不费力就把他们抛在后面。”“你瞧，我这事情弄得多好!你能够和我比一比吗?”……在你的一生中，你曾说过多少像这样的话呢?一句夸张的话是一粒恶的种子，由你的口中而种在别人的心里，滋长出憎厌的芽来。

爱自我夸大的人是找不到真正的朋友的。因为他自视甚高，睥睨一切，不大理会别人的意见，只会自己吹牛。

“面子是别人给的，脸是自己丢的。”这句话很发人深省，自己若具真实本领，那么赞美的话应该出自别人的口，自吹自擂，其实是自己丢脸而已。凡有修养的人，必不随便谈论自己，更不会夸张自己。

与其自己夸张，不如表示谦逊，好坏别人自有评断，不必自己吹擂。

另外则有些人，常爱夸大自己事业的重要性，间接为自己吹擂。“复兴中华文化，全赖我们新闻界的力量来鼓吹推动。”如果你对复兴中华文化运动有客观的认识，听了这句话是不会赞同的，鼓吹和推动这个运动，有赖全国同胞的努力。此外，更要配合工商业、出版、娱乐事业，教育等等的力量。

由此你可明白，世界没有一件足以向人夸耀的事情，自己不吹擂时，别人还会来称颂，自己说出来，人家反而瞧不起。

8. 忌挑理

千万不要故意地与人为难，有的人专门喜欢表示自己与别人意见不同。这种处处故意表示自己与别人看法不同的人，和处处随声附和的人一样，都是不老实的。口才是帮助你待人处世的一种方法，没有人愿意做一个口才很好却到处不受欢迎的人。不要为了要表现你的口才，而到处逞能，惹人憎厌，口才一定要正确而灵活地表现。

求职面试中要注意的7大忌语

语言是求职者在求职面试中与招聘人员沟通情况、交流思想的工具，更是求职者敞开心扉，展示自己知识、智慧、能力和气质的一个主要渠道。恰当得体的语言无疑增强你的竞争力，帮助你获得成功；反之，不得体的语言会损害你的形象，削弱你的竞争力，甚至导致求职面试的失败。那么，在求职面试中要注意哪些影响自己成功的忌语呢？

1. 缺乏自信

缺乏自信的语言有：

（1）最明显的就是“你们要几个?”对用人单位来讲，招1个是招，招10个也是招，问题不在于招几个，而是你有没有这1/10或独一无二的实力和竞争力。

（2）“你们要不要女的?”这样询问的女性，首先给自己打了“折扣”，是一种缺乏自信心的表现。面对已露怯意的女性，用人单位正好“顺水推舟”，予以回绝。你若是来一番非同凡响的介绍，反倒会让对方认真考虑。

（3）“外地人要不要?”一些外地人出于坦诚，或急于得到“兑现”，一见招聘人员就说这么一句，弄得人家无话可说。因为一般情况下，不会不要外地人，也不是所有的外地人都要，这要看你的实际情况能否与对方的需求接上口，让人家觉得很有必要接纳。

2. 急问待遇

“你们的待遇怎么样?”工作还没干就先提条件，何况用人单位还没说要你呢！谈论报酬待遇，无可厚非，只是要看准时机，在双方已有初步意向时再委婉地提出。

3. 不合逻辑

考官说：“请你告诉我你的一次失败经历。”“我想不起我曾经失败过。”如果这样说在逻辑上讲不通。又如：“你有何优缺点?”“我可以胜任一切工作。”这也不符合实际。

4. 报有熟人

“我认识你们单位的”，“我和××是同学，关系不错”等等。这种话主考官听了会反感，如果主考官与你所说的那个人关系不怎么好，甚至有矛盾，那么，你这话引起的结果就会更糟。

5. 本末倒置

例如一次面试快要结束时，主考官问求职者：“请问你有什么问题要问我们吗?”这位求职者欠了欠身，开始了他的发问：“请问你们的规模有多大? 中外方投资的比例各是多少? 请问你们董事会成员中外方各有几位? 你们未来5年的发展规模如何?”

参加求职面试，一定要把自己的位置摆正，像上面这位求职者，就是没有把自己的位置摆正，提出的问题已经超出了应当提问的范围，使主考官产生反感。

6. 不当反问

主考官问：“关于工资，你的期望值是多少?”应聘者反问：“你们打算出多少?”这样的反问就不礼貌，容易引起主考官的不快。

7. 拿腔拿调

有一位从新加坡回国求职的机电工程师，由于在新加坡待了两年，“新加坡腔”比新加坡人还厉害，每句话后面都长长地拖上一个“啦”字，半个小时面试下来，考官们被他“啦”得晕头转向，临别时也回敬了他一句：“请回去等消息啦!”因此，在面试时，不要在语言腔调上做文章，说话时，保持语气的平和与沉稳。

别人说话时千万不要乱插嘴

培根曾说：“打断别人，乱插嘴的人，甚至比发言者更令人讨厌。”打断别人说话是一种最无礼的行为。

在社交场上，你时常可以看到你的一个朋友和另外一个不认识的人聊得起劲，此时，你可能就会有加进去的想法。

因为你不知道他们的话题是什么，而你突然加入，可能会令他们觉得不自然，也许因此话题接不下去。更糟的是，也许他们正在进行着一项重大的谈判，却由于你的加入使他们无法再集中思想而无意中失去了这笔交易；或许他们正在热烈讨论，苦苦思索解决一个难题，正当这个关键时刻，也许由于你的插话，会导致对他们有利的解决办法告吹，到后来场面气氛就会转为尴尬而无法收拾。此时，大家一定会觉得你没有礼貌，进而人家都厌恶你，导致社交失败。

假设一个人正讲得兴致勃勃时，你突然插嘴："喂，这是你在昨天看到的事吧?"说话的那个人因为你打断他说话，绝对不会对你有好感，很可能其他人也不会对你有好感。

许多不懂礼貌的人总是在别人谈着某件事的时候，在说到高兴处时，冷不防半路杀进来，让别人猝不及防，不得不偃旗息鼓。这种人不会预先告诉你，说他要插话了。他插话时有时会不管你说的是什么，而将话题转移到自己感兴趣的方面去，有时是把你的结论代为说出，以此得意洋洋地炫耀自己的口才。无论是哪种情况，都会让说话的人顿生厌恶之感，因为随便打断别人说话的人根本就不知道尊重别人。

有一个老板正与几个客户谈生意，谈得差不多的时候，老板的一位朋友来了。这位朋友插进来了，说："哇，我刚才在大街上看了一个大热闹……"接着就说开了。老板示意他不要说，而他却说得津津有味。客户见谈生意的话题被打乱，就对老板说："你先跟你的朋友谈吧，我们改天再来。"客户说完就走了。

老板的这位朋友乱插话，搅了老板的一笔大生意，让老板很是恼火。

随便打断别人说话或中途插话，是有失礼貌的行为，但有些人却存在着这样的陋习，结果往往在不经意之间就破坏了自己的人际关系。

每个人都会有情不自禁地想表达自己想法的愿望，但如果不去了解别人的感受，不分场合与时机，就去打断别人说话或抢接别人的话头，这样会扰乱别人的思路，引起对方的不快，有时甚至会产生误会。在别人说话时千万不要插嘴，并做到：

不要用不相关的话题打断别人说话；

不要用无意义的评论打乱别人说话；

不要抢着替别人说话；

不要急于帮助别人讲完事情;

不要为争论鸡毛蒜皮的事情而打断别人的话题。所以人家说话的时候，自己若有不同意之处，应待别人说完，切不可插进去或阻止人家，阻止人家其实是最大的错误。因为当人家还有许多话没有说完，人家绝不会来接受你的意见，也根本不注意听你的。所以我们应鼓励别人把意见表达出来，耐心地倾听别人讲话。

第19章

工作细节，运筹帷细决胜职场

“世事洞明皆学问”的道理同样适用于职场。除了你的本职工作，职场中很多其他事务，例如怎样与上司、同事相处以及用什么方式处理待人接物中发生的各种各样的情况等等。这些事可能与工作本身联系不多，但对你来说绝不是无足轻重的。不懂得谨小慎微或者不理会职场行事当中的细节是会让自己吃苦头的。而洞悉职场处事的细节会让自己少犯错误，从而使你在事业发展中处于有利的地位。

工作中没有小事

工作中没有小事，对每一位身在职场中的人来说，如果不想被淘汰，取得成功，那么，他就必须记住这一点，并且在面对工作中的小事时，认真地把每一件小事都做好。关注小事，把小事做好是我们职业精神与状态的最好体现，是一种态度，是一种准备。而细致严谨的态度也是重视小事，做好工作的前提。

只有当我们在心中始终保持足够的重视，才能发现工作中小事的重要性，因为在很多的时候，忽视了小事，并不是因为别的原因，只是因为我们从心里就没有重视他，瞧不起他。

“即使最小的事也要把他做到最好”的工作态度，产生于我们重视每一件工作。态度是另一种能力，甚至有时比能力更重要。有了踏踏实实的工作精神和认认真真的工作态度，即使在普通的工作岗位上也能做出很大的成绩，同时赢得领导和同事的认可。

作为一个大企业的职员，劳伦斯从事的是企业里最细微的一些事情。尽管他的工作小而杂，但他始终保持认真做事的好习惯，重视每一项工作。

一天，上司让劳伦斯替自己编一本给总经理前往欧洲用的密码电报书。劳伦斯不像同事那样，随意地编几张纸完事。而是编成一本小巧的书，用电脑很清楚地打出来，然后又仔细装订好。做好之后，上司便交给了总经理。后来，总经理知道了事情的真相，劳伦斯代替了以前上司的职位。

端正的工作态度是干好本职工作的前提，年轻人不要藐视自己的工作，更不要忽视一些细节。即使是最普通的工作，最小的事都值得你全力以赴，尽职尽责，认真地完成。你可能并没有运筹帷幄的大权，但你要有良好的做事心态，严格要求自己，在自己的工作岗位上做得尽职尽责。有人说："态度就像磁铁，我们都会受它的牵引。而思想就像轮子，使我们朝一个特定方向前进。"可见，改变人生，要从改变态度开始。

记住，工作中没有小事，以正确的态度去面对工作中的每一件事吧，它是你对待工作认真负责的最好体现，你也会因为你的敬业精神与认真态度获得老板的青睐，因为当你以这种态度去面对工作的时候，你会成为一个能从细节当中发现问题的人，不仅能够见微知著，有时还能够作出准确的判断，避免因工作失误而带来的严重后果，他会让你表现得更为出色与优秀。

不要忽视职场上的着装细节

俗话说："人靠衣裳马靠鞍。"穿着打扮对树立一个人的良好形象起着十分重要的作用。特别对职场人士而言，衣着本身就是一种标示，他就像一张没有文字的名片，反映出你个人的气质、性格、内心世界。一个着装典雅的人给人的印象深刻，他等于向大家传递一个信息："我是一个重要的人物，聪明、成功、可靠。大家可以尊敬、仰慕、信赖我。我自重，你们也应尊重我。反之，一个穿着邋遢的人给人的印象就差，它等于在告诉大家：“我是个没什么作为的人，我粗心、没有效率、不重要，我只是一个普通人，不值得特别尊敬，我习惯不被重视。”

一所知名大学毕业的高才生小范应聘到一家报社当记者。第一天报到时，他的穿着十分随便，这让主编很不高兴。虽然主编对他的着装有意见，但还是批准了他的要求让他到新闻部去搞热点采访，还提醒他以后要注重自己的着装。小范很高兴，但他没有把主编的提醒放在心上，他觉得工作需要的是能力，穿成什么样并不重要。

小范的确很有才华，也适合干这份工作，可他着装太随便让自己在采访时碰了好多回壁，影响了几次重要的采访。主编决定让他先在报社做校对工作，以后再根据情况决定。

小范觉得很憋气，认为总编不识真才，有意为难自己。他心想，不就是着装随便了点吗，这怎么能掩盖自己横溢的才华呢？于是他做校对既不认真，又牢骚满腹，结果给同事留下了很不好的印象。

最后，小范在失意和愤愤不平之中，在这家报社工作了不到三个月，就只好辞职走人了。

在实际工作中，像小范这样的人不在少数。他们不注重自己的衣着，常常由着性子，想穿什么就穿什么，也不分什么场合，什么情况。他们也许认为自己潇洒得不得了，老板却越看越不顺眼。

一个人的穿着不得体，会使人产生反感。千万不要自以为“酷”，穿上一件皮外衣，再加一件高领毛衣上班，这会让你上司及同事觉得你漠视公司传统。可能他们不会当面指责你，但内心肯定感到非常不高兴，也许私底下会劝你以后别再这样穿着。一个人的服饰，具有“延长自我”的特征。如果一个人的形象和代表“自我延长”的服饰成反比，就会令人有“不完整人格”的印象。比如，衣服和首饰都是高级品，而鞋子却是廉价商品，就会令人产生不自然的感觉。

也许你会认为，这是以貌取人，其实不然。从穿衣服上确实能够体现一个人的行为风格。特别是工作着装，更是体现着这个人对待工作的态度。

着装凌乱，往往是一个人的行为方式缺乏条理性的表现，会给人拖泥带水之感，老板见了自然没有什么愉悦感，更谈不上好感。衣着不得体还反映出一个人在审美情趣方面的欠缺，容易给人以内在涵养不高、举止粗俗的印象。另外，衣着随便显得态度不庄重，还会让人产生被轻视的感觉，这样的装束很难让老板对你感到满意。所以，要成为优秀员工，就要先从衣着规范开始。

穿衣打扮在当今这个时代是小事，但也是不太小的事。说小，是因为这毕竟是个人私事；说不太小，是因为它关系到你的形象，进而影响你与上下左右的人际关系。

有些人经常会以“衣不惊人死不休”的心态行于世，讲究怪异，以为这样就很“个性”。比如穿了一条剪满孔的牛仔裤，配以一双厚底球鞋；穿了一件露脐服，配以一条肥裙裤等，并以此为“酷”，试图吸引他人的眼球。殊不知这样的打扮已经极大地损害了自身的形象，尤其是对于那些上班族来说，如果穿着打扮太过出格的话，难免造成非常不好的负面影响，有时甚至还会影响到自己的事业。

胡某是个活泼开朗的女孩子，学业也很出色。毕业时她战胜了众多的竞争对手，被一家出版社录用。半年后，喜爱尝试新事物的她又跳槽到了一家中等规模的网络公司，当然，令人羡慕的高薪也是她来这里的一个原因。

平时经常喜欢翻翻时尚杂志的她，穿着自然不乏新潮和前卫感：薄纱的连衣裙、小碎纹的百褶裙、改良好的中式旗袍，还有雪纺印花装、军裤和袋袋装、毛皮无后跟鞋……她的风格一向是浪漫多变的。在这方面以前出版社的女上司是她的知音，而现在这个公司的男上司却从一开始就表现出反感，多次提醒她要注意自己的形象。胡某压根儿没放在心上，她想这又不是银行、机关、法院，穿那么中规中矩干什么？既然互不欣赏，她在许多方面表现出对上司的冷淡和疏远：凡可以电话请示的，就不和他正面接触。上司向她交代工作，讲完了她扭头就走，没有表情，也没有多余的话。

后来，上司对她的印象变得越来越差，她稍有过失便惹得他大发雷霆。明明是他告诉的传真号不对，他倒怪胡某发错了地方；胡某刚把忙了几天才写好的报告交给他，兴冲冲地把办公室桌上的文件整理妥当，准备去吃饭，却看见上司气冲冲地从办公室走出来，把刚才的报告扔回桌上，当众指出其中错误的地方，要她马上修改妥当，对上司的责骂，她感到又惊又怒，甚至很想跟他大吵一顿，以泄怨愤……

最终，胡某终于忍受不了上司的“刁难”，愤愤地辞职了。

其实，胡某原本是可以得到更好的机遇，发挥自己的能力的，但是她却因为不注重穿着打扮而给自己招来了麻烦。

那么在职场里，穿衣打扮应该注意哪些问题呢?

首先，着装最基本的要求是整齐干净，得体大方。工作是严肃的事情，因此工作时间应该穿一些比较正规的服饰。整天坐在办公室的职员，或是经常和顾客打交道的职员，要是穿着脏兮兮的衬衫，皱巴巴的裤子，一副邋遢散漫的模样，或者穿得古里古怪，就会让人觉得很别扭，谁都不会对他产生好印象。

还有，你应该注意到所在单位里对穿着的不成文的规定。如果领导们穿的都是暗色的，保守式服装，那你就不应该穿时髦服装；如果领导的穿着时髦轻松，你就不应该穿过时的衣服。另外，如果你也成为领导者，就不应穿得和秘书一样。

如果你不能肯定所选的衣服是否适合上班的话，最好还是不要冒险了，不妨向有关服饰专家请教，或是留意你身边人们的穿着并选择类似的衣服，最好注意与环境及他人保持一致。关于着装，在职场中有这样一件滑稽的事：

有一次，刘某同老板一起外出洽谈一项业务。他一改平日里的休闲着装，换上新买的名牌西服，想通过“包装”给客户留下良好的第一印象。跟客户见面时，客户看到刘某的气派样，眼前为之一亮，紧紧握住刘某的手，说：“经理真是年轻有为啊！”

刘某的穿着不同凡响，客户把他误当作了“主人”，把一身旧衣服的老板当成了“随从”，晾在了一边。直到谈判快结束需要签字时，对方才知道穿旧衣服的才是“主角”。结果，业务没能谈成，还被传为笑话。

后来，老板就对刘某“另眼相待”了，有业务外出时再也不要他陪同，一个人才就这样被老板“冰封”了。

不合适的穿着无疑会妨碍我们的前途。我们不能过于前卫，我们也不能太迂腐，而最好的着装规则就是中庸之道，不让别人一眼就注意到我们穿了些什么，却能够立刻发现我们值得信赖。所以，从现在起，你就应从着装的细节上去改变自己，避免造成不好的影响及后果。

不要玩“小聪明”

每个人都喜欢被别人称赞能干、有才华，因此，很多人言谈举止之间，总是有意无意显示一下自己某方面的精明。如果是同事，朋友之间这样做，会引来一些人的嫉妒，若是在领导面前蓄意显能，往往会给自己带来霉运。因为你太精明了，什么事都瞒不过你的眼睛，就难免会成为别人的眼中钉，肉中刺。历史上的杨修便是最好的例子。

东汉末年的名士杨修以才思敏捷、颖悟过人而闻名。

一次，曹操路过孝女曹娥的墓地时，见到墓碑正面刻着一段赞扬曹娥的短文，背面刻着蔡邕手书的八个字：黄绢幼妇外孙齐臼。

曹操问身边的杨修：“你知道这几个名字的含义吗？”杨修点点头，正欲开口说。曹操摆摆手说：“你先别说，让我思索一下。”

二人骑上马走了约摸三十里，曹操领悟了他的含义，对杨修说：“我已想出了他的含义，请主簿先说说看。”

杨修说：“‘黄绢’是黄颜色的丝织物，隐含一个‘绝’字；‘幼妇’是少女，隐含一个‘妙’字；‘外孙’是女儿的儿子，隐含一个‘好’字；‘齐臼’是用来盛放辛辣食品的，他隐含一个‘辞’（辞的古体字）字，合起来就是‘绝妙好辞’。蔡中郎（蔡邑曾任左中郎将）用这句隐语来赞扬这块十分精彩的碑文。”

曹操听后连声说：“对，对！跟我理解的完全一样。”

实际上曹操奸雄一世，谁能说得清他究竟是理解了没有呢？

就算他真的想出来了答案，心中也会大为不快。一个人要是知道世上另一个人的才智和反应速度，要早自己三十里地，那他无论想干什么，不是都能被对方早早看穿吗？这对于曹操而言，是一种威胁。而此时的杨修只知得意，还浑然不觉呢。

建安十九年春，曹操与刘备争夺汉中之地。刘军防守严密，无懈可击，又逢连绵春雨，曹军出战不利。曹操见军事上毫无进展，颇有退兵的意思。

这天，曹操独自一人吃着饭，一个军令官前来请示曹操，当晚军中用什么口令。此时，曹操正用筷子夹着一块鸡肋骨，于是脱口而出："鸡肋。"军令官听了也没有觉得奇怪。

消息传到杨修耳里，他便悄悄地整理笔札、行装，作撤退的准备。有人不解，杨修淡然一笑说："丞相用'鸡肋'作军中口令，'鸡肋'的含义不就是'食之无肉，弃之可惜'吗？丞相正是用他来比喻我军在汉中的处境。凭我的直觉，丞相已考虑好撤军的事了。"

曹操得知有人准备撤退，愕然一惊。他急忙找人来查问。弄清楚之后，对杨修的过分机灵早已不快的曹操，这下子抓到了把柄，立即以惑乱军心的罪名，把杨修杀了。

俗话说得好：聪明反被聪明误。杨修不能说是一个不聪明的人，但他的聪明用错了地方。其实，我们的聪明才智应该用在工作上、业务上，在平时的一些小事上不妨"大智若愚"一点。

有些时候，有的员工会自认为聪明地做一些"分外事"，这些事可能是老板肯定同意的事情，他以为，既然老板也会这么做，我替老板做了，又有什么不可？可是，他没有想到，你自认为聪明的做法没准就触到了别人不愿让人触及的东西。下面这个秘书小姐就是因为忽略小事背后的东西而捅了"马蜂窝"。

"糟了！糟了！"赵经理放下电话，懊悔不已："那家新的供货商的东西便宜，却根本就是次品，还是原来穆老板的货好。"他狠狠地捶了一下桌子："可是，我怎么那么糊涂，写信把他臭骂一顿，还骂他是敲竹杠，这下麻烦了！"

"是啊！"秘书张小姐转身站起来说："我那时候不是说吗？要您先冷静，再写信，您不听啊！"赵经理说："都怪我在气头上，想这小子一定在故意抬高价格，要不然别人怎么那样便宜。"赵经理来回踱着步子，指了指电话："把电话告诉我，我亲自打过去道歉！"

秘书一笑，走到赵经理桌前："不用了！告诉您，那封信我根本没寄。""没寄？""对！"张小姐笑吟吟地说。赵经理坐了下来，如释重负，停了半晌，又突然抬头："可是我当时不是叫你立刻发出吗？""是啊！但我猜到您会后悔，所以压下了。"张小姐转过身，歪着头笑笑。"压了两个礼拜？""对！您没想到吧？""我是没想到。"赵经理若有所思地低下头去，翻记事本："可是，我叫你发，你怎么能压？那么最近发美国的那几封信，你也压了?”

“我没压。”张小姐脸更加得意了：“我知道什么该发，什么不该发。”“你做主，还是我做主?!”没想到赵经理居然霍地站起来，严峻地问道。张小姐呆住了，眼眶一下湿了，两行泪水滚落。颤抖着、哭着喊：“我，我做错了吗?”“你做错了!”赵经理斩钉截铁地说。

张小姐被记了一个小过，是偷偷记的，公司里没人知道。

看完这个故事，你可能会为秘书张小姐鸣不平，她明明救了公司，他们居然非但不感谢，还恩将仇报。如果你要这样想，那你就错了!

整个事件关键的一点就在于赵经理说的那句话：“你做主，还是我做主?”

假使一个秘书，可以不听命令，自作主张地把主管要她立刻发的信，压下两个礼拜不发，她岂不成了主管? 如果有这样的暗箱作业，以后交代她做事，谁能放心?

老板在意的不是事情的结果，而是张小姐做事时不自觉地站到了他的位置说话。虽然是些小事，但擅自替老板做主，就成了大事。无视老板的权威，剥夺了老板拍板的权力，这是老板最忌讳的，他势必会给你点颜色瞧瞧。所以张小姐不但错，而且错大了。

可见，貌似随意的职场事务中都暗藏着多么大的玄机。我们应该从日常的小事中细心观察，积累为人处世的经验，避免在细节上栽跟头。

向上司提建议要注意的细节

作为一个有责任心的员工，在发现上司的决策错误时，从维护公司利益出发应对其提出意见和建议。那么，向上司“进谏”做好哪些细节才能取得良好效果呢? 先让我们来看看两个实际例子的对比吧。

何某是一家快速消费品公司的销售主管，有一次，公司要为换新包装的产品重新制作广告，开会讨论时，老板提出了一个非常离谱的创意，大家听后面面相觑，谁也不敢说什么。后来何某实在忍不住开口了，因为他是负责和广告公司联络的，何方指出：“这个创意好是好，不过广告公司可能做不出来……"，话还没讲完，老板就开炮了："你还没和广告公司说，怎么知道做不出来。你应该和广告公司阐述清楚，如果这家不行可以考虑换一家。如果你不想去做也可以考虑让别人去做！"

非常遗憾，何某向上司提建议时没有注意方式方法，认为自己说出了中肯的想法，上司就一定会接受，事实上并不是这样，有时恰恰适得其反，甚至会惹恼上司。而下面这位销售部主管换了一种方式向老板提建议就取得了很好的效果。

一家食品公司的经理设计了一个商标，开会征求各部门的意见。经理报告说："这个商标的主题是旭日，象征希望和光明。同时，这个旭日很像日本的国旗，日本人看了一定会购买我们的产品的。"然后他征求各部门负责人的意见。

轮到销售部主任发表意见时，他说："我不同意这个商标，但不是因为它不好，而是恐怕它太好了。"经理笑了起来，说："这倒使我不懂了，你解释一下看看。""这个设计鲜明而生动，自然是毫无疑问的，因为与日本的国旗相似，无论哪个日本人都会喜欢的。""是啊，我的意思正是如此，这我刚才已经说过了，"经理有些不耐烦地说。

"然而，我们在远东还有一个重要市场，那就是华人社会，包括中国以及东南亚国家，这些国家和地区的人们看到这个商标，也会想到日本的国旗。尽管日本人喜欢这个商标，但是由于历史的原因，这些国家和地区的人们就不一定喜欢，甚至可能产生反感。这就是说，他们不愿意买我们的产品，这不是因小失大了吗？照本公司的营业计划，是要扩大对中国和东南亚国家及地区贸易的，但用这样一个商标，结果是可想而知的。"

"天啊！我怎么没有想到这一点，你的意见对极了！"

经理欣然接受了销售部主任的意见。

例子中，那位青年一句"我恐怕它太好了"这样的恭维话，先满足了经理的自尊心，同时也不会使他产生不悦。然后，再陈述充分的理由，经理也就不会因此而觉得难堪了。这真可谓是高明的向上司提建议的巧妙方法。

那么，身在职场的我们，如何才能做到既能向上司提出异议，而又不冒犯上司呢？以下细节值得你注意：

（1）在会议中大家毫无准备的情况下，突然提出新计划、新建议的做法最可能遭冷遇。聪明的方法是在事前找个合适的时机对上司说："最近，我在考虑这样一种方法，您看有无可能……”，或在餐桌上一杯酒下肚后，试探一下上司的态度也是好方法。总之，越想方案被采用就越要做足工夫。

（2）要选择好时机。上司时间宽余、心情舒畅时最适宜此类话题。对方能否仔细地听你的解释，有时会是决定你成功和失败的关键。

（3）用来说服对方的资料要准备充足，比如其他公司的目录、销售流通渠道、市场占有率、实物样本，等等。带上司去现场考察也是有效的手段之一。

（4）向上司提建议开口不要先说错误在哪，而应该先肯定上司决策中正确的部分，然后再委婉地指出不足之处。

（5）事先充分估计好上司可能提出的疑问，对解除这些疑问的对策要考虑得周详。

（6）遭到上司严厉批评时不可强词夺理耍脾气，相反以接受对方的部分观点最具策略性。“啊，可不是，这一个地方我疏忽了（其实并没疏忽），一定照您的意思改进。”能笑容满面地如此应答的人，将来一定成大器！

（7）无论怎样竭尽所能，你的方案也不被接受时，切不可感情用事，把失败归咎于上司的头脑顽固不化。应该好好分析一下对方批评的理由，参考上司的看法作一番反省后，重新修改原先的方案。一次不行两次，两次受挫还有第三次。要知好事多磨的道理，想一炮打响其实是比较幼稚的想法。

巧妙赢得上司的好感

人非圣贤，孰能无过。上司在处理问题时，出于种种原因，有时也会有不明智之举，容易因小失大危及全局，导致工作的失误或工作中心的偏离。此时，如果下属能不失时机、恰到好处地为上司打圆场，分担责任，那么在上司内心的功劳簿上一定会为你记上一笔。

助理小陈就有过这样的一次经历。有一次，公司里召集各部门的负责人开会，准备安排下一阶段的工作任务。在会议开始的汇报工作中，销售科的经理因为责任心不强，几项交办的工作没做好，还捅了娄子，经理批评了他几句，他还顶撞了经理。结果导致经理很情绪化，发了不少脾气，使会议气氛十分紧张。助理小陈见此情景，便找了个机会宣布休会15分钟。

在休息的间歇，助理小陈递了一个纸条给经理，上面写着："刘经理，会前您曾说过，这个会议的主要议题是布置工作，动员干部，刚才的会议气氛有点儿紧张，不利于这次会议的顺利进行。有些问题您看是否可以专门开会或会后解决更好呢?"

复会后，小陈发现刘经理已恢复了正常，并把会议引导到了正常的议程上。会议比较圆满地结束了。

会后，刘经理专门叫住小陈，向他表示了感谢。此后，小陈越来越受经理的赏识。小陈在关键时刻想到了休会15分钟这个细节，避免了问题的扩大化；而一张小纸条又适时提醒了刘经理，使会议主题又重新回到了会议的主题上，此举可谓是"点睛之笔"。点睛之笔虽小，却可能盘活全局。

小翁是某单位的秘书，一天在接到一家客户的电报之后，立即向经理汇报。当他去汇报时，经理正在与另一位客人说话，听了小翁的汇报后，他只是点点头，说了声："我知道了。"便继续与客人会谈。

这件事小翁也没放在心上，过去就过去了，可是没想到两天以后，经理一个电话把小翁叫到了办公室，怒气冲冲地质问小翁为什么不把那家客户打来的生意电报告诉他，以至于耽误了一大笔交易。

经理的指责让小翁莫名其妙，自己已经向他做了及时的汇报啊，肯定是当时他在谈话给忘了。

经理连珠炮式的指责让小翁连插话的机会也找不着，站在一旁的经理办公室主任不断地向小翁使眼色，暗示他不要申辩。小翁马上心领神会了。

经理发完火后，便叫小翁出去干活。事后，经理也没有再追查此事。

小翁之所以当时什么都没有分辩，是因为他在看到办公室主任的眼色之后就清楚地了解经理那么做的缘由。其实，经理也知道小翁已经向他汇报过了，也的确是他自己由于当时谈话过于兴奋而忘记了此事。但是，他可不能因此而在公司里丢脸，让别人知道他渎职，耽误了公司的生意，而必须找一个替罪羊，为自己开脱。所以，经理的发怒与其说是针对小翁，还不如说是给全公司人听的。但是，如果小翁不明事理，反而据理力争，这样，不仅不会得到经理的承认，而且很可能因此而与经理产生芥蒂。

在一些小事情上，特别是没有太大干系的事情上，被上司错怪了，大可不必去申辩。因为，上司总是希望大事化小，小事化了，希望不出大乱子，希望大家都听他的。如果你为了一点小事便不厌其烦地为自己申辩，以至于给上司造成过多的麻烦，那尽管你的申辩是正确的、有力的，其客观效果也并不好，反而会使上司讨厌你，认为你心胸狭窄，斤斤计较。

上面的两个事例都是讲的在职场生活中和上司打交道的细节问题。虽然不能涵盖工作中此类问题的所有情况，但这些事例有一个共通的道理，那就是把这些与上司打交道的功夫掌握好，还需要在平时每一个做事的细节中好好修炼。如果能把这些细节问题处理得游刃有余，证明你已经是一个成熟的职场人士了。

与同事保持适当距离

"距离"一词原本是物理上的概念，说到与同事保持适当距离是不是真的需要在"物理"上保持一定的远近呢？虽然貌似玩笑，可还真有人研究过这个问题。人类学家爱德华·霍尔研究出来的四种空间距离可供你参考。

第一种为"亲密距离"，即有身体上的接触，一般在0～46cm之间。

第二种为"私人距离"，一般在0.46～1.2m之间。

第三种为"礼貌距离"，通常用于处理非个人的事务，约在1.2～3m之间。

最后是"一般距离"，以感觉而定，一般在3m以上。

和同事之间，你保持一个什么样的"物理"距离，可以达到亲密而又有间的心理效应，这不能一概而论，同性和异性，上司和下属，均有所不同。但有一点，不能因为近而给对方心理上造成恐惧，也不能因为远而让自己脱离众人的视线。这些细节不容易时时察觉，但你不能不注意。

如果生理的距离还只是一个形式，那么人际关系上的"远近"就显得比较关键了，这需要你费一些心思来做适当调试。与同事相处，太远了当然不好，人家会认为你不合群、孤僻、不容易交往；太近了也不好，容易让别人说闲话，而且也容易让上司误解，以为你在搞小圈子。所以说，不即不离、不远不近的同事关系，把握好这个度才是最难得的和最理想的。

小李到一家公司工作，初来乍到，对周围环境极不熟悉，幸得小季的介绍，她很快清楚了公司的状况。所以，她一直保持着对小季的感激，对小季格外关心，泡茶、倒水，照顾得格外周到，在同事眼中，似乎她是为着小季而来的，大家对他俩都敬而远之。而小季呢，为了极力澄清什么，对小李很是冷淡。

过于亲近于某人，只会让别人回避你，因为谁都不愿做插足的“第三者”，尤其是女性之间，你与某人越近，别的人便与你越远。如果你要依个人的好恶来亲近或疏远某些人，那么你别指望在办公室缔结好人缘。所以，和同事相处，为了不偏不倚，最好是一视同仁。

在处理与同事之间的距离时要注意哪些细节呢，以下几点值得参考：

第一，对待知心同事如一般同事。即使你与某一同事成了知心朋友，也不要在办公室交头接耳或者互相传纸条，因为这份小动作除了显示你们的亲密，还会让人怀疑。

第二，要么“帮助全体”，要么“帮助自己”。既然是“助人”，那就帮助到底，热心肠应该是大家的“利益”，而非某一个人的“需要”，否则，你就“独善”其身。

第三，与同事们“步调一致”。和多数人一起下班，不要专等某一个人。

第四，君子之交淡如水，要和同事保持长久而良好的关系，不要过多牵扯到物质，即使必须赠予和收受也要平衡分配。

公司里的人际关系是很微妙的，大家既要互相协作，又要保持各自相对的独立，你只有把握好这种距离上的细节，才能较好地维系同事关系。

不要成为“小道消息”的传播者

每个人忙忙碌碌地在一个组织里工作，更多的时候是在谈论公事，然而人们说话也不可能光说正事，难免会讲些题外话。这些题外话中就免不了一些“小道消息”、“流言蜚语”。如何面对职场中的小道消息，是每个员工成功道路上都会碰到的。处理好了，它就是成功的助推器；处理不好，将会危害到你的前途！

最近某调查机构对本市的“上班族”进行了一次抽样调查，竟然获得了一些使人啼笑皆非，又颇值得我们深思的结果。其中当被问到“什么是吸引你每天上班的理由”时，竟有相当一部分人在“不上班，就听不到许多小道消息、谣言、流言、传言和谗言”之后打了勾。

的确，有这样一个现实我们不能否认，似乎有人群的地方就会产生出一些可疑的谣言，而谣言就像夏日里的冰块一样，很容易就融化开来。在一个复杂而忙碌的工作组织中，流言飞语，小道消息是少不了的。如果一个人到一个新单位上了好多天班，却连一个传言都没听到，会让人觉得是不正常的事。

有人用这样几句话来描述人群中流言的性质：“言者捕风捉影，信口开河；传者人云亦云，添油加醋；闻者半信半疑，真伪难辨；被害者莫名其妙，有口难辩。”真是形象逼真之极。“小道消息”，主要包括下面一些类型：

1. 谣言，即“小人”制造的，偏离事实的，甚至无中生有的言论。

2. 挑拨离间的言论，“小人”为达到目的会在有关人员之间传播言论，意在破坏同事之间的关系。

3. 阿谀奉承的言论，对有利可图的对象，不加掩饰，溜须拍马。

4. 阳奉阴违的言论，表面上唯唯诺诺，背地里我行我素。

5. 趋炎附势的言论，谁得势就依附谁，谁失势就抛弃谁。

6. 落井下石的言论，如果你身处泥潭，“小人”会推你一把，巴不得你万世不能复生。

7. 推卸责任的言论，明明自己有责任，却死不承认，想找个人“背黑锅”。

大多数的小道消息都是一些无中生有，以讹传讹的不确切的信息，所有的人都会对流言蜚语的散布者嗤之以鼻。因为流言蜚语的传播，常常是闹得物是人非，人心惶惶。如果你是一个流言蜚语的传播者，那么，一旦人们知道后，你将失掉你原有的朋友，并且永远也不会得到其他人的信任。因为，大家知道一旦秘密进入到你的耳中，将会被你迅速地传出去，从而不成为秘密，有的甚至会对另外的人造成伤害。于是，所有的人都会对你生出不信任的感觉，你因此而失去的不只是人们告诉你的那些秘密，还有你的人格。

现代职场中，人与事变得越来越错综复杂、微妙神秘，要想完全脱身，置身于一切流言之外是不可能的，几乎很少有人从未被谣言中伤过，但我们必须相信：别人的耳朵和嘴巴长在别人的身上，我们不可能管得了；但自己的耳朵和嘴巴却是长在我们自己身上，完全有可能控制自己去少听少传。更重要的是，手脚是在自己身上的，自己勤快些做事，以行动成果来对抗流言蜚语是最有效的。总之，有一句话你必须牢记和遵守，就是：小道消息虽“小”，但自己千万不要成为“小道消息”的传播者。

不要占公司的小便宜

在现实生活中，我们经常可以看到这样一种情况，一些公司的职员，经常将公司里的一些办公用品，带回家作为自己的私人用品。有些东西虽然小，不值什么钱，但那毕竟是公司的财物，不是自己家的东西可以随意处置。而且，有时候占些小便宜，反而会吃大亏。

某文化公司的文员小王工作干得不错，但有一个毛病，就是爱占公司的小便宜，经常把公司的办公用品带回自己的家。有一次，她把公司的稿纸拿回家，给上小学的孩子当作文本用。而孩子老师的丈夫是另一家公司的部门经理，该公司正要与小王所在的公司合作一个项目。当他无意中看到孩子的作业本竟是公司的稿纸时，他就想：“这家公司的风气太坏了，这样的公司怎么能做好生意呢?”于是便中止了与小王所在公司的合作计划。后来，小王的老板得知了项目合作失败的内情，毫不犹豫地把小王给辞退了。

上面这个例子中的小王就因为贪小便宜，让公司受到损失，更是砸了自己的饭碗，真是得不偿失。

在职场上，有时候，职位的升迁不一定非要看你有多能干，如果人品不佳，即使成绩出色也未必能在职场平步青云。像小王这样爱贪小便宜的人，其实是最让人看不起的。

爱贪小便宜的人令人鄙视，不讲道义与责任的人，当然免不了被扫地出门。

公司的财物不是免费资源，它是公司的基本财产，是公司为员工提供的工作工具，也是为公司创造财富和利润而耗费的成本。作为员工必须坚持原则，时时处处注意自己的行为，不要把公司财物据为己有。不要认为自己不过是拿公司不值钱的小东西，要知道，这会严重影响公司的生产成本，加重公司的负担，如果公司的每个员工都有这种想法，都这么做，结果可想而知。再说，这种占小便宜的行为，对自己人品的损害也不可低估。当老板知道了你有这种不良行为，也不会对你有好感的，这将直接影响你的职场生涯。

要收起侥幸心理。占公司的小便宜，你也许觉得只是一些小东西，对公司影响不大，无所谓；你也许觉得老板不会发现，抱有一定的侥幸心理。这都是非常幼稚和危险的想法，也是占小便宜行为的根源，只有从根子上改正，才会有真正的效果。

还有，即使家里确实需要办公用品或其他小的东西，应积极购置一些。当家中不缺少这些小东西的时候，你也就不会把公司的小财物占为己有了。

第20章 人际往来，注重细节左右逢源

成功人士的一个共同特点，就是他们都具有建立并维系一个良好的人际网络的能力。一个人是否有宽广的人际关系网，是衡量他的社交能力强弱以及成功与否的一个重要标准。你的社交能力有多大，你办事的能力就会有多大，没有社交能力的人，是绝对成不了大事的！一个人的能力非常有限，有许多事情是很难独立完成的。建立一个良好的关系网络是至关重要的。

聪明的人善于把“关系”变成社交的资本，他们凭借自己的本领最大限度地打通各个环节，以便为自己办事制造人脉关系。一个人思考的时代已经过去了，建立品质优良的人脉网为你提供情报，成了决定工作成败的关键。

与人交往是一门大学问

社交是每个人都无法回避的生活内容。善于社交的人在社会上广受欢迎，所承受的社会压力也比别人小得多，成功的概率也相对地提高。正如美国著名学者卡耐基所说：“一个人的成功，只有15%是由于他的专业技术，而85%则要靠人际关系和他的为人处世能力。”可见，一个人的社交能力是多么重要。在这个讲究人际关系的时代里，却有许多人不懂得怎样更好地与人相处。

一位老太太坐在小镇郊外的马路边纳凉。有个年轻人来到老人面前问道：“请问老人家，住在这个小镇上的人怎么样？我正打算搬来住呢！”

老太太看了一下年轻人，反问道：“你要离开的那个地方的人怎么样?”

年轻人回答：“不好，都是些不三不四的人。我住在那里没快乐可言，因此我打算到这儿来住。”

老太太叹口气，说：“小伙子，恐怕你要失望了，因为这个镇上的人，也和你那儿差不多。”

年轻人走了，继续去寻找他理想的居住地。

过了一会儿，一位姑娘来到老太太面前，询问同样的问题。老人也同样反问她。

这位姑娘说：“哦！住在那里的都是非常好的人。我在那里度过了一段美好的时光，但我正在寻找一个更有利于我的工作发展的小镇，我舍不得离开那个地方，但是我不得不寻找更好的发展前途。”

老太太面露笑容，说：“姑娘，你很幸运。居住在这里的人都是跟你原来住的地方一样好的人，你将会喜欢他们，他们也会喜欢你的。”

这个故事告诉我们，你想寻找敌人，你就会找到敌人；你想寻找朋友，你也就会找到朋友。不善于与人相处的人，到了哪里，都会认为别人难以相处。善于与人相处的人，见到任何人，都会融洽相处。

能够与人融洽相处的人是一个快乐的人，一个大度的人，一个与人为善的人。即使赚钱不多，也很满足，因为他能从融洽的人际关系中获得回报。

当今社会人与人之间的交往越来越多，而在这个交往过程中，与人交往，应注意以下几点。

第一，不要干涉别人的隐私。

在和别人交谈的过程中要注意把握分寸，要看场合，不能随便询问探听对方的私生活，如个人的婚姻、家庭、储蓄等，都是十分不礼貌的行为，会招致他人的厌恶。

第二，要保持一个文明高雅的形象。不能背后议论他人，讲第三者坏话，这样会被对方认为你是个好搬弄是非的人，对你产生戒备之心。社交待人态度要温和、热情、诚恳、有人情味。如果自恃清高，态度冷漠，就会使人难堪，望而生厌；切忌卑躬屈膝、矫揉造作。有些交际圆滑的人，有求于他人时，或觉得对方有权势地位，便耍出阿谀奉承手段，使人产生不良印象。社交活动要保持仪表整洁，如果不修边幅、衣装不整，就会给人留下很不好的印象。

第三，要诚实守信。在社会交往过程中，诚信和信用无疑是交流和沟通双方最为看中的品质，为人处世，“信用”非常重要。言必信，行必果，不但是对他人的尊重，更是对自己的尊重。与人交往，要遵守诺言，如果满口答应给人办事结果不办，便会失去别人的信赖，影响友谊。由于人的情趣、修养、性格各有不同，凡属生活小节问题不妨迁就谋合；一时自己见解有误，应谦逊倾听别人意见。若固执己见，就会孤立自己。

以下是与人交往的经验之谈：

（1）面对大众，欢喜时不要得意忘形，伤感时也不要形诸于脸色、语言。

（2）在众人面前，一句话、一个行为，都要设法让人家尊重你，千万不要不明事理，不分是非，不权衡轻重，也不明白善恶好坏。

（3）不必和别人计较，你纵使能力智慧不如别人，如果你上进、忠诚、负责，你还是比他好。

（4）面对别人的伤害，别人的侮辱，你不必伤心，不必难过，要知道检讨，知道反省，知道改进，能够如此，必然会有成功的时刻。

记住他人的姓名

名字对一个人来说，应该算是最重要的东西之一了吧。一个人从出生到去世，名字就一直和他缠在一起。人们不能没有名字，因为这是一个人区别于其他人的重要标志。叫响一个人的名字，这对于他来说，是任何语言中最动人的声音。和一个陌生人交往，记住他的名字则更是建立友谊的第一步。

工作中，你每天都可能会面对新的客户，而新老客户的数量可能会数以百计、千计。那么，他们的名字你能记得住多少呢？在一位似曾相识的顾客来到你的面前时，你是否曾尴尬地再次向对方询问尊姓大名呢？而如果你在第一次见到他时就牢记住他的姓名这个细节，你就可以避免这样的难堪了。

名字对每个人来说都很重要，你记住了他的名字，即使很久不曾见面也能轻易叫出来，你就会收到意想不到的效果。许多善于交际的人就是记别人名字的高手，记住他人的名字是人际交往中左右逢源的重要方法。

美国一位学者曾经说过："一种既简单但又最重要的获得好感的方法，就是牢记住别人的姓名，并且在下一次见面时喊出他的姓名。"

姓名是人的标志，人们出于自尊，总是最珍爱它，同时也希望别人能尊重它。如果你与曾打过交道的人再次见面，能一下叫出对方的名字，对方一定会感到非常亲切，对你的好感也油然而生；而如果只是觉得"眼熟"，再次向对方请教"贵姓"，双方一定觉得非常尴尬。

一个美国人有一次在巴黎开了一门公开演讲的课程，发出复印的信件给所有住在该地的美国人。那些法国打字员显然不太熟悉英文，在打个别名字的时候出了错。有一个人——巴黎一家大的美国银行的经理，写了一封不客气的信给这位老师，指出自己的名字被拼错了。

记住每个人的名字，是尊重一个人的开始，也是塑造个人魅力的重要一步。

两个多年未见的朋友在街头邂逅，一方能够脱口而出对方的名字，必能使对方兴奋不已；即使只有一面之交的人，再次偶然相遇，清楚地记得对方名字，必能使其对你刮目相看。

记住他人的姓名，在商业界和社交上的重要性几乎跟在政治上一样。一名政治家所要学习的第一课是："记住选民的名字就是政治才能，记不住就是心不在焉。"

罗斯福开始竞选总统前的几个月中，其助手吉姆一天要写数百封信，分发给美国西部、西北部各州的熟人、朋友。而后，他乘上火车，在19天的旅途中，走遍美国20个州，行程12000公里。他除了火车外，还用其他交通工具，像轻便马车、汽车、轮船等。吉姆每到一个城镇，都去找熟人进行一次极诚恳的谈话，接着再开始下一段的行程。当他回到东部时，立即给在各城镇的朋友每人一封信，请他们把曾经谈过话的客人名单寄来给他。那些不计其数的名单上的人，他们都得到吉姆亲密而极礼貌的复函。

吉姆早就发现，一般人对自己的姓名最感兴趣。把一个人的名字记住，很自然地叫出来，你便对他含有微妙的恭维、赞赏的意味。若反过来讲，把那人的姓名忘记，或是叫错了，不但使对方难堪，而且对你自己也是一种很大的损害。

在日常生活中，我们常有这样的尴尬：碰到一个似曾相识的人跟你打招呼时，你却一下子叫不出他的姓名来。

这种场合，碰上一次、两次还好，要是碰上多次那就不太好了，可能会有损你们之间的关系，原本很不错的朋友也会因此疏远你。

姓名虽是一个符号，但是一个人的姓名对一个人来讲有非同寻常的意义，它成为日常交际中不可缺少的工具。因为一旦人们失去了名字，人与人之间便无法区分，给日常学习、生活，甚至整个社会运行都带来诸多的不便。

如果你想尽快建立一个良好的人际关系网的话，你必须在记住对方的姓名上下工夫。

很多人不记得别人的名字，只因为他们认为没有必要下工夫和精力去记别人的名字，如果问他们为什么，他们肯定会为自己找借口，说自己很忙。

一般人大概不会比罗斯福更忙，可是他甚至会把一个技工的名字牢牢地记下来。罗斯福总统知道一种最简单、最明显，而又是最重要的获得好感的方法，那就是：记住对方的姓名，使别人感到自己很重要。

当年，钢铁大王安德鲁·卡内基控制的中央交通公司和他的一个竞争对手普尔曼控制的那家公司，都在拼命争取太平洋联合铁路公司的生意。为了击败竞争对手，双方大杀其价，实际上已到了毫无利润可言的地步。一天晚上卡内基和普尔曼都要到纽约去找太平洋联合铁路公司的董事会。当他们在圣尼克斯饭店见面的时候，卡内基说：“晚上好，普尔曼先生，我们难道不是在出自己的洋相吗?”“这句话怎么讲?”普尔曼问道。于是卡内基把他的计划说了出来，他想合并这两家公司，他把合作、互不竞争的好处说得天花乱坠。普尔曼十分注意地听着，但是并没有表态。最后他说：“这个新公司叫什么名字?”卡内基立即说：“当然叫普尔曼皇宫轿车公司。”

普尔曼的眼睛一亮——“到我房间去。”他说，“让我们来讨论一下细节。”这次的讨论，在工业史上翻开了新的一页。

安德鲁·卡内基这种记住并重视朋友和商业界人士名字的方法，是他领导才能的秘诀之一。

法国国王拿破仑三世也善于记住别人的名字，他的技巧非常简单，如果他没有听清楚对方的名字，就说：“抱歉，我没有听清楚。”如果碰到一个不常见的名字，他会问怎么写法。

在谈话的时候，他会把那个名字重复说几次，试着在心里把他跟那个人的特征、表情和一般容貌记在一起。如果对方是个重要人物，拿破仑三世就更用心记。一等到他身边没有人，他就把那个人的名字写在纸上，全神贯注地仔细瞧着，深深地留下印象。然后，再把那张纸条撕掉。就这样，他对那个名字就不仅有一个耳朵的印象，而且还有眼睛的印象。如此一来，尽管再繁忙的公务缠身，他都能随口说出别人的姓名，得到众人的敬佩和爱戴。

记住别人的名字不过是一个非常小的细节，但对那个人来说，这是语言中最甜蜜、最重要的声音。事实表明，给他人以美好的感受，你也将得到重视细节的回报。

把他人放在心上

每个人都觉得自己很重要！或者说，每个人都希望被别人认为很重要。如果对方感觉到他在你心目中很重要，他一定会对你产生好感——没有人会讨厌一个喜欢自己、尊重自己的人。

有些人自视甚高，他们觉得自己很重要，却忘了别人也需要这种感觉。他们在不经意间流露出对别人的轻视，于是受到大家的疏远。只有使别人产生重要的感觉，你才会受到他们的欢迎。

如何使对方产生重要的感觉呢？礼貌上的尊重是毫无疑问的，关键是你要把他放在心上，同时还可以采用一些让人产生好感的方法，比如：

关心对方关心的事。他关心自己的利益，关心自己的健康，关心自己的家人……你只要对他的利益、他的健康、他的家人……表现出足够的关心，他就会把你当成自己人。

欣赏对方欣赏的事。他欣赏自己的成就，欣赏自己的能力，欣赏自己的风度……你只要对他的成就、他的能力、他的风度……表现出你真诚欣赏，他一定会欣赏你，把你当成难得的知音。

请教对方擅长的事。自己不懂的问题、不清楚的事情，不妨向对方求教，既可增长见识，又能得到对方好感，何乐而不为?

心理学家纽加姆于1961年曾做过一个实验，证实了空间距离、态度和价值观对“自己人效应”作用较大。实验者征集了17名大学生，让他们住在一起。在他们进入公共宿舍之前，实验者测定了他们的人格特征，以及关于经济、政治、审美等方面的态度和价值观。然后分别将价值观和人格特征相似，或者不相似的大学生混合安排在几个寝室里，共同生活四个月。四个月后，实验者让这些大学生相互评定室内人员，喜欢谁，不喜欢谁。

实验结果表明：在相处的初期，空间距离决定了他们之间的关系，同宿舍的人明显比不同宿舍的人要亲近；然而到了后期，态度和价值观相似的人走得比较近。

田中义一是日本很有名气的政治家，他非常善于利用人们的亲近心理，营造温馨的交际环境，来取得预期的交际效果。有一次，他到北海道进行政治游览，有位穿着考究看来很像当地知名人士的男子走出欢迎行列向他表示问候。田中义一急忙走上前去，紧紧握住那人的双手，十分热情地说道：“啊，您辛苦了。令尊还好吗?”那个男子感动得一时说不出话来。田中义一的政治游览，也因此大获成功。事后，田中义一的随从对主人的亲密举动十分不解，忍不住问道：“那人是谁?”田中义一的回答出人意料：“我怎么知道，但谁都有父亲吧!”

田中义一的交际成功，无疑在他选择了一个比较好的交际切入点，即在男子心目中迅速建立了亲情意识，使男子觉得他是一个值得信赖、和蔼可亲的人，从而在心理上对田中义一产生了认同感。

冯玉祥将军在他的“丘八诗”中号召士兵：“重层压迫均推倒，要使平等现五洲。”他热爱体贴士兵，关心他们的生活，曾亲自为伤兵尝汤药，擦身搓背，甚至和士兵一样吃粗茶淡饭。所以，士兵们都感到冯将军没有架子，与自己处于平等地位，因而都尊重和听他的话，有什么想不通的事都愿意找他说。

维也纳著名心理学家亚佛·亚德勒，写过一本叫做《人生对你的意识》的书。在那本书中，他说：“不对别人感兴趣的人，他一生中的困难最多，对别人的伤害也最大。所有人类的失败，都出自于这种人。”

亚德勒这句话真是意味深长。

生活中的很多很多的问题，就是因为一方不把另一方放在心上或者双方互相不把对方放在心上而引起的，种种仇视和敌意，也因此而生，并带来数不清的麻烦。如果每个人都对别人多一份关注、多一份重视，这个世界将变得更加温馨和谐。

“你以怎样的态度对待别人，别人也会以怎样的态度对待你。”这是成功学家拿破仑·希尔的一句名言。

你轻视一个人，你就不会把他放在心上，对他的一切都漠不关心；你重视一个人，你就会关心他的感受，关心他所处的状况。当他感受到你的轻视或重视后，也会报以同样的态度。当你想改善和巩固跟某个人的关系时，把他放在心上，无疑是一条捷径。

照顾对方面子，赢得好感

在社交中，有时常会进行一些带有比赛性、竞争性的文娱活动，比如棋类比赛、乒乓球赛、羽毛球赛等。

有经验的社交者，在自己“实力雄厚”、绝对能取胜的情况下，往往并不会使对方败得很惨，反倒是有意让对方胜一两局，既不妨碍自己总体上的获胜，又不使对方太失面子。比如有些象棋高手，在连赢几盘后，往往会有意地走错几步，让对方最后赢一两盘。大家都心知肚明，你给他留了面子，他自然心存感激。

英国伦敦经济政治学院前董事L·狄伦多提出：一个团体或机构中所发生的激烈冲突，往往是因为面子问题引起的。解决任何问题的办法在于把握问题未发生前的契机，并将它消解于无形。该定律被称为狄伦多定律。

无论你采取什么方式指出朋友的错误：一个蔑视的眼神，一种不满的腔调，一个不耐烦的手势，都有可能带来难堪的后果。你以为他会同意你所指出的吗？绝对不会。因为你否定了他的智慧和判断力，打击了他的荣耀和自尊心，同时还伤害了他的感情。对方非但不会改变自己的看法，还要进行反击。

心理学的研究表明，谁都不愿把自己的错处或隐私在公众面前“曝光”，一旦被人曝光，就会感到难堪或恼怒。因此，在交际中，如果不是为了某种特殊需要，一般应尽量避免触及对方所避讳的敏感区，避免使对方当众出丑。

卡耐基的人生告诫是：一些无关紧要的小错误，放过去也无伤大局，那就没有必要去纠正。这样不但能保全朋友的面子，维持正常的谈话气氛，还能使你有意外的收获——在朋友和在场的人心目中建立良好的印象，这无疑有利于自身人气的提高。

1953 年，周恩来总理率中国政府代表团慰问驻旅顺的苏联官员。

在我方举行的招待宴会上，一名苏军中尉翻译总理讲话时，译错了一个地方。我方一位同志当场做了纠正。这使总理感到很意外，也使在场的苏联驻军司令大为恼火。因为部下在这种场合的失误使司令有些丢面子，他马上走过去，要撕下中尉的肩章和领章。宴会厅里的气氛顿时显得非常紧张。

这时，周总理及时地为对方挽回了面子，温和地说：“两国语言要做到翻译准确无误是很不容易的，也可能是我讲得不够完善。”并慢慢重述被译错了的那段话，让翻译仔细听清，之后这名苏军中尉准确地翻译了出来，缓解了紧张气氛。

总理讲完话，在同苏军将领、英雄模范干杯时，还特地同翻译单独干杯。苏联官员和其他将领为此都流出了热泪，翻译被感动得举着杯久久不放。

周总理在此处，就是恰当地挽回了对方的面子，赢得了对方的感激之心。这无疑对加深双方的友谊和顺利合作有着重要的润滑作用。

在社交中谁都可能不小心弄出点小失误，比如念了错别字，讲了外行话，记错了对方的姓名职务，礼节失当，等等。

当我们发现对方出现这类情况时，只要是无关大局，就不必对此大加张扬，故意搞得人人皆知，使本来已被忽视了的小过失，一下变得显眼起来。更不应抱着讥讽的态度，小题大做，拿人家的失误在众人面前取乐。

因为这样做不仅会使对方难堪，伤害他的自尊心，让他对你心生反感，而且也容易使别人觉得你为人刻薄，在今后交往中对你敬而远之，产生戒心。

和爱面子的人打交道，只要注意不让他丢面子就行了，当然，如果想办法让对方有面子，那就更好了。适当地恭维一下别人，多说一些对方爱听的话，让对觉得面子十足，他就会变得很好说话。切记，使一个人觉得没有面子，吃亏的并不是他，而是我们自己。

交志同道合之友

《周易·系辞上》中说：“二人同心，其利断金。”朋友之间同心协力，就可以锋利无比，截断黄金。孔子也说：“有朋自远方来，不亦乐乎！”这里所说的朋友，当然是指对自己相交有益的朋友，也就是孔子所说的“友直，友谅，友多闻”，即正直、诚实和有教养有学识的朋友。这类朋友都是从友爱之心出发，不过分苛求朋友，他们都能做到“己所不欲，勿施于人”，他们还能谅解朋友一时的过失和错误。同时，益友又是诤友，他们并不一味迁就朋友的过失和不足，自己认识到的真理，自己的学识，自己某些方面的美好品德，他们都尽量输送给朋友，帮助朋友涵养德行。

人生得一知己足矣。知己者，即是心心沟通，事事相助。刻骨铭心的友谊，没齿难忘。

真正的朋友，相互尊重，不相互吹捧；往来频繁，但不过分亲昵；往来不多，也心心相印。

鲁迅和瞿秋白在文化战线上经常合作，介绍翻译马列主义文艺理论和苏联文学作品。在最危险的关头，鲁迅让瞿秋白避在自己家中，瞿秋白在自编的《鲁迅杂感选集》序言中，对鲁迅给以很高的评价。鲁迅也在瞿秋白牺牲后，怀着悲痛的心情，带病将朋友的遗言编成《海上述林》出版，并在前言引用的对联中，把瞿秋白在内的共产党人比作“知己”，并以有这样的“知己”为人生最大的满足。

郭沫若曾指出：鲁迅之所以始终前进，一直在时代的前头，也未始不是得到了朋友的帮助。鲁迅之所以能成长为共产主义战士，除了主观上的原因之外，也得益于他身边的那些良师益友。

在志同道合的基础上建立起来的友谊，是万古长青的，它经得起任何考验。与品质高尚的人交朋友，结下的真挚友谊是事业成功的推进剂。

不和人做无谓的争辩

任何决心有所成就的人，从不在私人争执中耗费时间。争强好辩无法消除误解，只有靠宽容、协调、技巧，以及同情才能获得信任，并真正解决问题。

罗斯福总统对于他的反对党，往往会和颜悦色地说：“亲爱的朋友，妙哉妙哉，你到这里来和我争执这个问题，真是一个妙人！但在这一点上，我们两个的见解自然不同，让我们来讲些别的话题吧！”于是他会施出一种诱惑的手段来，使对方放弃自己的意见，而去接受他的观点！

这是一个好方法，无论那些成功的人采用什么方式去驾驭别人，我们可以注意到的是，他们第一步是“避免争论”，他们的策略是以“迎合别人的意志”及“免除反对意见”来感动人的。

巴特尔与一位政府稽查员因为一项1万元的账单发生的问题争辩了一个小时之久。巴特尔声称这笔1万元的款项确实是一笔死账，永远收不回来，当然不应该纳税。“死账，胡说！”稽查员反对说，“那也必须纳税。”

看着稽查员冷淡、傲慢而且固执的神态，巴特尔意识到争辩得越久越激烈，可能会使这位稽查员更顽固，他决定避免争论，改变话题，给他一些赞赏。

于是，巴特尔真诚地对这个稽查员说：“我想这件事情与你必须做出的决定相比，应该算是一件很小的事情。我也曾经研究过税收的问题，但我只是从书本中得到了知识，而你是从你的工作经验中得到的，我有时愿意从事像你这样的工作，这种工作可以教会我很多书本上学不到的东西。”

听完巴特尔的话，那个稽查员从椅子上挺起身来，讲了很多关于他的工作的话，以及他所发现的巧妙舞弊的方法。他的声调渐渐地变得友善，片刻之后他又讲起他的孩子来。当他走的时候，他告诉巴特尔要再考虑那个问题，在几天之内，给他答复。3天之后，他到巴特尔的办公室里告诉他，他已经决定按照所填报的税目办理。

当你碰到了任何一种反对意见，你应当先自己打算着：“关于这一点，我能不能在无关大局的范围中让步呢?”为使人家顺从你的意见，应当尽量表示“小的让步”，有时，为了避免这种反对，甚至还可以将你的主见暂时收回一下。如果你碰到了对于你的主要意见十分反对的人，那么最聪明的方法还是把这问题延缓下去，不必力求解决，这一方面使对方得到重新考虑的机会，一方面使你自己也有重新决策的机会。

喜欢争论的人，表示他自尊自大。避免跟人争论最聪明的方法，就是同意对方的主张，不管他的意见是如何可笑，如何愚笨，如何浅薄，你用礼貌回答他，你无条件地赞成他的意见，佩服他的见识和聪明。你要获得胜利，唯一的方法是避免争论。你的心目中只需记住：用爱心解仇，仇可立即解除；以恨止怨，怨必更深。

以下是和谐人脉的经验之谈：

（1）先听再说。让你的反对者有说话的机会。让他们把话说完，不要抗拒、防护或争辩。

（2）寻找同意的地方。在你听完了反对者的话以后，首先去想你同意的意见。

（3）不要相信你的直觉。当有人提出不同意见的时候，你自然的反应是自卫。你要慎重，保持平静，并且小心你的直觉反应。

（4）控制你的脾气。你可以根据一个人在什么情况下好发脾气的情形来测定这个人的度量和成就究竟有多大。

（5）认真并真诚考虑反对者的意见。你的反对者提出的意见可能是对的，在这时，同意考虑他们的意见是比较明智的做法。

调整好交往的距离

我们都喜欢用“亲密无间”这个词来形容很要好的朋友，其实真的到了亲密无间的程度往往会适得其反。朋友之间保持一定的距离是很必要的，只是不同程度的朋友其距离的大小可以有所区别。

为了研究刺猬在寒冷冬天的生活习性，生物学家作了一个实验：把十几只刺猬放到户外的空地上。这些刺猬被冻得浑身发抖，为了取暖，它们只好紧紧地靠在一起，而相互靠拢后，又因为忍受不了彼此身上的长刺，很快就又各自分开了。可天气实在太冷了，它们又靠在一起取暖。

然而，靠在一起时的刺痛使它们不得不再度分开。挨得太近，身上会被刺痛；离得太远，又冻得难受。就这样反反复复地分了又聚，聚了又分，不断地在受冻与受刺之间寻找最佳距离。

最后，刺猬们终于找到了一个适中的距离，既可以相互取暖，又不至于被彼此刺伤。

心理学家后来借用这个有趣的实验，作为人际交往的一个准则，即“刺猬法则”也叫“距离法则”。

运用在人际关系中，便是人与人之间的相处不能距离太远，太远了关系会显得生疏，但也不能距离太近，太近了关系太过亲密，势必会出现摩擦、厌烦。

交友时，必须把握好交往过程中主客体间的空间距离、心理距离、远近距离，要考虑到双方彼此间的关系、客观环境的因素，过近不好，过远的做法同样也不可取。一般来讲：公开的、正式的场合要谨慎，要保持适中距离；一些私下或非正式的场合，不妨靠得近些。

欧洲人习惯“近距离”交往，而澳大利亚人却喜欢“中距离”交往。一对刚移居悉尼不久的年轻的丹麦夫妇，被邀请加入当地的一个青年俱乐部，他们依照自己的习惯，进行“正常”的交往时，澳洲女性开始讨厌丹麦男子，原因是他太放荡，对女人过分殷勤。澳洲男人，却自作多情，认为丹麦女子是水性杨花，似乎想和任何男人“结交”。其实，这是澳大利亚人的错误判断。

因此，把握与具体交际对象的距离，是社交得以顺利进行的重要保证。

一位心理学家做过一个试验：在一个刚刚开门的大阅览室里，当第一位读者坐下阅读刊物时，心理学家走进去，紧挨着这位读者坐下，然后观察他有什么反应。试验进行了80人次，结果证明：在空旷的阅览室里，没有一个被试者能够忍受一个陌生人紧挨自己坐下。当心理学家坐在他们身边时，绝大部分人会默默地坐到别处，有人则干脆问道：“你想干什么?”

这个实验说明每个人周围都有属于自己的心理空间、身体空间，当这个空间被人触犯时就会感到不舒服、不安全，甚至因此而恼怒。

那么，人与人之间的交往距离是如何界定的呢？美国人类学家爱德华·霍尔博士划分了四种距离。

1. 亲密距离

这个距离就是我们平时说的“亲密无间”，是人际交往中最小的间隔，其最近距离在15厘米范围之内，彼此间能够肌肤相处，耳鬓厮磨，能够感受到对方的体温、气味、气息。稍远的范围是15~44厘米之间，身体上的接触可表现为挽臂执手，勾肩搭背。只有情感密切的人才能达到如此距离。两个人之间能达到这种距离的，异性是爱人、恋人，同性是最好的朋友。

在人际交往中，如果距离不够接近或过于接近，都会引起对方的反感，遭到排斥。

2. 朋友距离

朋友距离的近距离范围在46~76厘米之间，身体上没有其他亲密接触，刚好能相互握手，友好交谈。这是与熟人交往的空间，陌生人交往时如果进入这个距离，就会对对方构成侵犯。朋友距离的远距离范围是76~122厘米，任何朋友和熟人都可以自由地进入这个空间。不过，通常情况下，较为融洽的熟人之间交往时，保持距离更靠近远距离范围的近距离（76厘米）一端，而不熟悉的人之间谈话，则更靠近远距离范围的远距离（1.2米）一端。

实际生活中，亲密距离与朋友距离通常都是非正式社交场合中使用，在正式社交场合则使用社交距离。

3. 社交距离

这一距离体现了社交性和礼节上的较正式的关系，社交距离的近范围在1.2~2.1米之间，这是一般的工作环境和社交聚会的标准距离。

有这样一个例子：一次座谈会，工作人员安排座位时有个疏忽：两个并列的单人沙发间没有摆放增加距离的茶几。结果，客人不得不尽量靠到沙发外侧的扶手上，身体呈向后仰的姿势。可见，不同的情境，不同的关系，要有不同的人际距离，如果距离和情境不对应，一方或双方就会心理不适。

社交距离的远距离范围在2.1~3.7米之间，表现的是更加正式的社交关系。公司经理常用一张大而宽的办公桌，并将来访者的座位放在离办公桌有一段距离的地方，这样与来访者谈话时就能保持一定的距离。企业或国家领导人之间的谈判，招聘时的面谈，大学生论文答辩等场合，双方之间也会隔一张桌子，保持一定距离，这样会增加庄重的气氛。

4. 公众距离

公众距离的近距离范围在3.7～7.6米之间，这种距离是适合演讲者和听众之间的距离，当演讲者试图与某个特定的听众谈话时，他必须走下讲台，使两个人的距离缩短为个人距离或社交距离，才能够实现有效沟通。公众距离的远距离范围在7.6米之外，这是一个几乎能容纳一切人的开放空间，人们在这一空间内，完全可以对其他人“视而不见”，不予交往，因为相互之间可能没有任何联系。

尽管以上四种距离都有一些数字范围，但是不同国家、不同民族、不同文化背景，对交往的定义也不尽相同。这种差距是由于人们对“自我距离”的理解不同造成的。

人与人之间要建立和谐的人际关系，就必须注意适度距离，太近不好，太远也不可，二者倾向于任何一方都会产生极端的结果。要保持适当、微妙的距离，即不远不近、不亲不疏、不分不离。

协调好各方面的关系

在成功人眼中，合作就是一门精深的人脉学，因为合作，归根到底就是需要与人打交道，这就要求在人际关系的处理上妥善得当，也就是说协作需要良好的人际关系，没有良好的人际关系就不会给合作提供有力支持。

有家出版社发行部新来了一位发行员，自从在图书订货会上受到客户们的特别关注后，举凡他的一举一动在出版社里都受到主任及同事的特别瞩目。而他的工作表现也的确卓尔不凡，棘手的事情由他经手后，就变得那么容易处理。于是，他变得慢慢骄傲起来，待人也不如先前那般客客气气及热忱敬业了。同事对他抬高自我身价的态度感到不满，渐渐和他过不去。原先颇得人助的他，现在办起事来总觉得诸多不顺。难道少了众人的帮助，凭自己的才能无法将事情处理完美吗?

工作单位，无论机关、企业还是学校，都是许多人为了某种目的而集合在一起，进行一定活动的团体。其中，特别是企业机构，怎样处理如企业中的人际关系，就具有十分重要的意义。关于企业中人际关系的研究，以哈佛大学埃尔顿·曼约为首的研究者，在西部电气公司霍桑工厂进行实验之后，已经获得不少研究成果，并且提出了诸多理论。这些研究成果和理论引起了产业界和经营管理方面的重视。

与此同时，人际关系这个词也在各种不同的意义上被使用着，大体说来，有这样几种意义：单纯作为企业中重要的人为因素，而使用“人际关系”这个词；在管理干部和职工的心理接触这个意义上使用该词；在形成协同意义或信任感、忠诚心等良好风尚的意义上使用该词。如果将这几点导入办公室，实际的人际关系又是如何呢？

诗人说，没有人是一座孤岛。在办公室里也一样，如果大家都抵制、排斥一个人，那么这个人办起事来也会感到绊手绊脚，套着锁链跳舞。一个人即使能力再高强，也无法在人堆中单打独斗，工作如此，思考亦然。

以下是发展人际关系的经验之谈：

亲切有礼笑脸常开。不要板着面孔，不闻不问表现得不耐烦。

不忘原谅、宽待别人。遇到矛盾要多把自己和别人的心理位置加以调换，设身处地为别人着想。

原则性与灵活兼顾。与人相处难免有矛盾。只有对立，没有调和，很容易将事情搞糟。在对立发生时，必须学会内刚外柔，这样问题就好解决多了。

以信义为重。与人相处必须讲信义，我能以信义待人，别人也会以信义待我。

做人处事堂堂正正，切忌背后耍手段。否则，最终下场难免可悲。

与人为善，多道人之长。假如这是出自内心，就会增进别人的好感，放心地共事合作。我授恩于人，不图报答，也不向别人夸耀，别人会记住我的好处。

生活中不可能做到人人对我满意。豪爽者易受多疑者猜忌，勤奋者易受懒惰者反感。对无理的非议要心中有数，但不可无端猜疑别人。

不要过分显示自己。因为在这同时，就意味着贬低别人，这样难免令人生厌，致使自己孤立。

切忌傲慢。受教于他人，要虚心听取；批评别人，不要居高临下；对不如自己的人，不要冷淡，这样便会得到别人的尊敬。

日常交往中应注意的细节

今天，有的人很少注意检点细节，他们将轻浮视为洒脱，将放荡不羁视为追求个性。这种认识上的错误，使他在为人处世中处处碰壁。有个人在工作单位上班，下班，与人见面从来不与人打招呼，对面来人了，赶紧将头扭向一旁。他获得了一点成绩，更加我行我素旁若无人，当他失败时，没有得到别人一点的安慰和帮助，大家的评语竟是“活该”、“应有此报”，这样的结局多令人心寒。如果他平时能放下自己的那副趾高气扬、不可一世的派头，与周围的人多接触，又怎么会落得如此狼狈的下场呢?

不要小瞧了和别人相处这件事情，虽然与人相处的最初阶段只是打招呼，但不要忘记，在人的内心里有思想和感情两个方面，心与心之间的轴要想系上轮带，最初的方法就是打招呼，由陌生到认识再到熟悉，首先刺激感情，然后也易于沟通、交流思想了。如果连最简单的如“您好”、“再见”等等日常的招呼也不会的人，怎么能称得上是一个成功的社会人士呢?

在交往时，言行举止往往与人的内心世界联系在一起，因此对于个人的言行举止，也必须注意。因为这些言行可能会使对方产生对你的好恶，从而在一定程度上影响交往的成败。尤其应该注意的是，尽量不要招致对方的不愉快；这种损人利己的事情，一定要严加禁止。所谓：“严于律己，宽以待人”，我们总要时时反省、检视自己的举止言行，虽然只是一些小节，平时稍加注意才会让对方对你有好感。

(1) 与人见面后首先向他问好

对细节的处理能反映人的素质。公司上班大家相互见面时打个招呼，问一声：“身体完全好了没有？要不要再多休息几天?”或者：“家里的事解决了吗？要不要帮忙?”这种简短的问话，能温暖人心。你心里关怀别人，但不说出来，别人又怎能知道？即使有些极端自私的人表面做出一些关切和问候，往往也能打动人心。

有些人和同事、熟人、朋友许久没见面了，但见了面后，却仍然还像平时一样，这样岂不令人伤心。试想如果你许久没上班，上班后别人见到你没有任何特别的表示，你心里一定会有这种感觉：我这么久没来上班原来他们还不知道，我在他们眼里太不重要了。既然你有这样的感觉，别人也一样。下次你遇见许久没见的朋友时，别忘了用惊讶、亲热的语气表达你的问候。“好久没见你了，干什么去了?”“好久没见了，真有些想你。”

关心别人，意味着被他的兴趣所吸引，为他的高兴而高兴，因他的担忧而着急。一个人只要对别人真心感兴趣，他必将赢得真正的友情，必将在需要帮助的时候毫不犹豫地帮助你。

（2）记住对方的名字

我们经常听到有的人发出这样的抱怨：“我的记性太差了，刚见过一个人，眨眼就忘了他的名字。”其实，有时并不是你忘了人名，而是第一次见面时你根本没听清对方叫什么。

当你遇到一个陌生人，而且听到对方的自我介绍很含混时，你可以马上跟一句：“对不起，我没听清您该怎样称呼。”大多数人可能认为，请求对方重复一遍姓名比较难堪。实际上，一个人最珍视的“私有财产”就是他的或她的名字。如果你能给以哪怕最细微的注意，对方都会对你产生好感。

美国的钢铁大王卡内基，从小就显示出其组织、领导才能。10岁时，他就懂得一个人的名字与他自己有着微妙而不寻常的关系。他便用人们的这种心理，获得很多人的协助，而成就了不凡的事业。下面的故事便是其中的一则：少年时代的卡内基，有一天抓到了一只母兔，不久便生了一窝小兔子，饲料因而不够食用，卡内基如何处理呢？他一点也不头痛，他的脑海里早有了很美妙的构想，他把邻近的孩子们集合起来宣布：谁能拔最多的草来喂小兔子，就以他的名字给小兔子命名，于是孩子们都争先恐后地为小兔子寻找饲料，卡内基的计划顺利地实现了，他始终没有忘记这一次的成功。终其一生，他就是利用人们的这种心理成功地领导着许许多多的人。

（3）在背后说别人的好话

对一个人说别人的好话时，当面说和背后说是不同的，效果也不会一样。你当面说，人家会以为你不过是奉承他，讨好他。当你的好话在背后说时，人家认为你是出于真诚的，是真心说他的好话，人家才会领你的情，并感激你。

在背后说别人的好话，能极大地表现你的“胸怀”和“诚实”，有事半功倍的效用。比如，你夸上司，说他公平，对你的帮助很大，而且从来不抢功。以后，你的上司在“抢功”时，可能会有那么一点点顾忌，也会手下留情。

如果别人了解了你对任何人都一样真诚时，对你的信赖就会日益增加。

在背后说别人的好话，会被人认为是发自内心、不带私人的动机的。其好处除了能给更多的人以榜样的激励作用外，还能使被说者在听到别人“传播”过来的好话后，更感到这种赞扬的真实和诚意，从而在荣誉感得到满足的同时，增强了上进心和对说好话者的信任感。

(4) 赞美竞争对手

人都有一种强烈的愿望——被人赞美，赞美就是发现价值或提高价值，我们每个人总是在寻找那些能发现和提高我们价值的人。

一家成功的保险公司经理在谈到成功的秘诀时说，很重要的一条是：我们赞美我们的代理人，也赞美我们的竞争对手。

赞美别人是一种美德，赞美对手却是一种高素质的表现。

英格丽·褒曼在获得了两届奥斯卡最佳女主角奖后，又因在《东方快车谋杀案》中的精湛演技获得最佳女配角奖。然而，她领奖时，却一再称赞与她角逐最佳女配角奖的弗沦汀娜·克蒂斯，认为真正获奖的应该是这位落选者，并由衷地说：“原谅我，费沦汀娜，我事先并没有打算获奖。”

褒曼作为获奖者，没有喋喋不休地叙述自己的成就与辉煌，而是对自己的对手推崇备至，极力维护了对手落选的面子。无论谁是对手，都会感激褒曼，会认定她是真心的朋友。

一个人能在获得荣誉的时刻，如此善待竞争对手，如此与伙伴贴心，实在是一种文明典雅的风度。

为了维护良好的人际关系，你的一言一行都要为对方不论是朋友还是对手的感受着想，学会安抚对方的心灵，不可以使对方产生相形见绌的感觉。与此同时，自己的心灵也会因安然自慰，而有一个极好的心情。

(5) 有人在你面前说别人坏话时，你不要插嘴

在日常生活中，我们不可避免地会遇到别人在你面前说某个人的坏话。此时，你千万要端正自己的态度，不要被他的话左右你的思想，更不要跟着别人去说坏话。最好的办法，别人在你面前说某个人的坏话时，你

不要去插嘴，只是以微笑示之。

微微一笑，它既可以表示领略，也可以表示欢迎，还可以表示听不清别人的话。当你不插话，只是微笑不语时，既不抵触不得罪说坏话的人，也没有参与说坏话，两边都没有得罪，这是比较好的做法。

有人在你面前说别人坏话，别人爱怎么说就怎么说，你能不听就不听，能溜最好，实在不便溜开，你就答非所问，另起话题。

(6) 鼓励别人畅谈他的成就

每个人都重视自己，喜欢谈论自己，即使你的好朋友也一样，他们可不愿听你唠唠叨叨地在那儿自吹自擂。法国一位哲学家曾说过："如果你想树立敌人，只要处处压制他、霸占他就行了。但是，如果你想赢取朋友，你就必须让朋友超越你。"

这是什么缘故呢？当朋友优于我们，超越我们时，可以给他一种优越感。但是当我们处在压过他们，凌驾他们之上时，就会使其产生自卑而导致嫉妒与不悦。所以让我们谦虚地对待周围的一切，鼓励别人畅谈他的成就，自己不要喋喋不休地自吹自擂。

世界上没有多少人喜欢被迫购买或遵照命令行事。你若想得到你所希望得到的，就要避免与对方一争高低，而要维护他的自尊心。为了使对方的面子不受伤害，我们千万不要常把"我"字挂在嘴上，别说"我想"，而说"你想呢"？例如：把"我认为……"改为"您是否认为……""我相信你已经认识到……"比"你可能还没有考虑……"效果好。

(7) 说话时少说"我"，多说"我们"

人的心理是很奇妙的，说话时，往往说"我"和"我们"，给人的感觉却完全不同。在开口说话时，我们要注意这样的细节，多说"我们"，用"我们"来做主语，因为善用"我们"来制造彼此间的共同意识，对促进我们的人际系将会有很大的帮助。

有位心理专家曾做过一项有趣的实验。他让同一个人分别扮演专制型和民主型两个不同角色的领导者，而后调查人们对两类领导者的观感。结果发现，采用民主型方式的领导者，他们的团结意识最为强烈。而研究结果又指出，这些人当中使用"我们"这个名词的次数也最多。而专制型方式的领导者，是使用"我"字频率最高的人，也是不受欢迎的人。

事实上，我们在听别人说话时，对方说"我"、"我认为……"带给我们的感受，将远不如他采用"我们……"的说法，因为采用"我们"这种说法，可以让人产生团结意识。

从心理分析的角度来说，在人的思维中是排斥“你是你，我是我”的言词的，人们的心理喜欢倾向于“群体”。如果群体当中有你，这个群体给你温暖感和保护感，你自然就不觉得孤单和寂寞了。所以，在生活当中，如果有人发现自己的行为与大众不一样，心里就会感到不安。

（8）时时想到别人的需要

由互补吸引原理可知，人与人之间需要互相满足对方的欲求。“时时想到别人的需要”这句话非常简单易懂，不过，要实行起来却并不容易，这不仅需要我们付出时间、精力和物质等代价，更重要的是，我们并不知道对方需要什么和怎样去满足对方的需要。因为多数情况下，别人的需要不会用嘴说出来，而是需要去发现。事实上很多人常常不是发现不了，就是忽略了别人的需要。此外，由于方法上的不当也可能好心收不到好效果。

当你的朋友遇到极不幸的事情，或极恼火的事情向你倾诉时，你是否舍得抽点时间去满足他倒倒苦水的需要呢？是否能给他适当的安慰，帮他出点主意呢？当你的朋友刚获得某方面的成功，抑制不住内心的喜悦，向你滔滔不绝地讲这方面的事情时，你愿意安下心来让他快乐地讲一番吗？

人的需要是多种多样的，是综合性的，是复杂的。如果我们想交朋友的话，首先应多替别人着想，多替对方做点事情。尽管这样需要付出时间、精力和费些脑筋。

只要能帮助别人美梦成真，就能帮助自己心想事成。做任何事情一定要先付出，一定要先给别人最大的利益。

要先让别人成功，自己再成功，永远要思考别人要的是什么，站在别人的立场去体察事情。

（9）握手的礼节

握手是很有学问的。美国著名作家海伦·凯勒写道：“我接触的手，虽然无言，却极有表现力。有的人握手能拒人千里。我握着他们冷冰冰的手指尖，就像和凛冽的北风握手一样。也有些人的手充满阳光，他们握住你的手，使你感到温暖。”

确实如此，握手的力量，姿态与时间的长短能够表达出握手人的不同态度和不同的思想情感。

紧紧相握、用力较重是热情诚恳、或有所期待的表示；力度均匀适中，说明情绪稳定。握手既轻且时间短，认为是冷淡不热情的表示；握手时拇指向下弯，又不把另外四指伸直，则说明不愿让对方完全握住自己的手，是对对方的一种藐视。用两只手握住对方的一只手，并左右轻轻摇动，是热情、欢迎、感激的表现；反之，刚触到对方的手掌便立即放开，是冷淡和不愿合作的反映。

握手时手指微向内曲，掌心稍呈凹陷，是诚恳、亲切的表示。握手之时，掌心朝下显得傲慢，掌心朝上则显得谦恭，而伸出双手去捧接对方的手那更是谦恭备至了。

（10）与女性交往学会把握分寸

与女性交往必须学会把握分寸，缺乏分寸的言语会对你和女性的交流产生障碍。因为女性比男性更敏感，她们会认为你不怀好意，动机不良。有时候过于热情的问话容易产生突兀的问题，一旦触及女性较为私人的话题，很可能被她们视为你闯进了她们的“禁区”，甚至可能让她们感到难堪。

除非女性乐意主动告诉你，否则，千万不要随意打听，更不要刨根问底。因为，在女性面前随便说话，这本身就是不礼貌的。女性只有面对自己信任的人，才会坦率地将自己的情况告诉对方，平时她们最渴望别人的尊重，希望进行有效的自我保护，与女性交往更要注意影响，以免造成不必要的误会。

社会交往的10个禁忌

以下是社会交往的10个禁忌：

（1）忌分等级待人。对别人一视同仁，不卑不亢，不论对方地位高低，资历深浅，条件优劣，自己都要热情谦虚，既不巴结讨好，也不傲慢自居。

（2）忌自以为“什么都懂”。对不知道的事不说，别人不了解的也不要牵强附会，东拉西扯，让对方反感，交往必然失败。

（3）忌过分打扮。与人交往时，衣着要与身份相符，整洁大方。衣着如果不修边幅或过分修饰，难免使对方产生误解或给人一种浮华轻薄、华而不实的感觉。

(4) 忌随便误解对方。对别人谈论的事，要正确理解。如果是出于无心，就不要过于认真，想入非非，甚至造成误解，使人感到不雅。

(5) 忌言谈举止浮泛。与人交往时，语言要文明，举止要礼貌，说话有条理，言简意赅，别人谈话时，要虚心倾听，不打断对方谈话，不做心烦意乱的动作，不搔首、抓腮、挖耳、抠鼻、剪指甲、跷“二郎腿”等，更不要随便翻阅别人的东西。

(6) 忌显示自己有恩于人。在交往中，不要多谈自己的好处，不要认为自己足够对得起人家，别人太对不起自己了，应该常提受人恩德的事，使对方心中也感到舒服。

(7) 忌论人之非，发泄牢骚。在交往中，交谈不要议论第三者，不要攻击他人短处，甚至对自己不满的人和事，发泄不满情绪，不然，特别是初交的对方会误解你有“影射”之意。

(8) 忌花言巧语，虚伪客套。在交往中，态度要诚恳，实事求是，讲心里话，不用虚伪的客套话骗人。当然，讲话也要注意分寸。

(9) 忌出言不善，不讲信用。在交往中，自己能办的事情一定要办到，自己没有把握的事情，即使碍于面子不宜马上拒绝，也要委婉地表明办不到的可能性。约定见面，一定要准时赴约。同时，初访时交谈不可过久。现在大家都很忙，办完事情，尽快告辞。

(10) 忌了解自己不应该知道的事情。在交谈中，不可多嘴多舌，贸然打听别人的秘密或对方难以启齿的事情，使对方受窘；也忌有意无意揭穿他人的秘密。

第21章

挖掘细节中的机会成就事业的飞跃

所有的事情都是由琐碎的、繁杂的、细小的事物构成的。我们要认真观察这些小事，要用心感受。这样才能发现和创造出属于自己的好运气与好机会。

杰克·韦尔奇曾经说过这样的一句话：不要总是抱怨机会没有垂青于你，只要注意生活中的细微之处，你就会发现机遇无处不在。

细节隐藏机会，机会来了就要抓住

人们常讲，要干一行，爱一行。爱一行就是热爱本职工作。热爱本职的人都能做到时时体察本行业的发展机遇，有多少就能察觉多少。然而，现实中常出现这种怪现象：所谓的业内人士，在发现机遇之后，不是茫然无措，就是迟人一步利用。与此相反的却是：那些外行人晚于发现而先人利用。究其原因，大概是业内人士的疏忽麻痹或踌躇不决，而外行人又占了“旁观者清”和切身感受的优势。

1. 只接待女人的女人酒店

英国曾经发生过这样的事，如果一个女人单独入住酒店往往会惹来怀疑的眼光，而且经常要受到酒店恶劣的服务。酒店的大堂里不是挤满男人，大呼小叫，乱作一团，就是充斥男男女女，混浊不堪，这一切对一个有修养的女人来说，会觉得很不自然，很不舒畅。这些女客的不便，早被精明的旅馆酒店的老板们看得一清二楚，他们觉得它还算是可以利用的机遇。可是，他们没有真正认清这个机遇的潜力，不是担心弄不好会影响酒店里的生意，就是觉得用了也不会有多大的好处。因此，这个机遇一直没有利用起来。

卡露曾是英国的一名女教师。作为一名有较高文化层次的白领女性，她对英国社会女人的生存状态和心理状况都有着比较全面和深刻的认识，自身对此也有着独到的体验。从自己身为女人的生活中，她也体察到那些情况。而且，一位身为酒店商屋管理者的朋友曾经向她介绍过这方面的情况。两方面的情况，一经她综合分析，她便认准了这里的机遇大可利用，其潜力无穷，效果、收益都将十分巨大。为了抓住这次机遇，卡露特意做了一次调查，她所接触过的很多女客人都说，她们入住那些男女混杂的酒店时，通常是单独在房间进餐的。由此，卡露受到了启发，她知道了该怎样利用机遇。不久，卡露在伦敦开了家只接待女人的女人酒店——丽芙酒店。这幢4层高的维多利亚时代建筑物，就此成为英国唯一的女人酒店。

卡露身为女人，她了解女人的不便，理解女人的苦衷，希望那些单身女人入住丽芙酒店时，得到一种安全感，不受到任何骚扰。她的好意得到了女士们的热烈回报，单身女人为了自身形象与安全，都愿意光临丽芙酒店。该店的生意异常红火，名声也大振。一个不被业内人士所重视的机遇就这样被卡露利用起来了。看到丽芙酒店红红火火的生意，那些酒店老板们真是后悔不已，他们也不得不佩服卡露的才能。

2. 一把雨伞的问候

某一个下雨天的下午，有位老妇人走进匹兹堡的一家百货公司，漫无目的地在公司内闲逛，很显然是一副不打算买东西的态度。大多数的售货员只对她瞧上一眼，然后就自顾自地忙着整理货架上的商品，以避免这位老太太去麻烦他们。

其中一位年轻的男店员看到了这位老太太，立刻主动地向她打招呼，很有礼貌地问她，是否有需要他服务的地方。这位老太太对他说，她只是进来躲雨罢了，并不打算买任何东西。这位年轻人安慰她说，即使如此，她仍然很受欢迎。他并且主动和她聊天，以显示他确实欢迎她。当她离去时，这名年轻人还陪她到街上，替她把伞撑开，这位老太太向这名年轻人要了一张名片，然后径自走开了。

后来，这位年轻人完全忘了这件事情。但是有一天，他突然被公司老板召到办公室去，老板向他出示一封信，是位老太太写来的。这位老太太要求这家百货公司派一名销售员前往苏格兰，代表该公司接下装潢一所豪华住宅的工作。

这位老太太就是美国钢铁大王卡内基的母亲，她也就是这位年轻店员在几个月前很有礼貌地护送到街上的那位老太太。

在这封信中，卡内基夫人特别指定这名年轻人代表公司去接受这项工作。这项工作的交易金额数目巨大。这名年轻人如果不是好心地招待这位不想买东西的老太太，那么，他将永远不会获得这个极佳的晋升机会了。

有人说："上帝就在细节中。"你如果留意了细节，并且能够做好，肯定能够赢得平步青云的机会，但如果你不做的话，那你也永远不会有这样的机会。

从小事中创造机会

所有的事情都是由一些琐碎的、繁杂的、细小的事物构成的。我们不仅要认真观察这些小事，更要用心去感受。这样才能发现和创造出属于自己的好运气与好机会。

只要当我们能静下心，抛弃掉一些不切实际的想法和念头，脚踏实地地做人做事之后，我们才能够从原本看似普通或者是平凡的事情中寻找到成就自己的机遇。

医学院毕业的小梅，开始是在广州的一家牙科诊所做见习牙医，2003年国庆节小梅的表姐结婚时，小梅陪表姐去美容院美容，做头发、做面膜、修指甲……小梅开玩笑说："表姐，美国鬼子武装到牙齿，我看你今天就当了一回美国鬼子。"表姐一笑："小梅，你说话真逗。不过，你恰恰说错了，我全身上下都'武装'了，唯独没有'武装'牙齿。"这时美容师插话说："现在还没有给牙齿美容的项目。再说牙齿这地方，除了牙齿病变要去医院整形外，怎么好美容呢?""难道牙齿真的不可以美容?"医学院毕业的小梅心想。

婚礼结束后，小梅到处查找资料，最后从互联网上发现一条不足100字的信息——爱斯基摩人在雪地进行狂欢舞蹈时，都要在牙齿上贴上一些闪闪发光的饰物，他们认为这样会使自己更漂亮。信息没有讲用什么方法在牙齿上贴饰物，于是小梅委托在英国留学的朋友打听。同学告诉她，在英国有一个牙齿美容店，就像爱斯基摩人那样在牙齿上贴饰物。工艺并不繁杂，所用的材料也很简单——一种特殊的醋酸、一种无毒树脂、一种无毒黏合剂和各种颜色的水晶饰片。饰片一旦贴上就和牙齿融为了一体，刷牙都不会导致饰片脱落。同学把了解到的相关资料都详细告诉了小梅。

小梅仔细分析之后信心十足，她想自己具有专业的医学知识，又有牙科手术经验。牙齿美容对自己来说，没有任何技术上的困难。只是不知道这个美容项目是否会被中国人接受？为了摸清女孩们是否对牙齿美容感兴趣，小梅让同事为自己的牙齿贴上水晶饰物，然后在客流量很大的北京路上装作打手机的样子，面对人流轻启红唇。很快，两个年轻的女孩站在小梅面前，好奇地观看，一个女孩羡慕地赞叹："哇，好酷！"不到10分钟的时间，就有4个年轻女孩问她牙齿在哪里做的美容，饰物会不会脱落。小梅心生一计，说自己戴了一阵子效果还不错，至于那个牙齿美容师，自己有她的手机号码。那几个人当即索要号码，细心的小梅发现，除了刚才询问的那几个人外，还有好几个围观的人也记下了号码，有个心急的女孩当即就开始拨电话了。小梅心头大喜，看来牙齿美容大有可为！

2003年11月初，小梅花了2万元中介费在市中心附近转租了一个文具店，花了2.7万元购买了一批水晶牙饰、黏合剂、树脂，相关的洗牙设备和手术器械，又办理了有关证照，一切准备就绪。小梅给牙齿美容店起了非常吸引眼球的名字——"小猪猪牙齿美容店"，周围点缀着猫、狗、猪等小动物的卡通图案。这些小动物个个都是一幅"龇牙咧嘴"的滑稽相，牙齿上贴着各种颜色的水晶牙饰，向过往的路人展示藏在牙齿中的美丽。

开业那天，店里弥漫着舒缓轻扬的音乐。一个21岁的领舞女孩勇敢地走上操作台，做了第一个顾客。女孩要求在上下2颗门牙上分别贴上湖绿色、银灰色水晶牙饰。小梅告诉她，牙齿美容以颗计算，不管装饰什么颜色，每颗的价格都是150元。

开业这一天，一共有8个顾客贴了牙饰，其中有3人还各自做了2颗牙齿。除去成本，小梅赚了1265元。旗开得胜，小梅觉得自己的路子走对了！

由于牙齿美容店当时在广州"仅此一家，别无分店"，因此，"小猪猪"的生意很红火。小梅一个人忙不过来，于是又添置了一张操作台，以

2000 元的月薪请了一个女孩做助手。

由于培育了一个新的市场，开业 5 个月时间，小梅就纯赚了 16 万元。

同一件事情，因为每个人的观察角度不同，思考方式不同，就产生了不一样的效果，如果我们能善于观察，精于思考，以做事不贪大、做人不计小的态度来深入此事，说不定这件对别人微不足道的小事，就能让我们做出大文章。

某市一家无线电厂，早些年一窝蜂地购置了一条彩电生产线。由于有货无市，企业转产，彩电生产线便成了废物，丢弃可惜，放着又浪费资金。身在广州的岳某得知后，一拍胸膛，说："我全要了。"岳某的条件是：按原价 100 万元收购，但先发货后付款，同时加价利息款 20 万元，共 120 万元，一年后一次付清。

无线电厂欣喜万分，而私下却替岳某担心，这个包袱如何甩掉呢？

岳某自有他的如意算盘。当时，俄罗斯急需添购彩电生产线，只是苦于没有资金。但他们有价廉物美的游艇，举世闻名。首先，岳某用 100 万元的彩电生产线换回价值 120 多万元的豪华游艇。

之后，利用游艇在湘江上开办旅游观光娱乐项目。因为该市是有名的旅游胜地，人口流量特别大，而且，这里还有一个风景宜人的小岛，在此经营旅游娱乐业，管保有赚。其次，岳某有了投资就可以注册办公司，用游艇作为抵押，向银行贷款，用贷来的款项在当地买地建房，或者开办综合性旅游服务项目。

果然，一年之后，岳某净赚了 500 万元，还清了无线电厂的 120 万元，净余 380 万元利润。

善于观察，可以让我们了解别人的成功之路是怎样一步一步地走的；而善于思考则是让我们从别人的脚印中找出一条适合于自己的路线。

戒除浮躁等待机遇

当我们能够静下心来，戒除浮躁，用心去对待身边的人和事时，"机遇"这位欲语还羞的女神，可能会在瞬间让我们一窥她那绝世容颜。机遇的降临，是不以人们的意志为转移的，对于她的不期而至，我们要有一种敏感和警觉的态度。

小苏是一家饮品公司的文员，公司产品销势始终不火，后来经一位策划师“诊断”：败笔就在商标上。于是，公司把饮品的商标全部更改，再经过一番广告宣传，当年就使企业走出了低谷。小小一枚商标竟能让企业起死回生，这深深触动了小苏，使她渐渐对商标产生了浓厚兴趣。后来，小苏又在网上看到一组惊人数据：中国名牌商标“红塔山”和“海尔”的价值都在400亿元以上！而国外的“可口可乐”和“万宝路”之类的品牌商标，价值更是高达数百亿美元。掌握了这些信息，小苏不由心里一动，一个大胆的念头在她脑子里产生了：能否也注册一些好商标卖给需要的商家呢？听朋友说注册一个商标只需花2000元，小苏就用自己的名字设计出一个商标，试着去商标局注册。但根据当时的《商标法》规定，并不允许个人注册商标。无奈，小苏只得掐灭这个“不切实际”的创富梦了。

2001年，修改的《商标法》开始实施，个人也能注册商标。听到这个消息小苏惊喜异常，她来到商标局，倾尽所有，一口气申请了17个商标，因其中有8个已被人注册，后获得商标局批准的只有9个。

2003年4月，令小苏望眼欲穿的9个商标终于顺利批下来了。接着，她制作了一个简易的网页挂上中国商标网，把9个商标制作成高清晰图片放在这个网页上，信息刚上网一星期，竟有4位商界人士打来了电话。其中一位珠海制衣企业的老板表示，愿意出9万元买下其中一个商标。当月，她的“韧牌”商标被温州一家机电企业以10万元高价买走。

不久，小苏注册的第二批商标又到手了，有了两次成功出售商标的经历，她不再急于转手出售，而是让自己颇具创意的商标待价而沽。同时，她索性辞去工作，做起了新潮的“职业商标注册人”。

从2003年拿到第一批商标至今，小苏已经成功卖出了几百枚商标，这些蕴藏着惊人财富的小商标大多是她自己设计和注册的。如今，她不但坐拥300万元的惊人财富和私有房车，手中还藏着几个不轻易示人的“黄金商标”。她透露说，这几个商标的设计都和2008年北京奥运会有关，推延一两年出手会更值钱。

处处留心皆机遇，人生的机遇可能会以多种方式降临在我们身上。要捕捉它，我们就需要在平时练就一双慧眼，养成从平凡的小事中寻找机遇的习惯。

当年红军穿的草鞋已经成为一种时代精神的象征，而今天的草鞋却成为一种时尚。

草鞋的材质和外形很吸引人，质量也十分结实，即使经过海水冲泡也不会掉色。草鞋的原料是玉米皮。先将玉米皮编成草辫子，再编织成的鞋就会有相当的韧性。在山东莱西，很多农民都精通制作这种草鞋。

在很多农村，每年都会有大量废弃的玉米皮，农民们就开始利用这种丰富的资源，创造新的价值。结果点“草”成金，变废为宝。草鞋的设计人是一位农民纪尚才，一次收玉米的时候，他忽然觉得白花花的玉米皮被扔掉或烧掉很可惜，于是就想，能不能用玉米皮来做鞋。

最初的草鞋没加塑胶底，在室内穿不久就会坏掉。后来设计了底之后，既能走出户外，还能耐磨耐水，就这改进的一小步，使草鞋的价格翻了一番，也开辟了更大的市场。纪尚才的草鞋最先打入的市场是广州、义乌、上海、北京、杭州，草鞋的零售价格在100元左右，批发价格则只有25元到28元。纪尚才的草鞋厂每年销量达几十万双，要用掉上百吨的玉米皮。

中国结，吉祥结，十字结，六心结，这些都是巧手农民的拿手好戏，也是外国客商喜欢的中国特色。当地人用自纺的棉线做成鞋帮面，解决了草鞋帮磨脚的问题。然后把草编工艺和中国结工艺巧妙结合，使小草鞋以每双20美元的价格打入了国际市场。

草鞋的加工原料本是最不起眼的农作物。制作方法也是人们很熟悉的手工编织，但正是巧用资源、巧妙的设计使草鞋成了时尚。从一文不值的玉米皮到几十元、甚至上百元一双的草鞋，这个价值的提升提示了我们，只要留心，处处都有机遇。

善于从生活中提炼信息，关注事物的细节，就不难发现机遇的踪迹。

抓住细节，用心观察

观察是指人们通过感觉器官感受外部的各种刺激，逐步形成对外部事物与现象的印象，了解各种现象之间的关系。这实际上是一种知觉活动。

古人云："细思曰观。"还说："察谓泛吟用心恃度之也。"可见，观察即边看边想的意思。

只有善于观察的人，才能善于发现问题，才能在不知不觉中前进。观察不仅仅要看表象，有时还要进一步挖掘隐藏在表象之后的更深层含义。观察要讲求方法，同时更要注意细节。人类很多的发明与创造都离不开细致的观察。

1. 达尔文的科学观察

著名生物学家达尔文十分重视科学研究中的观察和实验。为了写成《植物界中异花受精和自花受精的效果》，他选择了 57 种植物，精心培植，细心观察，整整花费了 11 年的试验时间。为了给《人类和运动的情感和表情》的论著提供充分的根据，他从大儿子出生的第一天起，就开始观察并记录各种表情。他还喂养了两只小狗，作为观察之用。

2. 第谷：这位星学之王整整观察了 20 年

丹麦天文学家第谷从小喜欢观测星星。1560 年 8 月，观象台预报 21 日可以看见日食，14 岁的第谷用仪器果真看到了日食。此后，每当夜深人静，他便拿出自己制造的仪器去观察天上的星星。1572 年 11 月 11 日夜晚，第谷肉眼发现仙后座出现一颗新星，经仔细观察，确证是颗新星，轰动天文学界。此星被定名为"第谷新星"，第谷也被称为"星学之王"。1576 年，丹麦国王腓特烈要他编制一个新的星表，第谷便进行了长期的天文观测。他观测的精密度令人惊叹，几乎达到肉眼观测的极限，大大超过同时代其他人的水平。第谷整整工作了 20 年，积累了大量精确可靠的资料，为行星三定律的划时代发现奠定了基础。

3. 雷奈克和听诊器

雷奈克是法国的医学家，听诊器的发明人。在没有听诊器之前，一直采用直接听诊的方法：即医生直接用耳朵贴上去听，这既不卫生，又不准确。雷奈克一直在思考如何改进听诊的方法。一次，他在散步时见到一群小孩在一根大圆木旁玩，一个孩子用铁钉在圆木的一端轻轻滑动时，几个无意间用耳朵贴在另一端的孩子高兴地跳了起来，因为他们听到了滑动的声音。这给雷奈克极大的启发，这不是可以解决直接听诊的缺点吗？经过反复实践，不断改进，他终于在 1819 年发明了听诊器，代替了不大科学的直接听诊的方法。

4. **垃圾堆里发现的材料**

不锈钢是从垃圾堆里发现的。在第一次世界大战时，英国科学家亨利·布里尔利受英国政府军部兵工厂委托，研究武器的改进工作。那时，士兵用的步枪枪膛极易磨损。布里尔利想发明一种不易磨损的合金钢。1913 年，他往钢中加了各种各样的元素，做了好多试验，都没有成功。他失望地把它们抛进了垃圾堆。过了很久，奇怪的现象发生了，垃圾堆里大部分废钢都生锈了，只有几块含铬的钢仍旧是亮晶晶的。布里尔利经过继续的观察与研究，终于研制出了不锈钢。

5. **名画《少校求婚》的诞生**

俄罗斯画家菲多托夫的名画《少校求婚》以生动的形象，深刻揭示了贵族与商人为了各自的利益而联姻的丑态。为了画好这幅画，画家经常去商场转悠，观察商人的相貌体态、生活习性乃至举手投足，还注意观察他们住宅的格局及其陈设。经过较长时间的观察，他找到了一位理想的原型，并设法和那人认识并进行交往。通过这一系列的努力，画家才成功地画出了这幅名画。

6. **亚历山大抓住烈马的一个弱点**

马其顿著名的国王亚历山大 15 岁时，他父亲腓力二世获得一匹烈马，许多优秀的骑士做了种种努力，但没有一个人能跨上马背。亚历山大便跟父亲说：“只要您允许，我就能驯服它！”腓力二世答应后，亚历山大走过去。开始，他和别人一样，也是慢慢拉过缰绳，轻轻抚摸马体。就在这时，他突然间把马转向太阳，趁马略显慌乱之际，一跃跨上去。马竖起前蹄，飞起后腿，又就地转来转去，可亚历山大却面不改色，镇定自若，终于驯服了这匹烈马。

那么，亚历山大是怎样跨上马背的呢？原来别人驯马时，他仔细观察，发现马害怕自己的影子，所以他把马转向太阳，马看到自己的影子，胆怯、软弱，亚历山大趁机出击，因此获得成功。

7. **勤于观察市场，打造“金利来”名牌**

曾宪梓出生于广东梅县，在中山大学生物学专业毕业后，20 世纪 60 年代初到泰国曼谷与家人团聚，开始帮助父亲做一些日用小商品的生意。他天生勤于观察，善于思考。从穿各自喜爱的西装上，特别留意点缀的领带。领带体积不大，花钱不多，特别易于别人接受，他预见到领带市场所具有的巨大发展潜力。他说干就干，开始做起倒领带的小本生意。20 世纪

60 年代中期，他来到香港开拓事业，凭着一把尺子、一把剪刀以及一架缝纫机，制造出一条条、一打打、一盒盒的领带，然后去挤巴士，穿街入巷地推销。

曾宪梓就是这样，凭着一个开拓型的头脑，一双精巧的手，一双勤快的腿，最终打出了一个响当当中国品牌："金利来"领带。

处处留心皆学问

从小事入手才能真正地掌握主动。留心生活中的每处细节，重视身边的每件小事，便会使我们成为掌握自己命运的强者。

牵一发而动全身，每一件细小的事情都会通过放大效应而凸显其重要影响。工作中无小事，任何惊天动地的大事，都是由一个又一个小事构成的，所以我们必须要留心生活中的小事，将无用的小事转化成为对我们有用的大事。

当年，农村的经济体制改革极大地调动了农民的生产积极性，提高了农民对生产投入的兴趣。在一段时间里，一般农户对镰刀、锄头等最基本生产工具的需求量大大增加，导致生产这类农具的原料——毛铁和钢板出现供不应求的现象，在一些地方甚至完全脱销。与此同时，在国营大厂的围墙里，堆着大量边角料和废铁板，如何处置这些"废物"却成了厂长们的一块心病。

在这种情况下，一位"钢铁大王"出现了。

所谓"钢铁大王"，也并没有什么特殊之处，只不过是一个稍微有点文化的人，然而他的头脑十分灵活，并且平时对生活中的细节十分注意。

有一天，他在供销社供职的同学那里喝茶聊天，偶尔说起毛铁脱销以及城里一些工厂的边角料怎么比毛铁还好的事，他就想起了自己的一位姑父在 H 城一家船厂里工作，心中突然一亮。第二天一大早，他兜里装着 80 块钱的全部资本直奔 H 城，找到了在造船厂当保卫科长的姑父，又通过姑父找到了厂长。富有人情味的厂长一听说需要他们厂的废钢铁，便把大板一拍，二话没说，便吩咐派辆卡车送去。这一趟他是无本万利，净赚了一千多元。看到了那一沓的票子，吓得他愣是没敢往家里拿。

几天后，他就买了礼品上 H 城，还拉着那位同学，算是供销社领导，一起登门致谢，并同厂方订立了长期协议：所有废弃的边角料都被他们以极低的价格包销，一包就是 3 年。

以后，“钢铁大王”更是如鱼得水，尝到了更大的甜头。货源有的是：造船厂的拉光了，被介绍到机械厂、机床厂；H 城的拉光了，又被介绍到 N 城、S 城……市场更不成问题：本地市场饱和了，便销到外地、外省……开始是用汽车运，后来越做越大，改用火车车皮装。

他的生意越做越大，人缘越混越好，财路也越来越宽。等到别人也明白过来，一哄而上时，他已经金盆洗手，另谋别的财路去了。

留意细节，废物也变成了宝。观察生活，小事也就变成了一项大事业！在很多时候，你忽视了身边的小事也就等于把机会拱手相让，而一旦你注意到了这些小事，并且能够把这些小事做好，付诸行动，成功就会不期而至！

还有这样一个故事。30 岁的小王只身闯荡深圳。当他得知一家企业内刊招聘记者，当即携作品集赶了过去。

到现场一看，仅有的一个岗位，竞争者竟然达到 125 人！而且其中不乏学历、资历、年龄、口才诸方面胜过自己的人。见此阵势，小王不禁犹豫起来，可又一想既然来了，长长见识也是好的，于是便耐着性子坐下来。

面试的人太多，而且主考官正是该公司的老总，小王又被安排在后面，看着应聘者一个接一个面色沉重地走出考场，他已预感到形势对自己越来越不利，必须采取独特的方式打动老总才能出奇制胜。

这时候，在会客室里坐等的几位应聘者开始闲聊。其中有这么几句牢骚话引起了他的注意：“来的都是有经验的人，小小内刊还拿不下来？一个面试还搞这么复杂！”“肯定要当面出题让应聘者动笔，不怕它，都带了作品集来，还说明不了问题？”

小王心里一转，当即赶往楼下的打字店，以“求贤若渴”为题写下一篇现场短新闻。回到会客室时，正好轮到自己出场了。

面试的内容有些出乎他的意料，神色已略显疲惫的老总既没提业务，也不问应聘者经历，而是要他从自己的角度谈谈如何当好内刊记者。小王当即递上刚打印完的那篇短新闻稿说，自己的角度就是“敏锐”。

最终小王成了应聘人员中百里挑一的幸运儿。老总说："其实正确的方法大家都注意到了，但心动不如行动，重要的就是把大家都注意到的东西先做在前面。"

心动不如行动，只有我们把大家都注意到的东西先做在前面，"小中见大，无中生有"，这样才能主动抓住那稍纵即逝的机会。

降低姿态赢取机遇

生活中机会无处不在，只要我们能够以一种认真的态度去面对生活，戒除浮躁，脚踏实地去做人做事，我们就会发现原本我们渴望的机遇就一直在我们身旁，只不过是因为我们当时没有注意到它而已。

杰克·韦尔奇曾经说过这样的一句话：不要总是抱怨机会没有垂青于你，只要注意生活中的细微之处，你就会发现机遇无处不在。

确实如此，只要我们留心，机会无处不在；只要细心，即使没有机会我们也可以自己争取机会或者创造机会。

美国百货业巨子约翰·甘布士的经验之谈极其简单："不放弃任何一个哪怕只有万分之一可能的机会。"

有不少聪明人对此不屑一顾，其理由是：（1）希望微小的机会，实现的可能性不大；（2）如果去追求有万分之一的机会，倒不如买一张奖券碰碰运气；（2）根据以上两点，只有傻瓜才会相信万分之一的机会。

约翰·甘布士的看法却不同。有一段时间，但维尔地方经济萧条，不少工厂和商店纷纷倒闭，被迫贱价抛售自己堆积如山的百货，价格低到1美元可以买到100双袜子了。

那时，约翰·甘布士还是一家织造厂的小技师。他马上把自己积蓄的钱用于收购低价货物，人们见到他这股傻劲，都嘲笑他是个蠢材。

约翰·甘布士对别人的嘲笑漠然置之，依旧收购各工厂相继抛售的货物，并租了一个很大的货仓来储货。他妻子劝说他，不要把这些钱用来购买别人廉价抛售的货物，因为他们历年积蓄下来的钱数量有限，而且是准备用做子女教养费的。如果此举血本无归，那么后果便不堪设想。

对于妻子忧心忡忡的劝告，甘布士笑过后又安慰她说：“3 个月以后，我们就可以靠这些廉价货物发大财。”甘布士的话似乎兑现不了。过了 10 多天以后，那些工厂贱价抛售也找不到买主了，便把所有存货用车运走烧掉，以此稳定市场上的物价。

妻子看到别人已经在焚烧货物，不由得焦急万分，抱怨起甘布士。对于妻子的抱怨，甘布士一言不发。终于，美国政府采取了紧急行动，稳定了当地的物价，并且大力支持那里的厂商复兴。

这时，这里因焚烧的货物过多，有货欠缺，物价一天天飞涨。约翰·甘布士马上把自己库存的大量货物抛售出去，一来赚了一大笔钱，二来使市场物价得以稳定，不致暴涨不断。

在他决定抛售货物时，他妻子又劝告他暂时不忙把货物出售，因为物价还在一天天飞涨。

他平静地说：“是抛售的时候了，再拖延一段时间，就会后悔莫及。”

果然，甘布士的库存刚刚售完，物价便跌了下来。他的妻子对他的远见钦佩不已。

后来，甘布士用这笔赚来的钱，开设了 5 家百货商店，业务也十分广泛。如今，甘布士已是全美举足轻重的商业巨子了，他在一封给青年人的公开信中诚恳地说：“亲爱的朋友，我认为你们应该重视那万分之一的机会，因为它将给你带来意想不到的成功。有人说，这种做法是傻子行径，比买奖券的希望还渺茫。这种观点是有失偏颇的，因为开奖者是由别人主持，丝毫不由你主观努力。但这种万分之一的机会，却完全是靠你自己的主观努力去完成。

“不过同时你们也得注意，要想把握这万分之一的机会，必须具备一些必要的条件：

“第一，眼光长远。鼠目寸光是不行的，不能看见树木，就忽略了整片森林。

“第二，必须锲而不舍。没有持之以恒的毅力和百折不挠的信心是无济于事的。

“假如这两个条件你都具备了，那么终有一天你将变成成功人士，只要你去付诸行动。”

生活中机会无处不在，就看你如何把握了。有的时候如果你能放下姿态，或许你可以在你从不留意的小事中找到通向成功的捷径。

如果您走进中国最大的彩色塑料编织袋生产厂家的车间，你将会惊叹于眼前的这个五彩缤纷的世界，此言绝非夸张。这家企业拥有固定资产2200万元，而且还有三条特大型国内最先进的全自动编织袋生产线。它的产品已经获得了中国进出口商品质量体系认证中心颁发的ISO 9002国际质量体系认证，国内几大饲料生产集团均是它的客户。

这个企业发展壮大的秘诀完全得益于一个极其朴素的创意。老板蔡某和许多的温商一样，也是购销员出身。建厂初期，他生产的也只是那种普通白色塑料编织袋，市场竞争的激烈使得一条编织袋只能赚3分钱。这时，蔡老板受其他购销员的启发萌生了生产彩色塑料编织袋的念头，因为当时该产品的一个主要用途是作饲料的包装物。饲料的品种繁杂，猪牛羊鸡鸭鹅所食用的饲料均源于不同的配方。那时区别不同饲料的唯一方法是饲料包装物上的洋字母及汉字，如此标志让不太识字的农民很伤脑筋。而且由于标志的不明显，不同的饲料不能堆放在一起，也占用了较多库房的面积。蔡老板琢磨了好久，终于想到了一个好办法，那就是用色彩做标志（当然并没有不用文字），红色的是装猪饲料，绿色的是装鸡饲料，黄色的是装鸭饲料……不就方便识别、方便堆码了吗？而且不识字的农民能识色，用色彩做标志能提高识别的效率。

一件生活中的小事，成就了一个成功的商人。他就是杰克·韦尔奇所说的那种人：不抱怨没有机会，注意生活中的细微之处，从而发现了机遇！

眼光独到，善抓善用

卡耐基认为，对一个人来说，机会固然重要，但对机会的把握和充分利用更值得我们关注。有些人对近在身边的机遇，却常常缺乏敏锐的眼光，有时就让它轻易地从身边溜走。对于近在身边的机会，只要稍加留意，就要比刻意去寻找、搜集更直接，更有成效，

美国大富翁亚蒙·哈默的创业生涯始于他成功地抓住了创业的时机。哈默很关注各届政府首脑的经济政策，并深谙这些政策对经济的影响。当

富兰克林·罗斯福总统入主白宫时，哈默研究了罗斯福的经济政策，并认识到罗斯福提出的“新政”中，禁酒令将会被废除。由此再进一步分析，禁酒令废除后，市场对啤酒和威士忌酒的需求就会大增，那时就需要空前数量的酒桶。

哈默慧眼识金看出这一商机，立即向前苏联订购了几船制作木桶的白橡木板，在纽约码头设立了一个临时性的桶板加工厂。

当哈默的这些准备工作就绪之际，罗斯福总统果然下令废除“禁酒令”。同时，哈默的酒桶正从生产线上滚滚而出，很快这些酒桶就身价倍增，哈默也从中大赚利润。

今天，我们身在一个信息爆炸的时代里，各种信息对我们都非常重要，因为未来的成功者是属于那些知道最多信息的人，所以你一定要不断地研究信息，分析信息。在这些信息当中，获得一些成功的机会，以便能够掌握机会。

适时地把握机会，对成功来说是非常重要的。有一位朋友至今仍念念不忘地常提他的一次过失。他是做服装生意的，本来约好在某一天上午应该与有关人员打电话联系一下具体事宜，偏巧那天上午他又碰上许多脱不开身的事，最主要的，是他认为这笔业务很有希望，上午十一点打电话，和下午一点打电话，两者好像没什么差别，所以他也不认为这事很紧要。当他下午再去打电话时，一个迟打两个小时的电话让他损失不小，而且处处处于被动。这位朋友只能懊悔自己坐失良机了。事后更令他感到窝心的是，这笔生意居然是被一位他认为够不上与自己抗衡的晚辈捷足先登了。这些都仅仅是取决于一个应该上午打的电话。

可见，机遇从来不会丢失，你没有掌握住，错过了，却被别人抓在了手里，他依靠这次机遇，成功了。

机遇，就是好的境遇，是一个人事业发展的特定环境。机遇，从表面上看，是事物在发展过程中存在的偶然性，但实质上它并没有脱离事物发展的必然性，而是必然性的外在表现和反映。所以说，机遇是事物联系与发展过程中本质规律的外在表现。

机遇，对个人的事业的发展，常常会起到事半功倍的效果。但机会不是永远存在或永远不变的，没有机敏的眼光发现不了机遇，就像“睫在眼前常不见”一样。善于发现机遇，善于把握机遇，你的事业就成功了一半。

静心思考，创造机会

成功的人往往具有这样一种能力，就是他们能发现一些平淡无奇的小事中的潜在机遇。这正是因为他们能静下心来，不被事物表面现象所迷惑，从而能对繁杂小事进行系统合理地分析，抓住问题的关键。如此一来，他们又怎么不能比其他的人更容易获得成功，积累到财富呢?

进入21世纪，在无限的网络中，无限的机遇在交叉、在碰撞。要想成功，我们一定要学会留心身边的那些看似繁杂的小事。关注问题不能单纯地停留在表象上，要善于系统地对这些事情进行分析，得出合理的结论，以便提高效率。

1998的7月2日至6日，是美国自由女神的百岁生日。热情的美国人，当然要举行隆重的庆祝活动。美国政府以及许多商界精英，不会失去这个抛头露面的大好机会的。

商人利用自由女神像大发其财。许多大公司和商店向市场推出了800多种印有自由女神像的商品和纪念品，仅此一项，就做成了4亿多美元的生意。

美国的广播电视公司，一向都是以“无孔不入，无事不做”的风格自诩。它早就瞄准了这次发展自己、赚大钱的机会，自然不甘落后于其他商人。它采取了先予后取的战略，慷慨大方地捐赠给“基金会”1000万美元。因此，获得独家播放揭幕典礼的权力。随后，它利用这个权力来吸引客户大做广告，轻而易举地得到了3000万美元的广告费的收入。

美国政府在这次发展机会面前表现得最为活跃，它为自己涂抹了浓厚的商业色彩，极力标榜自己的形象。政府有关方面开展了一次全球性“出售自由女神像纪念币”活动，其中的50万枚5元金币十分抢手，价格居然涨了3倍；里根总统乘坐过的“肯尼迪”号航空母舰的船票也对外发售，每张票的票价竟高达1万美元。虽然价格昂贵，但仍然十分抢手，当然抢购的是那些阔佬。而对那些工薪阶层，政府的活动也搞得红红火火，在曼哈顿和新泽西沿岸可以容纳近800万观众观看典礼或各种表演，这些地区的每张门票也要40~60美元；在炮台公园建造的可容纳3.2万观众的露天看台，门票也高达1000~1600美元，结果也是供不应求。

在这次短短几天“自由女神”百岁生日期间，美国上自政府，下至商人，他们赚钱的机遇是利用了这一特定的时间资本，为自己创造了巨大的财富。由此看来，静下心，抛弃一些不切实际的想法，才能真正地学会思考，创造机会，为自己积累更多的财富。

机遇就在你身边

捕捉机遇一定要处处留心，独具慧眼，细心观察身边的每一件小事。这每一件小事当中都可能蕴藏着机会，成功的人决不会放过这些小事，他们非常善于从平凡的生活中寻觅到成功的机遇。

某市有一栋新兴写字楼。倘若你站在它一层大厅的标示牌前，你就会惊异地发现，在各种各样的公司和工作室的标牌中，一个时尚服饰店格外引人注目，而且开在16层。服饰店怎么会开在写字楼？原来这是店主的一个极好的创意。

赵某大学毕业后，在家里人的安排下，她进入了政府机关，成为一名普通的公务员。一个偶然的机会，她到了香港，本来就酷爱打扮、追求时尚的赵婷就好像进入一个购物天堂，各种新款的流行服装、各种新奇的小饰物，让她流连忘返。她几乎把所有的时间都耗在了逛街上，回来时，只是采购的服饰就托运了几大包。

回单位后，她打电话约来自己的好朋友，请她们挑走几件满意的衣服。

几个朋友就把她带回来的衣服瓜分得干干净净。这些流行款式的衣服价格仅仅是当地商场的一半。不仅如此，朋友还要求她以后去香港再带些回来！这样一件不起眼的小事启发了她。因为要经过很多中间环节的周转，许多品牌的衣服在本地的售价都贵得离谱，而在香港，即使在最普通的商场购买，也仅有当地开价的1/2到1/3。既然两地价差这么大，为什么不自己做服装买卖呢？

说做就做，性格如火的赵某马上开始考察当地的服装市场。

既然要开店，那就一定要有自己的特色。赵某她把自己的服饰店选择在了写字楼，而不是传统意义上的商铺。和商铺比起来，租金要便宜很多。

赵某为自己设计了一张精美的紫色名片，并且一口气印了几百张，为了吸引更多的都市白领，她把自己的名片夹在主流时尚杂志里，让购买杂志的女性都能够看到自己小店的名片，以此扩大宣传。

果然，一个星期内，几百张名片散出。当追求美丽的女人们在这个独特的服饰店，看到自己心仪已久的衣服以一种意想不到的低价出售时，都有一种如获至宝的感觉，而店里那些精心淘来的小饰品更是让她们爱不释手，成为她们不愿割舍的情结。

一个月之后，服饰店的名声从此传开，许多老顾客把自己的所有好朋友都介绍来，有时候，一天之内的营业额就能达到几千元。月底结算之时，收入净利润8000元！这对于一个不足30平方米的小店，一个不满24岁的女孩来说，简直就是童话般的故事。

现在赵某已经不会整天守在自己的店铺里了，她把这个任务交给了聘请的销售员，而自己却每天都在关注着流行风潮的最新走势。其还保持着至少每三个月飞一次香港的习惯，因为流行的时尚需要自己去亲自体会才能把握住，不是看两本时尚杂志，看看上游商家发来的图片就行的。而且，好多能够吸引人的东西都需要自己去淘，这样才能保证小店的特色。

现在已经经营稳定的服饰店，每个月的营业额大概保持在五万元左右，除去房租、成本、水电费、工资等，每个月都可以给她带来万元的纯收入。

细心观察，为走上成功之路做好必要的铺垫。有人曾经说过："智者创造机会，强者抓住机会，弱者等待机会，愚者错过机会。"让我们一起细心观察自己的生活，为属于自己的成功创造机会。

细心观察生活，也许在别人眼中微不足道的小事，到了我们手中就成为我们通往成功的基点。

在平常的生活中，也许已经有许多机遇在等待着我们，或许机遇就在眼前；或许在你的问题当中，就隐藏了一个机遇，然而，你却一直忽略了它们。

也许机遇在你目前这份工作中，有些人经常换工作，总是觉得公司不对，老板不对，主管不对，产品不对，制度不对，服务系统不对，他从来没有研究问题可能在他自己身上。因此，不管怎么换工作，问题还是在他自己身上，问题没有解决，所以对他来讲，一点都没有办法突破。

你不妨从身边开始，找寻下一个成功的机遇，或是掌握住现在的机遇，把它做到最好。

俗话说："天时、地利、人和"，若能早做准备，做充分的准备，到时候一定会有"天助我也"的机遇来临。要有成熟至结果为止的耐心，让内心等待成熟才是抓住机遇的最好时机。

别让机遇溜走

人们常常会有这样一种思维：大人物就是指做大事的人，小人物就是做小事的人。这种思维是不对的，无论大人物还是小人物都会和一件又一件的小事发生关系。小事情做出文章就是由"小人物"向"大人物"转化的机会。

有个年轻人决定凭自己的智慧赚钱，就跟着人家一起来到山上，开山卖石头。

当别人把石块砸成石子，运到路边，卖给附近建筑房屋的人的时候，这个年轻人竟然直接把石块运到码头，卖给花鸟商人了。因为他觉得这儿的石头奇形怪状，卖重量不如卖造型。从这件小事开始，年轻人走上了成功的道路。

就这样，这个年轻人很快就富裕起来了。

3 年后，卖怪石的年轻人成了村子里第一座漂亮瓦房的主人。

后来，不许开山，只许种树，于是这儿成了果园。

当地的鸭梨汁浓肉脆，香甜无比。每到秋天，漫山遍野的鸭梨引来了四面八方的客商。乡亲们把堆积如山的鸭梨整车整车地运往北京、上海，然后再发往韩国和日本。

鸭梨使村民们过上了小康的日子，村民们欢呼雀跃。这时候，那个卖怪石的年轻人却卖掉果树，开始种柳。因为他发现，来这儿的客商不愁买不上好梨，只愁买不到装梨的筐。

5 年后，他成了村子里第一个在城里买商品房的人。

再后来，一条铁路从这儿贯穿南北。这儿的人上车后，可以北到北京，南抵香港九龙。

小小的山庄更加开放搞活了。乡亲们由单一的种梨、卖梨起步，开始发展果品加工和市场开发。

就在乡亲们开始集资办厂的时候，那个年轻人却又在他的地头，砌了一道 3 米高，百米长的墙。

这道墙面朝铁路，背依翠柳，两旁是一望无际的万亩梨园。坐火车经过这里的人，在欣赏盛开的梨花时，会看到墙上醒目地广播标语。

据说，这是五百里山川中唯一的一个广告。那道墙的主人仅凭这座墙，每年就有 4 万元的额外收入。

日本某著名公司的老板来华考察。当他坐火车经过那个小山庄的时候，听到上面的故事，马上被那个年轻人惊人的商业智慧所震惊，当即决定下车寻找此人。

当日本人寻找到这个年轻人的时候，他却正在自己的店门口与对门的店主吵架。

原来，他店里的西装标价 800 元一套，对门就把同样的西装标价 750 元；他标 750 元，对门就标 700 元。一个月下来，他仅批发出 8 套，而对门的客户却越来越多，一下子批发出了 800 套。

日本人一看这情形，顿时失望不已。但当他弄清真相后，又惊喜万分，当即决定以百万年薪聘请他。原来，对面那家店也是他的。

故事中的年轻人每次都是从小事着手，得到的效果令人艳羡。可是现在社会中的一些人，总以为自己本领在手，天下尽在掌握中。真正做起事来，却是心浮气躁，小事不愿做，大事做不了，处于一种悬在半空中的尴尬状态。与其这样，还不如安下心来，从小事开始做起。

吃西餐在中国人的眼里本来就是一件充满浪漫气息的事情，如果是一个店里只有那么一对情侣共进烛光晚餐的话，那浪漫指数就会一路攀升了。

“二人世界”可以称得上是全北京最小的西餐厅了，因为这里只有一张餐桌，从开业至今，菜单和价格从来没有变过，而且吃来吃去总有一种味道——浪漫的味道。

这样一家有趣的西餐厅，确实别出心裁。陈某是财会出身，现在还开着一家小型的环保设备公司。开这个二人世界西餐厅，原因是看中了身边的人们对生活质量的追求。

现在都市人的生活节奏越来越快，生活水平也越来越高，但忙碌的生活总让人觉得缺了点什么。也许是享受生活的那份闲情逸致。陈某从自身立场出发，他觉得平常的工作并不能成为真正的生活，生活中还应该有更加美好、更加浪漫的东西，而西餐本身代表着浪漫，在中国很多人去吃西餐的目的就是为了要寻找那种情调、那种气氛。

但是西餐厅又有一个缺点，那就是没有包间，这对于含蓄的中国人来说，是制造浪漫情调的障碍。于是，陈某决定，开一家只供两人就餐的特殊的西餐厅。虽然规模小了一点，可是他坚信，只要自己努力做好就一定会有收获，何况他本来就是一个做人不计小的人。

正是有了这种想法，陈某办这家小店，投资了 24 万，租金和转让费 9 万，大部分的钱都投在了装修和设备上。在他的西餐厅里，投影电视、相机、DV 留念……能想到的服务，这里都有。为了给顾客营造浪漫的氛围，陈某为所有用餐的人做了一个叫《幸福的味道》的幻灯片。同时他还免费为订餐的客户提供各种创意，在蛋糕里取出一枚戒指，制作动漫，记录两个人的生活历程，把一顿普普通通的饭菜变得有纪念意义。用陈某自己的话来说，他不是做餐饮的，而是做服务的。

“二人世界”在开业半年后，开始赢利了。别看只有一张餐桌，每个月却有 1 万多块钱的利润。后来他又投资 40 万元，在一个四合院里开了一家新店。如今，他已经有了第三家店。

来“二人世界”体味浪漫滋味的，有捧着 99 朵玫瑰求婚的小伙子；有 70 多岁过结婚纪念日的老先生；有为了破镜重圆坐了整整 6 个小时的恋人。短短的 3 年时间里，这里不知上演了多少有趣的故事。到“二人世界”就餐都要提前订位。

经营只有一张饭桌的餐厅，在很多人眼中，都会认为这样规模太小，难以成功，可是就是这样的小餐厅，却成为别人成功的台阶。事实证明，在小事上做足文章就是机会。

机遇偏爱有准备的人

人生的每一步，都充满了机遇，而机遇对每个人来说都非常重要，它是取得成功的关键，所以有“时势造英雄”的说法。

对每个人来说，机遇都是公平的，机遇就在你身边。有的人抓住了，有的人错过了；有的人发现了，有的人不知晓；有的人在不断地创造机会，而有的人却在苦苦地等待机会。所以，有时机遇对于每个人来说又是不公平的，因为它不喜欢懒汉，也不欣赏投机，它只偏爱那些做出充分准备的人，只垂青那些懂得如何追求它的人。因此，聪明的人常常勤奋努力，不断开拓，持之以恒地去创造机会，而不是坐在家里等机会光临。

机遇偏爱那些有所准备的大脑。人生要能掌握机遇，所以当机遇来临时，必须多去尝试，若没有心理准备，即使再好的机遇也会溜掉。机遇一旦失去，便难以找回。

从某种意义上说，机遇就蕴藏在几秒钟之内。如果你赢得了这几秒钟，那么你就抓住了某个机遇，也许就此抓住了你想要的一切。

机不可失，时不再来。对于每个人来说，机会并不是常有的，有的人一生中也许仅有一次机会。如果他错过了，那么他一生就只能与成功无缘。

有的人一味地把自己的不如意归结为“运气不好”，这只是给自己的疏懒找个借口。如果你在失败者的队伍中询问他们失败的原因，他们的大多数人将会说，他们之所以失败，是因为没有机遇，没有人帮助、提拔他们。他们会说，优秀的人太多了，高等的职位已被别人占据，一切好的机遇都已被别人捷足先登，所以他们毫无机遇了。

能够成功的人却不会如此推托。他们默默地工作，他们不怨天尤人。他们稳扎稳打，他们不指望别人的帮助，他们依靠的是自己。

在一次胜利之后，有人问亚历山大：“假如有机遇，你想不想把第二个城堡攻下来?”“什么？机遇？我从来不等待机遇，我会去制造机遇。”

成功者都是善于抓住机遇的人，虽然他们有时难免犯错误，但是他们比起那些做事犹豫的人要强，取得成功的几率也大得多。

当机遇来时，应审时度势，当机立断，做出选择，切不可优柔寡断，错失良机，因为“机不可失，失不再来”。由此可见，有准备头脑的人更善于抓住机遇，走向成功。

只有准备得越充分，成功的希望才越大。如果你没有下足准备的工夫，那么，你的成功机会也就不大了。一个缺乏准备的人一定是一个差错不断的人，即使具有超强的能力，具有千载难逢的机遇，也不会获得成功。

机遇，只垂青有准备头脑的人，看准时代的特征，掌握大势、趋势，找准机会，才会获得成功。

机遇的3个特性

西班牙著名作家塞万提斯经典作品《堂·吉诃德》中有一句经典台词：“有关着的门就有开着的门。”那扇为我们敞开着的大门，就是机遇。

学会把握机遇，这是人生的一大重要课题。时机的珍贵，就在于它稍纵即逝，得来不易；时机的价值，就在于它创造机缘，走向辉煌。

机遇的出现是没有规律可以遵循的。善于抓住机遇的人，处处是机遇；轻视机遇的人，即使良机来敲门，也会错过。

我们考察机遇时可以发现它有以下三个特点：

1. 瞬时性

瞬时性指机遇的持续时间极短。蜉蝣朝生暮死，你感叹这种动物的生命短促，竟有如此短暂的机遇生命周期。

机遇稍纵即逝的原因有两个：

一是形势瞬息万变。国际上风云变幻，存在着许多变动的因素。各国相互依赖，全球缩小成地球村。通讯技术发达，讯息传播迅速。某焦点国家发生事端，可能一夜之间已波及全球。金融市场的大起大落，最能反映国际形势的瞬息万变。正因为其形势不断变化，这一刻钟造就的机遇，那一刻钟机遇可能已消失于无形。

二是竞争激烈。机遇只有一个，却有千万人竞争。机遇来了，就是抢也不容易抢到，更不用说不好好把握了。转瞬之间机遇已被别人捷足先登，后悔也无用。又因为众人均害怕坐失良机，从而造成一窝蜂的现象，机遇一露面，就会被眼明手快者抢去。

2. 稀缺性

机遇的稀缺性，是相对于个别的人来说的。有句谚语说得好："二鸟在林，不如一鸟在手。"无论机遇有多少，不在你掌握之中的，这个机遇便不是你的。但要掌握机遇，绝对不是易事，原因主要有两个：

一是由于人本身的限制，令你错过不少机遇，或是性格、心理上的弱点，令你看不见机遇，即使看见，却不愿或不敢去争取；或者是物质条件不足，没有足够资源去开发机遇。

二是由于机遇稍纵即逝，所以难于掌握。形势变化制造机遇，但也能扼杀机遇。此外，由于竞争激烈，只要你稍一迟疑，机遇就给别人抢夺去了，这是客观环境令机遇难于掌握的原因。

由于种种限制，不少人在一生之中，往往只抓住那么两次、三次的机遇，为他们所用。这便是机遇稀缺的原因。

3. 善变性

机遇是条变色龙，它善于伪装，往往藏在最不引人注意的地方。机遇很低调，它来时不会大擂大鼓，通告全天下。机遇总是静悄悄地来到众人中间，静待首先发现它的那一个人。

有时，机遇幻化成破产的形象突如其来，把大家吓坏，弄得大家手足无措。股市、地产大跌，虽造就了千载难逢的良机，但同时也吓破了不少人的胆子。

机遇有时像精于化装术的小丑、害羞的少女、顽皮的小孩、凶悍的恶魔，这就要求人们主动去戳穿它的假象，把机遇辨认清楚，然后断然采取果敢的行动，把机遇牢牢抓住。

掌握机遇的方法

机遇对我们一生的运筹，至为重要。一般而言，要想干成一番事业需要具备两个条件，即能力和机遇。能力是每个人通过后天的准备可以达到的，机遇却不是随时都有。如果要使自己成为成功者，就应在平时做好准备，时刻准备着，“器藏于身，待时而动”，一旦机遇到来，就可以大显身手。因此可以说，机会只垂青那些懂得怎样追求它的人。不会游泳的人即便到了海边，也只能望洋兴叹，惊涛拍岸的大海是供弄潮儿大显身手的天地。

以下是掌握机遇的3个方法：

1. 独具慧眼

成功的人似乎都有敏锐的直觉和判断力以及独到的眼光。事实上，这些都是经过长期经验累积而来的。

机运到处都有，但是你必须判断哪个对你最为有利，哪个成功的概率最大。

每个人的资源有限，你的时间、金钱、精力都受到了限制，你不可能样样都通，样样都做。因此，你必须选择自己最感兴趣、最擅长、最内行或最有成功希望的行业去做。

2. 勇于冒险

成功的人都具有冒险精神。“不入虎穴，焉得虎子”，成功需要胆识。光有才智，而无冒险精神是不会成功的。

不冒险，无所得。冒险，可能会面临失败，但是却不可能学到经验，只有在不断地尝试失败中，才能获得成功。

3. 见好就收

掌握成功的机运，要伺机而动。好运来时要攻，坏运来时要守。何时进，何时出，时机的把握对成败影响很大。

要衡量自己的实力，注意环境的变化，选择正确的时机进出，不做过度的投资。虽风光一时，但却盛极而衰，扩充太快，未能见好就收，足以殷鉴。

小商品大生意

1. 收易拉罐的富翁

有个以拾破烂为生的人，有一天突发奇想：收一个易拉罐，才赚几分钱。如果将它熔化了，作为金属材料卖，是否可以多卖些钱呢？于是他把一个空罐剪碎，装进自行车的铃盖里，熔化成一块只有一块指甲大小银灰色金属，然后花了600元在市有色金属研究所做了化验。化验结果出来了，这是一种很贵重的铝镁合金！当时市场上的铝锭价格，每吨在14000元至18000元之间，每个空易拉罐重18.5克，54000个就是1吨。这样算下来，卖熔化后的材料比直接卖易拉罐要多赚六七倍的钱。他决定收易拉罐熔炼。

为了多收易拉罐，他把回收价格从每个几分钱提高到每个一角四分，又将回收价格以及指定收购点印在卡片上，向所有的拾荒者散发。一周以后，到指定地点一看，只见一大片货车在等他，车上装的全是空易拉罐。这一天，他回收了13万个，足足两吨半。

他立即办了一个金属再生加工厂。一年内，加工厂用空易拉罐炼出了240多吨铝锭，三年内，赚了270万元。他从一名拾荒者一跃而为百万富翁。

2. 港商在不起眼的蜡烛上做文章

蜡烛是很普通、很简单的产品，在欧美国家里并没有引起厂商的注目，至于那些跨国公司更不把它放在眼里了。可是，在庆祝圣诞、婚礼、生日的时候，欧美人出于风俗的需要，要大点蜡烛，以增加节日气氛。港商抓住这一市场空缺，大量生产出口蜡烛，大做蜡烛生意，垄断了全世界市场，20世纪70年代以来，出口蜡烛一直为全球之冠。

3. 尿布大王

日本尼西奇公司董事长，从公布的人口普查资料中看到日本一年生育250万人，决定经营尿布。只几年工夫，其公司生产的尿布不仅占领了日本市场，而且打入了国际市场，销售量占世界市场总量的1/3。他成了有名的“尿布大王”，发了大财。

4. 小年纪大头脑

11岁的男孩大卫，想买一部三速自行车，但他替人割草扫叶所得，离自己的目标仍然很远。

冬令初寒，路面冰结之日，他刚刚清理完炉灰，就看见一部车子，车轮拼命滚动，想爬上门前山坡。这就使他想到了一个主意，在当地报纸刊出广告如下：

“炉灰——圣诞节最佳礼品。送给雪地驾车的朋友，有意想不到之妙用：怀恩城 0.15 美元一袋，其他地区 0.25 美元。请电告怀恩城——2771。”

广告刊出后，存货立即脱手。买主大都是些玩世不恭的人，想找一些新奇的圣诞礼物送给亲友。因此几天后，大卫又刊登广告：

“炉灰——圣诞节使光顾诸君向隅，至感歉疚。现有新货应市。请即购买一袋置之车厢，以备冰天路滑时使用。”

第二天怀恩城大雪纷纷，一直持续了一个星期。一时订单如雪片飞来。最后生意兴隆得影响到大卫的功课。他的母亲快刀斩乱麻不允许大卫再只顾生意不顾功课了。可是到了这个时候，吉米和妹妹两人都已各拥有一辆崭新三速自行车了。

5. 一律一便士

马克斯·李斯本森公司是英国老字号连锁企业，已有一百多年的历史，公司的创始人叫迈克·马克斯。

1881 年，俄国沙皇亚历山大二世被刺后，他随成千上万的犹太人逃到英国。他身上只有几个卢布，想做个小本生意糊口，可这位创业者不会说一句英语，还被英国货币的兑换弄得头昏脑涨。当时英国用的是先令、便士和英镑，一个先令为 12 个便士，一个英镑为 20 个先令，马克斯在很长时间里都弄不清这些换算关系。

他做了一个用皮带套在脖子上的托盘，盘里放的货物都是 1 便士可买几件的妇女用品，如针、线、扣子、飘带、小梳子等。他在托盘前面请人用英语写了一句话：“一律一便士。”买东西的人拿起货物，放下一个便士就可以了。这一办法免去了他找钱的麻烦，并且价钱也便宜，他的营业额与日俱增，利虽微，却多销。

后来，他把托盘改成了摊位，由流动式变为固定式，从一个摊位到几个摊位，最后发展到十家小铺子。1884 年，他和一个朋友合资，正式亮出了“马克斯·李斯本森公司”的牌子，形式也从一个托盘发展成超级连锁公司。

小生意也能赚大钱，而且任何大事都是从点滴的小事做起的，“薄利多销”是生意经营的一种行之有效的手段。

第22章

关注细节，赢得财富

现实生活中，许多人往往对表面上微不足道的瞬间现象，以一种未认真考虑的解释将它忽略过去，从而错过机遇。而那些有心人恰恰抓住这个机遇，进而赚大钱，创大业。

做个有心人，生活会给你回报

所谓“有心”，是指一种专注状态。在这种状态下，生活中的所思所想和大脑中储存的创造知识进行交融，经过潜伏或构想阶段的积极思考，在大脑中便会进一步建立起许多暂时的联系和信息间的组合，通常这些联系是微弱的、不明确的，并处在下意识中。而当思维受到外界的刺激或启发，某些联系突然加强并显现出来，这就是灵感。

如果我们在思考过程中能抓住灵感到来的这一契机，将诱发出来的灵感思维内容加以更深入的分析研究，则会出现智力上的跃进和思维上的升华。

现实生活中，许多人往往对表面上微不足道的瞬间现象，以一种未认真考虑的解释将它忽略过去，从而错过机遇。而那些有心人恰恰抓住这个机遇，进而赚大钱，创大业。

1. 亚默尔卖水

19世纪中叶，美国加州掀起一股淘金热。17岁的亚默尔也随着淘金热潮来到加利福尼亚，想碰碰财运。他穷得买不起船票，只得跟着大篷车风餐露宿奔向加州来。

一大群淘金者，穷得叮当响，却又怀着强烈的发财欲望，在这样的浪潮之中，上哪里去找金子呢？亚默尔因地制宜，别出心裁地想了一个主意。

原来，矿山里气候干燥，又没有水源，找金子的人最痛苦的是没水喝。这一需要是伴随第一目标出现的。许多人一边寻金矿，一边抱怨："要是有一壶凉水，我就给他一块金币。"

"谁要是让我痛饮一顿，我出两块金币也干。"另一个也有同感。

亚默尔是一个有心人，这些找矿人的牢骚，给了他一个非常有用的信息。他想，如果卖水给淘金者们喝，也许比找金子赚钱更快。于是，他放弃了寻找金矿这个众多竞争者的目标，开始挖水渠引水、经过过滤，制成了清凉可口的饮用水。他把水装进桶里、壶里，卖给找金矿的人们。

开始有不少人嘲笑他，说上加州来本是为了挖金子、发大财，干这种蝇头小利的生意，干吗要背井离乡跑到加州来。种种嘲笑、讥刺，亚默尔并不在意，仍然继续卖饮用水。

谁能想得到，他竟然在很短时间里，靠卖水赚了6000美金，这笔钱在当时是非常可观的。

2. 谷仓里的金表

一个农场主在巡视谷仓时不慎将一只名贵的金表遗失在谷仓里，他遍寻不获，便在农场门口贴了一张告示，要人们帮忙寻找，找到者赏100美元。

人们面对重赏的诱惑，无不卖力地四处翻找，无奈谷仓内谷粒成山，还有成捆成捆的稻草，要想在其中找寻一块金表如同大海捞针。

人们忙到太阳下山仍没有找到金表，他们不是抱怨金表太小，就是抱怨谷仓太大，稻草太多，他们一个个放弃了100美元的诱惑。只有一个穿破衣的小孩在众人离开之后仍不死心，努力寻找，他已整整一天没吃饭，希望在天黑之前找到金表，解决一家人的吃饭困难。

天越来越黑，小孩在谷仓内坚持寻找，突然他发现一切静下来后有一个奇特的声音"滴答、滴答"不停地响着。小孩顿时停止寻找。谷仓内更加安静，滴答声响十分清晰。小孩循声找到了金表，最终得到了100美元。

成功如同谷仓内的金表，早已存在于我们周围，散布于人生的每个角落。只要用心去寻找，专注而冷静地思考，我们就会听到那清晰的滴答声。

3. 父子变废为宝

第二次世界大战期间，在奥斯维辛集中营有一个犹太人对儿子这样说："我们现在唯一的财富就是智慧。当别人说1加1等于2时，应该想到大于2。"纳粹党在奥斯维辛毒死50万人，父子俩却幸运地活了下来。

1946年，父子来到美国，在休斯敦开了间铜器店做铜器生意。1966年，父亲死了，儿子独自经营铜器店。他做过铜鼓，做过瑞士钟表上的簧片，做过奥运会的奖牌。他曾把1磅铜卖到3500美元，这时他已是麦考尔公司的董事长。然而，真正使他扬名的是纽约州的一堆垃圾。

1974年，美国政府为清理翻新自由女神像所扔下的废料，向社会广泛招标，但好几个月过去了，没人应标。正在法国旅行的麦考尔公司董事长听说后，立即飞往纽约，看了看自由女神像下堆积如山的铜块、螺丝和木料，未提任何条件，当即就签了字。

许多人对他的这一愚蠢举动暗自发笑。因为在纽约州，垃圾处理有严格的规定，弄不好会受到环保组织的起诉。就在一些人等待着要看这个得克萨斯人的笑话时，他开始组织工人对废料进行分类。他让人把废铜熔化，铸成小自由女神像；他把木头加工成底座；他用废铅和废铝做成纽约广场的钥匙。最后，他甚至把从自由女神像身上扫下来的灰尘包装起来，出售给花店。不到3个月，这堆废料在他手中变成了350万美元。

正如越危险的地方越安全一样，越是大家都觉得不屑一顾的东西在有头脑的人看来，可能越是隐藏着巨大的商机。

随着时间的流逝，只要能察知蛛丝马迹，或琐碎事务的关联性，则一定能预先得知将来的巨大变化。所以从此刻起，不论你是坐在公共汽车内，或在街上行走，都要不失时机细心留意身边的琐事，并根据所得的小情报，加以分析、整理，必定能比别人稍胜一筹。

生活是最好的老师，只要你是一个"有心人"，善于把注意力集中在最小的地方，生活就一定会给你最大的回报。

善于捕捉信息，将会从中受益

只要你时刻保持敏锐的触觉，善于捕捉信息，将会从中受益。

被人称为“香港假发业之父”的刘文汉的致富之路说起来真有些令人难以置信。

一次，刘文汉在与美国朋友的交谈中，意外得知假发在美国很有市场。刘文汉立刻调研市场前景，看清假发市场的广阔前景，立即着手准备制造假发的原料来源和制作人员、制作工艺。当时香港有人利用从印度和印尼进口的真发制成各种发型的发髻，成本相当低廉，而成品售价却高达300港币。刘文汉经过一番估量，当即做出重大决策，决定在香港创办“假发”工厂，目光瞄准美国市场。

他请来专门替粤剧演员制造假须假发的师傅，并对传统的假发制作工序进行现代化改造，购进制造假发的机器和原料。终于，第一批假发被生产出来了。当刘文汉拿着自己公司制造的新型假发向美国的假发市场行销时，市场上的经销商们简直不敢相信这样质地优良的假发会是香港的工厂制造的。因为在此之前，香港还没有一家像样的假发制造厂，美国进口的假发大多数是由法国工厂制造的。

美国的假发市场对刘文汉公司生产的假发质量非常满意，老总们纷纷和他签订合同，每月进货1000个，每个价格是500港元，仅是法国同类制品的1/3。第一炮打响后，消息不胫而走，订货单迅即雪片似地飞来，刘文汉的钱袋迅速鼓起来，很快就成了香港的一大富豪。一年之后，香港出就出现了300家假发制造厂，雇佣工人数千名。在20世纪60年代的10年里，香港假发的出口总值高达10亿港元之巨，在香港制品出口中占第四位，刘文汉当选为香港假发制造商会的主席，并被誉为“假发业之父”。

刘文汉从起步到成功的时间跨度相当地短，可谓是一步登天，而他的秘密法宝却很简单，那便是比别人快一步抓住时机，创造财富。

还有一些信息资源，在当时看起来并不一定是有用的，但它却有其潜在的价值。如果你能够具备分析能力、预测能力，挖掘出它的价值，你就有可能比他人先一步获得成功。

木村原本是一家公司的小职员，工资不多。因此，他整天满脑子想的就是如何发财致富。一天，他从报纸上看到了这样一条消息：

美国正在大量普及使用一种自动售货机，这种售货机不需要人看守，一天24小时都可以销售商品，它给人们带来了极大的方便。专家估计，随着时代的进步，这种新的售货方式必将会大受欢迎，消费者也会很快接受这种方式。

木村看完这条消息后仔细琢磨着，他认为现在日本还没有一家公司经营自动售货机，而将来日本必然会进入自动售货的时代。

他就立即行动起来，向亲戚朋友筹款借钱购买自动售货机。经过一番努力，他筹集到了30万日元。他用这笔钱买了20台自动售货机。他把这20台自动售货机安放在酒吧、影剧院、车站、码头等人流量大的地方，里面放了一些酒水、饮料、流行杂志等。

一个月下来，木村就足足挣了100多万日元。他马不停蹄，又用这100多万日元购买了更多的自动售货机，扩大经营规模。5个月的时间，他还清了各种借款净赚近2000万日元。

其他人看到木村的自动售货机赚钱，也跃跃欲试准备加入这个行列。这时他又想：如果很多人都来干这个行业，竞争势必导致两败俱伤。既然有很多人要从事这个行业，那么就一定需要更多的自动售货机。于是他决定：制造自动售货机。

他立即投资办了一家工厂，自动售货机一上市，立即受到消费者的热烈欢迎，很快就成了畅销产品。木村因此发了大财。

随着科学飞速发展，“争分夺秒”已不能精确显示时间的紧迫性。运动场上，无论相差0.1毫米还是0.1秒钟，毫厘之差，结果就是天渊之别！因为这决定了谁是记录的创造者。

比如短跑第一名与第二名有时相差仅0.1秒；又比如赛马，第一匹马与第二匹马相差仅半个马鼻子（几厘米），但是，冠军与亚军所获得的荣誉与财富却相差极大。

关键时刻一秒值万金。

一个人的宝贵财富来自于紧紧抓住时间。只要记住时间就是效率、时间就是金钱、时间就是一切，你就会合理地运用的。

在当今社会中，谁快谁赢得机遇，谁快谁赢得财富。贝尔在研制电话时，另一个叫格雷的也在研究。两人同时取得突破。但贝尔在专利局赢了，比格雷早了两个钟头。当然，他们两人当时是不知道对方的，但贝尔就因为这120分钟而一举成名，誉满天下，同时也获得了巨大的财富。格雷呢？少有人知。

总是比别人慢半拍的人是成不了大器的。由于你在思维、眼力、行动上比别人慢，那么，成功就永远属于别人，而你自己得到的只是残羹冷炙。聪明的人不随大流，目光独到，在别人还没“睡醒”之前就已经行动了。

在某一领域的“领袖”，几乎都是起步比较早的人，他们不一定比别人做得好，但是，因为起步早，他们有更多的机会调整错误。

成功者都非常积极活跃，在他们心目中也许并没有很多明确的目标，但是他们感觉敏锐，变动得非常快，以行动作为自己的方向，尝试新的途径，接受新的信息，能先于别人下手，所以，经过一番奔波忙碌之后，必然能取得某些有价值的成就。

细节成就辉煌

不少人都有这样的愿望，总梦想自己有朝一日财源滚滚而来，潇洒地做一回大老板。但大多数人终其一生，却难以梦想成真。这是什么原因呢？是因为有些人赚钱心太急切了。小钱不想赚想挣大钱，看不到小溪汇集在一起能积聚成大海。

日本明治时代有名的船舶大王河村瑞贤，年轻时好长一段日子无所事事，在家赋闲无聊。后来生活日渐拮据，他想：“我不能这样贫穷下去，应该干一番事业来。”于是他拿出少许钱给乞丐，叫他们到处去拾人家丢掉的生菜。然后卖给贫穷的劳工们。当他开始做这项生意时，不少人讥笑他，讽刺他，甚至有的朋友拒绝与他来往。而河村根本不在乎这些，他拼命地干起来。他认定这些“小钱”是他事业的全部基础。没过几年，河村又投资船舶业，成了著名的船舶大王。

河村瑞贤正是有一种细致、认真，不耻于从小事做起，不耻于赚“小钱”的做法，使他日后财源滚滚。如果我们抓住身边的小钱，不让赚钱的机会从身边溜走，由小钱到大钱，终有一天我们也会拥有大钱的。

李嘉诚是香港赫赫有名的房地产巨头，但他的成功也是从做小事开始的。1950 年，他决心学做生意。他用自己节衣缩食省下来的钱开设了一家专门生产玩具和家庭用品的小塑料厂。刚开始，大家也嘲笑他，说他没出息。的确，那家小厂根本没有使李嘉诚赚到钱，惨淡经营了几年，李嘉诚也就赚了吆喝声。但是，李嘉诚对这样的“小事”始终孜孜不倦，做起来极为认真。通过锻炼，他积累了丰富的经验。1950 年代后期，李嘉诚终于抓住了机遇，取得了成功。

从前，有一个日本男孩，家境贫寒，小学没有毕业，就到自行车行当学徒。来修车的人有时会叫他去买香烟。当时，从车行到卖香烟的地方，要跑十几分钟路，这个小孩非常勤快，每次都高高兴兴地去，高高兴兴地回来，从没表现出不满的情绪。久而久之，他跟香烟铺的老板熟了，才知道，如果一次买一条烟，全部卖出后就可以赚 1 包烟的钱，而且从此他就不用去一包一包地买烟了，时间一长，他卖烟的收入超过了做学徒的薪水。长大后，他用所积蓄的钱，投资生产他自己研制出来的自行车灯，发了大财。他又用所赚来的钱，投资当时日本正在兴起的电子工业，终于有了自己的大事业。这个男孩的名字叫松下幸之助。

美国佛罗里达州的一名 13 岁学生萨和特，他曾经替人照看婴儿以赚取零用钱，留意到家务繁重的婴儿母亲经常要紧急上街购买纸尿片。于是他灵机一动，决定创办打电话送尿片公司，只收取 15% 的服务费，便会送上纸尿片、婴儿药物或小件的玩具等东西。他最初给附近的家庭服务，很快便受到左邻右舍的欢迎，于是印了一些卡片四处分送。结果业务迅速发展，生意奇佳，而他又只能在课余用单车送货，于是他用每小时 6 美元的薪金雇用了一些大学生帮助他。现在他已拥有多家规模庞大的公司。

1996 年被美国《财富》杂志评定为美国第二大富豪的巴菲特，被公认为股票投资之神。他也是以“小钱”起家的典型。巴菲特在 11 岁就开始投资第一和股票，把他自己和姐姐的一点小钱都投入股市。刚开始一直赔钱，他的姐姐一直骂他，而他坚持认为持有三四年才会赚钱。结果，姐姐把股票卖掉，而他则继续持有，最后事实证明了他的想法。

巴菲特 20 岁时，在哥伦比亚大学就读。在那段日子里，跟他年纪相仿的年轻人都只会游玩，或是阅读一些休闲的书籍，但他却大啃金融学的书籍，并跑去翻阅各种保险业的统计资料。当时他的本钱不够又不喜欢借钱，但是他的钱还是越赚越多。

1954 年他如愿以偿到葛莱姆教授的顾问公司任职，两年后他向亲戚朋友集资 10 万美元，成立自己的顾问公司。该公司的资产增值 30 倍以后，1969 年他解散公司，退还合伙人的钱，把精力集中在自己的投资上。

巴菲特从 11 岁就开始投资股市，历经几十年坚持不懈。因此，他认为，他今天之所以能靠投资理财创造出巨大的财富，完全是靠近60 年的岁月，慢慢地创造出来的。巴菲特的经历告诉我们，财富的扩张需要一个不断积累的过程。创业时不一定非得等到资金全部到位才去动手。这不但会错失良机，也使创业的计划搁浅。有时，只要善于把握机会，再小的钱也会起到很大的作用。

可以毫不夸张地说，世界上许多富翁都是从“小商小贩”做起的。只有扎扎实实地从小事情做起，这样从事的事业才会有坚实的基础。如果凭投机而暴富，那么来得快，去得也快。钱赚得容易，失去得也容易。

事实上，很多成大事、赚大钱者并不是一走上社会就取得如此业绩，很多大企业家就是从伙计当起，很多政治家是从小职员当起，很多将军是从小兵当起，人们很少见到一走上社会就真正“做大事，赚大钱”的！所以，当你的条件普通，又没有良好的家庭背景时，那么“先做小事，先赚小钱”绝对没错！

不浪费一分钱

一次，李嘉诚上车前掏手绢时，带出一块钱的硬币掉在地上。天下着雨，李嘉诚却执意要从车下把硬币拣出来。

后来，旁边的一名侍者为他捡回了这一块钱，李嘉诚付给他 100 块的小费。

他说：那一块钱如果不捡起来，被水冲走可能就浪费了，这 100 块却不会被浪费，钱是社会创造的财富，不应该被浪费。

只有珍惜自己赚的每一分钱，才会得到更多的财富。

许多人向全巴比伦最有钱的阿卡德询问致富的方法。阿卡德问他们："假如你拿出一个篮子，每天早晨在篮子里放进10个鸡蛋，每天晚上再从篮子里拿出9个鸡蛋，最后将会出现什么情况？""总有一天，篮子会满起来，"有人回答，"因为我每天放进篮子里的鸡蛋比拿出来的多一个。"阿卡德笑着说："致富的首要原则就是在你放进钱包里的10个硬币中，顶多只能用掉9个。"

这个故事告诉我们一个很简单的道理：要想致富，就必须学会积累。只有不断积累，你才可能让你的钱包鼓起来。当你能控制你的支出不超过你所得的十分之九，你的生活仍然可以过得很舒适。钱包经常瘪着的人，金子是不会进他的门的。

你知道为什么有的人总是悲叹自己没有变得富裕起来吗？那就是因为他花掉了自己所有的收入。

美国有不少企业家富可敌国，但是却很勤俭。在美国有些有钱人吃得起山珍海味，但是并不排斥廉价的快餐。世界头号富翁比尔·盖茨过去就常吃快餐，他对《花花公子》杂志说过，"要找人谈对快餐文化的深刻理解，你们找我就行了。"有一次，比尔·盖茨和一位朋友开车去希尔顿饭店。到了饭店，发现停了很多车，车位很紧张，而旁边的贵宾车位却空着不少。朋友建议把车停在那儿。

"噢，这要花12美元，可不是个好价钱。"盖茨说。

"我来付。"朋友坚持道。

"那可不是个好主意，他们超值收费。"

在盖茨的坚持下，他们最终还是找了个普通车位。

盖茨最讨厌物不等值，对应花的钱，他从不小气，看看他些年为慈善机构捐款的数字就知道了。

美国的约翰·洛克菲勒拥有亿万家产，是世界排得上号的大富翁，可是他平时的生活十分节俭。他因商务外出，总是投宿比较便宜的旅馆。一次，他到纽约，在某饭店住宿时选了一间很便宜的房间，饭店经理知道他是大名鼎鼎的洛克菲勒后，不解地问："您的儿子到我这儿总要住最好的房间，而您怎么只住这么便宜的房间？"洛克菲勒听后微微一笑，风趣地说："这没有什么奇怪，我儿子的父亲是百万富翁，而我的父亲却不是。"

是洛克菲勒小气吗？当然不是，而是他懂得，不重视小钱的人，无法获得大钱。

一分钱在有些人看来微不足道，但它却是财富得以生长的种子。如果我们要享受鲜花的芬芳，吃上新鲜的蔬菜，我们就必须播种，把种子播种在肥沃的土壤里，细心地呵护。我们必须去播种，才会有收获。每一个硬币都是一棵财富之树的种子，是我们人人都羡慕、人人都渴望拥有的财富之树的种子。如果你幻想自己拥有一棵这样的树，如果你想年老的时候可以过上安逸的生活，你就要理智地行动起来，积小流可以成江海。我们一定要明白，财富的积累是从每一个硬币开始的，聪明的人绝不会因为钱小而抛弃它，他们知道任何一种成功都是从一点一滴积累起来的，没有这种心态就不可能得到更大的财富。

王永庆是靠自己努力，白手起家的台湾大企业家，他经营庞大的台塑公司，有丰厚的资产。然而，王永庆十分节俭，有一天，王永庆对他的秘书说："我用的牙签只有一头是尖的，而市面上有一种牙签两头是尖的，哪一种比较便宜？"他的秘书回答说："两头尖的比较便宜，你的牙签一头尖，另一头刻花，比较贵。"王永庆听后，马上告诉秘书说："以后就买两头尖的牙签，可以两边使用，又便宜。"王永庆的节俭源于他儿时的贫困。王永庆童年的生活中很少有饱食的一天，他时常因为肚子饿而摘路边的石榴吃，一直吃到肚子痛为止。后来王永庆发迹了，但他始终没有忘记儿时的困苦，他坚信：浪费就是一种罪恶。

王永庆的一条旧毛巾，一直使用了27年，一直舍不得扔掉。他的太太拿了一条新毛巾想给王永庆换一换，但王永庆却说："既然能凑合着用，又何必换新的呢。"就是一分钱的东西也要捡起来加以利用，这不是小气，是一种精神，是一种警觉，一种良好的习惯。

霍英东平时生活节俭，不抽烟，不喝酒，他一日三餐的主粮是芋头粟米，可他拔出10亿元设立了"霍英东基金"，每年捐款一亿元给大陆。被誉为"爱国工业家"的蒋震，他认为"家无三代富"，他不将自己的财富交托后人，反而愿意与所有中华同胞一起来分享他辛苦一生的成果。他将个人拥有震雄74.4%，市值8亿港元的股份捐出来，设立了"蒋氏工业慈善基金"。被称为"船王"的包玉刚生前崇尚简朴，每天坚持把吃剩的菜放在冰箱里，下顿热热再吃。外孙吃剩一半的苹果，包夫人悄悄吃掉，从不浪费。一次包夫人给女儿膝盖处补了两块补丁，女儿噘起嘴不愿穿，妈妈告诉女儿："你瞧，你爸睡衣上也打了被丁呢！"这位船王省吃俭用，却将成亿的捐款支援祖国的建设，他多次回故乡宁波建大学、办工厂、修机场。

如霍英东、包玉刚等富起来的大老板，不当守财奴，不把金钱作为自己崇拜的偶像，而只把它当作造福社会的有用之物。他们在创造物质财富的同时，不忘创造精神财富，这是一种品德，也是一种智慧。

简朴不是生活小事，这些淡泊物欲享受的人与其说他们懂得享受朴素，能保持淡泊宁静、利于致远的境界，毋宁说是崇高伟大的追求，使他们自然而然地选择了与之和谐的朴素的生活。

俭朴的人，生活单纯，懂得集中心力；他们不奢侈浪费，深知无欲则刚的道理。俭朴使一个人能集中心力和财力，去创造更多有益于社会大众的事业。无论是企业家或慈善家，他们都深谙此道。作为一个普通的人，俭朴更是知足常乐之道。所以勤俭是我们中国人一向重视的生活智慧。今天还提勤俭，是否显得不合时宜，不入潮流？未必如此。

节俭是我们亟待恢复的生活智慧。近几十年来，大家是辛苦的，我们胼手胝足地努力创造，才有今日的成就。我们用了数十年的时间，在田里、在工厂、在海边、在山中努力工作，造就了今天的经济奇迹。过去的生活水准是低水平的，现在提高了；过去的建设是简陋的，现在不论在软件、硬件建设方面都有相当的进步。

今天，在新的形势下，我们应该让自己更勤奋。不只要恢复劳动上的努力，更要在科技上去发挥；不只是回到田里去工作，而是在多元化的社会中，在各自工作岗位上努力；不只是像过去那样，单打独斗的“打拼”，更要群策群力地合作；不只是在科技硬件上建设，更要在软件、文化上下功夫；我们不只是寻回过去的朴实之风，更要有博雅的风气。总之，不只是要恢复节俭的习惯，更要有节俭的新价值观念。

做理性消费者

马克·吐温说：如果你懂得使用，金钱是一个好奴仆；如果你不懂得使用，它就变成你的主人。

你也许经常会有一种感觉，钱还没花怎么就没了？更要命的是，你还不知道它们都花在哪儿了。这是很多人的消费通病，花钱的时候糊里糊涂、大手大脚，待清醒过来却为时已晚。

平时，我们每个人都有着不同的交易与消费行为，透过消费，可以满足个人的欲望与需求，并且还能借以享受自己辛苦所得的成果。但由于消费是属于经常性的行为，在不知不觉中人们口袋里的金钱就一点一滴地流失了。如此一来，就容易陷入入不敷出的窘境。

于是，我们应该在一次又一次钱与钱的交易中，学习如何精打细算，并且尽可能以最少的钱来完成最满意的消费行为。如何达到这个目的呢？可以通过记账、做预算等理财方式来控制一些不必要的消费行为；借由一些产品折扣或其他促销方式来进行必要的消费行为。如此，不仅可以减少支出而获得同等商品，还可有效地管理你的财务状况。这是不是一举两得呢？

女性在消费的群体中，扮演着十分重要的角色，尤其是愈来愈多的女性追求经济上的独立自主，因此，更容易随心所欲地进行各式各样的消费行为。所以，针对这群消费市场上的主力军，愈来愈多的厂商想方设法吸引女性顾客。

男性的消费习惯虽然较女性来说是理智的，但是有时亦会有大笔的因义气、应酬而生成的花费。同时，男性在消费上着重于实用性产品的购买，如音响设备、车子、大型家具等。像这种高额度的支出，若不经仔细思考与控制预算，也会造成财务上的问题。

所以不管女性或男性，都要正视自己的消费问题，找出自己的弱点所在，并且一一改进。以下提几条消费建议，希望能帮助你成为一个明智又理性的消费者。

1. 列出购物明细表与预算

在每次购物前都列出购物明细表，并且列出预算，知道大概需要支出多少金额，以有效控制消费。

2. 识别假广告

有的广告词会过度地夸大而遮盖了产品的真实性，所以聪明的消费者必须学会先将广告中产品的实用性打个折扣，再决定买还是不买。总结起来，虚假广告有如下类型：

（1）添油加醋。广告中有关商品质量、性能、功能的说明与商品实际的质量、性能、功能情况不符；

(2) 谎报“军”情。明明是未经国家有关行政主管部门或授权单位检验鉴定或审查批准或核发证明、证件的，却谎称其产品质量达标、合格、获得专利、获奖、获优质称号、获生产许可证、商标注册；

(3) 擅改商品的获奖时间、级别、颁奖部门或扩大商品的获奖范围；

(4) 没有实用价值的技术或技术资料谎称具有实用价值；

(5) 夸大其词，擅自改变食品、药品、保健品、农药的宣传批准内容，做虚假的夸大，如药效、疗效的虚拟等；

(6) 夸大事实、投之以饵，骗取报名费或学费，主要出现在招工、招聘、招生类广告中；

(7) 冒名顶替，冒用他人的注册商标、技术成果等，主要出现在假冒商品的广告上，另外，也有假冒别人名义为自己的企业或商品做广告宣传的；

(8) 自己并无商品，或者自己的商品质量伪劣却以次充好，利用邮购、预售等消费者不能马上拿到商品的销售方式骗取购货款；

(9) 利用博彩心理，搞有奖销售，以期在消费者的盲目性冲动中把劣质货脱手，或趁机抬高价格、牟取暴利；

(10) 利用消费者贪小便宜的不良心理，搞购物送礼、买一送几或折扣推销，目的只在于非法牟利。

当然，虚假广告的花招还会另有其他，以上只是举了其中的主要十种而已。作为消费者，面对汪洋大海似的广告攻势，只要能控制一时冲动，多做全面的比较、衡量，多对扑面而来的广告认真琢磨琢磨、三思而后行，就可以避免堕入虚假广告的圈套之中。

3. 慎选购物时机及地点

正确地选择购物的时机与地点将可以帮你省下不少的钱，例如厂商的促销期、产品的折扣期，以及在一些批发专卖店中，都可以以较低的价格购得相同品质的东西。

4. 讨价还价

在一项商品进行交易时，消费者可视定价的合理与否考虑杀价，通常可先将价格差距拉远，如此，议价的空间便可以增大，虽然杀价不见得能够省下多少钱，但也是个节省支出的妙方。

5. 莫盲目随流行脚步起舞

流行的东西不一定适合每一个人，况且流行的产品在推出初期，价格较高昂，所以不要盲目地追求流行而买了一大堆回家，等到流行脚步一过，便只好束之高阁，造成浪费。

6. 控制消费欲望

人的欲望是无穷的。女性的衣橱永远少了一件衣服，而男性总觉得别人的车永远比自己的漂亮，所以面对这永无止境的个人需求，学会如何控制欲望是必须的。若不能节制欲望、理性消费，那致富的目标将永远没有实现的一天。

珍惜你的每一分钱，把它视为珍宝，因为你不知道，10 多年后，这一分钱会变成多少钱；珍惜你的每一分钱，让它得到充分利用，因为你不能预见，10 多年后，它将为你带来多少财富！

学会存钱，有备无患

存钱是一门学问，有人存钱是一种理财，有人存钱是一种理念。

对你，对我，对他，对所有的人来说，存钱是成功的基本条件之一，但是在那些原来没有存钱经历的人的心目中，眼下最迫切的一个大问题就是：我要怎样做才能存钱？

存钱只是个习惯的问题。人往往在习惯法则的约束下，塑造了自己的个性。任何行为在重复做过几次之后，就变成一种习惯。而人的意志也不过是从我们的日常习惯中成长出来的一种推动力量。一种习惯一旦在大脑中固定形成之后，这个习惯就会自动驱使一个人采取行动。例如，如果遵循你每天上班或经常前往的某处地点的固定路线，过不了多久，这个习惯就会养成，不用你花费脑筋去思考，你的习惯自然会引你走上这条路线。更有趣的是，即使你在动身之初是想前往另一方向，但是如果你不提醒自己改变路线的话，那么，你将会发现自己不知不觉又走上原来的路线了。

养成存钱的习惯，并不表示你将会限制你的赚钱能力。正好相反——你在应用这项法则后，不仅将把你所赚到的钱有意义地保存下来，也使你步上更大机会之途，并将增强你的观察力，自信心，想象力，进取心及领导才能，真正增加你的赚钱能力。

债务是位无情的主人。光是贫穷本身就足以毁掉进取心，破坏自信心，毁掉希望，但如果再在贫穷之上加上债务，那么，成为这两位残酷无情监工的奴隶的人，注定失败无疑。

只要头上顶着沉重的债务，肩上扛着沉重的债务，再坚强的汉子也会被压垮，而无法把事情办得完美，无法受到尊重，不能创造或实现生命中的任何明确目标。

拿破仑·希尔有一位很亲密的朋友，他的收入是每个月 12000 美元。他的妻子喜爱社交，企图以 12000 美元的收入来充 2 万美元的面子，结果造成这位可怜的家伙经常背着大约 8000 美元的债务。他家里的每个孩子也从他们的母亲那里学会了花钱的习惯。这些孩子到了考虑上大学的年龄，但由于这位父亲负债累累，他们想上大学已经是不可能的事了。结果造成父亲与孩子们发生争吵，使整个家庭陷于冲突与悲哀之中。

很多年轻人在结婚之初就负担了不必要的债务，而且从来不曾想到要设法摆脱这笔负担。在婚姻的新奇味道开始消退之后，小夫妇们将开始感受到物质匮乏的压力，这种感觉不断扩大，经常导致夫妻彼此公开相互指摘，最后终于走上法庭离婚。

一个被债务缠身的人，一定没有时间也没有心情去创造或实现理想，结果是随着时间流逝，最后开始在自己的意识里对自己作了种种的限制，使自己被包围在恐惧与怀疑的高墙之中，永远逃不出去。

“想想看，你自己及家人是否欠了别人什么，然后下定决心不欠任何人的债。”这是一位成功的人士所提出的忠告，因为他早期有很多很好的机会，结果都被债务所断送了。这个人很快地觉醒过来，改掉乱买东西的坏习惯，最后终于摆脱了债务的控制。

大多数已经养成债务习惯的人，将不会如此幸运地及时清醒及时挽救自己，因为债务就像流沙，能够把它的受害者一步一步地拉进泥浆。

只有储蓄才能有备无患。

一个人要是负了债，而又想要克服对贫穷的恐惧，则他必须采取两项十分明确的步骤：第一，停止借钱购物的习惯；第二，立即逐步还清原有的债务。

在没有了债务的忧虑之后，你将可改变你的意识习惯，把你的努力路线重新导向成功之路。养成把你的收入按固定比例存起来的习惯，即使只是每天存一元钱也可以，同时还要把它当作是你明确主要目标中的一部分。很快的，这个习惯将控制住你的意识，你将获得存钱的乐趣。

如果在任何习惯之上建立起其他更令人渴望的习惯，那么原来的习惯将会被取代。花钱的习惯必须以存钱的习惯加以取代，以便形成财政上的绝对独立。

光是停止一种不好的习惯，或者恶习是不够的，因为，这种习惯将会再度出现，除非它们在意识中的原有地位已被性质不同的其他习惯所完全取代。如果你决心获得经济上的独立地位，那么，在你克服了对贫穷的恐惧感，并在它的位置上发展出存钱的习惯之后，要想积聚一大笔金钱，相对来说比较容易些。

一个人想要成功，学会存钱是不可缺少的过程。如果你没有存款，有两种坏处：第一，你将无法获得那些只有手边有些现款的人才能获得的那种机会；第二，在遇到急需现款的紧急情况时，将无法应付。

有一位小伙子，他虽然没有什么特殊的才华，但他养成了存钱的好习惯。他常说，此生不想功成名就，但也不能庸庸碌碌。几年以前，小伙子从老家来到北京，进入市郊一家印刷厂工作。他的一位同事在离厂不远的一家工商银行开了一个户头，养成了每周存款 100 元的习惯。在这位同事的影响下，小伙子也在这家工商银行开了户头。四年后，他有了 2 万元的存款。这时，他所工作的这家印刷厂发生财务困难，面临倒闭的噩运。小伙子立刻拿出存下来的 2 万元来挽救这家印刷厂，也因此获得这家印刷厂一半的股份。他采取了严密的节约制度，协助这家工厂付清了所有的债务。到了今天，由于他拥有一半的股份，除了工资，他另外每年可从这家工厂里拿到三万元的红利。

许多商人不会轻易把他们的钱交给另外一个人去打理，除非这人能够证明他有能力照料自己的钱，并能妥善地加以运用。这种考验是十分实际可行的，但对那些尚未养成储蓄习惯的人来说，可能就要经常感到很难堪了。

卡耐基先生有一次说，他宁愿贷款一百万元给一个品德良好，且已养成存钱习惯的人，而不愿贷款一千元给一个没有品德及只知花钱的人。如果你没有钱，而且也尚未养成存钱的习惯，那么，你永远无法使自己获得任何赚钱的机会。

一个人因为忽略了养成存钱的习惯，以至于终生工作劳苦，无法摆脱。这是一个悲惨的景象。然而，在今天物质文明高度发达的社会里，仍有无以数计的人，过着这种生活。

第23章

做人做事，重视细节

做好小事才能成就大事，因为大事是由许许多多的小事汇集而成。优秀的人从来不会因为事情小而放弃自己的做事原则，而是努力地把小事做好，并且将做好小事视为自己重要的职责。

在细节处下功夫

兵临城下之际，大家都会以最佳状态小心应战，而日常琐碎细节，则是一个人的天性、本质、修养的自觉流露。这些地方将人的言谈举止反映得更客观更全面。

成功者与失败者之间到底有多大差别？人与人之间在智力和体力上差异并不是想象中的那么大。很多小事，一个人能做，另外的人也能做，只是做出来的效果不一样，往往是一些细节上的功夫，决定着完成的质量。

要想在工作中出类拔萃，就应学会在细节处下功夫。

有时候，公司老板或业务员要出差，便会安排员工去买车票，这看似很简单的一件事，却可以反映出不同的人对工作的不同态度及其工作的能力，也可以大概测定一下今后工作的前途。有这样两位秘书，一位将车票买来，就那么一大把地交上去，杂乱无章，易丢失，不易查清时刻；另一位却将车票装进一个大信封，并且，在信封上写明列车车次、号位及起程、到达时刻。后一位秘书是个细心人，虽然她只做了几个细节处，只在信封上写上几个字，却使人省事不少。按照命令去买车票，这只是“一个平常人”的工作，但是一个会工作的人，一定会想到该怎么做，要怎么做，才会令人更满意，更方便，这也就是用心，注意细节的问题了。

工作细节不容忽视。注意细节所做出来的工作一定能抓住人心，虽然在当时无法引起人的注意，但久而久之，这种工作态度形成习惯后，一定会给你带来巨大的收益。这种细心的工作态度，是由于对一件工作重视的态度而产生的，对再细小的事也不掉以轻心，专注地去做才会产生。会成为大人物的人，即使要他去收发室做整理信件的工作，他的做法也会跟别人有所不同。这种注重细微环节的态度，就是使自己发展的营养剂。

老子曾说：“治大国若烹小鲜。”老子将治理国家比作烹调小鱼一样，不急躁，不乱动，这样煮出的鱼才色鲜味美。如火候不对，调味不对，心浮气躁，鱼下锅后急于翻动，最后煮出来的东西就会色、香、味什么都没有了，肉也碎了。可见，细微之处方见真功夫。

一部名为《细节》的小说，其题记为：“大事留给上帝去抓吧，我们只能注意细节。”作者还借小说主人公的话做了注脚：“这世界上所有伟大的壮举都不如生活在一个真实的细节里来得有意义。”

细节，就是小节，它不仅具有艺术的真实，而且更具有生活的真实。也许是生活的真实造就了艺术的真实，我们读小说时，总被作家笔下的细节，如人物的心理、动作、语言所激动。

生活就像无限拉长的链条，细节如链条上的锁扣，没有锁扣，哪有链条？历史就像日夜奔腾的江河，细节如江河边的支流，没有支流，哪有江河？回味生活，翻阅历史，我们为什么不从真实的细节做起？我们头上三尺如果真有神灵的话，它或许绝不只把大事留给自己，而把细节留给人类。因为大家都知道，没有细节，哪有大事？

追求细节上的完美

评判事情的好坏并没有一定的标准。在工作过程中，只要尽了力，不安于“还可以”、“差不多”这样的结果，自然会引起注意，得到赏识。

成功的标准，就是追求细节上的完美，这是成功者的要求，也是成功者的想法。如果你能这样想，无论你做什么，品质都很好，都不会自满。因为很少有东西是完美的，即使是最好的产品都有缺陷。

然而，无论在公司或组织中，就是因为你设立这样一个完美的目标，可以提升每一个人对品质的意识，使每个人做事都变得非常认真，因为每个人都在研究，要怎样把事情做得更完美。

只要你追求细节上的完美，就可以保证你成功。而世界上为人类创立新理想、新标准，扛着进步的大旗、为人类创造幸福的人，就是具有这样追求完美无缺素质的人。无论做什么事，如果只是以做到“还可以”为满意，或是半途而废，那就很难成功。

在工作中应该追求完美、满分。不完整的工作成果只会使别人麻烦，对自己也没有成长的好处。

人类的历史有不少悲剧，都是那些工作不可靠、不认真的人苟且作风所造成的。无知与轻率所造成的祸害，不相上下。许多青年人的失败，就在这“轻率”的一点上。他们念念不忘的，是想寻得较高的位置，较大的机会，使自己有“用武之地”。他们常对自己这样说：“我们在平凡、渺小的职务下，枯燥、机械的工作，有什么意义呢？那真是不值得去拼搏！”因此，他们的工作，往往需要他人的审查、校正。这样的人，难于升到优异的位置上。

但是，凡是出类拔萃的青年，对于寻常、细微的每件事，都能认真思考，不肯安于“还可以”或“差不多”，必求其尽善尽美。他们能在简单、平凡的工作岗位中，看出与造成大机会来。他们比一般人更敏捷，更可靠，自然能吸引上级的注意，博得领导的赏识。他们每办完一件事，都能勇敢地对自己说：“对于这份工作，我已尽心尽力，可以问心无愧。我不但做得‘还好’，而且在我能力范围内做到了‘最好’。对于这份工作，我能够经得起任何的人检查批评。”

巴尔扎克有时是一星期时间，只写成一页稿纸，但他的声誉，却远非近代的某些不严肃的作家所能企及。狄更斯不到预备充分时，不肯在公众前读他的作品。这些都是人们务求尽善尽美的美德。然而不少人对于职务、工作的苟且、潦草，借口时间不够，这是不对的。因为，时间足够使我们把每件事情办得更好。

追求完美的过程，不可能一步到位，因此不能急于求成。不管任何事，任何人都无法一次做到尽善尽美，要反复、一次又一次地实践，不要老顾盼自己离“完美”还有多远，现在可以打多少分，这样不好。成功需要靠时间和努力的点滴积累，把“完美”当做一种目标装在心里，然后埋下头，专注于自己的工作。在达到完美境界的过程中，有许多人为的因素，也有很多现实生活中不能克服的障碍。但是，如果我们无法坚持不做自己不清楚的工作的基本信念，就会因为工作量或处理产品件数的增加，而顾此失彼。现在某些公司就因非常坚持这个原则而大有发展。这类公司只要自己的产品有点瑕疵，不管是谁订的，或订的是什么货，在什么状况下，都不会贸然出货。即使因此使同行抢先了一步也没有关系，这是他们坚持的方针。换句话说，就是希望自己的货都是完美的。

做事干净利落，不拖泥带水，该做的事尽早去做，该了结的尽快了结，有这种工作和生活习惯的人，处处会受到别人的信赖和喜爱。

小处着眼，小处着手

美国标准石油公司曾经有一名小员工叫阿基勃特。他在出差住旅馆的时候，总是在自己签名的下方，写上“每桶4美元的标准石油”字样，在书信及收据上也不例外，签了名，就一定写上那几个石油字。他因此被同事叫做“每桶4美元”，而他的真名倒没有人叫了。公司董事长洛克菲勒知道这件事后说：“竟有员工如此努力宣扬公司的声誉，我要见见他。”于是邀请阿基勃特共进晚餐。后来，洛克菲勒卸任，阿基勃特成了第二任董事长。

西方有句充满激励的谚语说得很好：“只要你不嫌弃那是一块泥土，你就能让它变成黄金。”让泥土变成黄金的关键点不是幻想，也不是魔法，而是你面对它的时候所持的态度。

我国有句耳熟能详的俗语：“大处着眼，小处着手。”但是有些人虽然做到了前半句的“大处着眼”，却忘记了后半句的“小处着手”。毕竟，大处着眼式地梦想着美好的未来，令人愉悦，面对必须流血流汗的小处着手，却令人心烦，现在流行管理理论强调企业要有质量，不少企业也因而以大处着眼的方式制订愿景，却不知如何从小处着手地往愿景迈进，所以我们要从“大处着眼，小处着手”的想法中，再往前走一步，做到“小处着眼，小处着手”。

一所著名大学有一位领导，他在做系里的团支部书记的时候，每周都要参加一个各系的团委书记的例会。有一次，他提前几分钟到达会议的现场，发现会场的地上很不干净，桌子上和椅子上也落了一层灰。他想，反正自己没有事情，闲着也是闲着，不如搞搞卫生，把开会的地方弄得干净一些。这样想过之后，他果然动起手来。不一会儿，人们到齐后，看到干净的会场，不禁都称赞起这位领导来。他一笑了之。以后，他每次都提前来几分钟，在众人到达之前把屋子收拾干净，这个习惯坚持了很久，即使他后来当上了学校的团委书记也是如此。如今，他已经升任这个学校所在市的团委副书记，而且据说马上就要提升为正职。

也许这位书记的升迁与这些小事没有什么必然的联系，比如说他的业务工作能力很强等等，但可以肯定的是，他有正确的做人做事态度，分内也好，分外也好，只要有利于大家，多做点没关系。

我们常常寄托做一些轰轰烈烈的大事来提高自己的地位，但我们没有想到，许多小事情却会改变我们。如阿基勃特总在签名的时候署上“每桶4美元的标准石油”，这是一件非常小的事，严格来说，它不在阿基勃特的工作范围之内，但他一直坚持着，并把它做到了极致。尽管遭到了同事们的嘲笑，他也没有放弃。在嘲笑他的人中，肯定有不少人的才华和能力在他之上，可是最后只有阿基勃特当上了董事长。这就是在“小处着眼，小处着手”的收获。

许多人轻视小事，认为小事不值得做，尤其是在一个集体环境中，许多小事情甚至是琐碎的事情，明明大家都知道该怎么做，可就是大家都懒得去做。在这样的心理驱使下，使一些明明只是举手之劳的小事，竟然变成“我是否会吃亏”的大事而斤斤计较，因此为自己的工作留下了隐患。

工作中无小事。在小处着眼，小处着手时，我们会感到比较踏实。虽然说做好小事未必能成功，但总比连小事都做不好的人强一些。老子说：“治大国若烹小鲜。”小处着眼，小处着手的意义也正在于此。也唯有如此，恢宏的事业才有可能成为真实。

小事折射做人境界

一滴水可以折射出太阳的光辉，一件小事可以反映一个人的内心世界。

一家公司正在招聘员工。不少人前来应聘，一个个看起来精明干练。面试的人轮流进去面试，每个人看起来都是胸有成竹。面试只有一道题，就是谈谈自己对责任的理解。对于这个问题，很多应聘者都认为简单得不能再简单。

然而结果却让每个应聘的人大跌眼镜，他们之中谁都没有被录用。难道这家企业成心不想招人?

“其实，我们也非常遗憾。我们很欣赏各位的聪明才智，你们对问题的分析也十分透彻，语言简洁流畅，令各位考官非常满意。但是，我们这次考试不是一道题，而是两道，可惜的是，另外一道你们都没有作答。”经理说。

大家吃惊地问：“还有一道题?”

“对，还有一道，你们看到躺在门边的那个笤帚了吗？有人直接从上面跨过去，有的甚至往旁边踢了一下，却没有一个人把它扶起来。”

“对责任的长篇大论远不如做一件负责的小事，后者更能显现出你的责任感。”经理最后说。应聘者顿时羞愧难当。

这位经理的挑剔不无道理，因为没有哪位领导者会对没有责任意识的员工给予重用。

细微之处见责任，小事折射员工的做人境界，体现着员工对公司的忠诚度。

如今，有些年轻人眼高手低，小事不愿做，大事做不来。所以有人这样描述这一现象：“能做大事的人很少，不愿做小事的人极多。”年轻人要有理想，要有干大事的雄心，这固然是好事，但要从小事做起，要有把小事做细的决心和毅力。

东京一家贸易公司有一位女职员专门负责为客商购车票。她经常给一家德国大公司的商务经理购买来往于东京、大阪之间的火车票。时间长了，这位经理发现一个规律：每次去大阪时，座位总在右窗口，返回东京时又总在左窗边。德国经理便询问其中的原因所在。女职员笑着答道："车去大阪时，富士山在您右边，返回东京时，富士山已到了您的左边。我考虑到外国人都喜欢富士山的壮丽景色，所以我替您买了不同的车票。"就是这种对待细节也十分负责的态度，使这位德国经理深受感动，促使他把对这家日本公司的贸易额由400万马克提高到1200万马克。他觉得在这样一个微不足道的细节上这家公司的职员都能够想得如此周到，那么，跟他们做生意还有什么不放心的呢？

个人如此，一个企业亦是如此。管理市场运作，管理销售团队，管理财产事务都要有这种负责到底的精神，恪尽职守就要求认真对待每一件小事，把寻常的事做得不寻常得好。因为正是在小事之中，才能真正体现出每个员工的责任来。

小问题中也能有所突破

窥斑见豹就是从小的方面看到大的方面，从点看到面，从表象看到本质。办事情的时候我们要把事情办到位就不能仅仅局限于一个点，一个步骤，一个动作。因为任何一个动作都会引起一系列的影响，这些影响又会反过来作用于我们。

我们办事情是按照我们对事情的理解去做的，因此如何理解所要办的事情是一个关键问题。一个善于观察和联想的人会从事情表现出来的一个方面看到事情的其他方面，即把其他方面也归入他所做的事情的范畴。

一个思维缜密周到的人，会从一件小事、一个细节扩展到其他方方面面，在不经意间就能把事情做得很周全很完备。

这种对细节的深刻认识就是对事情的深刻认识。

一些聪明人很善于从"小事情"做起，从而使局面得到了很大甚至是彻底的改观。

日本的东芝电器公司在1952年前后曾一度积压了大量的电扇卖不出

去。7万多名职工为了打开销路，费尽心机地想了不少办法，依然进展不大。

有一天，一个小职员向公司领导人提出了改变电扇颜色的建议。当时全世界的电扇都是黑色的，东芝公司生产的电扇也不例外。这个小职员建议把黑色改为浅颜色。这一建议引起了公司领导人的重视。经过研究，公司采纳了这个建议。

第二年夏天，东芝公司推出了一批浅蓝色电扇，大受顾客欢迎，市场上还掀起了一阵抢购热潮，几个月之内就卖出了几十万台。从此以后，在日本，以及在全世界，电扇就不再是板起一副统一的“包公脸儿”了。

这一事例具有很强的启发意义，只是改变一下颜色，就使原来的产品焕然一新，销路打开，竟使整个公司因此而渡过了难关。这一“小小”的念头，其经济效益和社会效益何等巨大！而提出这一设想，既不需要渊博的科学知识，也不需要有丰富的商业经验。相似的例子中国也有：

1995年，格力公司的朱江洪在美国看到可口可乐售货机的颜色很艳丽，一时间就产生了灵感，“格力”因而设计出了一个获得专利的新产品“灯箱柜机空调”。这种空调一扫几十年来的空调“冷面孔”。而是把柜面上设计了如画的风景等美丽图案，在原来的使用价值中又增加了几分美感。

朱江洪的这一“触景生情”，就让空调的“脸”发生了变化，格力的彩面柜机空调比市场上同类产品价值高出三百多元。这种空调在国内外市场都很畅销，而且还因为拥有自己的知识产权，没有竞争对手，一举成为该公司上百款空调中利润率最高的。

从日常生活中产生创新灵感的例子很多很多，只要每个人都成为“有心人”，更多的发明创造就会如雨后春笋般出现。

不要以为创新是一件多么了不起的事情，不要以为现在有那么多的创造发明，自己已经“无新可创”了。只要你留意一下身边的人和事就会有许多发现。这自然不是教人等着天上掉馅饼，因为创新是永无止境的。在21世纪，在科学技术高度发展的今天，创新的机会还是很多的。

让我们再来看一个例子：

加藤信三曾是狮王牙刷公司的一名小职员时，也和其他小职员一样每天过着匆匆忙忙的打工生活，一大早匆匆洗漱就急急出门。一天早上，他正在刷牙，发现自己的牙龈又被刷出血了，这种情况已经发生好多次了，很是让人沮丧。那一天，虽然他还像以前那样生气，但他想，肯定有很多人像自己这样，被牙刷刷得牙龈出血，也就是说现在的牙刷有这样的不足，存在需要改进的地方，自己作为一名从业人员，为什么不在这上面下下工夫呢?

在接下来的几个月里，他就一直在想这个问题，他也确实想到了不少的办法：例如牙刷改用很柔软的毛，这样确实能够解决牙龈出血的问题，但牙刷毛过于柔软，不能很好地清除牙缝中的“垃圾”；又如使用前把牙刷泡在温水里，让它变得柔软一些，或者多用点牙膏，他都觉得不够理想，因为不是很方便。

终于有一天，他他把牙刷放在放在放大镜下查看，意外地发现牙刷毛顶端是四角形的，也许是这种四角形的牙刷毛顶端棱角太锐利，容易刺破牙龈吧。加藤针对这个缺点想出了一个好办法：“把牙刷毛的顶端磨成圆形，那么用起来一定不会再出血了。”

经过试验，牙刷毛的顶端磨成圆形的牙刷，因为没有那么锋芒毕露，不容易刺伤牙龈，效果十分理想。于是他就把他的新创意向公司提出来。公司对此非常有兴趣，马上采纳了他的新创意。后来“狮王”牌牙刷顶端就全部改成圆形，受到消费者的普遍欢迎。这样一来“狮王”牌牙刷不仅在众多同业中一枝独秀，而且长盛不衰，一直红火，至今势头不减。

加藤信三的创意为百姓们解决了生活中一个常遇的小麻烦，为公司创造了巨额利润，也为他自己的发展创造机会。他从一个普通的小职员一跃成为科长，后来又升为董事。

只要你有心，只要你善于开动脑筋，即使从日常工作中的小问题中也能有所突破。

第24章

运筹时间细节，让事业高效运转

俗话说“一寸光阴一寸金”，做一个善于管理时间的人，不仅事业充满了发展的机遇，而且，人生也充满快乐。作为一个成功的人，就应该学会计算时间，规划时间，将时间视为自己的生命。

时间是世上最宝贵的财富。做任何事情，如果没有时间，计划再好，目标再高，能力再强，也是竹篮子打水一场空。“不能管理时间，便什么都不能管理。”浪费时间就等于浪费财富。不懂得利用时间的人不会成功，只会失败。

让每分每秒产生效益

一个人之所以成功，时间管理是非常重要的关键因素，如果我们想要成功，就必须让我们的时间管理做得更好，要把时间管理好，最重要的就是做好以结果为导向的目标管理。

我们的生命是有限的，如何在有限的时间里提高时间利用效率，是我们都关注的问题。在这个信息时代里，由于竞争的压力，我们也许为工作而奔波忙碌，异常繁忙。为此，我们必须学会有效地利用时间，以最短的时间，做更多的事。善于利用时间，不仅可以完成许多事情，还能拥有轻松自在的生活。

那么，究竟应该怎么做呢？也许你思考过，但找不到答案。下面是问卷，你只回答“是”或“否”。千万不要自欺欺人，如实回答，就能找出自己的缺点，进而加以克服。

你怎样支配时间?

1. 早晨上班，是否先着手解决最困难的工作?

2. 每天是否列一张工作表，注明“今天必须完成的工作”。

3. 你拒绝过别人的请求吗?

4. 参加会议之前，你会先问会议的内容与目的吗?

5. 你觉得上司比你更会利用时间吗?

6. 在优先次序上，你是否先处理紧急事件，再处理重要事件?

7. 你的工作按轻重缓急排列吗? 开始工作时，是否按这个排定的次序做?

8. 你是否一次只做一事，完成后再做下一件事?

9. 你对突然插进来的人或事一律接受吗?

10. 你会想办法尽量减少开会的次数吗?

11. 你常将工作带回家?

12. 你宁可自己动手，也不将工作委派给他人?

13. 你是否向别人请教如何利用时间?

14. 你是否和秘书讨论过工作上的问题?

15. 你是否向领导报告每天的工作情况?

16. 遇到重大问题时，你是否会走出办公室，换一个地方处理?

17. 你是否希望成为同事的榜样?

18. 你是否会召集部下讨论问题?

19. 你是否想过上述问题?

你在每一个问题的答案后面附加说明，如“我一直试着做完一件事再做下一件，可是没办法，常有莫名其妙的问题突然冒出来，命令我不得不马上处理”。或者，“我的确将工作带回家，因为办公室有太多的事情干扰”等等。

以上问题没有标准答案，但是，对于那些在单位时间内工作成绩显著的人回答“是”的答案要比答“否”的答案多得多。那么，成功者与失败者之间的差别在什么地方?

仔细观察后你会发现，二者每一分钟的差异其实非常小，但当这小差异积累到一定程度以后，会放大数倍。善于把握时间且有效运用者，能不断累积知识、技巧、健康、金钱和机会；而那些总是从最容易的地方下手的人，积累了什么呢? 除了已经遗忘的享乐、增加的体重和时间的浪费等之外，别无所获。

生命的单位不是用年月来计算，而是应该以分秒来计算。能够持之以恒地把握每一分每一秒，你的时间利用效率一定会大大提高，你取得的成绩会令你周围的朋友刮目相看。假如你认为一天省下半个小时算不了什么，那么请粗略地算一下，去掉必要的休假，一天半个小时，一天工作 8 小时，一周 5 天计算，每天省半小时就等于一年多出一个月来，一年就变成了 13 个月！

比尔·盖茨说：不管是学得更快，还是干得更快，都是一个效率问题。

如何在你的日常工作和生活中，使效率得到充分的显示？比尔·盖茨认为最实用、最重要的方法则是——集中精力、高度投入。三心二意，心猿意马，绝不可能换来高效率，就是天才也不行。反之，有效地把精力、时间集中在当前所做的事情上，就可以产生能量聚焦效应。高度专注、高度投入，这是提高效率最简单最有效的秘诀。

比尔·盖茨从小就精力过人，从小就极爱思考，一迷上某事便能全身心投入。在中学读书时，常按自己的兴趣爱好来安排学习。比尔·盖茨在喜欢的课程上狠下功夫，学得非常棒，如数学和阅读方面。每次父母看到比尔拿回来的成绩单，尽管他们知道比尔在一些课程上会学得更好，但他们并没有拉下脸来责备比尔·盖茨。因为他们知道这样的学习才是高效的学习，才能始终保持那种难得的专注意志，从而有利于将来创造人生的大业。

那些成功的人士，其实没有什么超人的本领，如果说有的话，他们只不过比别人更善于利用时间、管理时间。

把握好零碎的时间

在当今的社会工作中，时间被看得越来越重要，能否有效地运用时间，提高时间管理的艺术，成为决定成就大小的关键因素。由于现代资讯的增加，知识陈旧周期缩短，使人才越来越带有不固定性。有效地对时间进行利用成为需要。

我们每天的生活和工作时间中都有很多零碎时间，如有人约你一起吃中饭而迟到，于是你只能等待；或在银行排队而向前移动缓慢时，不要把这些短暂的时间白白耗掉，你完全可以利用这些时间来做一些平常来不及做的事情。

不要认为这种零碎时间只能用来例行公事或办些不大重要的杂事。最优先的工作也可以在这少许的时间来做。如果你照着“分阶段法”去做，把主要工作分为许多小的“立即可做的工作”，你随时都可以做些费时不多却重要的工作。

因此，如果你的时间因为那些效率低的人的影响而浪费掉了，请记着：这还是你自己的过失，不是别人的过失。

小额投资足以致富的道理显而易见，然而，很少有人注意，零碎时间的掌握却足以叫人成功。在人人喊忙的现代社会里，一个愈忙的人，时间被分割得愈厉害，无形中时间也相对流失更迅速，其实这些零碎时间往往可以用来做一些小却有意义的事情。例如袋子里随时放着小账本，利用时间做个小结，保证省下许多力气，而且随时掌握自己的荷包。

常常赶场的人一定要抓住机会反复翻阅日程表，以免大意遗忘一些小事或约会，同时也可以盘算到底什么时候该为家人或自己安排个休假了。

想想自己的工作还有什么值得改进的地方，尝试给公司写几条建议等。只要你善于发现，小时间往往能办大事。

时间如同一个罐子，如果把几块石头当作你已经有效利用的时间放进去，当然罐子并未被装满。接着你可以抓一些沙子撒进去，这下罐子看起来似乎是满了，但如果你再往里面倒一些水，罐子还是能容纳的。可见时间的总量是固定的，而对于每个人有效利用的部分来说，各自却不一样。有人只放进去几块甚至一块石头，有些人却利用了沙子般的时间，而最善于利用时间的人已经能把时间看成水一样运用自如了。当然，不能只顾着沙子和水。石块还是最重要的，不要因小失大。

成功的人士想把任何一个空闲时刻都利用起来。

把利用零碎时间变成一个习惯，就是在衣袋里或手提包里，经常不忘携带一些东西，如图书、笔和小记事本，这样你就可以在排队时，在候机时，在乘公交车上下班时，不会无所事事地空耗时间了。“集腋成裘”，“聚沙成塔”一样适用于时间。

零碎时间的利用也包括用一些“非正规”的时间去做一些事。例如上洗手间，据说国外有一位名人就是利用“如厕”时间学习英语的。他每次从英语词典上撕下一页，然后进“厕所”。上完“厕所”，这一页也读完、记住了，于是把这一页送入下水道，他就是这样学完了一大本英语词典。

避免淹没于琐事中

如果你留心算一算每一天的时间和行程，就不难发现，有1/3左右的时间，你可能都在忙一些琐事。

例如洗脸、洗头、洗衣、吃饭、擦地等，对于一个普通的人来说，这些琐事可以在工作之余去做。但是对于一个想取得一些成就的人来说，就不能限定在8小时工作时间之内。只有付出多于常人的工作时间，才能做得比常人更好，从而比常人获得的更多。

历史上几乎所有杰出的人物，他们在琐事上所花费的时间是极其少的。

居里夫人刚刚结婚的时候，家里的布置非常简朴。居里夫人的父母写信来说，想为他们买一套餐桌，作为结婚礼物，可以在邀请客人来家里吃饭时派上用场。

但是，居里夫人很客气地写信回绝了。理由很简单，她认为现在没有时间来请客吃饭，连会客的时间也没有，所以就没有设置餐桌的必要，况且有餐桌之后，还必须花时间每天清理灰尘，这样一来就会影响她的实验。

居里夫人以及许多的名人，正是将别人做琐事的时间利用起来，为完成自己的目标，减少不必要的琐事，使自己的时间价值发挥到最大。

现在成功的人也要发扬这样的作风，将无意义、无价值的琐事尽可能减少，能够合并的合并，能够不做的坚决不做，一切为实现自己的目标服务。如果你也想成为这样的人，你就应该做到以下几点。

1. 自制

人生在世，做事如果能任由自己的性情来，那当然很好。但问题是，任何人都不是天地间的唯一，可以想做什么就做什么，而别人也不可能为你而存在，对你唯命是从。所以，一个优秀的人懂得自我克制——克制自我的情绪、克制自我的脾气。

法国著名作家小仲马有过这样一段经历，他年轻时爱上了巴黎名妓玛丽·杜普莱西。玛丽原是个农家女，为生活所迫，不幸沦为娼妓。小仲马为她娇媚的容颜所倾倒，想把她从堕落的生活中拯救出来，可她每年的开销要15万法郎，光为了给她买礼品及各种零星花费，小仲马就借了5万法郎的债。他发现自己已面临毁灭的边缘，理智终于战胜了感情，他当机立断，给玛丽写了绝交信，断绝了与她的交往。后来，小仲马根据玛丽的身世写了一部小说——《茶花女》，轰动了巴黎并成为世界名著，小仲马也因此一举成名。理智使小仲马战胜了自己的欲望，自制力使他悬崖勒马，战胜了感情的羁绊。

学会自我控制是成功和快乐的要诀。你平时所遇到的事情或大或小，或间接或直接，其中涉及原则的事本没有多少，在一些无关痛痒的小事上大可不必与人斤斤计较，特别忌感情用事。比如，单位里某个同事就国际政治谈了一点自己的观点，虽然他的观点过于偏颇，你也没有必要情绪激昂地去与之辩出个高低来，很可能，你的一两句话就伤了两人之间的感情，实在没什么必要。

2. 走自己的路

人生就一张嘴巴，注定要说话；人生就一双眼睛和一个大脑，注定会对别人评头论足。有的人的评论比较中肯和坦诚，有的人则不同了，专对别人挑三拣四。

对于这两种截然不同的评价特点，人们所抱的态度当然不同。有的人一笑了之；有的人为好的评价而欢喜异常，为诋毁自己的评价而懊恼万分。

这里提倡的是第一种态度：一笑了之。不管评价是好是坏，都不要太在意。对于中肯的评价，听听也好，那毕竟是对自己的肯定，说明你没有白干一场；至于诋毁的评价，也不要为此难过。人有各种各样，有的人天生爱嫉妒，偏偏自己遇到，这是你无论如何也改变不了的。既然改变不了，又何必去费劲。

3. 不听他人隐私

每个人都有隐私，保留自己的隐私是一个人自尊的需要，是一个人人格尊严的体现，别人打听你的隐私，你肯定会不高兴。同样的道理，你去打听别人的隐私，别人也一样会不高兴。所以，如果你很喜欢打听别人隐私的话，你现在就要努力改掉它。

首先，要认识到打听别人隐私是不道德的行为，这和偷别人的私人物品没有什么两样。

其次，要设身处地为别人想一想，可以把两个人的位置调换一下，这样，探听隐私者会为自己的行为感到羞愧。

最后，仔细地想一想，打听别人隐私所导致的后果：它会给你带来什么好处呢？除了满足无聊的好奇心，除了浪费宝贵的时间，除了打破来之不易的友情，恐怕不会有更多的“好处”。它又给别人带来了怎样的痛苦呢？这样想一想，探听隐私者就会对自己的行为负责了。要知道，任何一个错误的举动都需要付出代价。

4. 简单地生活

生活中，时间的窃贼太多了，我们稍有不慎，时间就被窃走。钱财、宝贵的物品要想防止被贼偷盗，就必须锁好门窗；时间要防止被人窃走，就要从严格律己做起。比如说，酗酒或玩牌等不良习惯，这不能怪罪酒友、牌友的纠缠，应该首先怪我们自己意志不坚强，没有毅力，不能抵御一切不良嗜好的诱惑，浪费了自己的宝贵时间。

比如，为了精美的现代家具和各种家用电器，我们每天得为地毯除尘半小时，擦拭家具半小时，打扫卧室半小时，清理卫生间半小时，洗刷三餐用过的杯盘碗碟1个半小时，清理厨房1小时，洗换下来的内衣、裤、袜1小时，归置弄乱的玩具和图书、清理桌面1小时。这还不算买菜、洗菜、炒菜、做饭、倒垃圾等占去的时间，已经用去了6个半小时。每天只有8个小时的业余时间，还剩一个半小时，再看看电视新闻，浏览一下订阅的报纸，还能有多少空闲时间用来学习？如果新买了多功能DVD机，又买了一些有趣的影视光盘，不看各种进口影片、不练习唱歌，买这些玩意何用？于是经常“卡拉OK”一下，又不知占去多少时间。

总之，我们说简单生活，目的就是不要让今天的“消费时间”占的比例太大，不要为生活所累。

珍惜时间，高效工作

人的一生是有限的，多则百年，少则几十年。如果一个人一生能活到七十岁，那么，它的全部时间就是六十万个小时。如果把一生时间当做一个整体运用，那么就是到了三四十岁，会认为现在刚刚是起点，即使五六十岁，还有许多有效时间可以利用。但时间又显得是那样的容易逝去，如果你只是活一天算一天，到了三四十岁，就会感到人生的道路已走一半了。人过三十不学艺，结果是无所事事地混过晚年。许多本来可以好好利用的时间，白白地消磨过去。

我们中的许多人都是这样，随意把时间浪费掉，那么，虽然他在此时是自由的，但在即将接踵而来的社会竞争面前，却很可能不自由，就会丧失某些原本属于他的机遇。

一个成功的人，善用他的时间，是最大成功因素之一。企业发展到今天，一个业务主持者，时间不够用，往往是普遍的现象，既然谁也无法获得比别人更多的时间，那么，唯一的办法是如何计划充分利用你的时间。也就是说，我们在执行任何一项工作任务的时候，不仅要去做，还要确保在规定的期限内做好，甚至是比规定的期限要提前，在当依靠速度制胜的时代，这样才会更有意义。

对工作上的效率高手来说，他们与一些低效能人士相比，之所以能更快更好地完成工作任务，其中最重要的一点便是，他们具有较强的时间意识。让我们来看一个实际的案例。

赵某和吴某在同一家公司工作，并且具体的职责和工作任务相同，负责该公司新产品的宣传策划。如果按照他们的实力来说，吴某要比赵某稍微强上那么一点点，但是令人感到疑惑的是，很多的时候，吴某的策划文案总是要比赵某要慢，并且也要粗糙很多，令策划部的领导很难看明白。

策划部的主任是吴某的校友，念在同校的情谊上，在一天中午午休的时候，他将吴某叫到了自己的办公室，问他为什么每一次都不能按时完成工作任务。吴某支支吾吾半晌说不出话。策划部的主任也没了言语，只是提醒吴某在以后的工作中多上一点心，要按时按量的把工作做好。

虽然如此，策划部的主任仍然觉得有些不可思议，因为他通过观察，觉得吴某没有可能会这样。就在他想着这个问题的时候，恰好又接到了一份新产品策划书需要撰写，于是他便将赵某与吴某一同叫到办公室，并且将工作任务分配下去，让他们各自撰写一份关于这个新产品的策划书。

策划部的主任偷偷地在一旁观察他们两人的举动。赵某和吴某在接到工作任务之后，赵某便开始着手准备，思考着怎么去做，更让策划部主任感到吃惊的是，赵某竟然将所规定的期限日期写在一张小纸片上，并且标注从现在到工作期限内的每一时段。可是再看看吴某漫不经心的，好像并没有把工作的事情放在心上，不知道他在忙些什么，但是策划部主任敢确定的是，吴某所做的一切跟他即将要做的工作没有任何必然的联系。

时间一天天过去，策划部主任越来越明白了赵某与吴某之间的差距在哪儿，因为吴某仍然是一副不慌不忙的样子，而赵某贴在办公桌前的那张小纸条上的过去的日期已经画上红钩，清晰地体现了赵某最快能在哪一天完成工作任务的日期。

事情的结果并没有什么令人惊奇的地方，依旧是赵某在规定的期限内按着要求完成了工作，而吴某呢？依旧像是前几次一样。

策划部的主任真的没有办法，就在这次工作任务告一段落时，辞退了吴某。在他辞退了吴某之后，便带着好奇心，询问赵某怎么每一次都能比其他的人更好更快地完成任务。

赵某没有过多地说什么，只是说了一句："我只是记住了规定的日期，并且想办法在规定的期限内完成！"

你是不是觉得有些奇怪，甚至难以相信，难道这样就能使得自己的工作效率提高吗？当我们在做一件事情的时候，知道了要在规定的期限内完成才会有效果，而超过规定的期限完成，你做得再好，同样起不到任何的实际作用，那么你就一定会想办法，逼迫自己在规定的期限内完成。而一旦你真的有的这种时间意识，并严格这么去做的话，往往便能在不知不觉中，提高了自己的工作效率。

在激烈竞争的商战中，时间就是效率，时间就是生命，时间是战胜对手的一个重要因素，谁在时间上领先一步，就有可能取得节节的胜利。只有做到这一点才能满足新时代对人们的要求，并将你的技术革新变得方便实用，这样，你就会牢牢地占据市场，你也会以此为动力，不断发展。比尔·盖茨在“卓越”软件的开发上所表现出来的眼光与胆识，就是很好的说明。

人在时间中成长，在时间中前进。时间，唯有时间，才能使智力、想象力及知识转化为成果。人的才能得到充分的发挥，尽快踏上成功之路，若没有充分利用时间的能力，不能认识自己的时间，计划自己的时间，管理自己的时间，那只会失败。

时间，是成功者前进的阶梯。任何人想要成就一番事业，都不可能一蹴而就，必须踩时间的阶梯一级一级攀登。

把 24 小时变成 48 小时

时间就是上帝给你做事的资本。命运之神是公平的，他给每个人的时间都不多不少；但成功女神却是挑剔的，她只让那些能把 24 小时变成 48 小时的人接近她。下面就是她的助手时间使者透露出来的成功秘籍。

1. “效能”重于“效率”

现今，老式的“效率专家”的时代早已经过去了。今天的管理专家多从“效能”来入手，因为“效能”是一个含义更广、更有用的观念。

“效率”重视的是做一件工作的最好方法。“效能”则重视时间的最佳利用。例如，为了即将召开的一项会议，你有一份必须打电话通知的名单。如果你从效率观点来看，你就会想什么时候打电话给他们是最好的时机，是不是要把他们的名字放入自动拨号卡片上以节省时间，这张名单是否是最新的正确资料等等。但是，如果你从效能观点来看，你就会问自己，打电话给这些人，是不是把时间做最佳的运用，你也许会考虑另一种联络方法；你也许考虑把打电话的事派给别人做；或把会议完全取消掉，好把时间用在更有用的地方。

健全的时间管理，应该以效能优先、效率次之的观念为出发点。

2. 少说废话

名人之所以能成为名人，伟人之所以能成为伟人，有一个共同点，那就是：他们都能很好地安排自己的时间，他们都懂得一切从现在做起的道理。

在时间的运用上，成功人士非常认真地对待每一分每一秒，尤其是对当前的时间利用，而不是将时间用在许多的大话、空话或者是无望达到的计划上。

一位青年人问爱因斯坦："先生，您认为成功人士是如何成功的，有无秘诀?"爱因斯坦非常认真地告诉他："成功等于少说废话，加上多干实事。"

爱因斯坦的话，听起来很简单，但是如果我们细想一下，就能领会到其中的道理。爱因斯坦其实是想告诉这位青年人，不要把时间浪费在一些无聊的闲谈之中，而要抓住现在的每分每秒，做一些确实有用的事情，坚持下去，成功就不远了。

3. 挤出点滴时间

时间对于每个人来说都是公平无私的，只要你愿意，就放开挖掘时间的潜力，扩大时间的容量，用挤出来的时间去实现更高的梦想。

我们每天只要挤出微不足道的 1 分钟，一年就可以挤出大约 6 小时的时间。如果每天能挤出 10 分钟，那就是相当可观的一个数字了。一周工作 5 天，每天工作时间为 8 小时，而一天中再挤出 10 分钟，那么一年就可以增加 5 天多的工作时间。再者，即使再忙，每天可支配的零星时间至少有 2 个小时。如果你从 20 岁工作到 60 岁退休，每天能挤出 2 个小时，有计划地从事某一项有意义的工作，那么，加起来就可达到 29200 小时，即 3650 个工作日。整整 10 个年头！这是一个多么诱人的数字，足可以干一番事业。难怪发明家爱迪生在他 79 岁时，就宣称自己是 135 岁的人了。由此可见，时间的弹性是很大的，只要我们善于挤时间，便能大大增加时间的容量。

4. 灵活应用松散时间

这里所讲的松散时间，是指人们的大量工作时间处于很松弛的时候。比如工作的压力不大，工作性质决定了工作本身不需要投入过多的精力。那么这种情况下就应当考虑如何有效利用这些时间。

比如，李女士在行政机关单位上班，她每天的工作就是接一接电话，分发报纸信件，以及通知别人各有关事项。工作虽然轻松，但时间却没少花，每天早晨 8 点钟就要上班，12 点按时下班。下午 2 点上班，一直到 6 点才下班。

对于李女士来说，这些工作量不大，做起来也不很费力气。真正把工作量压缩起来，一两个小时就能做完。但是，行政机关的工作性质决定了她必须按点坐班。因为随时都可能有电话来通知事情，所以李女士只能寸步不离地待在办公室。

为了有效地利用好这些空闲的时间，李女士在工作不受影响的情况下，学习了自学考试的课程，在两年的时间内就拿下了大学本科考试的结业证。

在人们的一天工作或生活中，不可能每时每刻都处于紧张的状态。人们从事的工作，有的需要集中精力和注意力高度紧张，才能完成；有的工作不需过于集中精力，只要稍微注意即可。而且在一天的工作中，每个时候的工作要求也是不一样的，有时可以适当放松一下紧张的神经。于是，这些松散时间就需要进行合理安排。

我们要与时间拼搏，就是要有效地管理我们的时间，让有限的时间具有更大的意义。

第25章

健康细节，让生命充满活力

生命属于每个人只有一次，每个人都渴望在自己短暂的生命历程中将生命演绎得辉煌灿烂。健康的身心是生命质量的可靠保障，一个有一分天才的强壮者的成就，远远超过一个有十分天才的弱者。

健康是生命的源泉

没有健康，人生的追求，无论是事业、财富还是爱情终将化为泡影。著名的石油大王洛克菲勒曾经称霸美国的石油行业，聚敛了无尽的财富，成为当时的首富。然而由于超常的工作量以及巨大财富带来的紧张与压力，使他在五十多岁时便衰弱成一个老翁，头发脱落，免疫系统失调，骨瘦如柴，身体全面崩溃，巨大的财富于他又何用？只有当他退出了与财富的战争，全身心地专注于自己的健康，清心养性，并投身于宗教信仰与人类的福利事业时，他才又一次赢得了生命，并得到九十多岁的高龄。石油大王的经历再一次向世人阐释了健康是每个人的生存资本这一真理。

生活中，人人都会说“身体是革命的本钱”，可实际上，有多少人为了名为了利为了自己的理想和追求，把身体健康抛在了脑后；又有多少人为了取得某方面的成功而不惜用自己的身体做赌注。

我们经常可以看到一些人，他们年龄还不到四十岁，但看起来却显得老态龙钟，精神憔悴，他们开始工作、创立事业时也有着巨大的资本，比如强健的体魄、雄壮的体格和智慧的脑力。但是，他们在功成名就，有一定的经济实力后就不再去追求成功，过起了花天酒地的生活，久而久之，引发许许多多的病症，将原有的资本挥霍得一干二净，最后成为一个失败者，再也无法显示伟大的力量。

还有不少人，由于日趋紧张的生存环境和竞争意识，迫使他们付出高额的健康成本来适应生存的需要。他们终日东奔西走，忙忙碌碌，日夜工作，不注意积蓄自己的体力和脑力资本，不注意保持自己强健的身体，操劳过度，自己的年龄正处于黄金阶段，事业处于巅峰时期，却大病缠身，卧床不起。

美国历史上最胖的好莱坞影星利奥·罗斯顿因演出时突然心力衰竭被送进英国伦敦的汤普森急救中心。医务人员用尽一切办法也没能挽回他的生命。罗斯顿临终前喃喃自语："你的身躯很庞大，但你的生命需要的仅仅是一颗心脏！"

那种"鞠躬尽瘁，死而后已"的敬业精神，固然值得我们敬仰。但是，如果只顾拼命工作而赔上了自己的健康，生命中的光和热还没有全部发挥出来就过早地离开人世，这就有点得不偿失了。所以，人生存在世间，健康是第一位的。保持身体的健康，你才有资格谈将来。

为什么一个个、一批批的人匆匆而去？从医学和健康学的观点看，主要是不少人不会健康地生活，缺乏自我保健能力，没有把健康和生活掌握在自己手中。健康是个系统工程，受多种因素制约，如社会因素、环境因素、生物因素、心理因素、生活方式因素、医疗保健因素等。因此，我们必须运用多学科手段，采用全方位、综合治理的方法，来关心健康，度过健康、长寿、幸福、愉快、富裕、有价值的人生。

现实生活中，又有多少人执迷不悟，在风华正茂、体态匀称时，对吃什么，怎么吃；加强运动，怎么运动不大讲究，全然不把营养均衡、粗细搭配、热量多少放在心上，似乎无论怎么吃，身体都能承受；全然不把"生命在于运动"放在心上，以为精力与生俱来，不会枯竭。精力充沛时，不惜吃老本，拼体力，挤掉吃饭时间，克扣睡眠，夜以继日地透支健康，对健康的潜力开发甚至是掠夺性的，如此等等。健康像水土一样，就这样流失了，直到千疮百孔，满目疮痍，健康在他们看来，像廉价的消费品，被任意挥霍，直到捉襟见肘。

殊不知，健全的体魄，乐观积极的心态，敏锐的反应是成就一切宏图伟业的基石，只有不断地投身于健康之旅，你的财富才会倍加，否则，一切将化为空中楼阁。

早在 1953 年，世界卫生组织为了唤起人们对自身健康的关注和珍爱，就提出了“健康就是金子”的响亮口号，旨在希望人们要像对待金子一样珍爱生命，并作为当年世界卫生组织的主题口号，可见用心之诚。

实质上，健康比金子还要珍贵，因为健康很难再生或不可再生，一旦失去，再先进的高科技都无法使受损的机体恢复原来的状态，只能是“无可奈何花落去”，而金子却可以“千金散尽还复来”。

但是不少人，包括高知阶层和白领，有一种认识误区，认为青壮年正是精力充沛、大展宏图的好时期，应当把宝贵光阴都用在事业上，全然没有珍惜健康的观念。能吃能睡就是没病，有了症状坚持一下就顶过去了，结果病入膏肓时才如梦初醒，但是一切都已经晚了。誉满中外的科学家、事业鼎盛的企业家英年早逝已不是什么新闻了。国家痛失英才，家庭支离破碎，不幸应了中岛宏博士的一句预警：“许多人不是死于疾病，而是死于无知。”

健康是生命的源泉。失去了健康，会生趣索然，效率锐减。能够有健全的体魄与饱满的精神，在这两者之间，又保持完善平衡，这是一种天大的福分。

一个生活丰富的人往往懂得健康之道，把维护健康看做是生命的崇高责任。试想，一个不爱惜自己生命的人，又怎么会得到生命的报酬呢？只有充沛的生命力，才可以抵抗各种疾病，度过各种难关，迎接一个又一个的挑战。

请珍爱我们自己吧，照顾我们的身体，关爱我们的心灵，让身心永葆健康！

保健养生勿入歧途

现代人越来越注重保健与养生，可是人们在保健养生中却存在着许多误区，这除了人们的医学常识有限外，还与民间误传、舆论误导、不实的广告诱导等因素有很大关系。所以，保健与养生需要科学的指导，以免误入歧途，养生不成反受其害。

以下是人们在日常生活中的养生保健误区：

1. 误以为一日两餐能减肥

许多女性为了追求苗条身材，每天只吃两顿饭，以为这样能起到减肥的效果。事实恰恰相反，一日两餐的人更容易发胖，日本的相扑运动员就是一日只吃两顿饭的人，您希望自己达到相扑的体重吗?

2. 误以为喝牛奶会使胆固醇增高

中国人大多都不习惯食用牛奶，并且固执地认为喝牛奶会使胆固醇增高。事实并不是这样，研究发现牛奶中所含的胆固醇并不高，而牛奶中所含的乳清酸还具有抑制胆固醇的作用。医学研究还证实，喝牛奶还有助于减少冠心病和治疗高血压。值得提醒的是，空腹喝牛奶不利于营养素的吸收和利用；空腹喝酸牛奶会因胃内的酸度太强，乳酸菌在胃液里很难存活，降低了酸牛奶的保健作用。

3. 偏食腌制食物

许多人喜欢吃腌制食物，因为腌制食物爽口、开胃。但是腌制食物中含有较多的亚硝胺和多环芳香烃化合物，这是两种致癌物质。经常吃腌制的食物得癌症的几率也会偏高。所以，腌制食物还是尽量少吃。

4. 误以为豆浆不用煮熟

大家都知道，豆制品对身体是大有益处的。但豆浆一定要煮熟了再喝，豆浆不煮熟煮透，所含的胰蛋白酶抑制物未被破坏，不仅豆浆难以消化，还会引起恶心、呕吐和腹泻。

5. 误以为鱼吃得越多越好

鱼的脂肪中含有不饱和脂肪酸，具有抗动脉粥样硬化的作用，故对防治心脑血管疾病和增强记忆、保护视力、消除炎症颇有益处。但吃鱼并非多多益善，鱼的脂肪酸中含有20碳五烯酸，它能有效地抑制血小板的凝聚作用，长期过量食鱼，可使血小板凝聚性降低而引起各种自发性出血，如皮下紫癜、脑出血等。

6. 用沸水冲茶

冲茶不能用凉水，并不意味着一定要用沸水冲，因为用沸腾的开水泡茶，会破坏茶叶中的很多营养物质，还会溶出过多鞣酸和芳香物质，使茶有苦涩味，降低了滋养保健的作用。泡茶的水温一般应在80℃左右，冬季可适当高一些。

7. 误以为多吃醋有益健康

醋能增进食欲，开胃健脾，保护蔬菜中的维生素 C 的吸收。在降血压、预防流感上也有一定的效果。但醋食用过量，会灼伤食道、灼黏膜、损伤脾胃，还会软化骨质，加重骨质疏松，导致骨折。

好姿势保健康

健康的生活方式是由许多微小的细节组成的，日常生活中，应该注意这些能够给我们身体带来健康的细节。比如，一个好的身体姿势，长期保持下去都可能让你收到意想不到的效果。为什么不试着做一做呢?

行立卧坐等姿势的养生之道有哪些呢?

1. 行姿

养生家主张“行如风”，并非指疾步快行，而是行走时抬头、挺胸、收腹，行循一线，这样可使腰不弯，背不驼，练就健美身躯，延缓“人老腿先老”。

2. 立姿

“站如松”。挺拔直立，双目有神，是健康长寿的征兆。站立时应隔一会儿改变一下体位，或活动一下关节，或稍事歇息后再站立，以防疲劳、下肢静脉曲张。

3. 坐姿

宜端正，勿歪斜但切忌久坐。《养生书》告诫说:“久坐久视易伤脾损心，气滞血郁，引起肠胃积滞而使脏腑气机不畅。因此，隔半小时要起身活动一下腿、关节和四肢，勿久坐不动。

4. 卧姿

“卧如弓”指的是侧身而卧，两腿屈曲、腰背后弯如“弓”形，这样易于运行气血，消除疲劳，但切勿久卧，久卧则伤气。

◎养生经

◎服药的最佳姿势

站立服药是最佳的服药姿势。坐着或躺着服药，药物容易黏附于食道壁上，这不仅使药物不能达到最佳的吸收部位，而且黏附对食道壁是一种有害刺激。站立时食道呈垂直状态，有利于药物下行到胃里，充分发挥其疗效。

◎睡眠的最佳姿势

右侧卧位是最佳的睡眠姿势。右侧卧位有利于血液回流入肝脏，减轻肺和纵隔对心脏的压迫，有利于血液的流动。

◎思维的最佳姿势

平卧是思维的最佳姿势。平卧时人体肌肉和神经最为放松，情绪最稳定，心搏最为缓慢，因此脑细胞极易调整至最佳的思维状态。

◎行走的最佳姿势

小快步是行走的最佳姿势。小快步行走可以增加肌肉活动次数，使腿部肌肉强健发达，还可以增加腿部血液循环，预防“腿先老”。

每天选个时间去散步

散步是指闲散、从容地行走。俗话说得好：“饭后百步走，活到九十九”，“没事常走路，不用进药铺”。散步是我国的传统健身方法之一，历代养生家们多认为“百练不如一走”。早在《黄帝内经》中就指出：“夜卧早起，广步于庭”，这里的“广步”就是散步的意思，提倡人们早晨起床后应到庭院里走一走。

散步健身，对各种年龄的人皆适用，特别是对于年龄较大的脑力劳动者来说帮助更大。因为他们的身体条件较差，肌肉软弱无力，关节迟钝不灵活，采用这种简单、轻快、柔和、有效的方式进行锻炼，就更相宜。有人对两组中年人进行心电图检查对照，步行上班组（走路 20 分钟以上）心电图“缺血性异常”的发生率为坐车上班组的 1/3。其原因在于，走路对内脏有间接按摩作用。走路时，为适应运动的需要，心肌加强收缩，血输出量增加，血流加快，对心脏起到了间接按摩作用，能防治老年人心功能减弱。运动医学博士认为，轻快的散步 20 分钟，就可将脉搏的速率提高 70%，效果正好与慢跑相同。

散步时平稳而有节律地加快、加深呼吸，既满足了肌肉运动时对氧供给的需要，又对呼吸系统机能以锻炼和提高。尤其是膈肌活动的幅度增加，有类似气功的妙用，可增强消化腺的功能；腹壁肌肉的运动，对胃肠起按摩作用，有助于食物消化和吸收，也可防治便秘。

散步对脑力劳动者尤其有益，因为轻快的步行可以缓和神经肌肉的紧张而收到镇静的效果。此外，走路还是打开智囊的钥匙。走路能使身体逐渐发热，加速血液循环，使大脑的供氧量得到了增加，成为智力劳动的良好催化剂。血液循环加快产生的热量，可以提高思维能力。正如法国思想家卢梭所说："散步能促进我的思想，我的身体必须不断运动，脑力才会开动起来"。德国大诗人歌德曾说："我最宝贵的思维及其最好的表达方式，都是当我在散步时出现的"。整天伏案工作的脑力劳动者，到户外新鲜空气处散步，可使原来十分紧张的大脑皮层细胞不再紧张了，得到了积极休息，从而提高工作效率。

你可以选择一个固定的时间去散步，例如早上，或是晚饭后。散步的地方你可以自由选择，像小区里的绿地、公园、清净的街道，都是不错的散步去处。需要注意的是，散步的好处必须经由不懈的坚持才能显现出来，所以，为了健康着想，你可不能三天打鱼，两天晒网。

1. 散步的要领

散步前，全身应自然放松，调匀呼吸，然后再从容散步。若身体拘束紧张，动作必僵滞而不协调，影响肌肉和关节的活动，达不到锻炼的目的。

在散步时，步履宜轻松，状如闲庭信步，周身气血方可调达平和、百脉流通。散步时宜从容和缓，不要匆忙，百事不思。这样，悠闲的情绪、愉快的心情，不仅能提高散步的兴趣，也是散步养生的一个重要方面。

散步须注意循序渐进，量力而为，做到形劳而不倦，否则过劳耗气伤形，达不到散步的目的。

2. 散步的速度

快步：每分钟约行 120 步左右。久久行之，能兴奋大脑，振奋精神，使下肢矫健有力。但快步并不等于疾走，只是比缓步的步履速度稍快点。

缓步：每分钟约行 70 步左右。可使人稳定情绪，消除疲劳，亦有健脾胃、助消化之作用。这种方式的散步对于年老体弱者尤为适用。

逍遥步：是一种走走停停、快慢相间的散步，因其自由随便，故称之为逍遥步。对于病后需要康复者非常有益。

3. 散步的时间

食后散步：《老老恒言》里说："饭后食物停胃，必缓行数百步，散其气以输于脾，则磨胃而易腐化。"说明饭后散步能健脾消食，延年益寿。不过，饭后立即散步对消化系统不利，因此要休息二十分钟左右再去散步。

清晨散步：早晨起床后，或在庭院之中，或在林荫大道等空气清新，四周宁静之地散步。但要注意气候变化，适当增减衣服。

春月散步：春季的清晨进行散步是适应时令的最好养生法，因为春天是万物争荣的季节，人亦应随春生之势而动。

加班，适可而止

心理学和生理学的研究表明，法定工作时间是科学的计算结果，长时间单一状态和重复的动作对人的生理和心理承受能力将产生很大影响，而且也会使人产生厌倦情绪，工作效率降低，生活规律因经常加班被打乱，超强工作节奏及长期透支也将严重危害劳动者的身体健康。

在我们的周围，不缺乏这样的"工作狂"：他们早上班，晚下班，整日整夜地工作，连星期天、节假日也不休息。很多人年纪轻轻就已经严重损毁健康，甚至发生"过劳死"。

目前，我国正处于转型期，劳动者面临巨大的市场竞争和高度紧张的工作压力，以致身心俱疲，劳碌不堪。据医学研究证明，长时间劳动会对人的生理和心理承受能力产生很大影响，会使人时常处于应激状态，此时人在生理上会出现一系列反应：血压升高、心动过速、肠胃分泌液减少、呼吸急促、手脚冷凉、多尿汗湿、头晕恶心、不思饮食、失眠多梦等等。长此以往，还会引发高血压、冠心病，甚至糖尿病、甲亢、癌症等严重疾病，严重危害身体健康。

医学研究显示，人面临压力时，体内分泌的肾上腺皮质醇会减少免疫系统淋巴球的数量，从而令人的抵抗力减弱。有实验证明，长期有精神压力的人生病机会比正常人高3至5倍。

人忙碌起来，很多时候要在外吃饭，可是餐厅的食物通常都较肥腻，而且营养极不均衡，高脂、肉类食物过多，导致血脂日渐积聚，既提高患心脏、血管等病的风险，同时影响肠胃，引发便秘、贫血等问题。

调查显示，在经常加班的状况下，已有52%的上班族出现了“食欲缺乏”的症状，46.41%出现“记忆力减退，注意力难集中”的症状，而34.05%的上班族则是因为疲劳而苦闷、失眠。由于上班族长期使用电脑及姿势不良，导致41.78%有“肩部与颈部僵直性发麻”的症状。

身为加班一族，我们无法彻底摆脱现有的生存状态。在不得不熬夜时，事先、事后做好准备和保护是十分必要的，至少可以把熬夜对身体的损害降到最低。学会身心的放松，健康才会给身体绿灯放行。

晚上加班或是上夜班的人中，有不少会食欲，吃饭不香，时间长了影响营养供给。因此，在饮食安排上要增加一些营养丰富可口的饭菜，吃些富有动物蛋白和植物蛋白的食物，例如瘦肉、鱼虾、蛋类及豆制品、蔬菜等，尤其是劳动强度较大的夜班工人更应注意。

夜班工作多在光线较暗的环境下，尽管电灯光较亮，但由于周围环境较暗，明暗差大，很容易导致视觉疲劳，而维生素A是参与调节视网膜感光的重要物质——视紫红质合成的重要成分，能提高眼睛对昏暗光线的适应能力，对防止工伤事故有益。

因此，经常上夜班或加班的工作人员要注意补充含维生素A较多的食物，例如动物的肝脏、蛋黄、蔬菜、黄豆、西红柿、胡萝卜、红辣椒等。饭菜品种一定要多样化，尽可能做到色、香、味、形俱佳，以增进食欲，改善和保证自己的营养供给，提高健康素质。

日常养生，起居六忌

所谓起居，就是人类睡卧行走、着衣覆被等之类的日常活动。这些活动都应以顺应天时、适应环境为目的和要求，才能具有养生保健的重要意义。其中，在日常起居养生中，最忌讳也是人们生活中最常见的有以下六件事。

1. 清晨忌吸烟

人苏醒时新陈代谢尚未恢复到正常水平，呼吸的频率较慢，体内积滞的二氧化碳较多，这时吸烟会使支气管因抽烟的刺激而导痉挛收缩，使二氧化碳的排出受阻，从而产生气闷、头晕、乏力等症状。

2. 空腹忌喝牛奶

牛奶中的蛋白质经过胃与小肠消化成氨基酸才能在小肠被吸收，而空腹喝牛奶时胃排空很快，蛋白质还不及被吸收即排到大肠，不但造成营养的浪费，而且蛋白质还会在大肠内腐败成有毒物质。

3. 忌如厕看报

排便是人的神经低级和高级中枢共同参与的活动，许多人习惯于拿上一份报纸或一本书，一蹲就是小半天。如厕看书报不但会使排便意识受到抑制。失去了直肠对粪便刺激的敏感性，久而久之会引起便秘。

4. 室内忌养飞鸟

鸟粪中带有鹦鹉病毒、鸟型结核杆菌及寄螨，鸟粪被鸟踏碎以后，病毒与病菌便飞扬在空气中，这对室内的身体健康很不利。若人体长时间吸入，会诱发呼吸道黏膜充血、咳嗽、痰多、发烧等症状，严重者还会出现肺炎与休克。

5. 洗澡时间忌过长

洗澡时，热水产生出大量的水蒸气，附在水中的有毒物质如三氯乙烯、三氯甲烷等分别被蒸发 80% 和 50% 以上。有些有毒物质随蒸气而被身体部分吸收，进入血液循环系统，危害很大。而且，在较热的水中洗澡时间过久。对心脏也不利。

6. 睡觉窗户忌紧闭

人入睡后，每分钟要吸入 300 毫升氧气呼出 250 毫升二氧化碳，如果门窗紧闭，密不透风，不消 3 小时，室内约二氧化碳量就会增加 3 倍以上，细菌、尘埃等有害物质也会成倍增长。因此，睡觉时应留些窗缝，以便让室外新鲜空气不断流入，室内二氧化碳及时排出。

饮食习惯对健康至关重要

现代生活中，竞争激烈，节奏加快，上班族在围绕事业、名誉、地位忙得团团转的时候，一些不良的生活习惯也就随之而来：吸烟、少动、膳食不平衡、酗酒、生活没规律等都成了人们不可忽视的健康偷袭者。比如，现在的一些都市上班族，忙于各种应酬，酒席间觥筹交错，夜生活通宵达旦；一些加班到深夜的朋友，为了保持充沛的精力，就猛抽烟来提神；为了享受、潇洒，晚上出去泡吧、上网到很晚，玩了之后还要吃宵夜，这样无规律的饮食，不仅易引起肥胖症，还容易导致肠胃不适，给自己的身体健康带来隐患。

俗话说，病从口入。要想不生病，就得严把饮食关。你有没有好好吃早饭？是不是垃圾食物的爱好者？喜欢吃得又油又咸还贪凉？或者每天抱着易拉罐喝可乐？如果是这样的话，你可得注意了，要知道，这些不良的生活习惯很可能已经为你的健康埋下了隐患。只有改掉恶习，培养好的饮食习惯，才是“不生病”的秘诀中的秘诀。

1. 早饭吃得像皇帝

“早饭要吃得像皇帝。”这是营养专家们的饮食建议，很多年轻的上班族都不太注重早饭，随便用饼干对付一下，甚至不吃早饭，等到中午“补”回来。可事实上，早饭可以提供全天30%的能量和营养，是其他餐次补不回来的。而且，长期不吃早饭或在早上“糊弄”自己的胃，还会导致身体出现各种不适状况。

早饭是大脑活动的能量之源，如果没有进食早饭，体内无法供应足够血糖以供消耗，便会感到倦怠、疲劳、脑力无法集中、精神不振、反应迟钝。

不吃早餐严重伤胃，使你无法精力充沛地工作，而且还容易“显老”。

不吃早饭，饥肠辘辘地开始一天的工作，身体为了取得动力，会动用甲状腺、副甲状腺、脑下垂体之类的腺体，去燃烧组织，除了造成腺体亢进之外，更会使得体质变酸，患上慢性病。

如果省掉早饭，直到中午才进食，胃长时间处于饥饿状态，会造成胃酸分泌过多，于是容易造成胃炎、胃溃疡。

在三餐定时情况下，人体内会自然产生胃结肠反射现象，简单说就是促进排便；若不吃早饭成习惯，长期可能造成胃结肠反射作用失调，于是产生便秘。

最后，人体一旦意识到营养匮乏，首先消耗的是碳水化合物和蛋白质，最后消耗的才是脂肪，所以不要以为不吃早饭会有助于脂肪的消耗。相反，不吃早饭，还会使午饭和晚饭吃得更多，瘦身不成反而更胖。

“早饭吃得像皇帝”不是指早饭要多奢侈精细，而是说早饭营养要全面。牛奶、鸡蛋、主食、水果、蔬菜营养不同样样要有。

理想的早饭最好有粥，专家建议燕麦粥更好一些，不仅营养丰富而且持续消化的时间比较长，可以在粥里放五六颗红枣补充维生素 C，这样早饭中的主食和水果都有了，如果有时间可以做个番茄炒蛋，这样蔬菜和鸡蛋也都有了。早饭牛奶是不能少的，它的营养自不必说，而且它的消化时间大约 3 个小时，比粥多了一倍。主食最好选米饭或者薯类，要比面包馒头好一些。

为了能多睡一会，很多人宁愿把早餐放在上班的路上，或者在街边吃小吃或边走边吃。其实，早餐不仅要吃得营养，更要吃得健康。醒了就上路，路上吃早餐，这样的习惯对身体健康影响非常大。早餐前一个小时最好喝杯水，以帮助消化液的分泌，在上班的路上，细嚼慢咽是不可能的，走路的时候血液无法充分到胃帮助蠕动消化，由此造成了消化不良。总之，为了你的身体着想，早起一点吃顿早餐是绝对划算的。

2. 晚饭少吃点，早吃点

晚饭，是很多上班族家庭每天团聚的时刻，很多在外忙碌了一天的人更是觉得无论如何晚上也要好好吃一顿，于是炒几个菜，来瓶啤酒，晚上八、九点钟方才放下碗筷。酒足饭饱之后又和家人围坐在一起看电视。看起来是一副其乐融融的景象，殊不知，你的健康已经被不健康的晚饭方式悄悄地偷走了。

对于上班族来说，晚餐几乎成了一天的正餐。早餐要看“表”，午餐要看“活”，只有到了晚上才能真正放松下来稳坐在餐桌前，美美地大吃一顿。殊不知，这是极不符合养生之道的。医学研究表明，晚餐不当是引起多种疾病的“罪魁祸首”。

晚餐太丰盛，如果吃得过饱，人体血糖、血中氨基酸及脂肪酸的浓度就会增高，从而促使胰岛素大量分泌。因为人们在晚上一般活动量较少，热能消耗很低，多余的热量在胰岛素的作用下大量合成脂肪，逐渐使人发胖。同时，持续时间较长的丰盛晚餐，还会破坏人体正常的生物钟，容易使人患上失眠。

尿结石与晚饭太晚有关。这是因为尿结石的主要成分是钙，而食物中含的钙除一部分被肠壁吸收利用外，多余的钙全部从尿液中排出。人体排尿高峰一般在饭后4～5小时，而晚饭吃得过晚，人们大都不再进行活动，就上床睡觉，因此晚饭后产生的尿液就会全部储留在尿路中，不能及时排出体外。这样，尿路中的尿液的钙含量也就不断增加，久而久之就会形成尿结石。

晚饭过多进食肉类，不但会增加胃肠负担，加上人在睡觉时血液运行速度大大减慢，大量血脂就会沉积在血管壁上，从而引起动脉粥样硬化使人得高血压病。

同样，晚饭如果摄入过多热量可引起血胆固醇增加；晚饭的质量高又会刺激制造低密度和极低密度脂蛋白，把过多的胆固醇运载到动脉壁堆积起来，成为动脉硬化和冠心病的又一大诱因。

如果一天的副食品大部分由晚上一餐吃下，活动又减少，必然有一部分蛋白质不能消化，还有小部分消化产物不能吸收。这些物质在大肠内受到厌氧菌的作用，会产生胺酶、吲哚等有毒物质。这些有毒产物可增加肝肾的负担和对大脑的毒性刺激。睡眠时肠蠕动减慢，相对延长了这些物质在胸腔内停留的时间，故促使大肠癌发病率增高。

更严重的是，晚饭过好、过饱，加上饮酒过多，很容易诱发急性胰腺炎，使人在睡眠中休克，就是身强力壮的人也会因抢救不及时而造成死亡。如果胆道口壶腹部位原有结石嵌顿、蛔虫梗阻以及慢性胆道感染等，则更容易诱发急性胰腺炎而猝死。

晚饭过饱会使鼓胀的胃肠对周围器官造成压迫。而这些器官会将信息传给大脑，使大脑的细胞活跃起来，一旦兴奋的“波浪”扩散到大脑皮质的其他部位，就会诱发各种噩梦，使人感到疲劳，久之，还会引起神经衰弱等。

晚饭要少吃的原则并不使用于所有的人，例如以下人群就需要认真吃晚饭，给身体补充足够的营养了。

（1）从事某些职业的人，如文、教、卫生、新闻及各类型脑力劳动者，即所谓知识群，晚饭后大多有开夜车的习惯，有的甚至工作和学习到夜间十一、二点，这样不但晚饭不能吃少，反而应适量加点夜餐。否则，到时候就会饥肠辘辘，影响工作和学习，对入睡同样有影响，甚至有饥饿感，还会造成胃肠疾病的发生或出现低血糖的现象，对健康是不利的。

这类人的晚饭食谱应以富含维生素C和膳食纤维的食物为佳。这类食物既能帮助消化，防治便秘，又能供给人体需要的微量元素，防止动脉硬化，改善血液循环，有利健康。

（2）晚饭对于体质瘦弱的脑力劳动者更为重要，应该把晚饭作为他们补充营养的好机会。提高这类人群的晚饭质量，可以有效地改善身体的营养状况，这与晚饭摄入的营养物质更利于人体吸收有关。

（3）孩子。晚饭距离第二天的早上相隔10小时左右，虽然说睡眠时无须补充食物，但孩子的生长发育却一刻也不会停止，夜间也是一样，仍需一定的营养物质。若晚饭吃得太少，则无法满足这种需求，长此以往，就会影响孩子的生长发育。可见，孩子的晚饭不仅不能少吃，还应吃饱吃好。

酒虽好，记得适量喝

少饮酒有益，多饮酒有害。饮酒习惯不当更是要伤人。可惜的是，常常在酒桌上应酬的人很少会注意饮酒的方式，不注意科学，陷在饮酒的误区中跳不出来，给身体健康带来了很大的危害。

很多人在应酬的时候都是先喝酒再吃东西，这样对身体的伤害是非常大的。酒的主要成分是酒精，喝下后80%由十二指肠吸收，其余由胃吸收。在空腹的情况下，当喝入的酒精达到200～400毫克时，人就会发生明显的中毒症状，400～500毫克时，就会引起大脑深度麻痹，甚至死亡。人在空腹饮酒时，酒精进入血液的速度很快，而且量更大。另外，胃里没有食物，究竟便会直接刺激胃壁，容易引起胃炎，严重的会导致吐血，时间长了就会出现溃疡病。

还有一些人喜欢边饮酒边吸烟，这也是不良习惯。烟雾中的氧化物、苯并芘等化学物质都有致癌作用，它们在酒精的协助下，可以被人体迅速大量吸收。而且当这些物质被吸入口腔、鼻、咽喉、气管和肺的时候，会以烟焦油形式沉积在气管表面，而同时饮酒会将沉积冲洗下来，酒精还能是其充分溶解，这样更利于有害物质穿过黏膜，扩散到人体内。这样，酒精与香烟互相协作，对人体的危害更是成倍增强。

有的人认为酒后喝杯浓茶有助于醒酒，这种做法更是错上加错。酒精在消化道被吸收后，90% 在肝脏进行降解。一般来说，这个过程需要 2 ~4 小时。而酒后大量喝浓茶，茶中的茶碱有利尿作用，可以较快地作用于肾脏。这样，酒精转化为乙醛后尚未来得及再分解，便从肾脏排出，给肾脏带来了巨大的负担。

酒和咖啡同饮，也会加重酒精对人体的损害。饮酒之后，酒精很快被消化系统吸收并进入血液循环系统，进而影响胃肠、心脏、肝、胃、大脑和内分泌的活动，使人体内物质代谢发生紊乱，其中受害最严重的是大脑，因为酒精能使大脑皮层过度兴奋或呈麻痹状态。而咖啡的主要成分是咖啡因，也会使大脑极度兴奋或抑制。两者共同作用，如火上浇油，加重了对大脑的伤害，使大脑由极度兴奋转为极度抑制，并刺激血管扩张，使血液循环加快，从而增加心血管系统负担。

长期大量饮酒会造成多种严重的长期性疾病，我们把饮酒对各种人体器官的影响摘要附录如下：

大脑少量酒精能使人自觉振奋，机警，注意力集中，但摄入较多酒精对记忆力，注意力，判断力及情绪反应都有严重伤害。饮酒太多会造成口齿不清，视线模糊，失去平衡力。

肝脏长期大量饮酒，不可避免地会导致肝硬化。肝硬化的症状很多，而且是扩散性的。这些症状包括水肿（液体滞瘤、腹胀），胃疸（皮肤及眼白发黄）。

皮肤酒精是血管扩张剂，可使身体表面血管扩张。它除了使人看起来脸红红的之外，还会使身体组织过分散热，体温过低。

心脏大量饮酒的人会发生心肌病。心肌病就是心脏肌肉组织变得衰弱并且受到损伤。

胃一次大量饮酒会出现急性胃炎的不适症状，连续大量摄入酒精，会导致更严重的慢性胃炎。

夏季是喝啤酒的最佳时节，此时，主要是因为气温高而觉得喝啤酒凉爽，但也不是多多益善，更不是毫无节制地乱喝，其间还有很多值得注意的细节问题。

1. 烧烤与啤酒不宜同食

这是因为烧烤食品在熏烤过程中能产生10种不同的致癌的物质，而此时大量饮用啤酒会使血液中铅的含量增高，促使致癌物质与铅结合，易患消化道疾病甚至并发癌症。

2. 食海鲜时不宜饮啤酒

海鲜是一种含有嘌呤和苷酸两种成分的食物，而啤酒中也富有这两种成分分解代谢的重要催化剂维生素B1，如果食海鲜时饮用啤酒，会促使这种物质和体内的结合而增加人体血液中的尿酸含量，使之因失却平衡而不能及时排出体外，并以钠盐的形式而得到沉淀，从而形成难排的尿路结石。

3. 剧烈运动后慎饮啤酒

剧烈运动后饮用一杯啤酒可缓解暂时的口渴，但由于大汗淋漓时的毛孔扩张，易导致汗毛孔骤然遇冷急速闭塞，出现短路，使体热散发受阻，还会造成人体血液中尿酸浓度升高，影响尿酸的排泄，诱发感冒以及关节炎和痛风等症状。

4. 饮啤酒谨防泡沫流失

啤酒入杯时动作稍快回产生大量的泡沫，这时应大口快喝，尽量减少其主要成分二氧化碳气体的溢出，而在平时的饮用中，也应加快饮用速度，保持体内舒适凉爽，切忌小口慢饮而白白损失泡沫。除此之外，还应作到不用热水瓶贮存啤酒，防止水垢中的汞、镉、砷、铅等物质混在啤酒中对人体产生危害，并注意喝啤酒时少吃鱼、肉及荤腥油腻和酸甜苦辣等食品，确保身体健康。